第四辑
（2017年）

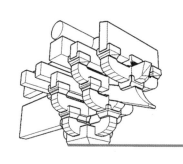

北京古代建筑博物馆 编

北京古代建筑博物馆文丛

学苑出版社

图书在版编目（CIP）数据

北京古代建筑博物馆文丛. 第四辑 / 北京古代建筑博
物馆编 . — 北京 : 学苑出版社，2018.3
ISBN 978-7-5077-5443-8

Ⅰ . ①北…　Ⅱ . ①北…　Ⅲ . ①古建筑—博物馆—
北京—文集　Ⅳ . ① TU-092.2

中国版本图书馆 CIP 数据核字（2018）第 057595 号

责任编辑：周　鼎
出版发行：学苑出版社
社　　　址：北京市丰台区南方庄2号院1号楼
邮政编码：100079
网　　　址：www.book001.com
电子信箱：xueyuanpress@163.com
联系电话：010-67601101（营销部）、010-67603091（总编室）
经　　　销：全国新华书店
印　刷　厂：三河市灵山芝兰印刷有限公司
开本尺寸：787×1092　1/16
印　　　张：24.5
字　　　数：350千字
版　　　次：2018年3月第1版
印　　　次：2018年3月第1次印刷
定　　　价：398.00元

市文物局领导观看古村落展

为观看"撷彩京华——北京市文物局博物馆联展"的观众讲解

天桥街道办事处举办每年一度的"祭先农 识五谷 播散文明在天桥"活动

举办"民国时期的北京先农坛"讲座

《土木中华——中国古代建筑展》四川巡展开幕式

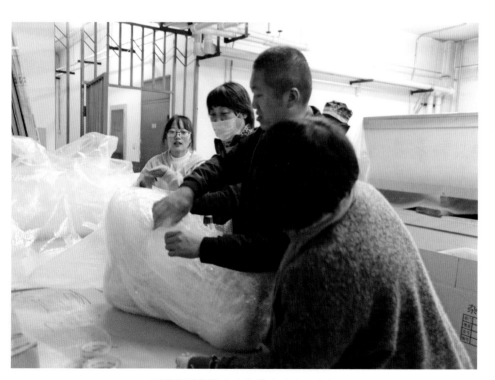

到首都博物馆库房接收海关查没文物

给东城区传统文化教师培训班讲解展览

为上海博物馆来访的同行进行讲解

为东城区史家胡同小学教师授课古建知识

召开 2017 年北京古代建筑博物馆职工大会

召开馆十三五重点科研项目《北京先农坛志》专家顾问组会

召开北京古代建筑博物馆 2016 年度民主生活会

召开合格党支部建设规范、合格党员行为规范讨论会

组织党员观看 19 大开幕式

召开两学一做专题组织生活会

参加古建馆、古钟博物馆、古钱币展览馆联合党课培训

参加局工会"书香三八"征文活动

馆工会举办三八妇女节活动

馆工会组织京东大峡谷秋游

育才学校学生展示古建彩画临摹作品

举办消防安全知识培训

为西城区提供场地开展防汛演练活动（一）

为西城区提供场地开展防汛演练活动（二）

召开 2017 年上半年志愿者工作总结会

志愿者在讲解（一）

志愿者在讲解（二）

北京古代建筑博物馆文丛
第四辑（2017 年）

编 委 会

目 录

北京古代建筑博物馆文丛　第四辑　2017年

文物与建筑

耕织图景绘乾坤

——《御制耕织图》与清康熙朝重农政策的特点

◎张敏

皇帝重农在中国历代封建王朝都是一如既往的重要施政方针，因此，皇帝亲耕、皇后亲蚕的祭祀仪式不断地被上演和完善。清康熙帝在继承这一传统重农思想的同时，对这一治国方针的执行与体现却与历代帝王不尽相同。他不是做姿态给世人看，发诏令给世人行，而是像一位经验丰富的农人絮絮地将耕织内容与步骤娓娓道来，指导着普天下的农桑生产，同时躬耕田亩，亲身实践，将"农事伤则饥之本，女红费则寒之源"的道理以另一种朴素亲民的形式予以灌输，而不是庙堂之上的威严，这是康熙朝执行重农方针的一个突出特点。本文拟自《康熙御制耕织图》的颁行展开，就康熙朝在重农政策中官方话语的鲜明号召、躬身实践的自觉引领以及充满人间温情的天人沟通等问题，说明康熙王朝在农业生产中淳朴的表达与开疆拓土的锐意进取一道，开创了一个伟大的时代。

一、《康熙御制耕织图》——官方话语的鲜明号召

耕织图是指以图像形式反映农业生产过程的绘画。《康熙御制耕织图》绘于康熙三十五年（1696年），并于康熙五十一年（1712年）正式颁行。早在康熙二十八年（1689年）康熙皇帝第二次南巡时，有江南人进献一部《耕织图》，这部《耕织图》是南宋绍兴年间（1131—1162年）以诗画并茂的形式介绍耕织技术的著作，作者是楼璹。康熙帝得到这部《耕织图》后如获至宝，他认为以此为教材，不仅可以传播农桑知识和技术，还能教育各级官吏重农爱农，通俗易懂的绘画形式更可以高度普及，妇孺皆知，自然比歌咏农桑的宫廷雅乐和坛庙祭祀典制更能融入社会生活，起到更好的宣传教育作用。于是，回京后康熙即命宫廷画师焦秉贞在楼本《耕织图》基础上加以重绘。"焦秉贞，济宁人。钦天监五官正。工人物，其位置自远而近，由大及小，不爽毫毛，盖西洋

法也。"[1] 经焦秉贞重绘的耕织图共46幅，分耕图和织图两部分，各23幅。其耕图分别为：浸种、耕、耙耨、耖、碌碡、布秧、初秧、淤荫、拔秧、插秧、一耘、二耘、三耘、灌溉、收刈、登场、持穗、舂碓、簸、簸扬、砻、入仓、祭身。织图分别为：浴蚕、二眠、三眠、大起、捉绩、分

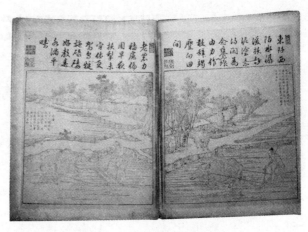

图1　[清]《御制耕织图》

箔、采桑、上簇、炙箔、下簇、择茧、窖茧、练丝、蚕蛾、祀神、纬、织、络丝、经、染色、攀花、剪帛、成衣。时人赞誉："田家景物，曲尽其致；蚕室机杼，精妙无穷。"[2] 这些图画形象生动地描绘了稻作和蚕桑的生产过程，是一部普及农桑知识、劝农重农的教科书。康熙在《御制耕织图序》中写道："朕早夜勤毖，研求治理，念生民之本，以衣食为天。尝读豳风、无逸诸篇，其言稼穑蚕桑，纤悉具备，昔人以此被之管弦，列于典诰，有天下国家者，洵不可不留连三复于其际也。西汉诏令，最为近古，其言曰：农事伤，则饥之本也；女红害，则寒之原也。又曰：老者以寿终，幼孤得遂长，欲臻斯理者，舍本务其曷以哉？朕每巡省风谣，乐观农事，於南北土疆之性，黍稷播种之宜，节候早晚之殊，蝗螟捕治之法，素爱咨询，知此甚晰。听政时恒与诸臣工言之，于丰泽园之侧，治田数畦，环以溪水，阡陌井然在目，桔槔之声盈耳，岁收嘉禾数十种。陇畔树桑，旁列蚕舍，浴茧缫丝，恍然如茆檐蒡屋，因构知稼轩秋云亭以观之。古人有言，衣帛当思织女之寒，食粟当念农夫之苦。朕惓惓于此，至深且切也。爰绘耕织图各二十三幅，朕于每幅，制诗一章，以吟咏其辛苦而书之于图。自始事迄终事，农人胼手胝足之劳，蚕女茧丝机杼之瘁，咸备极其情状。复命镂版流传，用以示子孙臣庶，俾知粒食维艰，授衣匪易。书曰：惟土物爱，厥心臧。庶于斯图有所感发焉，且欲令寰宇之内，皆敦崇本业，勤以谋之，俭以积之，衣食丰饶，以共跻于安和富寿之域，斯则朕嘉惠元元之意也夫！康熙三十五年春二月社日题。"[3]

在这篇序文中，康熙细数了自古以来被之管弦、列于典诰的重农传统，并

① [清]张庚《国朝画征录·焦秉贞传》卷上。

② [清]《康熙御制耕织图·严虞惇呈进书》。

③ [清]鄂尔泰、张廷玉等编纂《国朝宫史下》，北京古籍出版社1987年版，第523页。

强调了自身对于南北方农时差异、土壤特性、种植选择以及病虫害治理等农业技术问题都善于了解、了然于心。不仅如此，在太液池畔丰泽园之侧，特置田垄桑树，作为农桑生产的实验与体验场所。这样一处皇家御苑，依然沿袭着园外耕种、园内读书处理政务的建筑格局和生活方式，与中国古代"诗书传家、农耕为本"的田园生活高度契合，其本身即是传统的农业社会治国治世思想理念的巩固与传扬。《康熙御制耕织图》通过形象描述耕织生产场景来进行教育，用以指导国家最根本的农耕经济和与之相适应的生活方式，巩固立国之本，繁荣之基。无可否认，《康熙御制耕织图》绘制的正是大清王朝蒸蒸日上的浩瀚乾坤！

二、官窑器物上的耕织图 ——国家政治的宣示和象征

男耕女织作为中国古代农业社会最基本的生产活动，历来为统治者所看重，并通过各种形式加以宣传和引导。随着瓷艺绘画水平的提高，特别是康熙五十一年《御制耕织图》镂版刊行之后，耕织图在瓷绘中极为盛行。"康熙彩画手精妙，官窑人物以《耕织图》为最佳。"[①]官窑即指景德镇御窑，御窑瓷作为国之器物，代表着国家政治的宣示与象征。御窑瓷以《耕织图》中的图案作为纹饰内容，是以官方名义向举国上下倡导和宣传"以农为本"的思想。如果说《康熙御制耕织图》的颁布是官方政令以教材的形式引导，则耕织图瓷品的烧制即是这一政令以国器的形式宣扬。

现藏于故宫博物院的清康熙耕织图碗，外壁通景青花绘《耙耨图》，碗心圆形开光内绘《牧童骑牛图》，里口沿饰锦纹，底青花双圈内书"大清康熙年制"六字楷书款。《耙耨图》源自《康熙御制耕织图》中耕图的一幅，画面内容描绘了农夫冒雨耕作的情景，生活

图2　青花耕织图碗

气息浓厚，反映了当时的社会生活状况。画面空白处保留了南宋楼璹所题"耙耨"五言诗一首："雨笠冒宿雾，风蓑拥春寒。破块得甘霪，啮胜浸微澜。泥深四蹄重，日暮两股酸。谓彼牛后人，着鞭无作难。"诗与画相配合，描写了农

① ［清］陈浏《陶雅》，北京：金城出版社2011年版，第16页。

夫为抢农时而冒雨耙田的劳动场景，道出了农业劳作的艰辛。

同样藏于故宫博物院的清康熙五彩耕织图棒槌瓶，瓶颈绘通景人物山水，瓶身绘耕织图中"春碓"、"分箔"两幅场景。《春碓图》绘农夫碓米劳作的情景，有人在舍内用踏碓和杵臼舂米，有人在运粮，画中可见舍外的农田、树木、行人，画面空白处保留着原图上南宋楼璹所题"春碓"五言诗一首："娟娟月过墙，簌簌风吹叶。田家当此时，村春响相答。行闻炊玉香，会见流匙滑。更须水转轮，地碓劳蹭蹬。"《分箔图》画面是两位蚕妇正在抬放装满蚕的蚕箔，另一蚕妇正在烧炭火为蚕室增温，旁边绘有蚕架、蚕箔，亦有妇女儿童，形态生动，既写实地勾勒出劳动场面，又充满着艺术表现的张力。《分箔图》画面留白处有诗："三眠三起余，饱叶蚕局促，众多抢分箔，早晚碰满屋。郊原过新雨，桑柘添浓绿。竹间快活吟，惭愧麦饱熟。"正如《饮流斋说瓷》谓："耕织图为康熙官窑精品，兼有御制诗，楷亦精美，声价殆侔于鸡缸也。"[①] 其价值之高，一方面体现于精进的瓷艺技术，而从更广阔的层面看，更是因为此器作为国家重农政策的器物象征，于无价的艺术瑰宝之上更兼具政本教化的崇高职能。

在康熙一朝，除绘《耕织图》内容的御窑瓷品外，还有大量反映渔樵耕读的中国传统农业社会生产与生活方式的纹饰图案被装饰于瓷器上。举故宫博物馆藏品之二例。清康熙青花渔家乐图棒槌瓶，器身通景青花绘《渔家乐图》，

图3　青花渔家乐图棒槌瓶　　　　图4　五彩渔家乐图棒槌瓶

① ［民国］许之衡《饮流斋说瓷》，说花绘第五。

在远山近水之间，几只渔舟停泊于岸边，渔民夫妇忙着收网打鱼，芦苇丛随风摇摆，水面碧波荡漾，近处数人围聚岸边，烹鱼煮虾，把酒言欢。浓厚的生活气息，劳动者的欢愉感受跃然而出，观之不禁使人心向往之。另一件清康熙五彩渔家乐棒槌瓶，画面中水面浩荡，树木青翠，太阳以金彩点缀高悬，近处渔船两只，船上渔人各司劳作，神态各异，有憨娃弄网，身后妇人将身探出舱外似在叮咛，生活信息丰富。稍远处一渔夫立于船上，手撑船篙，船头立一鱼鹰，似回头观望主人，一派热闹和谐的渔家生活画面。

在传统农业社会中，渔夫捕鱼、樵夫砍柴、农夫耕田、书生读书，是普通百姓的四种主要职业，体现了民间的基本生活方式。"万卷藏书宜子弟，一蓑春雨自农桑"，渔樵耕读即象征着安居乐业、家足年丰的田园生活，这是重农传统所提倡的理想社会状态。因此，这些渔家乐纹饰图案的瓷品与耕织图内容的瓷品同样肩负着弘扬尚农精神的宣化作用，作为耕织图类器物，补充与完善着国家官方话语的指引与倡导。

三、《御制耕织图》的广泛传播
——舆论引导的有力媒介

耕织图就具体耕织技术指导而言，虽原本来自江南，但重新绘制后的《御制耕织图》模糊了南北方自然风貌的背景，专意突出了耕织劳作过程中重要节点与步骤示范图解，作为官方农业指导的教科书，适用于大江南北的更广大区域。图解的形式既通俗易懂，又增加趣味性，特别是《织图》，对于普遍文化程度低、不能识字阅读的封建时代妇女而言，更是方便参考使用。康熙皇帝以此为蓝本，苦心孤诣地宣扬重农固本的国家政策，《御制耕织图》用于赏赐王公大臣，将自己关心农业发展、解决农业生产问题的初衷传达给臣民，且由于皇帝作序与题诗，经广泛刊刻，在恢复和发展农业生产过程中，发挥了引导舆论和动员臣民的作用。不仅如此，《御制耕织图》还被清政府赐给外藩使者，使其在外交关系中成为重农旨要、宣示国威的御赐礼品。康熙三十七年（1698 年），琉球贡使程则顺觐见康熙帝，受赐《御制耕织图》，并以诗纪："喜见新图出未央，忧民天子重农桑。日鞭黄犊勤南亩。时听仓庾执懿筐。缲动家家蚕作茧，年丰处处稻登场。男耕女织烦宸虑，从此豳风遍八荒。"诗句清新生动，画感强烈，是就《御制耕织图》所抒发的真切情感，同时感念天子重农桑，八方遍豳风的繁荣昌盛。《御制耕织图》正是承载着这样的神圣使命被赐予外藩，彰显着中国风貌、乾坤气象！

四、康熙皇帝对农业的深度参与
——施政方针的自觉引领

康熙御稻种的事迹为后世广为传颂。康熙对此曾有自述："丰泽园内有水田数区，布玉田谷种，岁至九月始刈获登场。一日循行阡陌，时方六月下旬，谷穗方颖。忽见一科高出众稻之上，实已坚好。因收藏其种，待来年验其成熟之早否。明岁六月时，此种果先熟。从此生生不已，岁取千百。四十余年以来，内膳所进，皆此米也。其米色微红粒长，气香而味腴。以其生自苑田，故名御稻米。"[1]以天子之尊，对偶然发现的一株稻谷独具慧眼，并予以悉心培育，竟成就新的优良稻种，这在历代帝王史载中是绝无仅有的，其参与农业生产之深、之细，由此可见一斑。苑田育种，供御所进，生生不已，这是传统自给自足生产方式的高度浓缩。家国天下的时代，皇家生活正是普天下生活的引领，男耕女织是从天子到庶民的理想生活。只是天子情怀，系念苍生，在康熙晚年，他很希望其亲手培育的御稻得到推广，"朕每饭时，尝愿与天下群黎共此嘉谷也。"[2]虽然此一新品种因种种原因未能大范围推广，但就康熙皇帝深入农业科学活动的精神确是其重农政策的自觉践行。

康熙皇帝雄才大略，执政后平定三藩，收复台湾，励精图治。作为一代英主，在开疆拓土的同时，同样关注有效治理和社会经济生活。康熙帝注重塞外推广农业，曾深刻指出："上天爱人，凡水陆之地，无一处不可以养人，惟患人之不勤不勉耳。诚能勤勉，到处皆可耕凿以给妻子也。"[3]当他沐雨栉风、驻跸边外时，曾教导当地民众，打破固有生产和种植习惯，根据自然气候和土脉情况，改良种植技术，发展多种种植，以使山墅僻地发展成聚众村落，并以诗记述："沿边旷地多，弃置非良策。年来设屯聚，教以分阡陌。春夏勤耨耕，秋冬有蓄积。霜浓早收黍，暄迟晚刈麦。土固有肥硗，人力变荒瘠。山下出流泉，屋后树豚栅。行之无倦弛，定能增户籍。古来王者治，恐亦无以易。"[4]正是由于执政者有这样的自觉认识和亲身实践，使彼时的农业生产得到迅速恢复和发展，并为其后的盛世繁荣打下良好基础，宏伟的施政方针在具体的科学指导和努力实践下得以贯彻执行。

康熙帝不仅关注塞外推广农业，随着疆域版图的扩大，他还注重各地区农作物及经济作物的交流种植。一则西瓜的故事将遥远的西域边陲和宝岛台

① 《康熙几暇格物编》。

② 同上。

③ 《庭训格言》。

④ 《康熙御制文集》。

北京古代建筑博物馆文丛

第四辑 2017年

8

湾联在了一起。康熙二十四年（1685年），第一任台湾知府蒋毓英修《台湾府志》，其中"物产"篇中提到西瓜，并注明是汉代张骞出使西域所得，故有"西瓜"之名，且终年皆有。时台湾新归清廷，隶属福建，因台湾地区常年战乱而民生凋敝，中央政府大力扶植台湾经济。康熙五十二年（1713年）四月二十六日，福建巡抚觉罗满保在满文奏折中提到得大内赏赉瓜籽（来自西域），令于台湾试种。其后几经周折，如康熙五十二年（1713年）因雨水偏少，且种子初来不适，西瓜未能长大；康熙五十三年（1714年）因雨水少且瓜叶生虫，所以瓜皮有疤痕，但瓜瓤尚好；康熙五十四年（1715年）因台湾风灾，所以成果极差，大者仅得四十余，康熙五十八年（1719年）和六十年（1720年）都曾提到收成不理想。虽然台湾常遭风灾水患，西瓜的试种一直不太理想，但康熙皇帝历十年而坚持，殊见其关心和推广农业的决心和兴趣。在同时期台湾地区的物产中，还有荷据台湾期间引进种子或树苗，在台湾繁殖成功的芒果，在康熙皇帝的支持下被移植到中国北方的记载，正如他自己所说："自幼喜欢稼穑，所得各方五谷菜蔬之种，必种之，以观其收获。"并且始终怀有"诚欲广布于民生或有裨益"的心愿。[①]其对农业生产的深度参与，正是康熙重农固本施政方针的自觉引领，体现了康熙朝重农政策的方式特点——深入农业生产本身，注重农业科学和生产实践，以促进生产的实际操作来表达重农国策。

五、仅只一次的祭农耤礼
——与神沟通中的人间真情

历代统治者为体现重农固本的国家政策，都以祭祀农神并且举行亲耕耤田礼的形式，通过天人沟通的祭祀活动来强化这种政治宣传。至明清时期，祭享先农礼仪至臻完善，每年仲春祭先农，新天子耕耤而享先农。康熙八岁践祚，因年龄尚幼，并无亲耕享先农的记载，真正祭享先农的仪式是在康熙十一年（1672年）。终康熙一朝，文献可寻的享先农记载也仅只一次，而这绝无仅有的一次祭祀活动却于庄严肃穆之外凸显了人间的真情。

在《康熙起居注》中记载："康熙十一年（1672年）一月二十三日，太皇太后（孝庄文皇后）因身疾特甚往赤城温泉，上（康熙皇帝）同往"，"二月十五日，因本月二十日为耕耤之期，上于巳时起行回京。……二月十七日，未时至京，进神武门。""二月二十日，上躬耕耤田。辰时，出正阳门，至先农坛。巳时，祭先农之神。未时，上亲行耕耤礼。"行礼如仪，自不待言。从时

---

① 阎崇年《康熙皇帝与台湾西瓜》、《康熙皇帝与台湾芒果》。

间上看，一月下旬康熙皇帝陪同孝庄文皇后赴赤城温泉，康熙皇帝与孝庄文皇后的祖孙情深尽人皆知，因此陪同侍疾当是为人子孙的孝道，但即使在孝庄皇后病重之时，康熙皇帝仍没有忘记祭先农耕耤田之事，没有派遣王公大臣代为致祭，以应礼仪，而是返回京城亲祭耕耤。赤城温泉距京城近200千米，以当时的交通状况，需要两天多的路途劳顿。康熙皇帝祭农求报，表达了顺农时、重农本的精神诉求，向全社会传递重农信息，确立重农思想。祭农典礼虽然为历代统治者不断上演，但康熙朝这唯一的一次祭享先农却因为是在亲人重病期间，并经过长途奔波，尤其充满着人间的真情，因为饱含了爱人、舍己的情怀而弥足珍贵。

　　综上，在康熙朝推行的重农政策中，《御制耕织图》的推广以及与之相关的促进农业生产、重农悯农的措施体现中，都透出一种温暖的情怀。《康熙御制耕织图》作为官方话语的鲜明号召，既明确表达了中央政府对于农业生产的高度重视与大力扶持，又因为图诗并茂的形式而受众广泛，充满生活气息和悯农恤农的真情实感，使这一国家政令饱含了对辛勤的赞美、对劳作的讴歌，也因此成为当时整个社会欣欣向荣的指引和写照。官窑器物上的耕织图作为国家政治的宣示与象征，补充与完善了《御制耕织图》这一国家政本文件，更形象地描绘出耕织图景和渔樵耕读的田园生活画面，在重农政策中透出美好的生活气息，增加这一政令的感召力量。《御制耕织图》的广泛传播，作为舆论引导的有力媒介，宣扬国威，宣示国本，宣传农本，威严不失醇厚。丰足兼具辛勤，一个蒸蒸日上的农业大国姿态完好展现。由此可见，耕织图景真正描绘的是中华盛景、乾坤气象。由《康熙御制耕织图》的颁布推广进而援引到康熙皇帝本人对农业的高度关注，从其对农业生产的深度参与到为民祈报的祭农礼仪，都表现出一个中央最高统治者不遗余力的引领。这种引领不仅通过国家政策法令，还通过个人践行，以身体力行来带动整个社会的尚农意识，以抛却患病亲人、牺牲小我为天下苍生求报的行为来诠释天子的忧民忧国情怀，由此体现出此一时期重农政策的特点——由国家政治引领、美好生活感召和天子个人魅力三位一体，形成由中央到地方、由官府到民众、由治内到域外的倡导农业、发展农业的风尚，饱满生动的耕织图景绘制出一幅生机勃勃的乾坤盛景。

张敏（北京古代建筑博物馆　副馆长）

河北古桥考察记略

◎董绍鹏

2012 年，为了较为系统展示中华古建单体建筑的风貌，进一步普及丰富多彩的中国古代建筑知识，实现博物馆展览工作的常序化，北京古代建筑博物馆计划在《中国古代建筑展》之外开展系列专题展，借以锻炼业务队伍、提高并加强办展能力。为了实现这个目的，2013 年安排的展览专题为"中华古桥展"，展前外出考察是当年重要业务工作内容之一。

通常的理解中，华北大地常年干旱，多数河道断流，缺水无水已经是常态。

但在历史上，短至 100 多年前时，燕赵大地却常常是河湖不断、水流潺潺，今天北方地区罕见的河湖泛滥那时也不是罕有的自然事件。比如北京的潮白河、永定河，就是经常在丰水之际洪峰不断、冲垮桥梁的野兽，永定河还上演过水淹北京城下的壮举，至于滹沱河、海河等河流更是故事不断。记忆中，晚至 20 世纪 50 年代初期，北京的大兴还是水洼连连，绝无听说今日之无水可用的窘态。今天的缺水，应该说是现今气候变化和社会工业化的结果。

无水可用，几乎是人们对今天干渴的燕赵大地的基础认知，甚至认为河北存在过水的桥梁都是可笑的。因有着这样的想法，所以河北的古桥考察是不在重点安排中的，虽然如此，但考察还是带给人很深的感受。

考察的范围，集中在河北中部、南部一带。

第一站，涿州市永济桥

永济桥，被古建专家罗哲文先生赞誉为"中国第一长石拱桥"，2006 年被列为全国重点文物保护单位。

该桥历史上为十八省通衢之必经，古御道之要冲，也是京南形胜之所在，旧时涿州八景之一"拒马长虹"指的就是这里。桥位于涿州城北关外，南北向跨拒马河之上。始建于明万历二年（1574 年），后因河道南移，桥亦塌毁，于清乾隆二十五年（1760 年）在旧桥南建九孔新桥。桥南砌筑石堤并下设涵洞，原有旧桥也按涵洞形制改砌，使其成为"堤形引桥"以泄夏秋洪涝，桥南砌筑石堤并下设涵洞 22 个，桥并南北堤形引桥长"二百余丈"。这次重建，清高宗

永济桥

乾隆帝为其赐名为"永济",并作《御制重修涿州石桥记》以为记:

> 庚辰春……于旧桥南移建九孔新桥。仍筑石堤,下为涵洞廿有二……其旧桥之颓废者葺之,改为涵洞十八……通新旧桥堤长二百丈有奇……并建茶亭牌楼其上,御赐碑文以旌之。

可想那时石桥的壮观。此外,乾隆帝还写有《御制永济桥诗并序》。甚至南巡时,乾隆帝还亲笔为永济桥题对联一副:十八省通衢冠盖如云斗大一州供亿苦,两千年旧郡河梁落日停车片刻感怀多。晚清直隶总督李鸿章《重修涿州永济桥碑记》中,也有对永济桥的描述。

桥北端路西侧,原有碑亭一座,内立石碑一幢,上刻乾隆帝御书满汉碑文,南引桥端石碑为李鸿章书"永济桥"之亲笔。北引桥有八柱大亭一座,俗称"九间厅"。桥南端有牌楼一座,桥两端牌楼匾额、对联皆为乾隆皇帝亲笔。桥南、北建筑物,毁于民国六年洪水,御碑亭毁于十年动乱初期。

2004年,文物单位经过对该桥引桥探查和试掘,明确主桥并南北引桥总长约627.65米。其中主桥为单路九孔石拱桥,总长151.15米,桥面宽10.7米,由分水石至桥面最高点6.3米。桥立面为九孔联拱式,桥体呈中高两端坡状。在主桥西侧中孔左侧树有"镇桥梁"一根,为方柱体铸铁,长6.8米。

专家认为,永济桥规模宏大、建造结构特殊、风格独特;桥下分水尖安装破冰凌用的铸铁,具有显著的北方特点;桥拱跨度大,砌筑采用中国传统起拱技法,造型优美。桥身飞跨于拒马河之上,远望恰如一条彩虹横架两岸,被誉为"拒马长虹"实属恰如其分。

今天,永济桥附近的拒马河展拓为湿地公园,名为"永济公园",拦截拒马河蓄水成为湖面，周边环境得以改善，文物修缮使这座古桥焕发了青春，成为涿州古城的一道亮丽风景线，以难得的水面滋润着古城，这里的文物保护走上今昔结合的健康发展之路。

第二站，安国市伍仁桥

伍仁桥

伍仁桥位于安国市南部伍仁桥村磁河古河道上，2006 年被列为全国重点文物保护单位。

伍仁桥，建于明代万历二十六年（1598 年），历时三年建成，为明神宗朱翊钧的贵妃郑氏所敕修，原称万寿桥，又称贵妃桥。桥南北向跨磁河上，造型优美，坚固而轻盈。桥长 65 米，宽 6.7 米，石结构，为五孔联拱石桥，桥面、拱券和桥墩之间都有铁腰和铁仲连接，桥基为山炭、柏木桩、石板筑成。桥面两旁 26 对望柱上雕有栩栩如生的石狮子，云朵花纹栏板。桥南端有大型石狮各一，通高 1.8 米；北端两侧雕石像各一，长 1.4 米，高 0.85 米，底座 0.6 米。石狮子是该桥的重要雕刻艺术品，远近驰名，与北京卢沟桥相仿，也有"桥上狮子数不清"的传说。

此桥建成已经 380 多年，桥体大部构件为明代遗物，历史上仅清乾隆九年（1744 年）对望柱顶部少数石狮有修补。

伍仁桥村明代称伍仁店，是城南集镇水陆码头，每年春秋两季商贾云

伍仁桥桥拱券仰视

集、市场兴旺，有"祁南雄镇"之称。磁河，发源于太行山麓，至伍仁桥汇入潴龙河，东到沙河，最后入白洋淀。文献说明代磁河不仅"长河天际"、"波光万顷"，而且是"绿罗映彩流红叶，翠辇堆琼卧白鸥"，因此这一带那时很是和谐的自然，富裕、热闹非凡。

关于伍仁桥的由来，当地传说：磁河"古渡则舟，各省通衢"，但每逢水盛则泛滥洪涛，无航可渡。此地民众只能用木料搭桥，随用随坏。明神宗的郑贵妃南巡经过此地受阻，看到车马行人拥挤不堪，交通不便，并听到当地人诉说它的危害。郑贵妃回宫后募捐，并在万历二十六年（1598年）春，特差仆人监工建桥，选曲阳、黄山之石，昼夜传输，劳工万计，三年时间修桥完工。桥身顶部镶嵌着一块大理石刻："大明万历岁次庚子秋季立，郑贵妃敕修建万寿桥"。当时桥头设有关隘，横额上刻有"祁南雄镇"四个大字，并有石象、石狮、盘龙石柱，其刻工精细，栩栩如生。在桥南立万寿坊，撰九龙碑，北建三忠阁，内悬郑贵妃配剑一把、圣旨一道，以为镇桥、镇水之物。传说的言语之中，对旧时封建统治者的良心发现流露着底层人民仰上的卑微感激心态。

今天，古老的磁河早已干涸，只剩下有名无实的故道。而伍仁桥也早已是风光不在，曾有文字描写的"直若长虹垂挂，玉练铺陈"的古桥，周围环境已是杂草丛生、垃圾遍地、肮脏不堪；五孔桥身现在只能看到三孔，两孔已经被生活和建筑垃圾填堵掩埋；桥面、桥下杂草丛生，垃圾粪便令人无从下脚；部分栏杆和栏板东倒西歪；桥上尤为传神的、曾有"数不清"之誉的石狮子已大部分斑驳脱落、面目全非；桥旁的两头石象已经被盗，至今下落不详。每年全国各地的游客目睹这一衰败之象，无不是慕名而来、叹息而去。

第三站，永年县弘济桥

弘济桥

弘济桥位于著名古镇广府镇东五里处的滏阳河上，2006年被列为全国重点文物保护单位，当地人俗称老东桥或者东桥。

弘济桥并不是很有名气，但临近历史悠久的、富有北国水乡之称的广府镇，也可说是一大景色了。据说原来是邯郸八景之一，事实上距邯郸20多千米之遥，道路条件十分不利，每年的游客十分稀少，因此看来却很幽静，颇有可以怀古感觉。

弘济桥戏水兽

弘济桥推测始建于隋代，明弘治、嘉靖年间均有修缮，万历年间全桥大修，更换了栏板栏柱，其余沿用旧物，因而现在看来全桥古朴异常。桥身全部用石块砌成，在结构、造型上与赵州桥十分相似，被称为赵州桥的姊妹桥。桥东西长48.9米，宽6.82米，高6.02米。大拱券似长虹飞架，两边各肩负两个小券，宏伟壮观。柱首雕刻有雄狮、顽猴、石桃、石榴等，两边栏板上所刻的花纹多是鹿、麒麟、八仙过海等图案，很是富有民俗趣味。桥身大券与小券中间刻有蛟龙望水浮雕（戏水兽），两边对刻的二龙戏珠、飞凤、飞龙、飞马及缠枝花卉，更是栩栩如生。桥中部栏板外侧刻有"弘济桥"字样，落款为"推官公家臣，通判周评。同知董选，广平府知府贾应璧创建，万历十年岁次壬十月吉日立"。桥头有碑载：永邑城东五里有石桥一座，名曰"弘济"，创于隋代，明万历年间重修。桥两侧边券上还有横三竖四、深达寸许的坑槽，据说是当年纤夫拉纤绳索留下的磨痕。桥面因常年行走，石板被磨得十分光滑，颇有沧桑感。为了加强石块之间的紧密度，关键部位的石块还用腰铁将石块之间连接。

此桥由于跨河拱券跨度大，券顶的石块几与桥面铺路石板相接，因此看起来全桥轻盈异常，很是富有美感，将其形容为一道彩虹并不为过，"几番留恋古城东，皆此桥飞滏水中。恰似神工挥鬼斧，云来怪石化长虹。接连冀鲁开弘济，输转津邯扼要冲。拟放扁舟由且咏，诗思散入碧荷风"，正是此桥的绝好描绘。

弘济桥桥身

桥身腰铁

弘济桥曾是冀鲁豫三省的交通要道，"其功甚弘，其利甚济"，因修桥时，四面八方，捐金援人，共襄善举，因此名曰"弘济"。想当年，桥凌卧波，一时陆路上晋商徽贾，车盖云集，水路中津盐豫陶、峰煤邯铁，舟楫穿梭，经济繁荣异常，颇有清明上河的景象，弘济桥见证了滏阳河、广平府曾经的繁华与辉煌的岁月。

值得一提的是，建造桥梁使用的石块，还包含珍贵的古生物化石，包括三叶虫、古软体动物、古鱼类等，更是引起了人们关注的目光。据分析，石块的生成年代远在地质学上的古生代，石块属于沉积岩，当是当时的泥沙沉积、包裹生物形成千万年后的岩石，又以作为建造桥梁的建材这种难以想象的方式重新回到生生世界。

今天，桥下的滏阳河水早已不是当年汹涌湍急，代之以宁静平缓，滏阳河也不再是当年的交通热线，早已不见船只踪迹，因此，古桥也逐渐淡出世人的视线。为了保护好这一珍贵古迹，弘济桥已经不再作为实用桥，而是封闭了桥的两端，全桥作为观光景点向游客开放。手握一张历史文化名城广府镇的景区观光通票就可以观览这座古桥，在雨季的细密小雨中游览古桥，别有一番说不出的畅游历史的感觉。

第四站，赵县安济桥、永通桥

说到安济桥，可能许多人一脸茫然不知所谓，但只要一说到赵州桥，那可是闻名天下的巧夺天工之作，更是世界上首屈一指的最早的单孔敞肩石拱桥。其实，赵州桥只是俗称，正式的名字是安济桥。作为世界上最早、保留最完整的单孔敞肩石拱桥，安济桥早在1961年就被列入全国重点文物保护单位，受到很好的呵护。

关于这赵州桥——安济桥，真的因为名誉天下没的什么可说。只是从历史角度搞不明白，为什么隋代时的李春要在这个地方费尽心思搭造这么漂亮的桥梁？难道是因为这里是州府城，处于交通要道，还是商贾云集之处，造福人民？还是洨河波涛滚滚、阻碍了两岸人们的往来？好像都不是。

查看文献，桥下的洨河只是一条全长不过170余里的季节河，水流并不湍急，每年中甚至有时也就像条溪流一般。这样状态的河流，并不值得为此建造如此庞大壮观的石桥，就算是府城所在之地建造这样的桥梁也是过于夸张。更何况，这里也不是什么交通要道，并未出现商贾云集的景象。想起1998年的考察时，这里还是一片破败荒凉的偏远农村县城的景象（其实赵县并不偏远，距石家庄80里），几乎见不到什么值得一说的新建筑，也见不到几个行人，农业县的感觉强烈——甚至县委招待所旁边的空地上还晾晒着打下来的小麦。后来得知，赵县就是个农业县，赵州雪梨闻名燕赵大地。

所以，历史上出现的现象，并不一定都会让今天的人们想得明白。

那时的人们很淳朴，赵州桥可以以比较自然的面貌展现在我们面前，站在不远处的另一座公路桥上随意看着这座巧夺天工的人造物，并没有觉得它是那样的不食人间烟火，只感到它离我们很近。

这次故地重游，实在是让人大吃一惊：往日的天然景象，已然被人为彻底改造，赵州桥所经河段两侧将近一千米范围，整体被围合为赵州桥公园，桥处于公园中心，河岸显然经过人工修整，至于河塘是否掏清深挖也很难说，反正河水看起来不自然，有些许颜色发暗，有深邃感。河的一侧，架起一座很像南方风雨桥式样的观光桥，建造的很是精美，方便了游人站在桥上欣赏赵州桥之美，对于摄影爱好者和普通游客更是可以尽情拍照。只不过当初的淳朴自然扫荡一空，纵横于时空的古代遗物成了今日人们的把玩，让人不胜唏嘘。

至于赵州桥本身，也就不用再描绘什么，所谓的多次维修，在我看来真文物几乎变成了假古董。离桥不远处的赵州桥展厅，收留展出着历年维修拆下的桥上石构件，吸引着不少游人观看。桥梁所用构件原物已经不多，多换为全新构件。

旧貌换成新颜，旧时的交通要道成为今日的收费景观，这就是赵州桥的现实。

而赵县县城中的永通桥却是默默无闻，但文物面貌保持得原汁原味，很有观看价值。

永通桥

相比熟知的赵州桥，永通桥当地人俗称小石桥，外观上与被称作大石桥的赵州桥几无二致，不仅建造年代相近，而且桥的结构、用材、设计外观等几乎相同。

永通桥，位于赵县县城西门外清水河上，建于唐代宗永泰（765年），而后历代多次维修，为单孔券敞肩式石桥，全国重点文物保护单位。

桥长32米，宽6.34米，主拱券由20道独立拱券并列砌筑而成，大券上伏有小拱4个。桥栏长32.7米，跨径26米，拱矢5.34米，桥面宽度，东西两端各6.7米，中间6.2米。桥栏板雕刻一为两端雕斗子蜀柱，中间用鸵峰托斗，华板通长无格，上有优美浮雕；一为荷叶墩代斗子蜀柱，华板分两格。桥的主拱和四个小拱的券脸上均刻高浮雕戏水兽，寄托着石桥免受水害的愿望。小拱戏水兽两侧雕有游鱼，寓意连年有鱼，两小拱之间还有高浮雕的河神头像。桥墩、桥台等处还雕有麒麟、飞马、飞天、金刚力士、太阳等图案，这种雕饰在我国桥梁史上并不多见，至于桥栏板上的浮雕人物故事和鸟兽花卉图案就更多了。这些雕刻仔细观赏，带给人不尽的美感。

旧时当地传说，这大石桥、小石桥是鲁班兄妹打赌建造，可谓用尽绝活儿、各展绝艺。传说虽然说的天花乱坠、故事性非凡，但毕竟是胡乱穿越历史时空的无稽之谈，连听一下的必要都不具备。

近些年，永通桥周围环境整治一新，就着石桥建立了免费公园，游人可自行上桥近距离品玩古桥的石刻之美。这里虽没有安济桥的尊贵，也没有熙熙攘攘的过往游人，但静谧之美正是一处文物古迹该有的本来属性，在这个强调GDP的时代已属难能可贵。

第五站，献县单桥

单桥，位于献县县城南 6000 米处的单桥村，是全国重点文物保护单位，也叫"善人桥"。2012 年，该桥成功创下"世界最长的不对称石拱桥"的世界纪录。

桥建于明崇祯二年（1629 年），青石五孔石拱桥，全桥长 77.5 米，桥身长 69 米，宽 9.6 米，高 8 米，桥孔跨径、拱顶高程各不相同，南北桥头高差 1.785 米。桥身料石，表面用铁榫，中间用木柱穿心连结加固，使整个大桥连成一体。大桥按地形水势设计，南高北低，南三孔稍宽略高，并在拱与拱之间增添 4 个小腹拱，以减轻石桥自重，提高泄水能力，使桥体显得美观别致。大小九拱拱顶的两端，雕饰着 18 个龙头，在栏板、栏柱上雕刻着不同的动物图案。

单桥

单桥地处京德（山东德州）古御道和滹沱河的交会点上，自古就是南北交通要道。明代迁都北京后，更感到此处无桥之不便。明正统六年（1441年）村中的大户单家建木桥，故名"单桥"。因滹沱河水势汹涌，木桥屡经毁坏，耗费了大量人力财力，河间知府王逢元等提议修建石桥。献县知县李梓、邑人刘沿用、石守志、张九叙等牵头捐资募款，促成此举。据说，当年为此

单桥石龛望柱

捐资出力者不计其数，就连石料都是商船纤夫不辞劳苦从千里以外的太行山区义务代运而来。作为交通要道，明代这里甚至设立单桥巡检司，把守京南的这一门户。

桥面青石铺砌，两侧桥栏由64根望柱和68块石栏组成，望柱上雕刻着狮、猴、神兽，形态各异，栏板上的浮雕十分精美，有火狮、云龙、飞凤、麒麟和神仙故事，其内容主要倾向于道教，当地至今流传着"三千狮子，六百猴，七十二统蛟龙碑"的赞美之词。桥两端各有一双骑狮的男女善人石像，像高两米，善人年龄五十左右，慈眉善目，为修桥捐资人的代表形象。九个大小拱券上方雕刻着18个俯视河面的螭头，全桥上下有270处雕刻，为明代艺术风格，是研究佛道两家和明代艺术的宝贵资料。

据说抗战时期，这里因不远处又建造新桥一座，失去了交通必经的重要性，因此行人逐渐稀少。现在，全桥已经封闭，不再作为实用桥使用。虽经400余年，但大桥依然保存完好。只不过往日的河流几乎变成被阻断的污水道，桥下垃圾遍地、污秽不堪，只有不远处的蛙鸣向人们提醒着这里的曾经水道身世。

单桥桥面的车辙痕

单桥给人们留下的深刻印象，除了桥上的栏板雕刻得丰富多彩的故事内容外，最重要的是桥面道道车辙痕。这些痕迹深浅不一，能在石头上磨出这样的深深印痕，可想当年这里的过往车辆是多么的繁忙，也看出这里作为交通要道的重要所在。满目的车辙印痕，诉说着往昔的一切，也宣示着这座古桥非比寻常的重要。

第六站，沧县登瀛桥

登瀛桥

　　登瀛桥，又名杜林桥，位于沧县杜林镇中心，为横跨滹沱河故道的三孔敞肩石拱桥，为河北省级重点文物保护单位。因为桥的外观、结构、栏板石雕等都与献县单桥相似，因此又有单桥姊妹桥之称。

登瀛桥栏板

登赢桥石龛望柱

桥建于明万历二十二年（1594年）。清光绪二十年（1894年），滹沱河水大发，冲垮西侧大小二孔，光绪三十三年（1907年）乡人王荫桐用了六年时间重修完工。桥由石料砌成，造型为三孔拱桥，下部为石墩台。全长66米，宽7.8米，高9米，每孔跨直径11.3米。栏板望柱的柱头，以多种人物、动物、花卉的浮雕形式体现，石狮、石猴、石麒麟遥相呼应，表情各异，栩栩如生，甚至还有小石龛供奉佛像以为柱头的情况，甚是罕见。

遗憾的是，这座古桥历经400年，至今还在作为实用桥使用，南来北往的行人、大小货车、重型卡车、小汽车、自行车等行走如常，桥面已经见不到石材铺路，代之的是厚厚的柏油沥青，桥两端的抱鼓几乎与铺在桥面的沥青等高，可想沥青的厚度。过往沉重的车辆，把沥青下的铺路石材压得几近凹凸不齐，远处看得十分明显，显然，当地的保护措施力度不够。

但愿揭去沥青柏油，还古桥的真实之貌，另辟新桥，让古桥成为真正得到保护呵护的旅游景点，在今天并不需要它继续发挥作用的背景下展现人文色彩。

燕赵大地还有一些古桥，只不过名气限制了他们被人们观看、被欣赏的步伐。

匆匆地略过前述古桥，似乎只是走马观花，但这些几百年甚至千年来默默地为人们做着服务的物质文化遗产，应该得到今天自诩为文明时代人们的关爱，这个感觉随着考察的推进不断得以加强而且逐渐强烈。

我们今天包括桥梁在内的建筑物，它们能像这些古桥那样屹立于大自然中这么长久吗？其实我们知道这是不可能，因为我们使用的是人造材料。而这些古桥没有使用人造材料，反而更能自豪地长存世界。大自然以无可辩驳的事实再次告诉了我们：人类在大自然面前永远是渺小卑微的，敬畏大自然是人类的本分，充当造物主只能是可想不可及的臆想。

董绍鹏（北京古代建筑博物馆陈列保管部 副研究员）

古亭的历史和名亭

◎凌琳

　　亭，因其具有占地不大、造型丰富，用料较少、建筑方便，而且很多地形环境都适宜建造的特点，是中国运用最多的一种建筑形式。中国古代亭子有多种用途，于交通要道上的路亭、桥上装饰用的桥亭、城市街道上的街亭、城门楼上立旗杆用的旗亭、边界烽火台上瞭望敌情用的警亭、水井上的井亭，以及祭祀用的祭亭、钟鼓亭等等。

　　亭，以玲珑美丽、丰富多样的形象与园林中其他建筑、山水等结合，构成了一幅幅生动的图画。所以，在风景胜地和园林之中，亭是不可或缺的，常常起到画龙点睛的作用。亭的类型很多，随着它的产生和发展，逐渐由具有实用性向具有艺术性、观赏性变化，也逐渐越来越多地被用来衬托景物、装饰环境。人们在叠山脚下筑亭，以衬托山势的高耸；在湖中桥边筑亭，以获得水中倒影的情趣；在高山之巅筑亭，以表现隐入云端的妙境；在林木深处筑亭，则求得半隐半漏含蓄的感受。总之，在中国的大地上，无论路边、桥头、山地、平原都建有亭，在古代的宫殿、坛庙、寺观、宅邸、园林等建筑群中，特别是历代帝王的宫苑和私家园林中，几乎没有不建亭的，可以说是"无亭不成园"，"无亭不成景"。

一、古亭的历史

　　《园治》中亭定义为："亭者，停也，人所停集也"。在中国，亭的历史十分悠久，距今已有2000—3000年的历史。中国古代最早的亭并不是供观赏用的建筑，如西周（前1046—前771年）时代的亭是设在边防要塞的小堡垒，用于瞭望敌情，当时为此还设立了亭吏（一种官职）。到春秋战国时期（前770—前221年），亭的用途日益广泛，在通往各诸侯国之间的大道边出现了各式各样的亭，以供商旅、使者休息、住宿。再后来，大约在秦汉以后，又出现了烽火带、城堡等，其建筑形式就是亭子，只是名称不同罢了。渐渐地，亭便发展成了维持地方治安的基层行政单位，兼有邮递、驿站和旅馆的作用，也作为迎宾送客的礼仪场所，很像我们今天的地方政府招待所。当时，亭有亭长，掌管治安警卫，治理民事，兼管来往的旅客。亭，一般是十里或五里设置一个，十里为长亭，五里为短亭，十亭为一乡。据说，汉代开国皇帝高祖刘邦就曾经做过泗水亭亭长，就连汉时封功臣也还有"亭候"这样的爵位呢！据《汉书·百官公卿表》记载：西汉（前206—23年）时全国设有亭共计29635个。

随着时间的推移，亭的功能发生了很大变化。亭功能的改变，大致以魏晋南北朝为界。魏晋以后，随着园林建筑的发展，亭的性质也发生了变化，逐渐出现了供人游览和观赏的亭。四川方志《咸丰元年志》记载晋顾恺之的著名画论《画云台山记》碑文中有"可于次峰头，作一紫石亭。立以象，左阙之夹，高崖绝粤"之句，可以看出当时亭的建置，已开始注意与周围环境景观的联系了。在画家的眼中，亭不仅仅只是一种赏景建筑，同时也是作为点景建筑了。可见，为观赏风光景致、点缀山川景物，而建于自然山水环境中的亭，最晚在晋时就已出现了。隋唐以后，亭更成了园林中不可缺少的建筑物。而唐代的某些宫苑中，亭的数量已远远超过了其他类型的建筑。《长安志》中说："禁苑在宫城之北，苑中宫亭凡二十四所。"而其中亭就有十八座之多，占全苑建筑的百分之七十五。可以说历史上大量建亭入园的开始。宋代，亭的建造就更为普遍了，从《宋史·地理志》中可知，宋徽宗在艮岳中"叠石为山，凿池为海，作石梁以升山亭，筑土岗以植杏林"，利用江水在平地上挖湖堆山，人工造园，园中置亭颇多，并运用"对景"、"借景"等手法，把亭和人工山池相结合。此时建亭，已不再是晋唐那样纯粹地借自然山水，而是把人的主观意念，把人对自然美的认识和追求纳入了建亭的构思之中，开始了寻求寓情于物的人工景观的组织了。宋代用亭之盛，以至于宋崇宁二年出版的《营造法式》一书中，就专列有亭的做法和图样。元之后，亭的建筑造型更趋精细考究。宫苑中的亭常用十字脊，而且以琉璃瓦覆盖，显得金碧辉煌，形象华丽。这种屋顶做法，从流传下来的宋元绘画中亦可见到。亭发展到明清时期，造型、性质和使用内容等各方面都比以前大为发展，在形式上极尽变化之能事，集中了中国古亭建筑最具富民族特色的屋顶精华。在重视亭的造型的同时，对建亭的位置和选择，以及周围环境的配置也都十分考究，而且非常注意亭与其他建筑之间的关系。在风景区和园林中，亭的意境的创造，已成为刻苦追求的目标。人们运用各种手段，寓情于物，移情入境，把主观的情感融汇在筑亭造景中。在建筑的艺术与技术两方面，都已达到了十分纯熟而又臻于完善的境地，进入了中国古亭发展的鼎盛时期。

二、名亭

由于中国古亭具有诸多特点，历史上许多著名的文学艺术作品、名人都与古亭结下了不解之缘，比如兰亭、历下亭、醉翁亭、沉香亭等等。

兰亭。位于浙江申绍兴市会稽山阴，相传春秋时越王勾践曾在此地植兰，汉代时，人们建造了一座带有邮驿性质的路亭，故名兰亭。后来，兰亭又曾是吴郡太守谢勋被封为兰亭侯时的封号亭。遗存至今的兰亭是郡守沈启于明嘉靖二十七年（1548年）重建的，之后几经翻修，于1980年全面修复如初。兰亭四面秀峰环抱，青鸾叠翠，不远处有一条弯弯曲曲的小溪。据说，兰亭最初建于水边，后移至山巅，后又移至水中。兰亭的多次移建，主要是为了寻找更为理想的自然环境以观赏山水。兰亭之所以名闻天下，与中国历史上的一位大书法家和他的不朽名作有关。据历史记载，353年3月3日，即东晋永和九年，王羲之与亲朋好友在兰亭聚会，饮酒赋诗。这次聚会有26人，共作诗37收。传说，当年王羲之他们就是列坐在溪水边，将一只盛酒的杯子由荷叶托着顺水流漂行，漂到谁处停下，谁就得赋诗一首，作不出者罚酒一杯。在朋友们的尽心后，王羲之汇集了每个人的诗文编程集子，并写了一篇序，这就是著名的《兰亭集序》。传说当时王羲之是乘着酒心方酣之际，提笔疾书此序，通篇28行，324字。书写时，他凡遇有重复的字，书法都变化不一，精美绝伦。王羲之的这一篇书法被视为是其代表作，也被世人称作"天下第一书法"，兰亭也因此成为历代书法家的朝圣之地和江南著名园林。如今，很多游人来到这里，也仿造古人，用纸杯盛上饮料，放在水里，体味当年古人邀欢的情趣。在兰亭池水旁有一座三角形的碑亭，亭内碑石上刻有"鹅池"两个草书大字。据说那"鹅"字是王羲之的亲笔，"池"字是其第七个儿子王献之所写。相传王羲之很喜欢鹅，在家里养了一群鹅。当年王羲之书写时，池中一定有群鹅戏水的景致。如今的兰亭鹅池里依旧有悠然戏水的一群群白鹅，给兰亭的美景增添了不少生气。

历下亭。魏晋南北朝（220—581年）时期，亭驿制度逐渐被废弃，代替亭制而兴起了驿站，驿站成为来往过客、平民百姓歇脚的地方。但是，从前那种在交通要道边筑亭，为旅客歇息之用的习俗被沿用下来，并在风景园林中被广泛应用，构成富有情趣的园林景观，比如初建于北魏时期的济南大明湖的历下亭。历下亭始建于北魏，当时称"客亭"，是官家为迎宾接使所建，唐初改称"历下亭"。天宝四年（745年），中国大诗人杜甫路经济南，适逢北海太守、大书法家李邑也到济南，李邑就是在此亭宴请了杜甫及济南名士。席间，杜甫即兴赋《陪李北海宴历下亭》诗一首，其中"海右此亭古，济南名士多"成为传世佳句。唐末，历下亭已经残破，到北宋时得以重建。之后，历下亭屡有兴废，直至清初，于康熙三十二年（1693年）在今址大明湖，再度被重新建造。历下亭立于大明湖湖心，矗立在岛的中央，其规模比以前更加宏大，坐北朝南，八角重檐，攒尖宝顶，红柱青瓦，蔚为大观。亭身空透，可以尽赏四面的荷花。檐上悬有清乾隆皇帝书写的"历下亭"匾额，内设石雕莲花桌凳。整个岛上，亭台轩廊，高低错落，景色迷人。

而亭发展到隋朝时期（581—618年），人们越加追求亭的装饰性和观赏性，亭的性质也跟着发生了变化，出现了供人游览和观赏的亭。

醉翁亭。宋代（960—1279年）建造的亭子就更多了，而且工艺十分精巧，形式也多种多样。人们不再局限于纯粹地借自然山水，依地势环境造亭，而是把人的主观意念、把人对自然美的认识和追求纳入到建亭的构思之中，创造寓情于物的人工景象。人们在平地上挖湖、堆山，人工造园，在园中建亭，运用"对景"、"借景"等手法，把亭和人工池有趣地结合起来。

在宋代建造的亭子中，属醉翁亭最为著名，它与明代建于杭州西湖的湖心亭、清代建于湖南岳麓山清风峡的爱晚亭和北京的陶然亭并称中国四大名亭。

醉翁亭初建于北宋仁宗庆历年间，距今已有900多年的历史。这座亭子坐落在安徽滁县西南琅琊山麓，初建时它只不过是一座极普通的小亭子，后来为什么成为中国四大名亭之一呢？这是因为在中国文学史上有一篇传世之作，叫作《醉翁亭记》，它是宋代大散文家欧阳修写的，说的就是此亭。在北宋仁宗庆历年间（1041—1048年），朝政腐败，权贵当道，在朝廷中做官的欧阳修因为主张革新而遭人诬告，昏庸的宋仁宗听信了谗言，把欧阳修贬职，为滁州太守。欧阳修到了滁州，其知己智仙和尚在山麓间为欧阳修专门建造了一座小亭，欧阳修经常和朋友到亭中游乐饮酒。因他常常一醉方休，又是年纪最长，便自称"醉翁"，称亭子为醉翁亭，并作了传世不衰的著名散文《醉翁亭记》，"醉翁亭"因此得名。后来，到了北宋末年，又有人在醉翁亭旁建造了同醉亭。到了明代，相传醉翁亭周围建造的亭子和园林建筑达数百座，可惜以后多次遭到破坏。清代咸丰年间，整个庭院成为一片瓦砾。直到光绪七年（1881年），醉翁亭得到重建，恢复了原样。醉翁亭四周的台榭建筑，布局紧凑别致，具有江南园林特色。亭东有一巨石横卧，上刻"醉翁亭"三字，亭西为宝荣斋，内藏宋代文学家、书法家苏轼手写的《醉翁亭记》碑刻。亭前有酿泉，旁有小溪，终年水声潺潺，清澈见底。醉翁亭因欧阳修及其《醉翁亭记》而闻名遐迩。

元朝（1271—1368年）统治中国不足百年，因此皇家园林的建置不多，比较突出的是在金代（1115—1234年）大宁宫基址上拓展的大内御苑。大内御苑（即今天北海和中南海）的园林布局为一池三山的传统模式，太液池中最大的岛屿为万岁山（即今天北海琼华岛）。御苑内的隆福宫中建有流杯亭、

水心亭等许多亭子，建造精致考究，屋顶有十字脊，覆以琉璃瓦，十分辉煌华丽。

湖心亭。亭发展到明（1368—1644年）、清（1644—1911年）时期，亭的建造形式更加丰富，工艺也更加精湛。人们在重视亭的造型的同时，对建亭的位置选择以及周围环境的配置也都十分讲究，非常注意亭与其他建筑之间的关系，而且在风景区和园林中，亭的意境的创造已成为刻意追求的目标。人们运用各种艺术手段，寓情于物，移情入境，把主观的情感融汇在客观的筑亭造景之中。明代建造的最具有代表性的亭，要数中国四大名亭之一——杭州西湖湖心亭。

湖心亭在浙江省杭州西湖中央，是湖中三岛之一，此岛建有湖心亭为岛名。据历史记载，岛上在宋、元时期曾建有湖心寺；明嘉靖三十一年（1552年）始建振鹭亭，清代重修时增添阁楼，后改清喜阁，是湖心亭的前身。现存的歇山顶式亭是1953年重新建造的，采用一层二檐形式，金黄琉璃瓦屋顶，是一座宫殿式的楼阁。湖心亭四面环水，花树掩映，站在湖心亭极目远眺，湖光尽收眼底，衬托着飞檐翘角的黄色琉璃瓦屋顶，其景致实在令人赏心悦目。湖心亭岛上有康熙、乾隆题刻多处，岛南有一块高1米、宽0.5米的石碑，上面刻有乾隆御笔"虫二"。

爱晚亭。清代建造的亭子中的精品要数爱晚亭和陶然亭了，它们是堪称中国亭台之中的经典建筑，也被列入中国四大名亭。爱晚亭始建于清乾隆五十七年（1792年），由岳麓书院院长罗典创建，原名"红叶亭"，因四周皆枫林，深秋时红叶满山而得名。后来湖广总督毕沅根据唐代著名诗人杜牧《上行》中"停车坐爱枫林晚，霜叶红于二月花"的诗意，改名为"爱晚亭"。爱晚亭在抗日战争时期被毁，1952年重修，1987年大修。

爱晚亭为八柱重檐古亭，顶部覆盖绿色琉璃瓦，亭角飞翘，自远处看似凌空欲飞，亭的内柱为红色圆柱，外柱为花岗石方柱，天花彩绘藻井，东西两面亭棂悬以红底鎏金"爱晚亭"额。该亭额是1952年重建时，由毛泽东主席亲笔题写的。亭内立碑，上刻毛主席手写《沁园春 长沙》诗句，字体雄浑自如，更使古亭流光溢彩。在这里讲个故事，爱晚亭曾经是毛泽东青年时代进行革命活动的场所，他到湖南第一师范学院求学时，常与志同道合的年轻人聚会爱晚亭，纵谈时局，探求真理。因为这个缘故，1952年重修爱晚亭时，湖南大学校长致书毛主席，请求题书亭名，毛主席愉快地接受了请求。

爱晚亭坐西朝东，亭前有池塘，桃柳成行，三面山峦耸翠，四周枫叶如画，左右溪涧环绕，前后怪石嶙峋，山、树、溪、石各展风流。

陶然亭。陶然亭位于北京市城南，建于清康熙三十四年（1695年），是由当时的工部郎中江藻在元代建的古刹慈悲庵边上建造的，该亭的名称取自唐代诗人白居易"更待菊黄家酿熟，与君一醉一陶然"诗句中的"陶然"两字。亭中匾额上的"陶然"两字是江藻亲笔题写的，江藻是兼管烧制砖瓦的窑厂的官，原来陶然亭一带最早是很大一片砖瓦厂，由于北京从金、元、名、清历代都是国都，都市建设需要大量砖瓦，于是各代都在城郊就近设窑烧砖，陶然亭附近曾发现过多处金、元时期的古窑址。明初，永乐皇帝迁都北京时大兴土木，砖瓦需求量剧增，也在陶然亭地区开设官办窑厂。明嘉靖三十二年（1553年）起，朝廷增建永定门一线的南城城墙，将窑厂圈入南城。清康熙三十三年（1694年），工部郎中江藻奉命监督窑厂，他余暇时常来古刹慈悲庵观览休息，因喜爱此处清幽雅致的环境，在第二年在慈悲庵西侧建了一座小亭，称"陶然亭"。在江藻建亭的十年之后，其兄江蘩做了大官，又于康熙四十三年（1704年）将小亭拆掉，改建为南北砌筑山墙、东西两面通透的"敞轩"，这就是陶然亭像亭又不是亭的原因。如今的陶然亭面阔三间，进深一间半，面积90平方米，亭上有彩绘，屋内梁栋饰有山水花鸟彩画。多少年来，陶然亭成了文人雅士们饮酒赋诗、观花赏月的聚会场所，也是近代中国革命家活动的场所。许多文人雅士留下了不朽的篇章，著名的林则徐、龚自珍、秋瑾等爱国志士，也常来此地吟诗抒怀。"五四"运动前后，许多革命先驱在此从事革命活动。由于陶然亭秀丽的园林风光，丰富的文化内涵，光辉的革命史迹，使陶然亭成为中国名亭。

古亭，在中国建筑史上与古建筑、园林相伴而生，相适发展，因为它越来越受到人们的喜爱，其数量已难以统计，特别是在园林中，亭的建造比例大大增加，比如四川青城山有亭20余座，北京颐和园内有亭40余座，北京故宫御花园中的亭12座，占全园建筑的三分之二。在苏州拙政园和怡园中，亭也占了全园建筑的一半以上。苏州的畅园仅仅是由五个不同形式的亭组成。总之，亭伴随着中国历史的发展而成为一颗璀璨的明珠，闪烁在中国古代建筑群中。

凌琳（北京古代建筑博物馆陈列保管部　馆员）

汉藏艺术实证的典范之作

◎滕艳玲

明永乐年间（1403—1424年），西域班迪达（印度通"五明"佛教徒的称谓）名室利沙者从西域来到北京，向明成祖朱棣进贡五尊金佛和金刚宝座图样。明成祖选择北京城西直门外原元代大护国仁王寺旧址一块赐予室利沙，建立真觉寺，以利修行。其后在成化年间，又创金刚宝座。金刚宝座竣工于成化九年（1473年），是我国现存同类型塔中，最古老、秀美的一座。

真觉寺金刚宝座内砖外石，通高15.70米，南北长18.60米，东西宽15.73米，南北辟券门，内设过室、塔室、塔内中心柱、佛龛、佛像等。过室东西两侧辟小券门，内藏上下石阶共87级，曲折而上，可至宝座上平台。宝座上分立五座四角密檐式小塔，中间一塔高8米13层，四端小塔均高7米11层。平台四边筑以高0.66米的石护栏，中塔前天圆地方式绿琉璃亭为清乾隆年间添建，与金刚座相符相合。

真觉寺金刚宝座塔

真觉寺金刚宝座外表嵌满精雕细琢的佛教刻石，是不可多得的石雕艺术建筑，也是中国古建筑吸收外来文化成功的范例。1961年国务院公布真觉寺金刚宝座为第一批全国重点文物保护单位，现存红墙以内为国保单位的保护范围，由北京市文物局北京石刻艺术博物馆为国宝保护单位和保护人。

金刚宝座内砖外石，做法仿照印度模式，雕刻的内容繁复层叠，题材源自藏传佛教教义。这些雕刻手法完全依照中国传统雕造技术的石作雕刻制度，巧妙地保留了古印度佛塔外表雕饰繁缛的特点，利用中国人的美学与艺术理解，以条块分割的方式，使得中印文化完整地展现于一处。中国工匠在保留了它原始装饰风格的同时，智慧地运用凹凸深浅的控制，利用每层规律的出檐、平浅的浮雕花纹，雕饰内容统一多层次重复等方式，避免了繁乱混杂，体现了明代石雕艺术程序化、庄重、含蓄的表现风格。在塔面雕刻方面，是印度佛塔形式、藏传佛教佛塔装饰内容和中国传统的建筑工艺的集中体现。

按《营造法式》石作制度共有四种，即剔地起突、压地隐起华、减地平钑和素平。"减地平钑"的做法，是在石面上刻画线条图案花纹，并将花纹以外的石面浅浅铲去一层；"压地隐起"是浮雕的一种，它的特点是浮雕题材不是由石面突出，而是在磨琢平整的石面上，将图案的底凿去，留出与石面等平的部分加工雕刻；"剔地起突"就是现在的浮雕，雕刻的主题三面突起，一面与地相连；"素平"就是在石面上不做任何雕饰的处理。这四种雕刻方法，在金刚宝座的雕刻中有两种有所运用，就是剔地起突和压地隐起。如宝座上五方佛、小塔上菩萨的雕刻等都是采用剔地起突的方法雕凿，而须弥座上的吉祥卷草花纹、梵文的雕刻等全部采用的是压地隐起的方法，这里就不做一一的列举了。

在塔面装饰内容和排布方式方面，参考宿白先生《元大都〈圣旨特建释迦舍利灵通之塔碑文〉校注》一文所载《圣旨特建释迦舍利灵通之塔（白塔寺塔）》碑文，上面详细记录了元代释迦舍利灵通之塔的塔上装饰情况。该塔是完全按照密宗教义排布，就如碑文所述："爰有国师益邻真者，西番人也。……每念皇家信佛，建此灵勋，益国安民，须凭神咒，乃依密教，排布庄严，安置如来身语意业，上下周匝，条贯有伦。第一身所依者：先于塔底，铺设石函，刻五方佛白玉石像，随立陈列，旁安八大鬼王、八鬼母轮，并其形象，用固其下；次于须弥石座之上，镂护法诸神：主财宝天、八大天神、八大梵王、四王九曜，及护十方天龙之像；后于瓶身，安置图印、诸圣图像、即十方诸佛、三世调御、般若佛母、大白伞盖、佛尊圣无垢静光、摩力支天、金刚摧碎、不空羂索、不动尊明王、金刚手菩萨、文殊、观音，甲乙环布。第二语所依陀罗尼者，即佛顶无垢、秘密宝箧、菩提场庄严、迦啰沙拔尼幢、顶严军广博楼阁、三记句咒、般若心经、诸法因缘生偈，如是等百余大经，一一各造百千余部，夹盛铁锢，严整铺累。第三意所依事者，瓶身之外，琢五方佛表法标显，东方单杵，南方宝珠，西方莲华，北方交杵，四维间厕四大天母所执器物。又取西方佛成道处金刚座下黄腻真土，及此方东西五台、岱岳名山圣迹处土，龙脑沈笺、紫白旃檀、苏合郁金等香；又以安息、金颜、白胶、熏陆、都梁、甘松等香；和杂香泥，印造小香塔一十三万，并置塔中，宛如三宝常住不灭，则神功圣德，空界难量，护国佑民，于斯有在。"

文中说的"密教"，就是密宗，据称是受法身佛大日如来深奥秘密教旨传授而得名。它不是印度密教，而是历经几个世纪与西藏本地宗教相互融合后形成的藏传密教，简称"藏密"。在藏传佛教中包含有大量的密教内容，在元朝统治时期，元朝皇室推崇藏传佛教中之萨迦派，而使他们在中原地区非常盛行。到了明清时期，格鲁派开始在西藏地区占据统治地位，由于他们都是头戴桃型冠，身着黄色僧服，又被称为"喇嘛黄教"，可是他们对于几代皇室的影响从未减弱。而其根本的宗教教义和仪轨，还是含有许多密教内容。

结合元释迦舍利灵通之塔的身、语、意在塔身装饰上的表达，不难发现金刚宝座塔身上的装饰也是基于藏密排布的。虽然经过了朝代变迁，装饰内容也不是完全的复制，但是从我们在宝座上的东北和西北面小塔地宫中所发现的装藏的大量香泥小塔、瓷罐内的药材和香料，宝座及须弥座上的五方佛像、法轮、坐骑、天王、力士等装饰，说明在明代喇嘛教寺院建塔的实践中，还是遵循着元代的旧有经验。就如一些建筑界专家指出的，释迦舍利灵通之塔（白塔寺塔）的兴建，就是喇嘛教佛塔在中原开始滥觞的一个重要标志。

一、宝座上的雕刻

宝座正面石券门上装饰有"六拏具"雕刻。据清同治十三年（1874年）金陵刻经处刻本《造像量度经解》："背光制有云六拏具者：一曰伽噌拿，华云大鹏，乃慈悲之相也；二曰布啰拿，华云鲸鱼，保护之相也；三曰那啰拿，华云龙子，救度之相也；四曰婆啰拿，华云童男，福资之相也；五曰福罗拿，华云兽王，自在之相也；六曰救罗拿，华云象王，善师之相也。是六件尾语俱是拿字，故曰六拏具，又以合为六度之义。"藏传佛教中又称其为"六灵捧座"，多用于佛像的背光。金刚宝座券门上使用的由大鹏金翅鸟、华云龙子、人首龙身的摩睺罗伽、飞羊、座狮、巨象组成的六拏具，设置巧妙，远观是券门的装

金刚宝座石券门

饰，待您走到宝座前，就可以发现，它完全笼罩在塔中心方柱南侧释迦牟尼佛龛上，变成了佛的背光。

在金刚宝座的宝座须弥座部分雕刻有藏传佛教内容雕刻装饰。须弥座南面在券门两侧对称雕刻的依次为狮子、法轮、大象，其间由交杵金刚分隔。法轮轮毂心和轮辋上均雕有梵文经咒，为：一字金轮王曼陀罗。北面券门两侧雕刻形式和内容与南面完全相同，只是由孔雀替换了大象。宝座东西两面主体均以法轮为中心，东面南北向对称分列共命鸟、交杵金刚、三牌、花瓶、单杵金刚；西面只是在法轮旁边装饰的是宝马，其余与东侧完全相同。此外东西两侧靠近南端又分出凸出和凹入的两个部分，分刻了四大天王和罗汉。东面凸出部分以单杵分隔，北为持国天王，南为广目天王；凹入部分刻降龙罗汉。西面与东面形式相同，只是北为增长天王、南为多闻天王；凹入部分刻伏虎罗汉。按照"灵通塔碑文"上所记载"第三意所依事者，瓶身之外，琢五方佛表法标显，东方单杵，南方宝珠，西方莲华，北方交杵，四维间厕四大天母所执器物"两相对照，发现内容多有相同，只是排布略有不同而已。这些内容同时出现在一个须弥座上，按照藏传佛教的说法，这又可称之为"六昇座"，其意为："昇举诸佛之座。"是藏传佛教中等级最高的佛之宝座。宝座上所雕刻的降龙伏虎罗汉形象，本人推测，极有可能为清乾隆时期重修寺院时所改雕。

佛教八宝、法轮、交杵金刚和三牌这些都是释迦牟尼佛在早期传教时的用品，它们在佛教中的含义是来代表佛，而象征佛的存在，在这里就是五方佛的法器了。

佛教八宝，在藏传佛教中其又称为"八吉祥徽"、"八瑞像"。它们在藏传佛教中被称为：宝伞、金鱼、宝瓶、妙莲、右旋白海螺、吉祥结、胜幢、金轮。在扎雅·罗丹西饶活佛所著的《藏族文化中的佛教象征符号》一书中讲八吉祥徽在藏传佛教中的意义解说如下：

金刚宝座雕刻

宝伞，"在八吉祥徽中，宝伞代表一种精神力量……它的含义从世俗转移到了脱俗的精神领域。"

金鱼，"在藏区，它们只出现在和八吉祥徽相关的图画代表物之中，从未有它的特殊含义。"

宝瓶，"被看作是精神和物质需求的最高满足，同时象征了独特的本尊佛，与财富有关的神，像满贤药叉——毗沙门天或闻子的一个伴神。"

妙莲，"代表纯洁，特别是心灵的纯洁。"

右旋白海螺，"代表着佛教教义的声誉，这种声誉就如同螺号的声音一样四处传播。"

吉祥结，"由于诸法都是内在相互作用的……又由于吉祥结代表无始无终，因此也象征了对佛智的无限性。"

胜幢，"代表的是最基本的佛法的胜利，知识战胜无知，或是克服一切阻碍，获得幸福和快乐。"

金轮，"具有纯粹的宗教含义，代表了佛教的教义。它向我们提示达摩本身是包罗万象的、完整的，它无始无终，并且即刻运动、即刻停止。……代表了教义的完整和完美，并希望能进一步将它传播。"

将这些吉祥的符号组合在一起的意义又是什么哪？扎雅·罗丹西饶活佛借助佛教的精典将佛陀的身、语、意和八吉祥徽的象征关系解说如下：

"向您致敬，

（您）有如吉祥的，保护宝伞的头部，

有如吉祥的，珍贵金鱼的眼睛，

有如吉祥的，珍贵镶饰宝瓶的颈部，

有如吉祥的，盛开的荷花叶子的舌头，

有如吉祥的，右旋的达摩白螺的语言，

有如吉祥的，光芒四射吉祥结的思想，

有如吉祥的，珍贵绝伦珠宝的双手，

有如吉祥的，珍贵而不可战胜的胜幢的身体，

双脚下蹬着吉祥的、启迪智慧的法轮，

这八种吉祥物是最好的体现，

愿八种珍贵的物品即时即刻为我们带来从天而降的吉祥之雨，

愿这里从此充满幸福。"

从这段文字可以知道，在藏族的传统中将八吉祥徽中的八个吉祥物分别代表了佛陀头部、眼睛、颈部、舌头、"语"、"意"、"身"和双足。

法轮，又称为金刚轮、金轮，单独使用时它有三意：一为转意，转法轮，指释迦牟尼佛说法；二为摧毁意，驱除孽障；三为圆满意，取其圆满无缺。它的中心轴代表了戒学，使得思想得到支持和稳定；辐条代表了慧学，消除种种无知；轮毂代表定学，使各种修行紧密结合起来。

金刚宝座雕刻

金刚杵，"是金刚乘坚不可摧之道的典型象征"①，其又称"羯磨杵"，原是古印度的兵器，用意为坚利，可断烦恼，除恶魔，具"喜、憎、怀、伏""四业"。

十字金刚杵由四个带有莲花座的金刚杵组成，"象征着绝对的定力。在对须弥山进行宇宙学的描述中，巨大的十字金刚杵承托着物质宇宙或横在其下面。"②

三牌：系设立在寺庙本尊佛像前为皇家祈福的三个牌子，其意分别为"皇帝万岁；皇后齐年；太子千秋"。

共命鸟：也称香香鸟、生生鸟。梵文音译作"耆婆耆婆迦"，神话中一种人首鸟身的动物名，即上身人身，下身鸟足、鸟尾，背后有翼的动物，藏区多用作建筑物上的装饰品。藏语又称：香香、恰香香、香香迭鸟。金申先生《共命鸟小考》一文中提到："共命鸟的形象，《阿弥陀经》云此鸟为双人面，而共一鸟身，故心亦为二，能发妙音。"它是西方极乐世界的吉祥鸟，在佛教徒临终时，由它接引往生阿弥陀净土。在佛本行经里有共命鸟的记载，一个身体两个头，一个头名叫迦喽荼，另一个头名叫忧波迦喽荼。塔身上雕刻的却是一个头的鸟，这是为什么呢？一个头的是妙音鸟，梵文音做"迦陵频伽"，是半人半鸟的吉祥鸟，能发妙音，是生活在西方极乐世界中的鸟，其音和雅，听者无厌。因为造型生与共命鸟相同，经常被混淆，区别就是共命鸟两个头，妙音鸟一个头。在真觉寺金刚宝座上"六昇座"上应该雕刻的是共命鸟，而实际却为妙音鸟，不知为何出错，其中缘故，还需要进一步地研究。

---

① ［英］罗伯特·比尔《藏传佛教象征符号与器物图解》，向洪筎译，北京：中国藏学出版社2007年版，第93页。

② ［英］罗伯特·比尔《藏传佛教象征符号与器物图解》，向洪筎译，北京：中国藏学出版社2007年版，第102页。

二、五座小塔的雕刻

金刚宝座上五塔

五塔就是五方佛的标志，五方佛是表现密宗"五佛五智"的重要题材，密宗教义认为：金刚乘的"五佛智慧"能为密行者开一切方便之门，能得证菩提，修成正觉。佛教金刚界有五部，由金刚界五佛即五智所成的如来所辖，按其方位是：

中佛如来部主毘卢佛（大日如来），法界体性智所成，坐狮子王座。手印二拳收胸前左拳入右拳内把之，而二巨指并树，二食指尖相依，谓之为最上菩提印。象征色为白色，"白色为佛之息业的本色，是和平、纯洁、清静、无污、吉祥的象征，素有纯洁忠诚、洁白善心、洁白善业等说法。"[①]

东佛金刚部主阿閦如来，大圆镜智所成，象王座。手印竖置左掌上，而大拇指无名指，二指拈持之，为降魔印。象征色为蓝色；"蓝色和黑色作为佛之伏业的本色，是凶恶、恼怒等的象征。"[②]

南佛宝生部宝生如来，平等性智所成，马王座。手印左手平置膝上，右手伸直于右膝前掌心向外，为施愿印。象征色为黄色，"黄色作为佛之增业的本色，是福、禄、寿、教证兴旺发达的象征。"[③]

西佛莲花部主弥陀佛（无量寿如来），妙观察智所成，孔雀王座；手印双手平坦交叉于膝上大拇指相对，谓之禅定印。象征色为红色，"红色作为佛之怀

① 扎雅·罗丹西饶活佛，《藏族文化中的佛教象征符号》丁涛、拉巴次旦译，北京：中国藏学出版社 2008 年版，第 4 页。

② 同上，第 5 页。

③ 同上。

业的本色，是权势、博爱、慈爱等的象征。"①

北佛羯磨部主不空成就如来，成所智所做成，大鹏金翅鸟王座。手印左手如前正定，右手胸前或乳旁，手掌向外略扬之，谓之施无畏印。象征色为绿色，"绿色作为佛之伏业的本色，是一切摩羯的象征。"②

五座小塔的雕刻内容与宝座基本相同，表现手法已相当一致，只是在小塔的基座部分雕刻有菩萨和菩提树，是宝座没有的内容。此外中塔须弥座束腰上的佛足石也是此五塔最独特之处。

菩提树，原称"毕钵罗树"，系桑树科榕树乔木，学名 Ficus religiosa。因释迦佛在其树下金刚座悟道成佛，该树便被称为菩提树，佛教视为"圣"树。此处暗寓"佛陀的觉悟"，树上雕刻的还有摩尼宝珠、象牙宝和金锭宝。

胁侍菩萨，是佛像的组成部分，是佛之下传法授道的形象，是陪同佛传经的，其衣着方式带有典型的印度特点，而裙子和花冠又有明显的藏地特色，其寓意与菩提树相同。

佛足石，有多重含义，它既是从印度发展而来的最高顶拜模式，同时又是在佛教早期没有偶像崇拜时期，代表佛而被众人膜拜的圣物。按照《大唐西域记》载，有如下两重意义。其一，卷第六"释迦寂灭诸神异传说"：佛祖为其大弟子大迦叶自棺中出示双足的故事；其二，卷第八"四、如来足迹石"条：是佛寂灭前留下足迹"告阿难曰：'吾今最后留此足迹，将入寂灭，顾摩揭拖也。百岁之后，有无忧王命世君临，建都此地，匡护三宝，役使百神。'"

三、丰富的藏、梵文字遗存

铭文雕刻

---

① 扎雅·罗丹西饶活佛，《藏族文化中的佛教象征符号》丁涛、拉巴次旦译，北京：中国藏学出版社 2008 年版，第 5 页。

② 同上。

真觉寺金刚宝座及其上的五塔基座等处均有大量的蓝查体梵字铭文，在宝座下枋还镌刻有藏文《吉祥海赞》，这些文字遗存为我们今天研究金刚宝座，提供了多角度、多方面立体思维的空间，同时也是我们这个多民族融和的中华民族的文化瑰宝。这些苍劲的铭文，拉近了我们和古人的联系，通过这些文字，我们可以更多地了解当时人们心目中的佛与佛教，还能部分地反射出那时的人们对于金刚宝座所寄予的祈求与愿望。这一方面说明藏传佛教在明代的流行及皇帝的重视，另一方面也更充分地展现了在明朝各民族文化的融合。

（一）梵文经咒

在金刚宝座上刻有大量的梵文经咒，不仅是在宝座和小塔须弥座上下枋处，在须弥座束腰装饰的法轮上、宝座楼梯登顶处都刻有梵字曼陀罗，就连东北小塔中发现的已经部分糟朽的中心塔柱的柱身上，也有墨书的梵文堆写字"时轮金刚咒牌"和梵文的"皈依颂"。

丹曲先生《安多地区藏族文化艺术》一文："五塔寺金刚宝座建于明永乐元年（1403 年），其上的蓝查体梵文是青海的热贡艺人所绘，永乐皇帝看了非常高兴，还亲笔书写了赞文。"虽然在金刚宝座创建时间和永乐皇帝的赞文上，此文有误，可是关于梵文书写者的来源问题，丹曲先生的文章提供了一个新的线索。丹曲先生的结论可能依据了藏文文献资料，我们无从得到证实，只是作为一家之言提供给读者。对于塔上梵文书写之精美，梵文方面的专家都普遍给予赞誉，按照北京大学张保胜先生推测，极有可能是来自尼泊尔的僧人所写，因为蓝查体梵文字母就是尼泊尔字母。遍布金刚宝座塔须弥座及五个小塔的梵字铭文多数都是"但当诵持，勿须强释"的咒语。咒是密宗佛教一种特殊的文字形式，意义是表达祈求和愿望。咒是用梵文写就的，用梵文写咒，是密宗佛教的特点，而梵文是不需要翻译的，梵文经典都是用来诵读的。

那么，今天我们研究翻译它意义何在呢？

北京大学东语系梵文专家张保胜教授，在为我们解读金刚宝座梵文的文章中指出："首先它是距今已有约 600 年历史的文物，一旦进入文物行列，它就具有了文物价值。作为文物，哪怕是一片纸、一块瓦也应细心地加以保护和研究。文物究竟有什么样的价值，我想这是众所周知的，在此无须赘言。

"其次，梵字陀罗尼虽然只讲读音，无须解义，而且，有些咒语也确实不具有实用语言的意义，但它并非没有任何意义。可以说，写成它的每一个字都具有象征意义。大而言之，密宗（金刚乘）的任何事物，诸如曼荼罗、图象、器物、声音、梵文文字等都有密宗本身所特有的象征意义。我们可以将这一切综合起来诠释成'如同一部用神秘符号写成的书，唯有已接受其奥义者方可解读'。记得西方宗教改革家加尔文曾说过一句话：世界有两部书，一部是有字书，那是让普通人读的；另一部是无字书——整个宇宙，那是让圣者读的，看来这部无字的宇宙之书所潜藏的意义恐怕要比有字之书大过不知多少倍"。

现将张教授翻译的部分内容列出以飨读者："金刚宝座塔梯顶曼荼罗其一为'八叶莲种子曼荼罗'，曼荼罗其二为'牟尼曼荼罗'，金刚宝座轮形曼荼罗为'一字轮王曼荼罗'"，宝座上的经咒有：金刚城大曼荼罗尊真言、帝释天咒、火天咒、阎摩天咒、罗刹天咒、水天咒、风天咒、降伏三界忿怒明王真言（降三世忿怒明王真言）、总佛咒、因缘咒、十二因缘咒；法身偈、广大普供养明，虚空藏转明妃真言、八部众；天龙八部及四字密语等，还有许多无名咒。各种经咒所包含的内容非常丰富，就是一部佛教的人类历史，篇幅所限不能一一列举。"

（二）藏文颂词《上师三宝吉祥海赞》

这组藏文雕刻在梵文的上方，为浮雕阳文，清晰秀丽。据专家介绍，是北京地区现存唯一的一处，采用阳文雕法的藏文石刻。中国社会科学院藏族史研究所的黄颢先生《在北京的藏族文物》一书，对于这组藏文进行考证，认为这是取材于元代帝师八思巴1263年致忽必烈汗的新年颂词，它比现存萨迦寺的八思巴原著，多了12句。我们没有见到萨迦寺的八思巴原著，也就无法推断多出的是那些词句。对于这组赞词黄颢先生认为是"将佛法僧之佛教三宝比作吉祥海，认为世间一切吉祥均出自佛教三宝，颂词即以此赞扬佛教，并借此祝福明朝社稷及皇帝万事吉祥如意"。

我们现将经佛教协会的观空法师翻译并加以注释修改的译文，照录如下：

上师三宝吉祥海赞

一、赞前归敬分

利乐大海三宝前，信海深愿恭敬礼。

众生海之德慧本，吉祥海赞今当说。

二、正赞功德分

福善大海功德藏，佛海大智总聚体。

成就大海诸上师，今时此地赐吉祥。

二资粮海所出生，智海底边极深广。

遍智海之吉祥海，今时此地赐吉祥。

至言大海为实证，宝海库藏之所依。

正法海之吉祥海，今时此地赐吉祥。

诸尊者海戒及德，为诸众生慧命源。

僧迦海之吉祥海，今时此地赐吉祥。

一切不祥尽消灭，身寿大海极久住。

资具满足如大海，教法大海常兴盛。

如理依止智海足，闻海法财极丰富。

慧海幢幡高树立，此吉祥海甚广大。

此是吉祥海，亦即赞颂海，

智者所欣赏，故又为诗海。

三、赞后祈愿分

胜中最胜大导师，法王果日加持力，

魔障损害尽消除，昼夜晃耀恒吉祥。

真谛无上最胜法，正法甘露加持力，

清静善法广增长，昼法明朗恒吉祥。

僧迦功德宝灿烂，菩萨利生加持力，

消灭惑苦热恼冤，昼夜光华恒吉祥。

惟愿国家人民利乐吉祥。

此译文是经过观空法师修改译出的，赞文的题目和三个段落的标题都是译者后加的。按照观空法师的翻译，在第二和第三段落，每两句为一组，体现统一的意义，译者都给予了解释。第二段的解释依次为：赞上师宝功德，赞佛宝功德，赞法宝功德，赞僧宝功德，赞教法兴盛，赞正法广大，述赞的体例。第三段的解释依次为：祈愿佛宝加被，祈愿法宝加被，祈愿僧宝加被。此赞为诗歌体裁还掺杂有许多佛教内容，读来有些晦涩难懂。

《在北京的藏传文物》中，黄颢先生也有此赞辞的另一个译文，收录如下以方便读者的理解。

《吉祥海祝辞》

对此吉祥大海之佛宝，以大海般笃信之心予以顶礼，则众生所获吉祥如同大海。兹赞颂吉祥大海之辞：富足大海系功德宝库，佛法大海可汇集为智慧，善业可聚合为成就大海，吉祥之海赐当今吉祥！两善出自德业之海，智慧大海深广无涯，诸行遍通畅达如海，吉祥之海可赐当今吉祥！佛经大海有正悟，宝海库藏为所依，佛法大海诸善业，吉祥之海赐吉祥！欲望大海戒根坚，功德大海民生善，僧伽大海诸善业，吉祥之海赐吉祥！佛像如海永长存，福德之海大而广，佛法大海极辽阔，善于亲近智慧海，听闻大海如宝饰，智海宝幢谓吉祥，吉祥大海□胜利。此为吉祥大海颂，此辞赞颂彼大海。明智大海动人心，亦谓诗词之大海。殊胜当以佛为最，太阳法主佛加持。以此平息灾祸语，吉祥常在获吉祥！法性□□□最崇高，佛法甘露真赐福，福慧资粮可弘扬，吉祥常在获吉祥！佛子造益真赐福，平息愚苦烦恼敌，吉祥常在获吉祥！为使皇帝社稷安，祈愿一切皆吉祥！

就以这充满吉祥和祝福的赞词作为这一篇文字的结语，也是我们对这座蕴涵有丰富佛教文化寓意的金刚宝座的礼赞，对于塔的研究我还只是刚刚起步，还有许多的未知等待智者、哲人解密！

滕艳玲（北京石刻艺术博物馆　副研究员）

冀西南古村落考察小记

◎关剑平

　　为了配合即将举办的《中华古村落——京津冀风情》展之需，及更好地展示中国古村落的风采、搜集第一手素材与资料，北京古代建筑博物馆组织了一次河北地区古村落专项考察，其中的冀西南地区邢台、邯郸一带古村落考察，安排在 2017 年 7 月 3~8 日进行。

　　冀西南邢台、邯郸一带，古村落遗产丰富，大部分坐落在太行山深山中。

　　行程开始于历史文化名村英谈村，为省文保单位。

　　英谈村位于河北省邢台市邢台县西部太行山深山区，英谈古寨原是唐朝黄巢起义军留下的营盘。明朝永乐年间，山西一位路姓的大户举家来此落户。目前的建筑多为清代咸丰时所建，属于比较经典的明清建筑群，村内有 67 处院落依山就势，是我们这次考察保存最为完好的石寨。岁月流逝，原来的"营盘"被乡民叫来叫去（用了谐音）叫成了今天的名字——英谈。

　　走进英谈村，便是走进了石头的世界。村子的东侧门和城墙如今保存相对完好，门上有箭楼，城门旁边有水门。英谈村三面环山，东面临河，端庄古朴别有洞天，素有"江北第一古石寨"美誉。村落靠山而居，依形就势，高低错落，层层叠叠，具有典型的太行山区建筑风格，远远望去，犹如一组精巧紧凑的红色城堡，是我国北方保留最完好的石寨之一。考察一行人信步在村落当中，满眼都是红褐色的石头，村内有大小石孔桥 36 座，还有石楼、石栏、石街、石院。以及随处可见的石碾、石臼、石磨、石灶，在这一方石头的世界里，石头透着古朴与神秘，石头也变得温暖而画满年轮。

　　"外看三层楼，近看不是楼，一层一个院，无梯能上楼"，这便是村子里房屋建筑的真实写照，因为山谷空间狭小，房屋多拔高地基、盘山而建，随坡就势，高低错落，以增大建筑面积和居住空间，从远处看房屋高耸，威严庄重，脚下是陡峭的十八盘，头上是狭窄的一线天，令人蔚然生畏。沿着石阶步步登高，不用楼梯就可以逐层进入各家宅院。多数院落彼此连通，并且留有隐秘的暗道通往外部，在战乱动荡的年代，这些密道发挥了重要的军事意义。虽然英谈村的建筑原料以毛石为主，但其结构上的神工天巧、匠心独运仍然可见一斑，石块之间凹凸咬合，严丝合缝、建筑线条笔直刚劲，棱角分明，这也使得英谈村和其他太行村落比起来多了几分富贵和英气。路氏家族的四大院落，以堂号命名的德和堂、汝霖堂、贵和堂、中和堂，更是体现了英谈建筑的美轮美奂，讲述着英谈过往的辉煌和富足。

英谈村建筑群

英谈村东侧门箭楼

　　邢台县崔路村刘家大院，是以刘可升永寿堂下的四门——永和堂、永保堂、成业堂等组成的冀南民居庄园，刘家大院建筑面积大，约占全村的古民居的的三分之一。现大多保存基本完好，其中以永寿堂、永和堂、永保堂保存最为完好，其建筑艺术、文化价值很高。

崔路村刘家大院雕刻"永保堂"

　　邢台沙河市王硇村，村内房屋建筑集四川古民居与冀南古民居特色于一体。该村保存着明、清及民国时期建筑的古石楼，这些石楼大多数带有鲜明的邑蜀地域风格和战争防御功能。用丹霞岩红石条垒砌的院墙高达二层或三层（最高可达18米），且家家墙体互连，院院暗道相通；楼顶建有雕楼（当地人称其为"耳房"），雕楼上留有瞭望孔，一旦发现敌人来袭，住在石楼中的人们会在最短的时间内，进行安全转移。个别院落还凿有水井、石碾、石磨、牛羊圈，门后置有暗闩、藏犬洞等，其中有一进七全院贯通，进一步强化了长期院内生存与防御功能。

王硇村村口

王硇村民居石楼

王硇村民居石墙

　　邢台县尚汪村，田麻痒庄园占地面积约一万多平方米，是冀南保存较完好的地主庄园。田麻痒庄园，始建于1914年，完工于1917年，主要建筑有房屋172间，花园两处，配有私塾学堂、马棚下处、戏院，庄园座北朝南、五米高度青石围墙上，垛口林立，枪眼密布，正门拱圆形，门券上房拱型砖上刻有"薰风南来"四个大字，前门有六米宽。四米的青砖影壁，向北通后院数米宽、百米长的石砌甬道，有一座两层高的护宅楼，上书"保卫楼"三个楷体砖雕大字，端坐在甬道正中。在它的两侧，各有两座由过厅前后贯通的四合院，每座四合院各有房屋18间，均有正门，二门。四座四合院的门连同大门口，节日期间张灯结彩，谓之"九门相照"。四座四合院均采取对称式建筑，院墙系由三青石由基到顶垒成、青砖包檐。北屋为上房，包柱出厦、三明两暗，门户、抱柱、门墩石等，均雕龙刻凤，梅兰竹菊，工艺精湛，各院都设有天地神，系整块青石雕刻而成田麻痒庄园式一座集文化、历史、工艺为一体的民间庄园，现为河北省文物保护单位。

尚汪村田麻痒庄园正门

尚汪村田麻痒庄园"保卫楼"

内丘县黄岔村，位于邢台市西北太行山脉腹心地带，处于历史文化名山凌霄山山后，地理位偏僻，是一个古老幽静的村落。黄岔村原名黄卡村，相传为东汉末年张角领导的黄巾起义军在此三岔口之地，设关立卡而形成，故称为"黄巾军关卡"，而取名"黄卡"，后演变为"黄岔"，建村历史1800年左右。古村保存完好，独具冀南山乡风貌特色。房屋依山随形，高低错落有致，大多为单层建筑，少数二层楼房建筑。院落有连体式、四合院式，偶有二进院式，至今在山上还遗有黄巾军的点将台、练兵场、石梯、寨门、寨墙、水牢等遗址。后来建村时，从"狗子村"迁来刘姓、从石善村迁来张姓，另外从其他地方迁来韩姓、李姓人家，因该村地处深山，有非常多的叉路，故取名"黄岔"。抗战时期这里是革命老区，村中留有八路军联络地点。黄岔村也是历史名河泜水源头，即《山海经》谓"敦与山，泜水出其阴"所在地。

黄岔村民居

黄岔村石楼

黄岔村石楼内部

刘家寨，是一处地处太行山东麓涉县偏城镇偏城村，建在一处方整的高冈之上，为保存比较完整的典型的北方四合院式建筑群。其始建年代最早可以追溯到宋末元初，现存80%以上为清代至民国初年建筑，全部是砖石土木结构，四周用石头筑成高达10米的城墙。据《涉县地名志》记载，宋末元初，刘姓从山西辽州（今左权县）上武里同峪村迁来，由于世代为官，渐成旺族，便将四周以石筑城，设东南北三门，俨然一处小山寨，易守难攻，改名"永安寨"，因地处偏僻，故名"偏城"，因原主人姓刘，故现在常被人称为"刘家寨"。进入刘家寨，"将军第"、"进士府"等古建筑仍然十分威严。沿街门楼，飞檐斗拱十分精美，大门两侧的门楣多为青石竖立，雕刻着各种楹联，高大的门楼、高高的台阶，全部采用青石铺就，底层阶下有排水道，不少上马石和拴马石（石鼻）至今仍保存完好。屋顶多为坡屋顶、出飞檐、圆椽，方砖盖瓦、屋顶压背、两端出兽，许多雕刻美仑美奂。刘家寨是一处在我国北方不可多得的山寨式古建筑群，考察组来这天，正赶上下着中雨，天气阴冷，感觉有些阴森森的。

刘家寨寨门一

刘家寨寨门二

刘家寨寨门三

涉县磨池村，这个村庄是山石土木结构民居，现已没人居住，几乎没有维护和管理，都是破旧了的年久失修到朽坏，残垣断壁的土磊房屋，有的门框上还有符咒签。走在空无一人的村寨，阴森森，略有恐怖。

磨池村民居一

磨池村民居二

　　花陀村是邯郸市磁县最偏远的贫困山村，也是保护比较好的村寨，地处太行山东部陶泉乡西部睡美人山主峰天宝寨脚下，建村古老，历史悠久，昔日又名欢儿驼，相传北齐时期以基本形成，村南有古石槽碾子为证。花驼村依山就势，与石为居，村庄古老，历史悠久。东魏高欢时，阁老郭莱因遭奸臣陷害，第二天将满门抄斩，头天晚上在同僚的帮助下，郭莱带领全家三十余人，深夜逃到此地，由于北边山岭很像人的耳朵，故取名观耳驼。550年，东魏高欢的儿子高洋建立北齐后，观耳驼改名为花驼村，此名沿用至今。从该村整体规模看，以明清、民国时期传统民居为主，并且存有西汉末年的天宝古寨、清代的摩崖石刻、抗日战争时期的一二九师兵工厂旧址。村庄质朴自然的原生态传承了太行山区人民生活的历史性、地域性、文化性、整体性。花驼村以明清、民国传统建筑为主，建筑群占地面积2.2公顷，建筑面积7600平方米，保存完好率85%以上，均为石砌房屋，因山就势，错落有致，质朴浓郁。村内所有街道均以青石铺设，青石路4条，长1200米。村内民居大部分为平屋顶，建筑为石木结构，门楼由精美雕刻作为装饰，檐角和水口多为整块青石雕刻而成。房屋券顶拱门也为料石浆砌，显示了石砌建筑的精致与独特风格。村内有千年古槐2棵，水池2座，唐代古槽碾1处，水窖56处，炮楼5处。村外有石庵50余处，寺庙8处，古树不计其数，保留

花陀村民居一

了原始的生态环境。村内现存一二九师兵工厂旧址（十二处），创建于1937年5月。由于该村地势险要，山高林密，群众基础好，抗日组织在花驼村秘密建立兵工厂。在刘少奇、刘伯承、邓小平等老一辈革命家的带领下，兵工厂主要生产机枪、手枪等武器和军衣、军鞋、毛巾和肥皂等后勤物资，兵工厂机器设备由刘少奇同志从六合沟煤矿运至花驼村。兵工厂当时有工人266人，工厂车间占有民房245间，兵工厂在花驼村7年间，始终没有遭到敌人的破坏，为革命抗日工作做了不可磨灭的贡献。据记载，花驼村兵工厂应是当时太行山地区最早、规模最大的"冀南第一兵工厂"。

花驼村天宝寨，始建至今已有约1500年的历史，位于花驼村南约一千米的云台山上，经小十八盘拾级而上，即入古寨。传说西汉末年刘秀兵败南下，被

花陀村民居二

花陀村古井

王莽追杀，在天宝寨避难，刘秀得天下后，传旨将此寨改名为"天宝寨"。寨上有玉皇庙、奶奶庙、文王庙庙宇三座，宏伟壮观。另建有郭氏祠堂，为纪念民国时期打虎英雄郭祥而建。寨内玉皇顶保存一棵古柏，历经千年，依然挺拔苍翠。天宝寨半山腰有清代摩崖石刻，为市级文物保护单位。碑文清晰记载了"天宝寨"的沧桑历史，此摩崖石刻资料丰富翔实，对当时的社会状况研究具有重要的史料价值。

原曲村位于河北省涉县东南，位居清漳河西岸，是中国历史文化名镇固新镇核心保护区，是涉县具有文字可考最古老村庄之一。因其地处弯曲的漳河之畔，周围环绕有像十二属相的山，村貌呈鱼形，而称"源曲村"，世代为商贾云集之地。抗日战争年代，是中国人民抗日军事政治大学第六分校和抗日五分区后方医院所在地。现居住人口有4800人。原曲村保护完好的古代建筑颇多，古有三寺九庙十八堂，有五道明清时期的古券，其上寺庙、券阁俱全，犹如五座城门，村内有明清民国老宅有150余处。

原曲村寨门

原曲村民居

短暂的六天考察结束了，考察组搜集了大量古村落相关图像、文字资料，为中华古村落展积累了丰富的一手资料。本次行程计划考察 19 座古村落，实际考察了其中 14 座，剩下 5 座因气候不佳导致的恶劣道路状况而放弃了考察。考察的古村落中，有一部分已无人居住、荒无人烟。通过考察，看到古村落的保护现状参差不一，有的状态不错，实现了保护与利用的有机结合，而有些则堪忧。古村落是一笔有形的物质文化遗产，蕴涵着丰富的传统文化，以及人文、历史、民俗、人类学、民族演变等内涵，就像一册厚重文化读本，需要相当长时间内人们去解读。保护好这个文化遗产，也为今后文物事业的可持续发展从侧面提供了丰厚发展依据和利用资源。

　　　　　　　关剑平（北京古代建筑博物馆陈列保管部　副主任）

文物与建筑

乾隆石经的改刻及
《奏修石经字像册》

◎王琳琳

一、乾隆石经及两次改刻基本情况

　　清乾隆五十六年（1791年），为勘正经典，统一教材，乾隆皇帝谕旨以蒋衡耗时十二年手书"十三经"为底本刻石，立于北京国子监，称之为"乾隆御定石经"，简称"乾隆石经"或"清石经"。石经共189通，加上末一碑"圣谕及进石刻告成表文"共190通，约63万字。石碑均为圆首方座，高305厘米，宽106厘米，厚31.5厘米，碑额篆书"乾隆御定石经之碑"，钤乾隆御玺"表章经学之宝"和"八征耄念之宝"。碑文为楷书，两面刻字，每面分6部分刻写。乾隆石经是历代儒家经典碑刻中最为完整、规模最大的一部。

　　嘉庆八年（1803年），时任石经副总裁彭元瑞奏请重修石经。嘉庆八年谕旨载：

　　前因彭元瑞奏：太学石经现在所刊碑文、与御纂钦定本闲有异同，请详加察覆。……现在太学石经早已刊布通行，毋庸改易。其石经内有遗漏笔画，及镌刻草率各条，着交御书处查照修整，以臻完善。[1]

　　在冯登府《石经补考·卷十一国朝石经》中也有类似的记载：

　　彭尚书元瑞曾撰《考文提要》十三卷，以证校正所自，当时因急于告竣，未及尽改。迨我仁宗皇帝嘉庆八年，尚书奏请重修，于是复命廷臣磨改，以期尽善，故前后搨本不同。[2]

---

　　① ［清］文庆、李宗昉等纂修《钦定国子监志》，北京古籍出版社2000年版，第1042页。

　　② ［清］冯登府《石经补考》，贾贵荣辑《历代石经研究资料辑刊》，北京图书馆出版社2005年6月第1版，第2册，第579页。

因嘉庆八年的重修，"乾隆石经"的拓本也出现乾隆和嘉庆两种拓本，且两种拓本不同。在张国淦的《历代石经考·清石经考》对此有载：

嘉庆八年曾磨改，今石完好无残阙。其拓本有乾隆嘉庆揭本，前后不同。偶见于京师故家中，近亦无新拓本。[1]

从乾隆五十九年（1794年）石经刊刻完成，到嘉庆八年（1803年）不到十年，因此以重修之前的拓本更为珍贵。

光绪十一年至十三年（1885—1888年）因"乾隆石经""字迹岁久受损"[2]，国子监学录蔡赓年根据《钦定考文提要》，对石经进行修刻，并据此撰书《奏修石经字像册》。该书卷首载：

奏修《石经》文字样本

堂谕《乾隆石经》，字迹岁久受损。本堂于七月间奏准请遵《钦定考文提要》及时修刻在案，着派蔡赓年敬案（即审）石刻编册呈堂，覆定发修。此谕。光绪十一年十二月十五日，学录蔡赓年遵奉谨编。[3]

距乾隆五十九年（1794年）石经刊刻完成，嘉庆八年（1803年）石经重修已近百年，此时石经字迹受损，国子监官师核校石经，共计修刻863处，具体情况如下：《周易》文字拟修13科、《尚书》文字拟修64科、《毛诗》文字拟修95科、《周礼》文字拟修132科、《仪礼》文字拟修61科、《礼记》文字拟修126科、《左传》文字拟修126科、《公羊》文字拟修54科、《穀梁》文字拟修43科、《论语》文字拟修47科、《孝经》文字拟修4科、《尔雅》文字拟修39科、《孟子》文字拟修59科，都计《十三经》文字拟修863科。[4]

有清一朝，"乾隆石经"历经乾隆五十六至五十九年（1791—1794年）的刊刻，嘉庆八年（1803年）的磨改，光绪十一年至十三年（1885—1888年）的奏修，相应，"乾隆石经"的拓本也有乾隆版（乾隆五十九年——嘉庆八年）、

① 张国淦《历代石经考》，贾贵荣辑《历代石经研究资料辑刊》，北京图书馆出版社2005年6月第1版，第4册，第526页。

② ［清］蔡赓年《奏修石经字像册》，贾贵荣辑《历代石经研究资料辑刊》，北京图书馆出版社2005年6月第1版，第8册，547页。

③ ［清］蔡赓年《奏修石经字像册》，贾贵荣辑《历代石经研究资料辑刊》，北京图书馆出版社2005年6月第1版，第8册，547页。

④ ［清］蔡赓年《奏修石经字像册》，贾贵荣辑《历代石经研究资料辑刊》，北京图书馆出版社2005年6月第1版，第8册，第547–695页。

嘉庆版（嘉庆八年——光绪十三年）和光绪版（光绪十三年至今）三个版本。

二、光绪年奏修石经背景及人物

关于乾隆石经的改刻，文献资料中对嘉庆八年的磨改多有记载，而光绪十一年的奏修则鲜有记录。"有关蔡赓年奏修《乾隆石经》事，冯登府《石经补考·国朝石经考异》未载及，盖冯氏卒于道光二十一年（1841年），而张国淦《历代石经考·清石经考》则阙载。"[①]在北京图书馆出版社出版的《历代石经研究资料辑刊》中收录了清人蔡赓年撰写的《奏修石经字像册》，这是关于光绪十一年奏修乾隆石经最重要文献资料。

两次鸦片战争及太平天国起义后，大清王朝全面衰落，国子监也大受影响，生员的质量和数量都大大下降。数年战争，国家财力吃紧，为筹措军饷放宽捐纳国子监官员和贡生的限制，造成师生质量整体下滑。同治、光绪两朝，清政府加强对国子监的管理，整顿学务，提振士气。光绪十年至光绪十五年（1884—1889年）由宗室盛昱出任国子监祭酒，他整治国学，成效显著。在《清史稿·列传二百三十一》中对盛昱有如下记述：

> 宗室盛昱，字伯熙，隶满洲镶白旗，肃武亲王豪格七世孙。祖敬征，协办大学士。父恒恩，左副都御史。盛昱少慧，十岁时作诗用"特勤"字，据唐阙特勤碑证新唐书突厥"纯特勒"为"特勤"之误，縣是显名。光绪二年进士，既，授编修，益厉学，讨测经史、舆地及本朝掌故，皆能详其沿革。累迁右庶子，充日讲起居注官。……
>
> 十年，迁祭酒。……
>
> 盛昱为祭酒，与司业治麟究心教士之法，大治学舍，加膏火，定积分日程，惩游惰，奖朴学，士习为之一变。十四年，典试山东。明年，引疾归。盛昱家居有清誉，承学之士以得接言论风采为幸。二十五年，卒。

盛昱，满洲镶白旗人，光绪二年（1876年）进士，光绪十年（1884年）出任国子监祭酒，整治学舍，增加监生膏火钱，制定积分制度，奖勤罚懒，国子监学风为之一变。

盛昱整治国子监的成绩在徐郙、王懿荣等呈递《已故祭酒盛昱请付史馆列入儒林传据情代奏折》中也有表述：

---

① 何广棪《〈乾隆石经〉考述》，《古籍整理研究学刊》2008年第一期。

前在国子监南学肄业翰林院编修喻长林等十四人呈称，盛昱于光绪十年到任，至光绪十五年因病奏请开缺，计在祭酒任内六年之久。其教士以通经致用为本，根柢程朱，而益之以许郑贾孔之学，俾学者精研义理，以为躬行实践之资。又仿宋儒安定胡氏分经义治事之法，俾学者各治一经一史，及天文、舆地、兵事、农政等门，日有课程，编为札记，前祭酒评加批阅，辨其得失，孜孜训迪，终日无倦。一时肄业者皆争自磨砺，勉为有体有用之学。其有不守学规，及疏旷功课、门径歧出者，则随时惩戒斥逐。立法严整，为从前所未有……今距前祭酒莅任已十有余年，六馆诸生，犹奉格前规，遵循弗替。逆犯康有为伪为邪说之时，本学肄业者，皆笃守师传，无一人为其煽诱，亦可见以道得民之效矣。①

光绪二十五年十二月管理国子监大学士徐郙、国子监祭酒王懿荣等呈递《已故祭酒盛昱请付史馆列入儒林传据情代奏折》，奏折中肯定了盛昱任国子监祭酒时的一些列整治措施，使国子监学风大变。

盛昱任国子监祭酒期间，除了整顿教务，还尤为重视国子监石刻的保护和传承，他委派国子监崇志堂学录蔡赓年（又名蔡右年）主持奏修乾隆石经和仿刻周秦石鼓，在《已故祭酒盛昱请付史馆列入儒林传据情代奏折》中有载：

本学石经，刻逾百年，当时蒋衡所书多据坊本，错讹不免，是以前大学士彭元瑞于乾隆间曾经派纂《石经考文提要》一书，进呈御览。前祭酒于到官之日，即行奏请谨依石经考文提要，重为修补，旋奉旨依议，遂率学官蔡右年等敬谨考核，一归是正，昭垂千古，安设栅栏，兼资保护。②

光绪年奏修石经主要以彭元瑞的《石经考文提要》为依据进行修补，并加设栅栏保护石经。

关于蔡赓年生平记载不多。"《奏修石经字像册》扉页载：'蔡赓年，字崧甫，德清人。咸丰辛酉科优贡生，同治丁卯科举人，官国子监学录。'"③《光绪顺天府志》上署"德清蔡赓年纂"。光绪十二年（1886年）国子监祭酒、宗室盛昱依石鼓宋拓本刻石立于国子监土地祠内壁间（韩文公祠），石鼓上的文字

① 《已故祭酒盛昱请付史馆列入儒林传据情代奏折》，载《军机处录副奏折·文教类》，光绪二十五年十二月，中国第一历史档案馆藏。

② 《已故祭酒盛昱请付史馆列入儒林传据情代奏折》，载《军机处录副奏折·文教类》，光绪二十五年十二月，中国第一历史档案馆藏。

③ ［清］蔡赓年《奏修石经字像册》，贾贵荣辑《历代石经研究资料辑刊》，北京图书馆出版社2005年6月第1版，第8册，第543页。

国子监东三堂有护栏保护乾隆石经

由崇志堂学录蔡右年校对，监生黄士陵和拔贡生尹彭寿刻。在石鼓后有小楷跋："光绪十二年八月，国子监祭酒、宗室盛昱重摹阮氏覆宋本石鼓文刻石龛置韩文公壁。崇志堂学录蔡右年校文，监生黟县黄士陵刻，拔贡生诸城尹彭寿续刻。"罗振玉《雪堂类稿·长物簿录戊之二》"石鼓文盛伯熙祭酒精拓本"条："此宗室伯熙祭酒盛昱官国子祭酒时，命黟县黄牧父（士陵）手拓，毡墨至精，凡旧托不能辨之残画，皆明晰可见。前有篆文朱记，文曰：'光绪乙酉续修监志，洗拓凡完字及半泐可辨者，尚存三百三十余字，别有释，国子监祭酒宗室盛昱，学录蔡赓年谨次'。又有"牧父手拓"印。"①可见蔡赓年与蔡右年是同一人，主持了石经的奏修和石鼓的拓制、仿刻。

黄士陵、尹彭寿摹刻石鼓拓片

---

① 罗振玉撰述、萧文立编校《雪堂类稿·长物簿录戊之二》，沈阳：辽宁教育出版社 2003 年版，第 86 页。

三、《奏修石经字像册》概况

《奏修石经字像册》为清人蔡赓年撰写，扉页有蔡赓年的简要介绍（见前文），书名为"奏修石经字像册"，表明此次修补石经是上奏皇帝奉旨改刻的，"字像册"则表明书中将改刻前石经上字和改刻后的字如画像一般汇集成册。该书因被北京图书馆出版社出版的《历代石经研究资料辑刊》收录而为今人所得。

《奏修石经字像册》全书手写，以列表的形式将石经上磨改文字的情况罗列出来。每则改刻条目分为三栏：第一栏大号字，列出十三经的原文；第二栏小号字，历次文字改动情况；第三栏大号字，最后改定的文字。如《周易》中的一则："包牺氏没。包初刻包，后加艹作苞。包。"[1]"包牺氏没"出自《周易·系传下》，在乾隆五十六年初刻时刻为"包"字，嘉庆八年磨改时加艹改作"苞"，光绪十一年奏修又改回"包。"又如《尚书》中改刻的一则："允升于大猷。升初刻升不误，后磨去一笔廾。升。"[2]"允升于大猷。"出自《尚书·君陈》，在乾隆五十六年初刻没有错误，嘉庆八年磨去一笔为"廾"，光绪十一年奏修又添加一笔改回"升"。

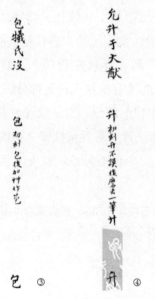

包牺氏没

包初刻包后加艹作苞

包 ③

允升于天猷

升初刻升不误后磨去一笔廾

升 ④

① ［清］蔡赓年《奏修石经字像册》，贾贵荣辑《历代石经研究资料辑刊》，北京图书馆出版社 2005 年 6 月第 1 版，第 8 册第 551 页。

② 同上，第 560 页。

③ ［清］蔡赓年《奏修石经字像册》，贾贵荣辑《历代石经研究资料辑刊》，北京图书馆出版社 2005 年 6 月第 1 版，第 8 册第 551 页。

④ 同上，第 560 页。

全书将乾隆石经文字磨改情况分列四部分：

第一部分"易书诗"，即《周易》、《尚书》、《毛诗》的改刻字像。在正文前有文字：

奏修《石经》文字样本

堂谕《乾隆石经》，字迹岁久受损。本堂于七月间奏准请遵《钦定考文提要》及时修刻在案，着派蔡赓年敬禀石刻编册呈堂，覆定发修。此谕。光绪十一年十二月十五日，学录蔡赓年遵奉谨编。①

此段文字提出了此次奏修乾隆石经是因为"字迹岁久受损"，但通过分析改刻字样，发现原因并不如此（详见后文）。这一部分列出了《周易》、《尚书》、《毛诗》改刻的字样。在《周易》部分末尾处做出统计"右周易文字拟修者十三科"②，即《周易》此次拟修改十三处。《尚书》部分，文末统计"右尚书文字拟修者六十四科"③。《毛诗》部分，文末统计"右毛诗拟修文字九十五科"④。

第二部分为"三礼"，即《周礼》、《仪礼》和《礼记》。体例如前，在正文前也有一段文字，表明奏修的原由、时间、人物等。《周礼》部分，文末统计"右周礼拟修文字百三十二科"⑤。《仪礼》部分，文末统计"右仪礼拟修文字六十一科"⑥。《礼记》部分，文末统计"右仪礼拟修文字百二十六科"⑦。

第三部分为"三传"即《春秋左氏传》、《春秋公羊传》和《春秋谷梁传》，体例如前，不再赘述。《春秋左氏传》部分，文末统计"右左传拟修文字百二十六科"⑧。《春秋公羊传》部分，文末统计"右公羊拟修文字五十四科"⑨。《春秋谷梁传》部分，文末统计"右谷梁拟修文字四十三科"⑩。

第四部分为《论语》、《孝经》、《尔雅》、《孟子》。体例如前，不再赘

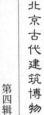

---

① ［清］蔡赓年《奏修石经字像册》，贾贵荣辑《历代石经研究资料辑刊》，北京图书馆出版社 2005 年 6 月第 1 版，第 8 册，第 547 页。

② 同上，第 552 页。

③ 同上，第 563 页。

④ 同上，第 577 页。

⑤ ［清］蔡赓年《奏修石经字像册》，贾贵荣辑《历代石经研究资料辑刊》，北京图书馆出版社 2005 年 6 月第 1 版，第 8 册，第 604 页。

⑥ 同上，第 612 页。

⑦ 同上，第 630 页。

⑧ 同上，第 650 页。

⑨ ［清］蔡赓年《奏修石经字像册》，贾贵荣辑《历代石经研究资料辑刊》，北京图书馆出版社 2005 年 6 月第 1 版，第 8 册，第 658 页。

⑩ 同上，第 668 页。

述。《孝经》部分，文末统计"右孝经拟修文字四科"[①]。《尔雅》部分，文末统计"右尔雅拟修文字三十九科"[②]。《论语》部分，文末统计"右论语拟修文字四十七科"[③]。《孟子》部分，文末统计"右孟子拟修文字五十九科"[④]。

全书文末统计"都计十三经拟修文字捌百六十三科"[⑤]。

四、结论

蔡赓年《〈奏修石经字像册〉》不仅记录了光绪年奏修石经改动的文字情况，也涉及了嘉庆年改刻石经的文字情况，充分解读这本书将有助于我们探索乾隆石经拓本分期断代和乾隆石经的历史沿革。

王琳琳（孔庙和国子监博物馆　副研究员）

---

① ［清］蔡赓年《奏修石经字像册》，贾贵荣辑《历代石经研究资料辑刊》，北京图书馆出版社 2005 年 6 月第 1 版，第 8 册，第 671 页。

② ［清］蔡赓年《奏修石经字像册》，贾贵荣辑《历代石经研究资料辑刊》，北京图书馆出版社 2005 年 6 月第 1 版，第 8 册，第 679 页。

③ 同上，第 686 页。

④ 同上，第 695 页。

⑤ 同上。

巧夺天工的北京砖雕

◎李明德

　　北京胡同四合院门楼上的砖雕、石雕装饰，有着高度的观赏价值，独具艺术光彩。门头上的栏板及两旁戗檐上的砖雕图案不仅内容丰富，其雕刻技法高超。虽经百年以上的风雨侵蚀，这些精美佳品至今仍保存完好，与整体门楼建筑结合得恰到好处，形成极好的装饰效果。追溯北京砖雕艺术的历史，以明清时代最为兴盛，那时府邸、会馆、民居的四合院门楼上装饰砖雕、石雕很普遍，用于门头、门墩儿、屋脊等处。目前，现存一些老街巷门楼上保存的砖雕，多为清代工匠所雕，也有部分是民国期间的砖雕精品。工匠们采用薄肉雕、浮雕、透雕和线刻等多项高难的技法，根据门楼宅邸的不同，在门楼、门头、戗檐、门墩儿上进行图案设计，按照图样的尺寸去烧制澄浆泥砖，在砖上雕刻。其中以浮雕最具特色，有些画面的精彩部分，则单独制作，后再镶在砖面上。如花朵、兽头……还有部分运用透雕技术，表现出的图案效果更佳。用拼接的方式，如两拼、四拼、六拼、八拼等完成门头的整个砖雕装饰。画面上呈现的人物、花卉图案的完成，要靠工匠的刀工技巧，画面玲珑剔透，一般雕完后不再另行打磨，几块砖雕拼砌在一起，就形成了巨幅的佳品了。今天，北京会这门砖雕技术的老艺人已寥若晨星。

四合院门楼的砖雕特色

　　提起砖雕这门技艺，在我国可谓历史悠久，不同地方的居民或古建，都有砖雕图案的装饰。如山西、河北、安徽等省，一些古建园林或宅院，都会有砖、石雕刻的精品，其内容花卉、灵兽、人物或书法均有展现，也有的地方古建上突出了木雕艺术。总之，建筑上雕刻艺术佳品，手工技巧，艺术风格也各有不同。在我国，区域不同，又分"苏派"和"京派"，京派即是古都北京，这里的王府和官宦之家，门楼和庭院中的砖雕图案，都呈现出富贵、大方、豪华，这正是"京派"砖雕的特色。

　　北京胡同四合院建筑中，对砖雕这门技艺的应用更为广泛，尤其是在不同造型的门楼上砖雕图案的装饰更是丰富多彩。金、元、明、清，京城是历代古都。大街小巷里四合院建筑呈现的砖雕精品，有着独特的风格和气派。自清康熙年间这门京派砖雕从工艺到技术上已有了"雕花儿匠"这一行当，代代相传。自清代至民国时期，内外城街巷中的宅院建筑都对砖、石雕的艺术品很是重视。广亮大门门楼的砖雕图案仅表现在戗檐或下面左右的砖面部位，以示宅主人的身份。刻工玲珑剔透，图案庄重大气。最为夺目的砖雕艺术品，应该是为数众多的如意门门楼了，真可是京城砖雕的亮点，让观赏者惊叹！如意门砖雕由门楣至门头部分，高达一米，宽至三米，图案均由特制砖，采用六拼或八拼精雕而成。门楣部位的图案多用蝙蝠或佛八宝图案。门头宽阔，选用图案内容极为丰富。可分为以下几项。

吉祥富贵的图案

展示人民对美好幸福生活的想往，以蝙蝠、鹿、喜鹊、仙鹤、麒麟、盘长、如意、磬……分别组成图案，各有其讲法和寓意。有的图案还与其谐音联系在一起，是很有讲究的。在栏板浮雕蝙蝠（谐"福"音）、鹿（谐"禄"音）、古代乐器磬（"磬"即是喜庆的谐音）。《喜庆吉祥》的图案中，画面上的蝙蝠口叼着磬，表达了主人求喜庆、盼福到的心愿。《福寿绵长》图案中，蝙蝠口叼盘长（佛八宝之一）其图案中绸带不封口，表示佛法无边，其寓意是福寿绵长。《鹤鹿同春》图案，是表示延年益寿。

展示花卉的图案

如梅花、兰草、翠竹、菊花，这是我国的传统名花，被称为"园林四君子"，自古以来就得到文人墨客的吟咏。宋代文学家王安石就留有赞梅花的诗："墙角数枝梅，凌寒独自开。遥知不是雪，为有暗香来。"松、竹、梅组成图案砖雕，被称为"岁寒三友"。还有雕刻石榴、葫芦、葡萄图案的，其寓意是多子多孙，人丁兴旺。

"博古"图案

画面内容丰富，将古代器物香炉、玉佩、笔筒、砚台、花瓶……巧妙安排在一组"多宝阁"画面中，表示我国文人的生活。文房四宝与花瓶在一起，寓意四季平安。

民间传说与神话故事

经过考查，现在这类人物故事题材的砖雕品为数极少了。我国古老的《八仙过海》故事，将韩湘子、张果老、李铁拐、曹国舅、蓝采和、汉钟离、吕洞宾、何仙姑的传说，活生生展现在画面上，是北京砖雕艺术中的佳品。表现形式上，又分明八仙和暗八仙两种，韩湘子吹笛、曹国舅持玉板高歌、李铁拐祝寿、何仙姑采莲、张果老骑驴……这类人物图案为明八仙。在图案上仅雕刻八仙常佩戴的器物，如：韩湘子吹的笛子、曹国舅手中的玉板、蓝采和的花篮、汉钟离的扇子、何仙姑手持的荷花、李铁拐的葫芦、吕洞宾的宝剑、张果老的渔鼓配之以祥云、绸带、荷叶组成图案的，均为暗八仙。还有名为《竹林七贤》的门头砖雕，更是珍品，展现魏晋年间，阮籍、山涛、刘伶、向秀、王戎等七位文人名士经常游于竹林对酒对诗、抚琴吟唱的情景，画面生动感人，称为竹林七贤，是目前胡同砖雕仅存的精品。其他如《麒麟送子》、《马上封侯》等图案，内容可谓丰富多彩。

《佛八宝》图案

门头的门楣位置，大部分砖雕图案是"佛八宝"，又称其为"八吉祥"。图案内容、法螺、法轮、伞、白盖、莲花、瓶、鱼、盘长，也有雕万字不到头的"卍"字佛教的吉祥图案。

福字、寿字、云文等图案

门楼左右上方的戗檐，砖雕图案多为花卉、动物或人物故事。如雕刻兽中之王狮子的图案，象征着宅主人的武官身份。雄狮戏球的画面更为生动活泼，这里还有太狮、少狮之分。还有浮雕富贵牡丹或牡丹花篮、松鹤同春等花卉图案的。戗檐上的人物砖雕更为罕见，北城一老胡同中有一幅描绘《三国演义》中赵云大战长坂坡的故事画面，虽经过百余年的自然风雨，至今人物形象逼真，刀工玲珑剔透，是仅存的一件珍品。本书中收集的照片大部分拍摄于20世纪70年代末，是门楼建筑上的砖雕、石雕精品。随着城市建筑和开发，有些老胡同已拆迁，四合院消失了不少，照片中的街道也很难找到了，这更凸显出照片的珍贵，它记录着古老的建筑艺术佳品。

影壁之砖雕艺术

在老胡同中的清代王府和官宦之家的门楼前，对面有一座砖石砌成的"一"字形或"八"字形状的影壁（俗称：照壁），这是与门楼相配套的装饰建筑，有的宅院门里还有较小的"一"字砖砌影壁。门楼外对面所建的影壁，使人们由院内走出大门时即感到宽阔、整洁，以示内外有别。如果，外边来的客人走进大门里，见到院内的影壁，也需拐进外院，在由垂花门进入里院，更是别有风趣的。古代风水学中，认为影壁是针对冲煞而设置的。《水龙经》里讲诉"直来直去损人丁"，古建筑中院落设计忌讳直来直去，故门楼前设影壁与

院里设影壁，使气流绕着影壁而行，符合"曲则有情"的原理。

影壁这一建筑，在胡同的宅邸前是一个标志，引起人们经过这里时的注意。其规格大小都显示宅主人的身份，王府的影壁高3米，长约8米，厚0.5米。有的寺庙前影壁，其高达5米，长达10余米，厚1米。影壁墙上有筒瓦、屋脊、蝎子尾俱全，整墙面磨砖对缝，中心及边角有精美剔透的花卉、宝瓶等图案砖雕。影壁下边有须弥座，可分以下几类。

门楼外的"一"字影壁

这种影壁多建在王府或官宦之家院门的正对面，外形呈"一"字状，整体靠着胡同的南墙。顶上是筒瓦，檐椽用砖雕而成，墙面用方砖砌成影壁心，中心和四方边角均有精美砖雕图案，正中多为"莲花牡丹"，四角以梅花、松、竹、菊图案砖雕。也有在影壁心雕刻文字的，"鸿禧"、"迪吉"、"平安"、"迎祥"等大字，更显其庄严壮观，影壁最下部是石雕的须弥座。

呈八字形的"雁翅影壁"

此种影壁规格较大，左右两边是八字墙，中间为宽阔的一字墙。总形状是"⌒"造型，又像大雁的翅膀，故人们俗称为雁翅影壁。整个建筑砌工精细，磨砖对缝。影壁上边是筒瓦，中心、四角加砖雕花卉，很是古朴壮丽。这样有特色的建筑，今天在胡同中已为数不多。京城最为壮观又古老的雁翅影壁在东城区前永康胡同路南，经常有摄影或美术爱好者去拍照、绘画。另外，南锣鼓巷地区，"一"字形、"⌒"形两种造型的影壁还可以寻到，保存还较好，都是百年以上的老物了。

跨山影壁

这种影壁是建在四合院大门内，迎面即可看到，多为东厢房南墙壁外的位置。在墙面上另建的"一"影壁，是完整的造型。上有屋檐筒瓦，影壁心磨砖对缝，有的中心砖雕"福"、"吉祥"或花卉图案，下面基座由砖、石建成。在一些老四合院中，这类影壁建的很讲究，砖雕内容也很丰富。

砖雕艺术在京城古建中的展现

在京城的元、明、清不同时期，砖雕艺术的精品在宅院、寺庙等建筑上均有展现，其独特的图案得到的应有的位置。达到了对古建筑的美化装饰，这里举例说明（可参阅照片）。

位于西便门的天宁寺，始建于辽大康九年（1083年），是座八角十三层密檐式实心砖塔，通高 57.85 米，塔的下层是八角形基座。基座各面隔成六个壶门形的龛，内雕狮子头，龛与龛之间雕缠枝莲。塔上的转角处浮雕优美生动，这些浮雕均出自元代工匠之手，令人赞叹。

位于海淀区苏州街东南角的万寿寺，始建于明万历五年（1577 年），清乾隆十六年有过修缮。寺内的无量寿佛殿后有座碑亭，亭旁东、西各建有月亮门，墙上开有什锦窗，周围有精美的砖雕图案，画面独特，参与仿西式的艺术色彩，工艺高超，是清代乾隆年间雕花儿工匠的杰作，至今保存完好，可谓京城砖雕的上乘佳品。

另外，西城区大石桥胡同路北的古刹拈花寺、东城区方家胡同路北京城最大的尼庙白衣庵，均是明代寺院，其山门和院内殿宇都保存有各类砖雕。尤其是寺院山门左右的砖、石透窗很有特色，刻工精细，玲珑剔透，至今经历四百余年，古建保存完好。这是明代寺庙保留下的活化石，有高度的欣赏价值。

还有一些老宅院内的二道门与院内的游廊，在建筑上加配了砖雕图案，这是在大门外所看不到的，需走进院内才能欣赏到。东城区棉花胡同 15 号院内，二道门是一座砖雕精美的拱门。门洞为拱形，高 5 米、宽 3 米，从门洞两旁的金刚墙至上面的栏板，均雕有文字和多宝阁，以及松、竹、梅的浮雕图案，其布局严谨，刀工精细。此二道门是清代建筑，已列入文物保护单位。在老宅院的走廊中，尤其是带转角的抄手廊，墙面上设计什锦花窗，呈现圆形、扇形、桃形等多样式，在窗边做砖雕的窗套，风场精致考究，今天京城的东、西城保护地区老宅院中还可看到这类的建筑。

砖雕制作程序

按工程设计尺寸要求制砖备料（包括长、宽、厚度）。清代及民国期间由山东临清县特制橙浆泥砖，官宦之家或商户豪宅的工程必须用此县生产的，以保砖雕质量。大面积的图案要制成拼接的方砖，如"门槛"位置的用六拼，八拼或十二拼来完成。"戗檐"砖雕要按具体尺寸定做烧制，仅用一大块橙浆泥砖完成（大多为正方形）。也有设计成圆形的，那就按规格特制成圆砖。如"戗檐"下面在雕刻"牡丹花篮"就得另行烧制长方形的厚橙泥砖。总之，按工程设计要求来完成制砖。

一般工程或住宅的砖雕就可以在北京城近郊的京西门头构或顺义、房山等地的制砖厂烧制，但不能保证砖雕艺术的质量和长久性。

按工程要求，由雕花儿匠画出花样图。技工要懂国画，笔下有功夫，以花卉，或人物、吉祥物为主，展示出要雕刻的画面。这里有很大学问和悟性，画出的花样要生动，花卉、人物、动物、吉祥物活灵活现，尽量使宅主人和工头

满意。

　　由原草图放大，到整体泥砖上完成刻线，这又是一道工程细活儿。下一步就要通过雕花儿匠的技术操做完成立体的浮雕及透雕，这道工艺叫放大样儿。"戗檐"的话儿好放样儿，因仅在一块大砖上。遇到四合院如意门的"门楣"就是细活儿了，要将制好的"六拼"、"十二拼"的橙浆砖仔细对齐、放平整。然后在砖上放图样，随后是线刻，这直接关系到整个砖雕画面的完成，绝不可以走样儿。

　　通过阴雕、镂雕、浮雕，最后是透雕。每道工序都得仔细认真，一刀下去，就得准，不能错了位。尤其在最后一道工序"透雕"的时候，雕花儿匠要用多种工具、不同的手劲，结合花样子的要求，如葡萄松鼠、狮子绣球、兰花翠鸟、博古书案……在浮雕画面中掺有很多透雕的工序，使砖雕艺术达到登峰造极的境界。此时工匠精力集中，尽量不要出漏子，以免前空尽。"透雕"是最见功夫的，对雕花儿匠的手艺是考验，也可称是绝活儿。

　　总体拼合、打磨。整体砖雕完成，细心检验。"戗檐"是整块话儿，一位工匠就能完成雕刻的画面。"门楣"这是大话儿，又是四合院如意门门楼的整体艺术品，一般为两位工匠合作完成，这得在刀工上尽量一致，通过"六拼"或"十二拼"雕完后，最终拼到一起，是一大幅砖雕精品。这时要打磨（即对砖雕后的整体修画面修饰）呈现出砖雕的本色，然后整体平放拼合、规整。宅主人、工头均达到满意，才由瓦工细心砌上门楣位置或"戗檐"位置。

　　今天，北京砖雕已定为非遗专项，全市的 25 片保护地区大部分完整的四合院门楼上还保留着精美的砖雕佳作，有的老宅虽经受百年的风雨，但门楼上保存的砖雕依然精细完美，是研究、考证胡同文化的活化石。

李明德（北京胡同文化研究者）

清代皇家园林中的农事景观

◎黄潇

中国古典园林是中国文化重要的重要载体，是古代建筑文化的重要组成部分，传统园林崇尚自然生态美，以山明水秀的风景、鸟语花香的环境，天人合一的思想，诗情画意的写意手法，充分体现了中华民族对自然美博大而又深刻的理解力和鉴赏力，其中的建筑布局、单体建筑、蕴涵的文化都值得我们细细品味与研究。人们通常把传统园林分为皇家园林、私家园林、寺庙园林，其中，皇家园林是传统园林中最重要的一部分，首先传统园林发轫于商周时代的帝王苑囿，其次因它属于皇帝个人和皇室所私有，必会使用举国的财力物力来营造，普遍都规模宏大、建筑雄伟、装饰奢华、色彩绚丽。随着时间的流逝、朝代的更迭，现在我们可以看到的仅有清代时期的皇家园林了，它们虽也都经历时间和战火的洗礼，但依然可以体现皇家园林的恢弘大气以及其间蕴涵的丰厚文化。

颐和园、圆明园、避暑山庄等作为现存清代皇家园林的代表，皆反映了"移天缩地在君怀"的情怀，其中必不可少的就包括农事景观。为了体现儒家的重农意识，彰显君主自身劝耕重农的思想，农田以及表现尚农意识的景观在清代皇家园林中不断出现。

一、清代皇家园林中的农事景观

（一）西苑内丰泽园

西苑又称三海（中海、南海、北海），是清代在金、元、明时代遗构的基础上兴建的一座皇家园林。顺治皇帝最早曾在瀛台西面建了几间小屋，亲自养蚕；后来，康熙皇帝又在瀛台勤政殿西面特地修建了丰泽园，作为一位格外重视农业生产的皇帝，康熙修建丰泽园的意图首先在于劝课农桑，"丰泽"之名，本就寓意与民同耕，共庆丰收，因而园内一切不求奢华，反以朴实为特色，不仅建筑采用青砖灰瓦，更在园南面辟出稻田十余亩，园后植上桑树几十株。

1. 水稻的生产

乾隆在《御制丰泽园记》中写道："皇祖万几余暇则于此劝课农桑，或亲御耒耜……所得各方五谷菜蔬，必种之，以观其收获。"说明康熙在丰泽园后的那片水田中，亲自开辟稻田，进行水稻的种植，并于康熙二十年（1681年）在此育成了一个御稻新品种。关于御稻的选育经过，据《康熙几暇格物编》下册记载："丰泽园中，有水田数区，布玉田谷种，岁至九月，始刈获登场。一日遁行阡陌，时方六月下旬，谷穗方颖，忽见一科，高出众稻之上，实已坚好，因收藏其种，待来年验其成熟早否。明岁六月时，此种果先熟。从此生生不已，岁取千百，四十余年来，内膳所进，皆此米也。其米色微红而粒长，气香而味腴，以其生自苑田，故名御稻米。"上述记载表明，康熙选育成功一种"早熟"、高产、"气香而味腴"的水稻优良品种——"御稻"。

丰泽园直到清末都还保留着它的生产职能。光绪三十一年（1905年）十一月，管理奉宸苑事务人员奏报："丰泽园后所种稻地一亩三分，本年收得稻子四仓石八斗八升，除留五斗做种外，其余稻子四仓石三斗八升，碾得细米一仓石五斗三升三合，请照例敬献奉先殿、寿皇殿共用四斗，再敬献奉先殿二斗，以备每月贡献。其余九斗三升三，合请交御膳房。"可见，丰泽园内所生产的稻米，历来皆为皇室祭祀、食用所用。

2. 演耕礼

《钦定大清会典事例》记载："丰泽园在中海，有稻田十亩一分，内演耕地一亩三分。"在乾隆《御制丰泽园记》中有这样一段文字："逮我皇父继承王业，敬天法祖，世德作求。数年以来，屡行亲耕之礼，皆预演于此。"可见自雍正年间，丰泽园开始演礼之制，其后这个仪式一直断断续续地举行，《清史稿·礼志二》载："乾隆三年，帝初行耕耤礼，先期六日，幸丰泽园演耕，届日飨先农，行四推。"史料中所见最后一次丰泽园演耕为光绪十四年（1888年）。

（二）清漪园内耕织图

清漪园内的耕织图位于昆明湖西北，它整体形成于清乾隆时期。昆明湖的前身名为瓮山泊，乾隆十五年时，乾隆以这一带岁久泥淤为由大兴水利，当年便完成了湖河的疏浚，成为面积比明代时扩大两倍的巨浸，呈现出波光千里、空灏际天的美景，乾隆欣喜地将其更名为昆明湖，而这一地区早在晚明时就已是"水田棋布"、"稻畦千顷"了。[①]自康熙年间，也开始在这一带种植水稻，并于康熙五十三年正式设立"玉泉山稻田场"，简派司员管理，每年向内廷供

① ［明］刘侗《帝京景物略》卷五。

应稻米。①这一带可谓是一派水稻成片，泉湖纵横，农耕劳作的天然农业景致基础，乾隆帝又将内务府织染局和隶属于圆明园的十三家蚕户也迁于此，桑叶葳蕤，男耕女织，故为"耕织图"。

这一带主要由耕织图、水村居以及水乡田园式的环境组成，其中耕织图包含了延赏斋、织染局、蚕神庙、耕织图石碑等。主体建筑延赏斋就是乾隆用于观赏农耕景象的场所，延赏斋内两庑壁上刻有石刻画《耕织图》；蚕神庙是织染局用于祭祀蚕神的地点；水村居是一组仿江南村落的建筑，附近种植桑树，极富水乡情调。耕织图石碑于乾隆十六年所立，为昆仑石形制，碑上阴刻乾隆帝亲题的"耕织图"三个大字以及五首咏赞耕织图风景的御制诗，它是耕织图景区的点题之作，也是经过英法联军火烧清漪园（1860年）后，景区内乾隆时期的唯一遗存。

其中石碑阴面刻诗保存最为完好："玉带桥边耕织图，织云耕雨肖东吴，每过便尔留清问，为较寻常景趣殊。"其余几面的诗文大多已辨识不清。通过查阅高宗御制诗集等资料，我们可以发现从清漪园定名至六十年归政后，乾隆帝写就的以"耕织图"为题的诗近200余篇，从这些诗文中可以窥见耕织图当年的风貌。

《题耕织图》云：堤界湖过桑苎桥，水村迎面趣清超。润含植稻连农舍，响讶缲丝答客桡。柳岸风前朝爽度，石矶雨后涨痕消。分明一段江南景，安福舻中引兴遥。《水村居》中"沙岸维兰舫，水村叩竹扉。径多红花护，屋有绿杨围。驱马稻秧布，育蚕桑叶肥。非关间缀景，借可验民依"。《自玉河泛舟至昆明湖即景杂咏》云：玉泉流注玉河溪，画舫轻移柳转堤。堤外稻塍分左右，爱看一例绿芃齐。耕织图中阅耕织，绿秧插就白丝成。心闲赢得延清听，轧轧机声答棹声。从这些诗句中，都可以看出清漪园时期的耕织图广植桑树，稻田星罗棋布，桃红柳绿，夏仲林荫，一派灵动秀逸江南风光和男耕女织的和谐景象。

（三）避暑山庄内甫田丛樾

甫田丛樾景观位于避暑山庄湖区和平原区的交界处，位于澄湖北岸，为一攒尖顶方亭。亭北是广阔的万树园，青草如毯的试马埭。亭东辟有稻田和御瓜园数十亩，吸引来许多小动物。康熙常带人到此打猎，并在亭中休息，赏赐少数民族首领和大臣们品尝"御瓜园"内新鲜瓜果。

---

① 《日下旧闻考》卷七一。

（四）圆明园内的农事景观

清代圆明园北区是狭长用地，主旨意在表现江南水乡风光。整个区块巧妙地布置田园农舍、阡陌水车，利用山石林木将围墙隐蔽，水体或曲或直，绕过农舍，穿行于稻田之间，以写意的方式传达着水乡气氛，正如同雍正帝在《御制圆明园记中》写道的那样：园之中或辟田庐，或营蔬圃，平原膴膴，嘉颖穰穰，偶一眺览，则暇思区夏，普祝有秋。至若凭栏观稼，临陌占云，望好雨之知时，冀良苗之应候，则农夫勤瘁，稼事艰难，其景象又恍然在苑囿间也。[1] 其中代表性的景点有：澹泊宁静、映水香兰、多稼如云等，虽然这些景点现在都不复存在，但我们可从帝王的诗歌中窥见其中的田园风光。

澹泊宁静景区环境以"稻田弥望，河水周环"为主要特征，其主体建筑是一座形制独特的田字殿，建于雍正年间，乾隆帝继位前即作有《田字房记》描绘此处景色："流杯亭之西南有田字房焉。丁未四月十八日，皇父万几之暇，燕接亲藩，游豫于此。是地也，西山远带，碧沼前流，每当盛夏，开窗则四面风至，不复知署。其北则稻田数亩，嘉禾生香，蔼闻于室。"[2]

映水兰香映景区在澹泊宁静的西侧，这一带的多稼轩、丰乐轩、知耕织、稻香亭、观稼轩等建筑从名称上看，就可以看出它们与农事息息相关。建在台上的观稼轩，不施户牖，临水田而建，是皇帝凭东窗观稼的地方。随宜布置的建筑之间皆为稻田。[3] 乾隆帝在《映水兰香》诗序称此处"屋旁松竹交阴，翛然远俗。前有水田数棱，纵横绿荫之外，适凉风乍来，稻香徐引，八百鼻功德兹为第一"。诗云：园居岂为事游观？早晚农功倚槛看。数顷黄云黍雨润，千畦绿水稻风寒。心田喜色良胜玉，鼻观真香不数兰。日在豳风图画里，敢忘周颂命田官？[4]

多稼如云景区中也有一方农田，其景色正如乾隆帝《多稼如云》诗所云：隔垣一方，鳞塍参差，野风习习，被襫蓑笠往来，又农家添味也。盖古有弄田，知稼穑之候云。[5] 南部原有大片荷塘，至道光、咸丰间也一并改为稻田。[6]

位于后湖西北角的杏花春馆，初建时称菜圃。乾隆《圆明园四十景图咏》中"杏花春馆"诗序云："由山亭迤逦而入，矮屋疏篱，东西参错。环植文杏，

---

① 引自《世宗宪皇帝御制圆明园记》，《圆明园学刊》第四期，1986 年。
② ［清］弘历·乐善堂全集定本·卷八·田字房记。
③ 何重义，曾昭奋《圆明园园林艺术》，中国大百科全书出版社 2010 年版。
④ ［清］弘历·高宗御制诗初集·卷二十二·映水兰香。
⑤ ［清］弘历·高宗御制诗初集·卷二十二·多稼如云。
⑥ 贾珺《田家景物御园备，早晚农功倚槛看——圆明园中的田圃村舍型景观分析》，《建筑史》，2003 年。

春深花发，烂然如霞。前辟小圃，杂莳蔬蓏，识野田村落景象。"①可见其中屋宇仿农家小屋，四处散种杏花，中央围着一片菜畦小圃，种植蔬菜瓜果，完全一派山村野景。

此外，在靠近圆明园围墙之处，还建有多处体察农情的建筑，例如，若帆之阁临近圆明园北墙，本身虽无田圃之设，但其中建有一座耕云堂，高居假山上，登此可观墙外的农田，乾隆帝有诗称："假山巅筑室，墙外见溪田·时雨既常遇，耕云实有缘。"②东北角的天宇空明筑有清旷楼，其北墙外也辟有多片稻田，同样可以登楼观稻，故道光帝有诗云："为爱高楼倚北垣，清和景象满芳园。留题漫羡林泉好，悦目端因稼穑蕃。"③

值得注意的是，圆明园中的这些田圃除了景观作用外，同时还兼有一定的生产功能，平时由农夫负责耕种，设庄头管理，不但能够为园居的皇室提供日用的优质稻米和蔬菜，还可向外出售获利。乾隆十八年二月内务府曾有奏案："查圆明园内所有稻田承种收割，设有庄头一名承办耕种，每年收获稻米除留种粒外，其余奏闻交内大仓收用。至所得菜蔬果品择其上好者恭进土产外，其余菜蔬果品随昆明湖莲藕一并变价，汇总奏闻，交圆明园银库。"

二、清前期、中期皇帝的重农思想

农业是国民经济的基础，是封建国家赋税的主要来源，为国家提供稳定的兵源和徭役，因此，农业的稳定与繁荣关系到国家的稳定与繁荣。重农是巩固统治的基础，"仓廪之实"是发展经济，巩固国家政权的根本基础，君主为了自身的利益必然会重视农业的发展。因为只有农业发展稳定，才能促进经济的发展，为国家的军队和百姓提供充足的供给，进而才能保障社会的安定与国家的太平。

由少数民族建立的政权，重农也是加强民族融合的有效手段。为了巩固政权，统治者们认识到必须实行有效的措施实现与汉族的交流和融合，因为中原地区的汉族在全国人口中占有最大的比重，实现与汉族人民的友好相处意味着能否有效地稳固国家政权。通过任用汉人，向汉人学习先进的农业技术，使得少数民族和汉人之间的交流日益广泛，语言的使用、饮食习惯和服饰也渐渐趋向统一，民族之间的差异模糊化，在农业得到稳固发展的同时民族融合也在不断进行。可以说，发展农业对于民族团结和融合起到了很大的促进作用。

作为清帝的祖先，满族先民长期生活在高山林密、地广人稀、动植物丰

---

① ［清］弘历·高宗御制诗初集·卷二十二·杏花春馆。

② ［清］弘历·高宗御制诗四集·卷十三·耕云堂。

③ ［清］旻宁·宣宗御制诗初集·卷十五·清旷楼即目。

富、冰天雪地的自然环境下，野生资源的丰富，促使女真先人形成了从事渔射猎、采集的生活方式，即使畜牧、农业一直并存于渔猎的生产方式中，但是一直未能超越渔猎在女真人经济观念中的地位。随着后金政权的建立，政治中心的南移，地理环境的变化，仅有的渔猎、采集自然资源已不能够满足日益增长的物质经济生活的需求。又因为渔猎、采集这种生产方式对自然的依赖性太强，人为很难突破性发展和增长。与畜牧业相比，农耕可以提供可靠的生活来源。少数民族过着游牧生活，逐水草而居，流动性比较大，没有固定的居住环境；以粗放的草原畜牧业经营方式为主，农业生产滞后，与汉族以农耕为主的农业相比，后者更能提供富足的粮食，而且在遭遇天灾人祸的时候能够有足够的粮食保障，从而使得生活来源更加可靠。面对日益困难的经济局面，努尔哈赤时期就已经颁布一系列新的经济政策，在转变传统经济在人们观念中的地位发挥了重要的作用。发展农耕经济，减少对渔猎、采集业的依赖，已经成为后金治下日益明显的经济生活趋势。天命六年（1621 年）三月，"耕田处耕田"、"计田均分"等政策的颁布，使得城中人除商人、手工艺人、文化人以外其余闲杂人员，一律去耕田。又规定乞丐、和尚等人员皆可分田，大力灌输重农思想，客观上促进农业经济发展同时潜移默化转变了人们的经济观念。随着"计丁授田"政策的推进，人们与土地的依附关系进一步增强。尽管当时很多满族人是役使汉族农民来耕田的，但是满族人的土地观念、对土地出产物的依赖，已经日益强烈。农耕生活也远较射猎、采捕经济效率高，也更加安逸，于是，向更高水平的生活方式的转变已经成为一种难以逆转的大趋势。

继位的皇太极，继承努尔哈赤重视农业的政策，在工筑[①]与农业矛盾之时，以农业为主。在史料中记载"工筑之兴，有妨农务"，"止令修补，不复兴筑，用恤民力，专勤南亩，以重本务"。为充分调动汉族民众的积极性，恢复他们自耕农的身份，采取"分屯别居，编为民户，择汉官之清正者辖之"的措施，代替了努尔哈赤时期的"掠民为奴"的措施，改变了广大汉民农奴的地位。广大汉族民众地位的提高，与满族旗人的交流更加密切频繁，对缓和民族矛盾发挥了一定作用。[②]

清朝入关后至康雍乾三帝，因为真正入主了中原大地，几乎所有农耕区都在统治范围内，而且随着政权的进一步稳固，战乱的减少，人民得以休养生息，可以投入更多的精力在土地开垦、农业种植等与自身生存息息相关的劳动中，推动了农业生产的持续发展。康熙帝不光是重视农业经济的发展，而且亲

---

① 荒政名，指政府在灾区以工代赈。清制，凡灾荒之年，民户食粮难继，每令督抚选择地方应行举办之工程，如沟渠、城垣、堤防的挖掘修建等，题请朝廷准许后办理，以便贫民可以佣工就食，亦即实行以工代赈之策。

② 郝德利《入关前满族社会风俗变迁研究》，辽宁师范大学。

身研究农业，向大臣咨询各地农业发展情况，发现、培育和推广御稻种，在塞外推广农业，指导捕蝗与研究气象等。他的重农思想深深地影响到了之后的雍正与乾隆帝，雍正帝像自己的父亲一样鼓励开荒，康熙六十年（1721年）至雍正十二年（1734年），全国田地从735万顷增至890万顷，疏浚了卫河、淀河、子牙河、永定河。其他水利工程已完成的有直隶营田工程、浙江和江南海塘工程，修建了黄河、运河堤岸；继续蠲免钱粮政策；他在位13年，共亲祭先农、亲耕藉田12次。他主持修建的圆明园，也可以算是所有清代皇家园林中开辟田地与菜圃最多的。乾隆帝继承康熙、雍正两朝的政策，非常关心农事收成，关心各地雨情粮价，注意水、旱、风、雹、虫等自然灾害。他深知年景丰歉、粮价涨落直接关系到社会秩序的安定和封建统治的巩固，因此，遵守前两朝皇帝的成例，命各地大员必须定期向他报告农业气象、庄稼长势、谷物行情，隐瞒灾情是要受严重处分的。他相信"天人感应"，如遇天时久旱不雨，便亲自到天坛、社稷坛、黑龙潭等处去祈雨。旱情严重时，要"下诏修省"，斋居，素服，不乘辇、不设卤簿，步行去求雨。在发展农业生产的措施中，他把注意提高耕作技术放在首位。经过比较我国南北方耕作技术的差异，他认为北方粗放，南方精细，于是要求地方官劝戒百姓注意提高耕作技术，或者延访南方老农前往传授。乾隆帝也继续积极鼓励开荒，资助甘肃贫民去地广人稀的乌鲁木齐垦种。面对比之前增多的灾荒，乾隆帝把预防自然灾害和以丰补歉、赈灾救荒放在重要地位，他继续实施疏浚黄河、修建海堤等水利建设，在遇到灾害以及国家有重大喜庆时实行蠲免钱粮政策。乾隆帝和雍正帝都比较重视社仓的作用，他命令地方官动支库讯丰年时按照时价购粮储存，既不使谷贱伤农，又可在歉收之年减价平粜或平借，以收平抑粮价之效。有时也截留漕粮接济受灾地区赈粜之需，同时鼓励从事粮食运销。凡商人到歉收之省运销粮食，可以免去关榷米税。

三、小结

　　根据考古发现，我国的农作物栽培有接近万年的历史，并且一直以来农业都是国民经济的基础，在传统农业社会中，只有重视农业的发展，江山才能永固，人民才能安康，农业既是人们衣食之需，又是国家赋税的重要来源；人民丰衣足食才能安居乐业，疾力耕作，社会赖以安定，国家得以富强，所以历朝历代的帝王无不重视农业的发展，这其中直接表现在制定与颁布一系列的重农政策，例如轻徭薄赋、屯田垦殖、兴修水利等，此外还有很多形式化的间接表现，例如祭天祈福、扶犁演耕等，其中还包括在皇家园林布局中加入农事景观，这些都体现了帝王劝课农桑的愿景以及重农重稼治理思想。清朝是皇家园

林鼎盛发展时期，高潮时期奠定于康熙，完成于乾隆，帝王们在造园时极尽所能的追求宏大的气派和"普天之下，莫非王土"的皇权寓意，在其间布置农事景观，无论是进行农业试验与生产、演耕，还是观稼悯农，皆彰显了康雍乾三帝劝耕重农的思想。

黄潇（北京古代建筑博物馆人事保卫部　中级人力资源师）

人间仙境：
皇家御苑的审美理想

——以北海公园为例

◎高巍

一

　　凡去过北海公园，又去过颐和园的人都会有一种感觉，就是这两处皇家园林在某些方面有相像之处。翻开北海公园和颐和园游览图就可以看到，北海元代万寿山图，其中万寿山（琼华岛）、仪天殿和犀山台构成了蓬莱三岛的人间仙境布局，直到后来仪天殿和犀山台东侧与陆地相连后才发生变化。还是颐和园，其构成也都包括了"一池三山"。颐和园的"一池"是昆明湖，"三山"是万寿山、南湖岛和西堤外的藻鉴堂岛。二者建设年代不同，却在建园立意上如出一辙，体现了封建统治者在建园思想上的共同传统。

　　其实，这种典型的"一池三山"构园法并非北海与后来的颐和园所首创，它有一个发展衍变的历史过程。

　　早在奴隶社会，奴隶主为了打猎等娱乐活动，兴建了囿，在圈定的范围内滋生繁育动植物，挖池筑台，这就是园林建设的初始形成。进入春秋战国，囿内还构亭营枋，种植花木，囿向营建自然山水的园林过渡。秦汉更在新囿范围内增加动植物的品种，并在其中建设了许多的离宫别馆，周围复道相属，称为宫苑。

　　只有到了魏晋、南北朝时期，园林建设才突出"三山一池"的主题，穿池构山形成自然山水，而不再以宫室楼阁和禽兽充满囿中的形式为主。隋朝，隋炀帝在西苑内就造山挖海，周围有十余里的面积，山高数丈，水上筑有三山。唐宋时，造园受到我国山水画影响，园林成为文人构思的写意山水园，生活诗意化，体现自然美，如长安大明宫后的太液池、三仙山。宋徽宗用了六年时间在汴梁造艮岳，周围楼台亭阁，环绕着太液池水，北面建有蓬莱等宫，将从江南太湖等地搜刮来的太湖石点缀于艮岳园中，成为以后山水宫苑的典范。元明清将其具体化，意境更高超，笔法更简练。

关于"一池三山"园林造构法的产生，有着历史、社会和自然等多方面的原因。据民间传说，很久以前，渤海东面有蓬莱、瀛洲、方丈三座仙山，山上有许多琼阁，住着神仙，藏有长生不老药。公元前2世纪，秦始皇统一中国后，曾委派方士徐福、卢生，两次带领童男童女数千人渡海寻找"三仙山"和长生不老药，直到秦始皇死去，也没找到。到了汉代，汉武帝也派人去东海寻找，始终没找到，于是，他降旨在建章宫后院挖一大水池，取名"太液池"，用挖出的泥土在池中堆了三座山，象征蓬莱、瀛洲、方丈三座仙山。从此，历代皇帝都在宫殿附近建"一池三山"，北海园林也继承了这个传统。北海和中海，是原来的太液池，琼岛如"蓬莱"，团城为"瀛洲"，中海的犀山台（即从今北海大桥上所见的水云榭后面的那个地方）为"方丈"。今天不仅能够在琼华岛上看到犹如仙境的高台楼阁，而且还能看到仙人庵、吕公祠及铜仙承露等幻想中的仙岛景物。

具体到三岛的传说，其来源不一，有的说是昆仑、方丈、蓬丘（即蓬莱山），有的说是昆仑、扶桑、蓬丘，说法最多的是海上三神山，即蓬莱、方丈、瀛洲。三岛说与神仙信仰的起源关系密切，神仙信仰起源于远古神话传说。汉武帝年间建造的皇家宫苑——建章宫，其特点是已有明确的中轴线，其左下角处即为仙人承露盘，其池亦称太液池，筑有三神山，此"一池三山"布局影响后世。晋代开始，以长生成仙为教旨的上层神仙道教占了主导地位，社会上普遍建立起神仙信仰，服五石散，以达到养生长寿之目的，成为高雅之举。同时，士族阶层人物大批涌入道教，使得上层道教神仙与下层民间道教分离，上层道教的社会政治属性越来越强，最后在南北朝时改变为直接维护封建统治的工具，这也正是丘处机得到统治者赏识利用的主要原因。

"三山一池"造园思想的确立，正是神仙道教文化作为封建地主阶级文化得到弘扬的具体体现，它离不开帝王、官僚士大夫的提倡和支持。"三山一池"造园主题在魏晋时期得以突出的另一个原因，在于自汉代以来就受到儒家思想教育，热心政体国事的知识分子因腐败的任用官吏制度和权臣的专横更于仕途受阻，愤而脱离社会，隐逸山林。这些山林隐逸在社会上受到普遍尊重，甚至在人们心中把隐逸与贤士等同。古代传说的神仙大多为神话中的隐士，而隐士也就是未神化的神仙。隐士也可以获得高名，这在以名教治国的传统下，是很高的礼遇。

由于这些脱离仕途的知识分子，到山林后往往集中精力研习方术，以致后人把这种生活当成修道成仙的必经之途。葛洪曾说："山林为养性之家……是以遐栖幽遁，韬鳞掩藻，遏欲视之目，遣损明之色，杜思音之耳，远乱听之声，涤除玄览，守雌抱一，专气致柔，镇以恬素……养灵根于冥钧，除诱慕于接物……以全天理尔。"（《至理》）葛洪把山林隐逸当成了神仙道教的预备阶段，这就促使梦想得道成仙、长生不老的历代统治者，营造隐逸者适得其中的池水、山林，效仿他们在这样的环境中韬光养晦、研习方术。因此，代表神仙境界的"一池三山"自然成为他们始终遵循的至上原则。

蓬莱作为神山之名，始于战国末期方士之口，作为实实在在的地名始自汉武帝时，目前仅存的蓬莱阁位于山东省蓬莱县城北，水城北端的丹崖山上。此阁建于宋嘉祐六年，为当时的登州太守朱处约所为。近千年来，这里上薄霄汉，下通沧溟，天风海涛，海市蜃楼，久为国人所爱。近人马叙伦著《列子·伪书考》认为："蓬莱、方丈、瀛洲"的说法，"事出秦代，前无所征"。葛家修《蓬莱阁志》草稿也据民间传说，认为"蓬莱"一词始自秦始皇，谓"始皇初至此地，登高远望，但见大海汪洋，一望无际，并无神仙的踪迹。惟水光荡漾中发现赤色，因问随从方士，遂以仙岛对。始皇又问其名，方士无以答，忽见水中乱草丛生，随波漂浮，即以蓬莱为对"。这表明，"蓬莱"本是草名，借为仙岛之名。但秦始皇是否来过这里，史籍并无记载。《史记》、《汉书》倒说过汉武帝"至东莱，临渤海"，到过这里。

现实中的蓬莱阁，还是渔民求神保佑的处所。为什么说蓬莱仙山在渤海中呢？这是因为在战国时代，神仙观念和方术盛行的燕国和齐国（如今的河北、山东一带）就位于渤海之滨，他们望着海中那不可及的海市蜃楼，认为那就是仙山。清代的《履园丛话》中说："始皇使徐福入海求神仙，经天有验。后游山东莱州，见海市，始恍然曰：'秦皇、汉武俱为所惑者，乃此耳。'"《海内十洲记》分别叙及三神山，说蓬莱周围环绕着黑色的圆海，"无风而洪波万丈"，道家创始人老子就住在蓬莱山上的九元真王宫里。方丈"专是群龙所聚，有金玉琉璃之宫"，瀛洲"上生神芝仙草，出泉如酒，饮之令人长生"。缥缈的仙境，寄托着人们追求长生的普遍愿望。

据分析，"一池三山"的传说，还与"海市"的出现有关。晋人《三齐略记》载："海上蜃气，时结楼台，名海市。"其后，唐宋人笔记中也有提及。最早记载"三神山"的当推《史记·封禅书》，其中说："自（齐）威、宣、燕昭使人入海求蓬莱、方丈、瀛洲。此三神山者，其传在渤海中，去人不远……临之，风辄引去，终莫能至。"

作为北海"三山"之一的团城上，有一座坐落在四周呈凸字形高台上的承光殿，在这一建筑风格独特、华丽辉煌的大殿内，供奉着一尊由整块美玉雕成的大玉佛。玉佛前的巨大井口柱上有一副楹联，上联是"九陌红尘飞不到"，下联是"十洲清气晓来多"，据说是由垂帘听政时的慈禧太后手书的，它把北海那人间仙境的美丽景色生动地描述了出来。这里的"十洲"即是道家所称道的神仙世界的又一称谓，道教所称的十洲三岛等都是神仙栖息的胜境阆苑。

古人认为，人们聚居的陆地周围都是海洋，十洲三岛就在这大海当中。旧

说东方朔曾向汉武帝介绍过十洲的方位、物产、风光及其所居仙家的情况，其中的祖洲就是秦始皇遣徐福前往寻找不死草的地方。"三岛"之一的"瀛洲"也在其中，位于东海，上有神芝、仙草、琼酿。由于北洲其方位与会稽郡东西相对，所以风俗与吴地相同。

二

上述关于"一池三山"背景知识的介绍，使我们比较容易地认识到一个事实，就是它与道家思想的紧密联系。这不仅体现在"一池三山"构造原理的最原始的神仙传说，也正是道家神仙体系的重要内容。"三仙山"即道教"三清"说，所谓"三清"就是指道教中的最高之神。道教信奉的最高之神称为"天尊"或"道君"，他们是元始天尊、太上道君和太上老君。三位统称为"三清"，同为道教至尊之神。同时，道教又借鉴佛教的"佛以一佛显三身"的说法，提出"道以一气化三清"的主张，认为三位一体，本源在于道德天尊的老子，它是先天地而生，无世不存的宇宙至尊。"三清"当中，道德天尊（太上老君）最早受到崇拜。《老子内传》称："太上老君，姓李名耳，字伯阳。其母见日精下落如流星，飞入口水，因有娠。怀之七十二年，于陈国涡水李树下，剖左腋而生。指李树曰：'此为我姓，生而白首，故号老子。耳有三漏，又号老聃。'"到了晋代，元始天尊成为道经中的至尊。他与还有一些人间经历的老子不同，其诞生更具神话色彩。《隋书·经籍志》："道经者云：元始天尊生于太元之先，禀自然之气，冲虚凝远，莫知其极……每至天地初开……授以秘道，开劫度人。"

太上道君成为崇高天尊起于南北朝时期。相传老子入山时带有一本《灵宝五符》，晋代有人依此书构造出太上道君。《太上道君纪》说他得元始天尊所缘之勋，并赐他太上之号，以广度天人，慈心万劫，普济众生。

强调"一池三山"中的三山系道教"三清"之化身，无非在于突出此理论的权威性，并借诸元君之力，以谋求仙得道之利。那么，怎么会想到把"三山"与"三清"连到一块呢？这恐怕与金元两代帝王，在营建北海园林过程中与道教全真派代表人物丘处机的亲密交往有关。

丘处机号长春子，登州栖霞人，曾师于全真教创始人王喆，王喆死后他曾应诏前往燕京。金大安二年，即元太祖五年（1210年）之后，成吉思汗攻金，丘处机周旋于宋、金、元统治者之间，成为受到三方都欢迎的人物。这是因为，他天生是宋朝的臣民，又与金统治者关系密切。他应邀来燕京期间就曾到过北海，而且写下了《琼华岛七言诗》数首。同时，在元朝崛起后，他又去成吉思汗的大本营（在今阿富汗境内）拜谒。金宣宗于1216年春，宋宁宗于

1219年8月，成吉思汗于同年冬，先后派使者邀请。在这形势日益明朗的情况下，丘处机谢绝了金、宋，慨然应诺了成吉思汗诏。次年，丘处机不顾七十二岁的高龄，不辞风沙险阻，率领十八弟子启程北行，历时两年，行程万里，于元太祖十七年（1222年）抵达大雪山，成吉思汗隆重地接待了他，称其为神仙，又派千人送回。两年后他回到燕京，居太极宫，受命掌管天下道教之事，这一礼遇为全真道发展开了绿灯。早在金世宗诏请丘处机来燕京期间，蒙古军元帅石抹明安率军攻取金中都前，已经先期占领了太宁宫（如今的北海公园），因为当时的金中都远在太宁宫的西南部，而太宁宫只能算金中都的郊区。成吉思汗将这刚刚取得的太宁宫琼华岛（包括近地数十顷），以及燕京行省统统献给了丘处机。

此时的琼华岛及其周围的广大地区干脆改成了道院，琼华岛成为道士们弘扬教义的地方，各地百姓纷纷慕名而游，倒真有点道家仙境的意思。

丘处机在这里住了没几年，就因病去世了，琼华岛逐渐冷落萧条。岛上居住的道士们，不爱惜这里的花木，还把广寒殿也破坏得残败不堪。由此，让人产生这样的联想，金元统治者对丘处机的重视，说明他们对道教思想尤其长生不老目标的追求，而"琼岛春阴"的"春"字正是这种追求的生动体现。因为邱处机又叫邱长春，信奉邱处机几乎就是追求长生不老，所以这个字的内涵很丰富。

元代建都北京后，将都城由原来的金中都所在地，移到了"三海"附近地区，此时，琼华岛才正式成为皇宫内的御花园。为此，元代统治者曾大修琼华岛，并改名万安宫，琼华岛为万寿山。由于元代万寿山内苑是在金代太宁宫的基础上改建，同时也因为他们深受道教全真派丘处机等的影响，所以，改建仍以"一池三山"的传统格局为主，只是在花园内恢复和保留了一些金代建筑，如广寒殿和太湖石等。

毕竟金代的太宁宫作为皇家园林，就是仿造古代神话的浪漫境界而建造的，体现了封建皇帝追求得道成仙的思想倾向，其园林主题既表现了有神论，同时又具有浪漫主义的自然山水园林风格，从而升华到相当高的境界。另外又添建了大量的楼台亭阁，开拓了太液池东岸，苑内的造景已经达到了"洞府出入，宛转相迷，至一殿一亭，各擅一景之妙"的神话意境。万寿山内苑建成后，不仅元世祖在此居住了多年，世祖之后的各朝元帝也常至此驻跸享乐。

此时的万寿山内苑，其建筑大多仿照神话中的仙境琼阁而建，琼华岛上的广寒殿，既是岛上的主体建筑，同时也是这种神话建筑的主体。由于此殿位于万寿山顶，在云霞蒸蔚之中有如嫦娥所居之地广寒宫，故名。元代的广寒殿，檐楹叠飞，其殿"皆线金珠，琐窗缀以金铺，内外有一十二楹，皆绕刻龙云。涂以黄金，左右后三面，则用香木凿金为祥云，数千万片拥结，于顶仍盘

金龙"；"殿内清虚，寒气逼人，虽盛夏亭午，暑气不到，殊觉旷荡，萧爽与人境异"。广寒殿的左右仍为方壶、瀛洲、玉虹、金露四座亭子。其下，中为仁智殿，左为介福殿，右为延和殿。山石间植有各种佳木异草。明成祖时期益加修治，并有《御制广寒殿记》云："……吾始来就国，汰其侈，存其概，而时游焉。"显然，明代并未扩建。

相比之下，万寿山上的水景工程要显得侈丽得多，这一工程包括位于北山坡上的喷水、瀑布、溪流等人工风景，这样提水机械及喷水石兽，是将西方造园艺术引进来的。人工水景由提水装置和喷水造景设施两部分组成，先由架在山上的戽斗式水车将坡下河中之水层层提升到山顶，形成高水位，然后再从广寒殿后的两座小石笋内的石龙口中喷出，流入石笋前的一座方池内，池内有暗沟通向山南坡的仁智殿后，再从两座石雕昂首蟠龙的口中向上喷出，分流进入太液池。关于山上修建的吕公洞、仙人庵，大体位置在万寿山的北、南两面，虽然名称有所改变，但建筑仍存。

乾隆十七年、十八年曾从北京房山运来黄太湖石，修造山洞、石室，而金元时运自汴梁的南方太湖石，则被拆走，用于紫禁城御花园、宁寿宫和瀛台的建设。所以，现有的石洞，尤其是山北坡的，大多是乾隆年新建。虽然金元时的吕公洞现已见不到了，但在万寿山北面，有一酣古堂，东为绝壁，北为山洞，进洞顺阶而下，有屋三楹，前宇后楼，额题"写妙石室"。石室之东，有木梯可下，入长山洞，直通山下。洞深而长，但每数步必有一孔，开于头顶之上，有如天窗，凿光照路。洞的尽头，分为两岔。

往东出洞可见危岩绝壁下有屋三间，为"盘岚精舍"。由此进洞西行，则是一八角亭，名"小邱"。如从长山洞径直往西，逐步登阶而上，则从扇面亭的地洞钻出，这洞连洞，洞通洞，简直就像吕洞宾当年修炼的山洞。

提起吕洞宾，那还得算是修这山洞的丘处机的祖宗呢。吕洞宾出自河东吕氏家族，吕谓之后，五代时的一个以剑术著名的江湖术士，因兼有道术而于宋初传为神仙。吕洞宾的传说和信仰形成于北宋，是人们寻求宗教精神慰藉的结果。传说中的吕洞宾成为道士，或为贫人，或为乞丐，或为匠人，或为卖药老翁，他救助穷人，惩戒恶人。他自己修为神仙，但不愿上升仙界，要度尽天下众生，使所有人都成仙，由此得到希望摆脱苦境的人民的拥护。北宋仁宗时开始有人给他绘像供奉，随之立祠，金代的全真教利用汉钟离、吕洞宾的普遍影响，争取统治者的承认，后来因丘处机会见成吉思汗，全真教得到元统治者的支持，达到历史上的全盛时期，对被尊为全真教教主的吕洞宾的信仰则更加深远。有了这层关系，难怪这里会修建吕公洞呢。

"琼岛春阴"后侧山上的白塔身后的平台，是早在有广寒殿时就存在的。它的修建，与周穆王与西王母相会于昆仑瑶池的传说有关。《穆天子传》上说：

当年周穆王巡游天下，来到西王母所居的瑶池，为了拜见这位地主，周穆王献上了白圭黑璧，以及许多锦绣丝带。不仅如此，周穆王还接二连三地大摆宴席款待西王母。

宴席之上，周穆王和西王母还相互贺诗。为了纪念这次相会，周穆王登上崦嵫山顶，立下"西王母之山"石碑。了解这些情节，哪里还能感到神仙不食人间烟火的庄严，简直就是现代爱情小说中男欢女爱的典型描写了。实际上，西王母的产生，在于造神的人们为解除缺少女性的神仙世界的寂寞。蓬莱仙岛上的东王公是鬼神世界的总管，但为了女子得道升天方便，特请西方昆仑世界的那个与东王公权力相当的神——西王母。这样西王母与东王公，一个在西，一个在东；一个为男，一个为女，共同掌管凡人得道升天之事。久而久之，好事者又将这一对工作性质相同的男女传为夫妻。

随着西王母神通的越来越大，其形象也越来越美，而对这样一位多才多情的女神，其艳遇传闻自然难断。除上述所传西王母嫁给东王公的说法之外，还有说她嫁给了同住昆仑山，曾与炎帝、蚩尤大动干戈的黄帝。等到民间信奉的玉皇大帝做了天界第一把交椅之后，人们又把西王母献给了他。称之为"王母娘娘"。到后来，干脆她还同人间的周穆王，甚至汉武帝有过风流佳话。

随着道教日臻完善，他们为这位天界女神不断"正名"。首先是说她出身不俗，是元始天王与太元玉女的女儿；说她身手不凡，刚生下来就会飞翔，可以结气成形，道教徒从出生、职能、治地等诸方面为王母勾画出一个新的总体形象。作为女神，西王母还成为人们对母亲的崇拜象征。西王母挺身扑火救百姓，她不仅惩恶扬善，更有一种庇护自己儿女的母性精神，成为与人间交往最密切、最富有人情味的女神。如今看来，这琼华岛北麓的小平台与所纪念的周穆王向西王母套近乎的往事，倒不如说为当今的青年男女提供了一处僻静的谈情说爱之所，也许这就是千百年前那场"爱情"的延续？

琼华岛上除了有这些与道教关系紧密的建筑之外，其余的建筑也各具风格，小巧玲珑。别致幽雅的曲廊画阁，与山石巧妙结合，山石之上有建筑，建筑之下有岩洞，左右衬托，穿行而过，若明若暗，忽隐忽现，如遇仙境令人忘返。白塔山北麓山腰，有一座方形高台，周围雕石设栏，中间竖立一根高达数丈的白玉石柱，柱身满雕蟠龙花纹，柱顶立一铜人，双手高托一个大铜盘。这个仙人承露盘的来历已不可考，有人说此盘元初发现于陕西，是汉武帝接露水的遗物，忽必烈命人运到大都，立在琼华岛的东面。元世祖时期，仙人承露盘自陕西运大都之初，曾立在琼华岛的东侧山坡上。按照四季方位，东方属春，主生，服用生方之露，可以祛病延年。到了明代，嘉靖皇帝也是一个妄求长生的皇帝，十分迷信方术。他听道士说乾方为天门，必服用天门之露才有效，于是，又下令将仙人承露盘铜人从东山坡移到了西北土坡上现在的位置。还有一

种说法，说它是清代乾隆年扩建北海时放置在琼华岛上的。

三

本文在介绍"一池三山"造园理论时，说它是蓬莱系统仙境的体现，可在介绍琼岛北坡的小平台时，又把它说成是昆仑瑶池，那么，这二者之间是什么关系呢？事实上，古代神话有昆仑和蓬莱两个系统，一般来说，出昆仑的多为神，如黄帝、西王母等，蓬莱系统则以方仙居多。昆仑、蓬莱虽各成系统，但本质相通，具有明显的传承关系。具体说，蓬莱仙话勃兴于神话之后，"神"出于"天生"，凡人经过修炼而成"仙"，取得与"神"并列的地位——这自然迎合了人们乐于长生之心，从而千年不绝。那么，又为什么说"仙"只能住在山上呢？仙与山有着自然紧密联系。

《说文解字》："仚（即"仙"字），人在山上貌，从人山。"《释名》："仙，迁也，迁入山也。故制字人傍山也。"得道成仙，必须隐进深山，长期修炼。如果说昆仑山是神仙歇脚和聚集之地，那么，与之所在的西方相对的东方，则有一个仙人居住集散之所，这就是渤海之中的"三神山"，由此建立起了道教所说的昆仑、蓬莱两大神仙系统。东方仙人居住之所所以说是"蓬莱"而不说"三神山"，是因为蓬莱起源更为古老。《山海经·海内北经》说："蓬莱山在海中。"后世流传的仙话亦往往多称蓬莱，蓬莱可视为"仙山"的总称。因此，所谓蓬莱仙话，指的是以蓬莱为中心、为标志的关于仙人的系列传说故事。

"文革"时期，铜人下的汉白玉石柱被人砍断，铜人倒于荒草中多年，20世纪70年代中期重修北海时修复为原状。它下面的建筑为道宁斋，后来成为仿膳饭庄的一部分。在过去，这里的二楼是皇帝、后妃们冬天欣赏冰嬉的好地方。

琼华岛和太液池，是统治者们将神话变成了现实，他们为自己营造了一个只有天上才有的人间仙境，他们在这里纵情地享受着人世间所少有的美景。在金代，这里是供皇帝临幸避暑的离宫，营建太宁宫之前，金世宗每年前往塞外金莲川避暑，太宁宫（现在的琼华岛）建成后，这里位于金中都的东北部，较金莲川近得多，来往也十分方便，是消夏避暑的理想场所，所以金世宗改幸太宁宫避暑，每年住期长达四个月。

金世宗非常喜欢这里，甚至立下遗诏，死后要"移梓寿安宫"，但因礼部侍郎反对而未果。金章宗比世宗更喜欢游幸太宁宫，继位后的第一年，便两次游幸。明昌二年（1191年）正月，皇太后去世，四月下葬后的第六天，章宗便要求到太宁宫避暑，虽遭反对，仍然坚持前往。金章宗和他最宠爱的妃子李师儿常住在这里，李师儿于大定末年，以监户女子入宫。是时，宫教张建教于宫中，师儿与诸宫女从之学。宫教以青纱隔障，内外不得而见。有问自障内者，映纱指字以请教，宫教自障外口说教之，诸女子中唯师儿易为领解。张建不知其谁，但识其音声清亮。章宗问建，女子谁可教者，建对曰：就中声音清亮者为最。章宗以建言求之，宦者遵道誉师儿才美，劝章宗纳之。章宗好文辞，妃性慧黠，能作字，知文义，尤善伺候颜色，迎合意旨，遂大受幸。明昌四年，封昭容，次年进封元妃。

一天夜晚，二人坐在琼华岛的山坡上，面对如镜的明月，以谜字作联诗咏情。金章宗先说上联"二人土上坐"，李师儿对下联"一月日边明。"这一句套自《妆台诗》中的诗句，形象地表达了她对金章宗的感情，从而使金章宗更加宠爱她了。《明宣宗实录》记载，宣德三年，宣宗曾在万岁山为太后祝寿。不久，宣宗复登万岁山，御广春殿，召翰林院儒臣侍命周览京都的风光。他还让人取《四书》、《五经》、《说苑》等书，每书各录数本，分藏其中，以备览阅。此外，明帝还将万岁山作为读书休息以及祭祀活动的场所。明世宗好斋醮祭祀之事，每逢干旱时节，必到此苑内之雷霆洪应殿祈雨。进入清代，由于满族统治者对汉人出于本能的戒备，以至道教，包括陆传佛教等宗教都受到不同程度的排挤和限制。相反，清统治者对于同样来自少数民族（藏族）的藏传佛教，似乎更觉亲近。于是佛教，特别是藏传佛教性建筑在北海苑内开始形成，其中，最大规模的就是永安寺。它位于琼华岛的南面，从永安寺到山顶，一层层高坊殿宇，依山就势而建，上下相连，参差错落，格局宏阔，它与白塔形成了一条中轴线。永安寺建于清顺治八年（1651年），原为喇嘛念经和皇帝烧香拜佛的地方，寺内建殿三层，寺门内东为钟楼，西为鼓楼，中间为法轮殿。再向上有正觉殿、普安殿等亭坊殿宇，成为一组完整的喇嘛寺庙。永安寺与山形结合，寺内建筑自山下至山顶，层层升高，上下相连，以高低错落的庞大建筑群，体现出气势宏伟的特点。尤其是自山下往上仰视，这一特点尤为突出，清代曾在这里举行过声势浩大的佛教活动。

相传清时每岁十二月十五日，自山下燃灯至塔顶，诸喇嘛执经梵呗，吹大法螺，击圆鼓，以为祈福。有诗云："万岁山颠窣堵波，佛灯璀璨似星罗。蕃僧往事从头说，梵颂齐吹大法螺。"

清代的这一活动实际是继承了元代的传统。《元史》记载："至元二十七年（1290年）十二月，世祖命帝师八思巴，作佛事于万岁山。"每年还要在这里举行"游皇城"供奉诸佛像。元帝在仪天殿上观赏游皇城仪仗，这种大规模的佛事活动成为元代万寿山内苑中的一大盛事。在修建永安寺的同时，清世祖福临还于顺治八年（1651年）于万岁山顶广寒殿旧基处修建了藏式白塔，此山改为白塔山。《顺治八年建塔碑文》说："有西域喇嘛者，欲以佛教阴赞皇猷，请立塔建寺。奉旨：'果有益于国家发展，朕何靳此数万金钱为？'故赐喇嘛号为

'恼本汗'，建塔。"

康熙十八年（1679年）七月二十八日及雍正八年（1730年）八月十九日，京师发生两次地震，白塔皆被震坏，后复修。清世祖建白塔，是出于宗教信仰及政治需要，为了治下的安定团结，清对西藏实行优抚政策，尊重喇嘛教，并邀请五世达赖喇嘛来京。这年六月，琼华岛上的这座白塔及寺院建成，以示重佛之意。

客观地说，白塔的建立，过多地出于政治的考虑，而忽略了造园的艺术效果，导致北海蓬莱仙岛神化境界的破坏，是造园艺术上的败笔。但由于几百年来，人们对此已习以为常，并将其当成了北海园林的典型代表。

在琼华岛西岸，经小荷花池走过横卧湖岸的罗锅桥，往北便是一组名为"琳光三殿"的佛教建筑。下为"琳光殿"，中为"甘露殿"，上为"水精域"。这组建筑建在陡峭的山坡上，层层升高，形势险要。相传，"琳光殿"内曾供琳光古佛，年久失修，佛像颓坏已无存。甘露殿原有古铜甘露大佛一尊，高丈有余，腹内所藏珠宝，被八国联军侵略者盗走。"水精域"内的古井，在乾隆时期被利用来建了山上的"水景"：屈注飞波，另有佳色。北海内还有几处寺院建筑，中轴布局，简捷而富于变化。如琼华岛东侧的智珠殿，坐西朝东，坐落在半月城上，城东山的下方正对智珠殿有一座四柱三楼牌楼，城上智珠殿后南侧各有一座小牌坊，西面有三座小牌坊（在20世纪30年代已毁，90年代恢复）。此种寺庙建筑布局变化较大，尽管清代白塔寺及太液池有了很大改变，但"一池三山"的格局基本未变。这也从一个方面，代表了不同民族的不同心理偏好。

如今再游北海，人们只会沉浸于湖光山色的美景之中，既不会再去追求虚无缥缈的神仙世界，也不会纠缠于佛与道的纷争，所欣赏的只有那"仙岛依微近紫清，春光淡荡暖云生。乍经树杪和烟湿，轻覆花枝过雨晴"（明代杨荣《琼岛春阴》），以及"海上三山拥翠鬟，天宫遥在碧云端。落日芙蓉烟袅袅。谁见吹箫驾彩鸾"（明代文征明《琼华岛》）的"琼岛春阴"的特有景色。

关于"琼岛春阴"的观赏角度和独特感受，"北京通"金受申先生认为，通过比较北海的四时景色，他觉得春季的阴天里看北海时，感觉最佳。而最好的观赏位置，既不在悦心殿，也不在东麓，而是在金鳌玉桥上。他认为此时天暗朦胧，在模糊的水雾中，山光塔影，蕴蓄实深，唯以远观，放大视角，才见春阴琼岛之无穷魅力。有没有道理，读者自会鉴别。

（原文见于拙著《燕京八景》一书，2004年学苑出版社第一版。此次发表，作者进一步修改完成）

高巍（北京民俗学会 会长）

西山大道的起点

——三家店村落文化调查

◎刘文丰

一、村落概况

三家店村，位于龙泉镇东部，永定河出山口。西连太行山，东望北京湾平原，是北京城连接京西山区，远达河北、山西的交通枢纽。村域面积4524亩，聚落分为东店、中店、西店三部分，面积80万平方米。共有居民6000余户，15000多人。

三家店村保护范围

三家店村西南部稍高，东部稍低，土壤为湿潮土，聚落平均海拔35米，高差1米。东近石景山区五里坨，南临城子。这里不仅是明清京西大道的起点，也是永定河的出山口，京西故道上最大的古渡口，是西山通往京城的咽喉要道，山区、平原间物流的交易中心。这个据传从唐代起由三个店铺开始聚集形成的村落，正处于永定河道总出山口东侧的一片河滩上。作为京西山区的余脉和北京小平原的引领，三家店村既是京西通往京城的咽喉要地，又是通往妙峰山的南香道的起点，因而自古即是京西古道上最重要的交通枢纽之一。至今，在村域范围内，仍然密集分布着古街巷、古渡口和近代以来陆续建成的铁路桥、公路桥等多处交通遗迹或设施。村里还保存有几十座古寺、会馆、民居、碑刻等文化遗迹，具有浓厚的京西地方特色，是亟待开发与保护的珍贵历史文化遗产。

二、历史沿革

三家店村的始建年代在学界尚无定论，但其历史至少在千年以上。1956年，修建三家店拦河闸时，曾经出土过汉代青铜带钩。曹魏时期，三家店附近的永定河上，修建了戾陵堰和车箱渠水利工程。据考证，当时此地已有名称为山峡店。三家店村内现存的白衣观音庵，明《宛署杂记》记为始建于唐初，故此庵应在建村之后出现，所以村庄就应在唐初之前形成。庙内现存清咸丰二年（1852年）《京都顺天府宛平县玉河乡三家店白衣观音庵重修碑记》载："庵创始于唐代，重修于宋、明。"。辽代，三家店亦称三家村。在海淀区大觉寺的辽代《阳台山清水院创造藏经记》碑阴上，记有"三家村"之名。明代万历年间的《宛署杂记》一书，已明确记载该村名为三家店了。

三家店村的得名，可能源于这里住有三姓住户，但具体到这三家的姓氏却难以考证。据 2008 年出版的《北京门头沟村落文化志》记载，最早的居民很可能是张、曹、牛三家，历史上三家店的别名还有三家村、三家土等。

金大定十年（11170年）开卢沟水（今永定河）引入京师漕运，这便是金口河。到元至元二年（1265年），郭守敬重开金口，依金代金口河故道，从三家店南侧开引水口，将西山的木材、石灰、煤炭等，源源不断地注入金口河，这使得三家店成了当时水陆码头的交通枢纽。三家店北侧龙泉务的石灰、西侧琉璃渠村的琉璃砖瓦以及门头沟山区的木材、煤炭等都要途经三家店转运至元大都。

明代在三家店旁建有横跨永定河的三家店木桥，并设有的桥夫维护桥梁安全。《宛署杂记》有"三家店桥夫工食拾柒两陆钱"的记载。清朝的修桥补路碑记较多，同治十一年（1872年）"西山大路"重修碑记，尚存三家店。明代此桥由官家管理，到清朝末年，由三家店"山西会馆"组织管理。运输最盛时是冬季和春季，冬季每天最多通行 7000 多人次。每逢四月十四、十五日妙峰山庙会，各处进香拜佛的人蜂拥而至，昼夜络绎不绝，人马车辆不断。为了过桥安全，桥两头设引路灯、饮水站，管理人员在中间岛上办公。过桥人员一般不收费，牲畜单骑收 3 枚铜钱，畜驮 5 至 7 枚铜钱。该桥是"西山大路"上最重要的桥梁，民国十二年（1923年）三家店"洋灰桥"建成，木桥遂废。旧中国，北京公路桥梁数量少，荷载标准低，且多为临时性木桥，像卢沟桥、朝宗桥、永通桥这样的古代石桥多数建在主干道上。而按照现代施工技术建造的桥梁，只有卢沟古桥西侧的小清河桥、三家店的"洋灰桥"、京张公路上的青龙桥，它们是当时华北地区建设较早的钢筋混凝土桥梁。民国八年（1919年），京兆尹公署修建京门公路，运输京西煤炭，为北京通往门头沟的第一条公路，出阜成门经田村、西黄村、模式口、高井、五里坨至三家店。

历史上往妙峰山进香的香道主要有四条，其中南道即由门头沟三家店始。清代妙峰山娘娘庙香火鼎盛，每年农历四月初一至十五开庙，善男信女进香朝顶，都要途经三家店，使得三家店的商旅业、民俗香会活动非常活跃。

辽金时期，煤作为一种新能源尚未普及。元代兴建大都，城市人口迅速增加，柴草燃料已难以满足大城市日益增长的需求，煤被作为替代品逐渐成为官家富户的重要燃料。明清时期，北京地区已普遍使用煤炭作为主要燃料。三家店一带旧时有很多"驮户"，豢养大量骆驼，他们以运输拉脚为业，"驮户"运煤是其主要的谋生手段。永定河畔运煤驼队络绎不绝，驼铃叮当，已成为京西特色景观。老舍先生笔下的骆驼祥子，就曾走过这里。

京西门头沟山区煤炭资源十分丰富，三家店凭借地理优势，成为京西煤炭交易的转运站。清代三家店商业十分繁荣，主街两边商铺林立，煤厂、旅店、商铺、货栈，五行八作无所不有。从村中现存碑刻记载来看，留下名号的商铺达300余家，三家店村的龙王庙、观音庵、二郎庙等即由各大商户捐资建造或重修。鼎盛时期，三家店的煤商、煤厂达数十家，其中殷氏家族的天利煤厂经营达200余载，"泰和"、"天成"等字号亦是著名的百年煤厂。京西运煤的主要干道经由三家店、五里坨、高井、模式口、田村至阜成门。驼队、骡马大车将煤炭、石灰、砖瓦以及各种农副产品运抵北京，有效地保障了城市的生产建设、生活取暖。清末民初，随着铁路、公路修建至矿区，京西长途驮运规模日趋缩小，三家店村的兴盛繁华也逐渐黯然。抗战岁月里，由于日本侵略者对西山一带的抗日力量实施经济封锁，导致商业铺户纷纷倒闭破产，三家店村的市面衰落萧条。新中国成立后，由于人口激增，村内翻盖房屋，私搭乱建，使得三家店村的历史风貌有所破坏。

三、村落布局

三家店村地处永定河山峡出口的左岸，南距区政府驻地门城卫星城2.8千米，东距石景山区五里坨500米。西连巍巍太行，东望北京湾平原，是北京连接京西山区的重要节点。三家店村位于永定河冲击扇顶端，西高东低，地势平坦，永定河出山后经三家店折而向东。现三家店位置曾是古时的主河道，后河道西移，由泥沙淤积成三家店村现址。这一带山环水抱，景致极佳，地理位置

优越，在历史上成为京西矿区煤炭、石灰输往京城的中转站，商业发达，富户众多。

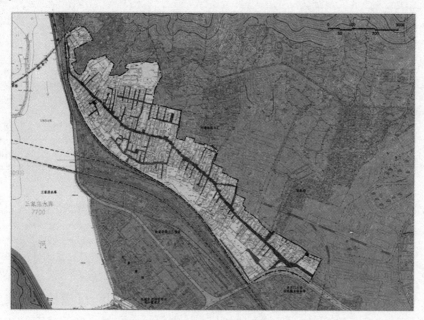

三家店街巷胡同格局

三家店村域面积 4650 亩，聚落分为东店、中店、西店三部分，历史街区规划面积为 31.15 公顷，用地主要为居住用地，此外，有部分零售商业、文教、和市政设施，是京西古道上以煤炭及其他货物集散为特色的古村落，具有浓厚北方人文特色。

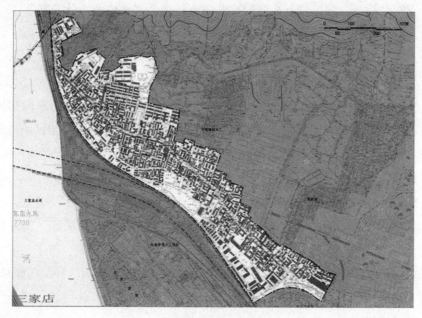

三家店文物建筑分布

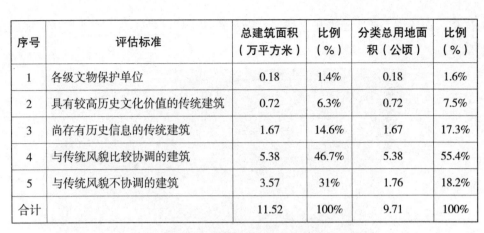

序号	评估标准	总建筑面积（万平方米）	比例（%）	分类总用地面积（公顷）	比例（%）
1	各级文物保护单位	0.18	1.4%	0.18	1.6%
2	具有较高历史文化价值的传统建筑	0.72	6.3%	0.72	7.5%
3	尚存有历史信息的传统建筑	1.67	14.6%	1.67	17.3%
4	与传统风貌比较协调的建筑	5.38	46.7%	5.38	55.4%
5	与传统风貌不协调的建筑	3.57	31%	1.76	18.2%
合计		11.52	100%	9.71	100%

三家店村建筑分类统计图及表格

资料来源：北京市城市规划设计研究院《门头沟区三家店历史文化保护区保护规划》。

四、文化遗产

三家店村沿永定河东岸呈带状分布，以中街为轴展开，重要建筑多集于中街两侧。中街宽约五米，是该村的主干道，也是村民交往、商铺经营、往来交通的主要场所，街两侧多为前店后厂的铺面房、大型院落和庙宇。为防止永定河泛滥，街道两侧地坪较高，出门以台阶与道路相连。村中文物古迹众多，有北京市文物保护单位1座、区级文物保护单位五座、大小四合院几十个。现存五座庙宇（龙王庙、关帝庙、白衣庵、二郎庙、马神庙）中，有三座已修缮一新，龙王庙内的四海龙王、河神等塑像保存完好。村中的商务会馆、龙王庙宇、古四合院等，建筑具有浓厚的京西地方特色，文化内涵十分丰富。

（一）民居

1.天利煤厂

三家店村以其靠近京西矿区的优越地理位置，在历史上成为京西矿区煤炭、石灰输往京城的中转站，商业发达，富户众多，直到清末民初铁路修通之后才衰落下来，其中，最有代表性者为殷家大院。殷家大院又称天利煤厂大院，天利煤厂为殷家所开，又与殷氏住宅相连，当地人习惯将其统称为殷家大院，是一组颇具特色的清代古建筑，是北京地区保存最完整的清代煤厂业遗迹。

天利煤厂建于清道光年间，是反映门头沟煤业历史的重要见证，2001年公布为北京市文物保护单位。天利煤厂为一组清代四合院式建筑，位于三家店中街73、75、77号院，共有大门四座、房屋近百间。院落布局古朴，砖雕精美，是该村最有特色的四合院。东侧院为煤厂院，柜房院在煤厂东北部，西侧院住的是伙计和雇工。

75号是中院，有36间房的两进四合院，是殷家的祖宅。大门开在西南角与倒座房相连，雕花如意门楼，门前有雕刻精细的石门墩一对。进入大门，东西房都有精美的跨山影壁，住房皆用石料台基，条石台阶，青石之上用青砖墙体，磨砖对缝。屋顶皆为清水脊，两头高翘"蝎子尾"。二进院与前院之间正中有门楼，院内条石甬道，青砖墁地，后院是殷家长者居住的院落，在院的东南角有通往煤厂、账房的大门。砖雕以门楼为代表，图案有"福到眼前"、"渔樵耕读"等。大门的砖雕上还糊着黄泥，是"文革"时为了保护砖雕才糊上去的。殷家大院的大乡绅殷海洋主持天利煤厂，在当时的西直门、天津等地都有分号，是京西煤业的主力，后来因为铁路的开通和中英煤矿的开采才逐渐衰落下来。

东侧院为煤厂院，大门可出入马车，为"大车门"式院门，院内有场院，可囤积煤炭，四周建有房舍。柜房院在煤厂东北部，与煤厂相连，为一处用高墙围护的独立院落。大门为四扇板门，上刻"元亨利贞"四字。院内东房五间是天利煤厂的账房。如今，这里已经变成大杂院。

2. 三家店中街59号院

中街59号原是一户梁姓商人的宅院，位于三家店村中部偏北，建于清代中期。建筑坐北朝南，布局严整，占地612平方米，有精美的靠山影壁及细致的砖雕，共有房21间，是本村保存较好的二进四合院，1998年公布为门头沟区文物保护单位。

院落平面呈矩形，南北长33米，东西宽19米。如意门楼，朝天栏板砖雕刻正交斜搭"卐字不到头"纹饰。两扇板门刻有门联"礼乐从光进诗书裕后昆"，上槛出两个六角形门簪。门墩为方形门枕石，箱部刻喜鹊登梅、麒麟卧松等图案，门楼为五架梁。东厢房南山墙出靠山影壁，清水脊，蝎子尾，平草砖雕。影壁心四角岔花，中心刻砖雕团花。一进院正中置二门一座，门前有一对方形门枕石，刻暗八仙图案。前出五级台阶，开双扇板门，门框上出六角形木质门簪。二进院有正房、东西厢房各三间，屋面为合瓦垫石片做法。

三家店中街59号院

3.三间店东街 78 号院

东街 78 号是义源记商号旧址，建于清代中期，院落坐西南朝东北，占地面积 576 平方米，是一座精美的二进四合院，1998 年公布为门头沟区文物保护单位。

三间店东街 78 号院

院落平面呈矩形，南北长 32 米，东西宽 18 米。大门为如意门楼，朝天栏板砖雕花卉、博古图案，两扇门板刻有"忠孝持家远，诗书处世长"对联。上槛出两个六角形门簪，门墩为方形门枕石，箱部雕刻福到眼前、麒麟卧松等图案。一进东西厢房各三间，二道门为清水脊小门楼，砖雕万字不到头、连珠纹、拐字绵图案。二进院东西厢房各三间，正房三间，面阔 12 米，进深 5 米，屋面为合瓦垫石片做法。该院落墀头、大门等处砖雕"喜上眉梢"、"鹿含灵芝"、"松鼠葡萄"等吉祥图案，是不可多得的艺术佳作，寄托了主人的美好愿望。而雕刻之精细，又彰显其家境之殷实，从一个侧面也反映了当时的工艺水平。解放战争时期这里曾作为前线指挥部，叶剑英等开国将帅曾在此居住，具有很高的文物价值。

（二）寺庙

1.三家店龙王庙

龙王庙位于三家店村西侧，明代称龙兴庵，为隆恩寺的下院。清乾隆五十一年（1786 年）重修后称龙王庙，改为专祀龙王。庙为一座严谨的三合院，正殿三间，檐下橼头钉有兽面盘子，两厢配殿各三间。前为门楼，门楼后有抱厦一间，建造格局小巧精细。庙内廊下有顺治、乾隆、光绪间石碑三座，记叙古庙历史沿革和维修情况，1981 年公布为门头沟区文物保护单位。

正殿内神龛雕刻纹饰造型精美，龛内供奉乾隆年间塑造的五彩龙王像五

三家店龙王庙

尊，按金木水火土五行顶序排列，仪态超脱，十分威严肃穆，是北京地区所仅存者。殿两壁彩绘龙王行雨图，画面人物众多，河伯、雨师、雷公、电母在大旗下迎接龙神出行。祥云间由龙驾御的车辇形象自然生动，画面色彩艳丽，刻画精微，为民间庙堂绘画中的佳作。乾隆年间，龙王庙成为民间水利组织管理"兴隆坝"的办事公所。

2. 白衣观音庵

位于三家店中街9号，始建于唐初，清咸丰年间重修。坐南朝北，建筑面积1380平方米。该寺庙为两进院落，由山门、天王殿、正殿及东西配殿组成。庙前为硬山式山门，前殿（天王殿）三间，正殿三间，均为琉璃瓦调大脊顶。正殿高大，旧供奉观音菩萨，两厢配殿各三间，为灰筒瓦顶。整个寺庙建筑十分精细严谨，1998年公布为门头沟区文物保护单位。

庙内有清咸丰二年（1852年）《京都顺天府宛平县玉河乡三家店白衣观音庵重修碑记》，记载该庙创始于唐代。碑阴题名捐资助修者达100余家，包括京西及京城商号、本地煤窑、煤厂等，共捐近百万铜钱。另一碑为清同治十一年（1872年）《重修西山大路碑记》记叙京西山路子清同治十年（1871年）夏季被洪水冲断，沿途村庄煤窑、煤厂捐钱修复的情况，是京西交通史的宝贵史料。

3. 二郎庙

位于三家店村西北山坡，创建于明代，《宛署杂记》有记载。清乾隆十三年（1748年）和咸丰年间重修，1998年公布为门头沟区文物保护单位。

二郎庙庙为一四合院落，坐北朝南，占地728平方米，现有建筑14间。前殿及两厢配殿各三间，正殿三间黄琉璃瓦调大脊顶，两侧各有一间耳房。原供奉九尊娘娘像，塑于清乾隆年间，艺术水平较高，惜于上世纪70年代拆毁，现存乾隆、光绪年碑各一。清光绪二十六年（1900年），八国联军入侵北京后，强迫清政府接受"议和"，此后二三年的时间里在村内驻有袁世凯、姜桂题的队伍，庙内是营官的办事公署。

4. 关帝庙铁锚寺

在门头沟区三家店村西街路南，坐东朝西，创建于明代，2005年公布为门头沟区文物保护单位。

庙院为小三合院形式，前有门楼，庙内正殿三间，两厢配殿各三间，十分小巧别致。庙外山墙间还嵌有字迹斑驳的古碑一块，似明代遗物。庙内供奉关帝像，两厢配殿内有周仓、关平和赤兔马的塑像。民国十年（1921年）又予重修，供奉一只大铁锚于庙内。将庙门上石额重刻上"关帝庙铁锚寺"六个楷书大字，庙内供奉铁锚是因为村边永定河上于民国十年建成平门公路上的17孔水泥大桥，是北京历史上的第一座现代化桥梁。村人为了纪念这一使用长久的铁锚的贡献，怀念遥远的过去，使后人不忘这段历史，就把船上的铁锚安置于庙内。此处庙内还是清光绪二十六年（1900年）本村义和团"坎字团"的拳坛。

5. 三家店村马王庙

创建年代不详，为民间宗教建筑。坐北朝南，山门一间，已全部改建。正殿三间，硬山大脊筒瓦顶，脊上雕花纹，有鸱吻，带垂兽。排山勾滴，琉璃龙纹瓦当。面阔 7.64 米，进深 5.10 米。正殿两侧有耳房各一间，硬山元宝箍头脊，东耳房面阔 3.50 米，进深 4.40 米；西耳房面阔 3.5 米，进深 4.40 米，已塌。东西配殿各三间，面阔 9.6 米，进深 4 米，全部改建，残存。2011 年公布为北京市文物普查登记项目。

（三）公共建筑

1. 水闸老公路桥

位于门头沟区龙泉镇三家店村西，水闸大桥横跨在永定河上，连接三家店村与城子村，始建于 1921 年。京门公路是北京历史上的第一条公路，民国八年（1919 年），京兆尹公署拨款 20 万大洋，修建京门公路。民国十年（1921 年），为解决过永定河靠摆渡和木板桥造成的拥挤堵塞问题，京兆尹公署拨款 30 万元大洋，修建永久式公路桥。京门公路上的永定河桥梁是当时修公路的最大工程，为北京历史上第一座钢筋混凝土结构的公路桥梁，由欧洲来的工程师设计及指挥施工，三家店地区的工程技术人员参与施工，所用材料除钢材和水泥外，皆就地取材。

桥身全长 253 米，宽 9 米，高 14 米，孔跨 30 米，有 8 孔。两侧人行道宽 1.5 米，中心车道宽 6 米。上部结构为钢筋混凝土三肋、上承式组合体系，下部结构为钢筋混凝土空心桥墩。桥墩宽 7.8 米，厚 1.8 米。桥面为平铺型，厚 0.1 米。设计荷载 4 吨，当时设计桥梁使用年限是 70 年。为延长寿命，当时限载 2 吨。1924 年，永定河一次洪峰，高达 6 米，水流湍急，但大桥安然无恙。2002 年机动车停止通行，在旁边新建桥梁。后经论证，老桥仍有使用价值，仅限非机动车和行人通行。此桥是当时欧洲流行的现代化钢筋混凝土空腹拱桥，是现代桥梁的杰作，且作为北京市第一座公路桥，更有其文物价值，2005 年被公布为门头沟区文物保护单位。

2. 三家店村山西会馆

位于门头沟区三家店村中街南侧，现为三家店小学所占用。

会馆现存建筑为清代遗留，房屋高大坚固，整座建筑院落东西长 20 米，南北长 22.6 米。全院北向，正殿 6 间，面阔 11.5 米，进深 8.8 米，为勾连搭式，前为卷棚顶，后为硬山调大脊。殿顶皆黄琉璃瓦，筑有青石台基。两厢配殿各

三家店村山西会馆

三间，面阔 10.5 米，进深 6 米，建筑也十分精巧。另有附属文物：碑一通，额雕云纹，方座雕花山云纹。碑高 1.9 米，宽 0.7 米，厚 0.2 米，坐高 0.5 米，宽 0.8 米，厚 0.4 米，碑阴向上。另有一告示碑，额雕云纹，座雕花山云纹，高 2.15 米，宽 0.65 米，厚 0.18 米，座高 0.5 米，宽 0.8 米，厚 0.4 米，碑阴向上，额题永垂不朽，均为青石质，2011 年公布为门头沟区文物普查登记项目。

3. 平门铁路永定河大桥

位于门头沟区龙泉镇三家店村西永定河上，此桥创下了近代中国人自己设计施工建造铁路桥的先例。民国五年（1906 年）6 月，为了大量运输煤炭，清政府经商部奏请"接修京张铁路支线，以兴煤业"。同年 7 月获批，并由关内外铁路余利项下拨款修建。10 月由京张铁路总工程师詹天佑率队勘测设计京门段。京门铁路桥于民国六年（1907 年）开始修建，于民国七年（1908 年）建成，桥身全长 216 米，桥墩高 7.6 米，枕木 747 根，如今这座桥的桥架上仍有"1907"字样。京门铁路桥钢材及钢架使用的是当时国际上最大的一家英国公司所生产的，该钢铁厂于 1871 年建成，标志为"DALZELL"。当时的水泥也是进口的，成本很高。在东桥头北侧，还留有一座日本侵入中国时期为控制铁路桥而修的圆形碉楼，2011 年公布为门头沟区文物普查登记项目。

（四）非物质文化遗产

京西太平鼓是门头沟地区流传至今的一种民间舞蹈表演形式，虽不算花会的正式会档，但其普遍性已有目共睹，许多村庄的家家户户都会打太平鼓，而且不论男女老少都能参与其中，是一种群体性的文化娱乐活动。太平鼓流传于北京，迄今为止最早的记载是明代。据明代人《帝京景物略》载："童子挝鼓，傍夕向晓，曰太平鼓。"

太平鼓属于人体动态文化，经过逐代人的传袭依然具有朴实无华、健康向上的艺术特色。其表演形式边打边舞，鼓点丰富，视觉、听觉和谐统一；动律呈现出人舞鼓、鼓缠人、人鼓合一的特点，节奏变化表现情绪不同；音乐上鼓点以单鼓点、双鼓点为主，可打出轻重缓急不同特点。唱词一般以人物、典故、时令花草及大实话为主，曲子是当地流行的民间小调，声音高亢，有浓郁的生活气息，是当地老百姓文化认同的标志，具有历史社会价值、艺术审美价值，对研究、继承、发展京西民间舞蹈文化有推动作用。2002、2004 年两次被北京市文化局确立为重点保护项目，2006 年入选国家级非物质文化遗产名录。

三家店地区在历史上是京西古道的起点，随着时代的变迁，它的价值已经不再是一个普通的传统村落，而是昔日辐辏云集的京西煤业的历史见证。三家店虽然已经失去了往日的辉煌，建筑也日益老旧，但其保存尚可，从中街遗存的店铺、寺庙、民居，仍能领略其繁华过往。三家店的村落空间环境和特色民居本身，都是十分珍贵的文化遗产，传承着丰富的历史信息，应当得到更好的保护与合理利用。

刘文丰（北京市古代建筑研究所　副研究员）

先农坛观耕台病害勘察及保护建议

◎张涛、胡睿

一、历史沿革

先农坛位于北京外城永定门内大街西侧，与天坛东西对峙，属宣武区。1979年8月21日公布为北京市文物保护单位，2001年被定为全国重点文物保护单位。先农坛，原名"山川坛"，是明、清两代帝王祭祀先农、山川、神祇、太岁诸神的地方。

先农坛始建于明永乐十八年（1420年），是明成祖朱棣迁都北京时所创建的。当时，它和天坛都处于城市的南郊，明嘉靖三十二年（1553年）修建了外城后，才圈入城内。先农坛明嘉靖年间建于山川坛内，至清遂统称其地为先农坛，其建筑也不是一次筑成，我们现在见的规模是嘉靖初年所形成的。其后，历明、清两代各朝均有所修建。

先农坛作为祭祀神灵的礼仪建筑，所有建筑群均坐北朝南，布局严谨，由内外两重围墙环绕，周围3000米，总面积约130顷，围墙平面为北圆南方之长形。外坛墙于北洋军阀时期拆除，现仅保存内坛墙内的观耕台、庆成宫、太岁殿、神仓、先农坛等处建筑。

观耕台，位于太岁殿东南（具服殿之南）。此台始建于明嘉靖年间，最初为木制结构高台，清乾隆十九年（1754年）台面改砌方砖，台周饰以谷穗图案的黄琉璃瓦并绕以汉白玉石护栏，台阶饰以莲花浮雕，象征吉祥如意。[①]明、清时期，农历每年三月上亥日，皇帝都要率百官来先农坛，先祭先农神，然后在具服殿脱下礼服，换上龙袍，到观耕台东面的亲耕田扶犁躬耕。亲耕共1.3亩，以两旁分为12畦，由三王九卿从耕。明制是皇帝右手扶犁、左手执鞭，往返犁四趟；清制改为往返犁三趟，然后从西阶登观耕台，观耕终了，由东阶退下。民国期间，观耕台上曾建一八角琉璃亭，现已无存。

---

① 朱祖希.先农坛——中国农耕文化的重要载体［J］.北京社会科学，2000，（02）：135—139.

二、建筑形制

观耕台南向，占地面积约 508 平方米，台高 1.6 米，太平面正方形，边长 16.06 米。东、西、南三面设九级台阶，台阶四周汉白玉地伏及台阶踏步正面雕刻莲花宝相纹图案，象眼处为绿色卷草绶带纹。台上地面方砖细墁，台上四周饰黄琉璃瓦并绕以汉白玉石护栏，望柱头为龙云雕刻。台座须弥座由黄绿琉璃砖砌筑，束腰中部为黄色琉璃砖上浅浮雕，两侧绿色如意卷草纹，中间为黄色花朵，或黄色如意宝珠，转角处为黄色花蕾或花苞；上、下舵曲线圆润，每块黄琉璃砖上配以绿色莲瓣卷草纹图案，方向均朝向束腰；上、下坊浅浮雕黄色行龙与绿色藻草叶纹样相间。[①]

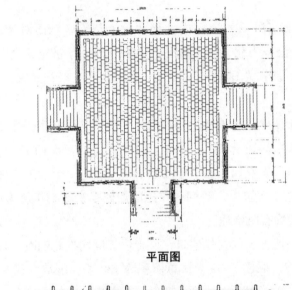

平面图

立面图

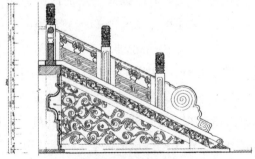

象眼及栏杆大样图

---

① 张小古.北京先农坛遗产价值研究与保护模式探索［J］.北京规划建设，2012，（2）：94—98.

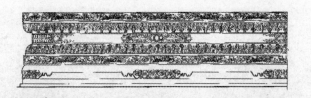

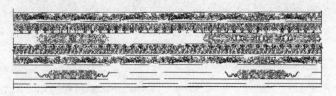

须弥座花饰大样图

三、文物价值

先农坛是我国古代典型的皇家祭坛之一，是明、清北京城的五大皇家祭坛之一，是我国古代祭祀先农文化的实物反映，对研究我国古代的祭祀文化有着极其重要的意义。

先农坛古建筑群是我国古代建筑的典范。先农坛占地宽广，古建筑群规模宏大，尤其宝贵的是保留了一批明代建筑，这些明、清古建筑对研究明、清古建筑有着极其重要意义。

先农坛观耕台是我国五千年农业文明史的体现。祭祀是我国古代农业文明的重要组成部分，以农为本，报本反始，使带给人们食物、教给人们耕种的农神享受到人间的献礼，祭祀先农活动是正是古人朴素的哲学思想的重要体现。中国古代是典型的农业社会，农业文明高度发达，历朝历代都非常重视农业，藉田之礼，古已有之，它是古代帝王为了劝课农桑而举行的一项礼制活动，每逢春耕前，天子、诸侯躬耕藉田，祭祀先农，以表对农业的重视，并祈求来年五谷丰登。[①]观耕台是先农坛的重要建筑之一，是明清皇家祭祀建筑的杰出代表，建筑布局基本完整，具有较高的历史、艺术和研究价值。

四、病害勘察

（一）崩釉粉化

观耕台须弥座外立面全用琉璃砖砌筑，常年在露天环境下，琉璃砖已经出现大面积表面崩釉，砖体风化酥粉严重。

---

① 韩洁. 北京先农坛建筑研究［D］. 天津大学，2005.

琉璃砖表面崩釉照片

（二）砖体破损开裂

据现场勘查分析，因观耕台没有屋顶（民国建琉璃亭已无存），地面常年经受日晒雨淋，方砖部分已出现明显的开裂碎裂现象。且由于所采用方砖透水率很高，其中雨水造成的损害尤为严重。每逢雨季时，雨水直接下到台面上，这就使雨水直接渗入台体。到了冬季，台体内水分不能完全干燥，易发生冻融破坏。

地面方砖部分已经碎裂照片

（三）酥碱风化

观耕台与地面直接接触，到了雨季，地下大量可溶性盐随毛细水富集到须弥座琉璃砖表面，再由溶液态转变成结晶态，产生极大的结晶压力，使琉璃砖表面泛碱、粉化、剥落。

可溶性盐富集照片一

可溶性盐富集照片二

五、病害机理分析

观耕台的病害成因多样，单一病害可能是多种原因共同作用的结果。引起其病害的主要原因，经分析有以下几种。

（一）水的冻融作用

冻融作用是水在温度变化的条件下固液态相转化时产生的侵蚀破坏作用，是观耕台琉璃砖以及方砖病变的主要因素。琉璃砖和方砖存在着不同类型的裂隙，由于地下水、雨水、毛细水的渗入使砖体内部裂隙中存有水分，水由液态水向固态冰转化时，体积增大9.2%，产生相应的压力达 960~2000g/cm^2，直接对裂隙孔壁产生挤压作用。北京地区冬季气温在零摄氏度上下波动，冻融作用持续发生，使砖体内部孔隙不断变大、加剧，直至砖体崩裂成碎块。砖体本身就是多孔材料能吸收更多的水分抗冻融的能力弱于密实的石质文物，因此冻融作用对琉璃砖和方砖的破坏尤为显著，常见病害类型有侵蚀、风化脱落、断裂和裂缝等。

（二）温差变化引起的风化

温差变化对砖体的风化过程可产生重要影响，砖体的热传导率较小，温度变化时琉璃砖的表层比内部敏感，使内外膨胀和收缩不同步，导致裂隙的产生。另外，组成砖体的各种矿物颗粒的膨胀系数也不同，甚至同种矿物的膨胀系数也随结晶方向而变。由于差异性胀缩，使得砖体内部经常处于应力调整状态，从而扩大原有裂隙和产生新的裂隙。温差变化侵蚀破坏的强度主要取决于温度变化的速度和幅度。北京位于温带中温带，温度的日变化和年变化都很大，温差变化更大，在零下25到38摄氏度之间，如此大的温差导致砖体表层发生剧烈蜕变，常见的病害有差异性风化、层状脱离等。

（三）盐结晶引起的膨胀

可溶盐的运移和结晶对琉璃砖危害严重。水溶性盐类的主要成分分为 $NaCl$、KCl、Na_2SO_4、K_2SO_4 等可溶性盐类，当多孔砖体与含盐的水溶液接触时，盐分被水带进砖体的孔隙，或渗入的水，将砖体内部的盐分溶解，水分蒸发时溶液逐渐达到过饱和，使被溶解的盐从溶液中析出，在其结晶过程中，由于体积膨胀产生结晶压力，导致砖体破裂和表层剥落。

六、保护建议

经过对先农坛观耕台文物保存现状和所处微环境的评价和分析，提出以下建议：

（1）对于表面风化酥粉严重琉璃构件，采取抢救性保护措施，尽早进行加固。

（2）疏通观耕台台面排水口，保障降水排泄通畅。替补碎裂方砖，因现方砖地面透水率较高，建议采用无色抗老化保护材料，进行抗渗处理。

（3）须弥座琉璃砖表面泛碱部位，建议定期进行脱盐处理。

张涛、胡睿（北京市古代建筑研究所　馆员）

五光十色
——欧式教堂玻璃花窗

◎马怀伟

欧式教堂从建筑形式上分为哥特式建筑、巴洛克建筑、法国古典主义建筑、古罗马建筑、古典复兴建筑、罗曼建筑等。每座教堂的建筑中玻璃花窗的设计又是点睛之笔：每当走进教堂，首先吸引眼球的，就是那色彩华丽、美轮美奂的彩色玻璃窗。白天，阳光透过彩色玻璃，洒进教堂，为昏暗的室内带来光明与色彩。五彩斑斓的光斑仿佛上帝慈爱的目光，为走进教堂的信徒和游客们披上一层神圣的光晕，抚慰着人们的心灵。晚上，教堂内的灯光与烛光又将玻璃的色彩辉映到夜空之中，使得整个教堂更加恢弘、神秘，也绚烂了整片城市或乡间的夜空。

欧式教堂中的花窗往往很高，常见的十余米或数十米，因此对材料与制作技术的要求极为严苛。教堂中的玻璃花窗大多由不同颜色的马赛克组成，强调华丽的装饰、浓烈的色彩、精美的造型，已达到雍容华贵的装饰效果。花窗的功能并不是为使建筑物内部的人能透视外部，而是为教堂起到装饰、照明的作用，所以花窗，特别是大型花窗，实际上也是一堵透光的"墙壁"。

欧式教堂中的花窗内容主要为几何图案或人物。花窗玻璃上描绘的几何图案主要是通过繁复的纹饰彰显教会尊贵的地位，同时运用色彩的配合为教堂内营造肃穆神圣的气氛，有时当地领主的家族徽章也会出现在花窗玻璃上，作为出资兴建教堂的证明，并借此祈求上帝的保佑，颇有种"捐庙"的意味。描绘人物的玻璃花窗有很多种形式，有单一人物的，有多个人物组成一个场景的，也有多人物场景组合在一起组成一连串故事的。在一些比较小的礼拜堂中，由于没有足够的地方安放圣像，单一人物的玻璃花窗会承担圣像的作用。而绘有多个人物的花窗主要描绘的是《圣经》故事，是起教化民众的作用的。古时民众受教育程度不高，大多不认识字，教堂的花窗玻璃就成为他们学习《圣经》时的"插画"。教士可以利用这些生动的玻璃花窗图案为信徒更生动地讲解《圣经》故事，起到教化信徒的作用。这些花窗上大都描绘的是《圣经》的某个场景，例如"三圣来朝"、"耶稣升天"等主题都是比较常见的。多人物场景组合的故事花窗更像是"教科书"，即使没有教士太多的讲解，人们也能很容易的理解画中的内容，其形式有些像现在的连环画。在位于巴黎的圣礼拜堂，拾阶而上，来到二层，穿过一片昏暗，忽然眼前一亮，各种色彩扑面而来，纷繁却十分统一；近前观赏，窗上的人物描绘得十分细致。这组花窗，描绘了从创世纪到耶稣复活的1113幕《圣经》中讲述人类历史的场景，是唯一能以"牛耕式阅读法"观赏的彩绘玻璃窗，工匠们对上帝虔诚的心在他们的悉心描绘中可见一斑，这真是宗教神学与玻璃花窗艺术的完美结合。

欧式教堂的花窗玻璃之所以有那么多绚烂的色彩，是因为玻璃在制作中半溶解状态时添加了金属氧化物。例如：氧化钴可形成神秘的蓝色，氧化铜会产生郁郁葱葱的绿色，金能产生绚烂的红色，而硒可使玻璃生成甜蜜的浅玫瑰色……最开始时玻璃颜色比较单一，能够表达的内容也较为有限，主要以几何图案为主，人物玻璃和叙事玻璃制作相对较少且透明度不高，但代表了当时的最高成就，这些玻璃现在基本都被当作文物在博物馆中展出。经过数代能工巧匠不懈的努力和探索，彩色玻璃变幻出的颜色越来越多，越来越纯正。花窗玻璃呈现的画面也越来越丰富，越来越生动。

随着时代的进步，教会的权力日益衰微，花窗作为装饰用来渲染气氛的作用越来越强。最典型的例子莫过于巴塞罗那的圣家族大教堂，在这座尚未完工的大教堂中，设计师高迪将花窗玻璃上的色彩运用到了极高的水平：教堂花窗玻璃以马赛克的形式出现，两侧分列冷色与暖色的色块，既使单调的白色教堂墙面增添了绚烂的色彩，又为教堂两侧营造了圣洁与热烈两种截然不同的气氛。同时，高迪打破了常见花窗玻璃相对中规中矩的对称纹饰，选择了抽象的色块组合，这样既可以更自由地使用颜色，上圆下拱形的小花窗又像一个个圣人，身披神圣的彩色礼服，引参观者更多想象，为原本肃穆、凝重的教堂，平添了一抹生机盎然的亮色。

观赏花窗玻璃，不仅是美的享受，也是艺术的熏陶，更是享受西方文化历史的承载。在欧洲，每走到一个城镇，若没有著名的景点，不防到当地的教堂中转转。即使不是虔诚的教徒，也会在走过那一扇扇或素净或雅致或华丽的玻璃花窗时，感受到艺术的魅力，历史的厚重，文化的辉煌。

马怀伟（首都博物馆 馆员）

北京古代建筑博物馆文丛　第四辑　2017年

坛庙文化

八蜡神崇拜中的炎帝神农氏

◎董绍鹏

作为世界古代史中十分纯正的农耕农业民族，中华民族靠天吃饭的历史可谓源远流长。在古人的眼中，一切有关粮食种植、收获的自然因素，都是束缚在人们头上时时不能放松认识的紧箍，这些自然因素可以不问出处，但敬祀的行为不可或缺。在万物有灵的原始社会，人类在大自然面前的不堪一击，给人们留下深深的痛苦印记，在斯德哥尔摩心理效应的作用下，古人的心理被人们对大自然的恐惧所绑架，进而消泯了对抗的欲望，转而报以诚惶诚恐的敬祀，企图以牺牲感动、稳住这些无法战胜的大自然之力，使他们安佑人间。我们在中国传统文化中比较常见的（传统民间崇拜的主体内涵）、在西方文化中早已为人们抛弃的自然神祇崇拜，如岳镇海渎崇拜、风云雷雨崇拜等，就是典型化的自然神祇崇拜。虽然现在它们对我们现代化生活的影响渐行渐远，但埋藏在意识深处的自然崇拜之根，却不是短时间内可以根除的，有时会以不同的形式体现于我们的言行之中。

在传统农业时代，对于自然力的恐惧的确时时萦绕着古人，不可能抛却。尽管人们小心翼翼、年复一年地经营着农业耕作，但自然力的不断侵害使人们疲于奔命，心力憔悴。为此，在有些较为安好的年景，靠天吃饭的最后一道文化程序，就是年终谢神、年终享神，感谢一年来老天爷的慈悲，感谢一年来各种自然外力的慈悲，给人们带来能够糊口的农作物收成，使人们能够平安度过一年的时光。年终感恩大会，是以对各类相关农业收成的七七八八的神祇进行集体敬祀加以体现，可以看成年终对农业相关神祇的大团拜。这个年终农业相关神祇大团拜习俗，究竟是何时起源的早已无从查考，我们只知道，周代就有明确的敬祀活动，这个活动，称之为"八蜡神崇拜"（蜡，音 zhà）。祭祀的八种神祇中，首当其冲的是只有职责、形象虚化的先穑之神，后世将其具化，转指为先农炎帝神农氏。

八蜡神的内涵与祭祀历史

传说中，上古伊耆氏确立年终敬祀农业相关神祇的规矩（《礼记》说"伊耆氏始为蜡"）。为什么要年终合祀呢？古书上说，做人如果正直的话就要做君子，君子的一个重要特征，就是知恩图报。一年的最后一个月，人们忙完一年的农活，在家除了休憩，就是到野外打猎，猎回野猪、野兔、野鸡等禽畜，用这些猎物作为祭祀牺牲，祭祀安慰保佑农业生产以及没有折腾人们农活的神祇，合称八蜡，即：先穑（神农）、司穑（后稷）、田畯、邮表畷（看守农作物的棚户）、猫虎、堤防、水庸、昆虫。《礼记·郊特牲》说"八蜡以祀四方"（东汉郑玄注：四方，方有祭也，蜡有八者：先啬一也，司啬二也，（田畯）农三也，邮表畷四也，猫虎五也，坊六也，水庸七也，昆虫八也）。对他们的祭祀，是知恩图报，是一种报答，是年终报祭，"既蜡而收，民息已。故既蜡，君子不兴功"（《礼记·郊特牲》），就是说，到了年末，人民忙碌了一年，应该休养了，所以有道德的人在年终报飨有功于人们的百神后，不应该再有所为。同时还认为：

　　四方年不顺成，八蜡不通，以谨民财也。顺成之方，其蜡乃通，以移民也。——《礼记·郊特牲》

　　年终蜡祀事关一年年气的顺畅与阻塞，因此蜡祀的重要性可想而知。

虫精（河北武强年画）

　　八蜡之神的职责涵盖为：

　　先穑（啬）之神，为万民发现可食用农作物、发明农作物栽培技术的农业祖先。最早是不具形象之神，也称田祖、田祖氏，后世转指炎帝神农氏；

　　司穑（啬）之神，即后稷，管理、指导农业生产的农业祖先；

　　田畯，在祭拜田祖中扮演被祭拜者"尸"的人，也泛指商周时具体指导农业生产的官员；

　　邮表畷，用于农业生产时搭建的茅棚、划分田块的田垄等；

　　猫虎，猫食田鼠，虎食野猪，田鼠、野猪危害农作物，猫虎是它们的克星；

堤防，河堤，也指最早发明构筑堤坝技术之人；

水庸，田间浇灌和排涝的水沟，也指最早发明构筑沟渠技术之人、城隍；

昆虫，原指所有关乎农业生产的昆虫，后世简化为单指蝗虫。

周代，八蜡之祭为国家每年年终之月一项重要的祭祀活动，所祀神祇中尚未出现神农氏名称，只冠以先穑之神（也称田祖），代称最先识五谷、发明农耕技术的神祇。

神虎（河北武强年画）

蜡祭之坛

周代因为后世制度之始，周天子举行的团拜八蜡、感谢诸位农业相关神祇在旧年中对万民的慈悲，让这些神祇在旧年结束时能够安息（所谓息老物，给农业神祇送终），同时又希望诸神祇在新的一年之春复苏，继续嘉佑万民的祭祀初衷得以延续，八蜡之祭以强烈的辞旧迎新姿态成为广为民间受用的一项农业文化内涵祭祀活动，也因此演变为中国古代农历过年前的一项主要活动内容。

根据《文献通考·郊社考十八》记载，明代之前的国家蜡祭情况大致有：

汉代，季冬之月，农大享腊（腊月之名正式出现于中国历史中，后世习惯以农历十二月为腊月）。蜡、腊，从此开始混用；

魏因汉制；

东晋元帝大兴二年（319年），强调"大腊之日，休息黎众，百日之勤，一日之泽，未可戒严"；

南朝宋承袭东晋做法，"宋因之，水德王，祖以子，腊以辰"；

北朝周，"以十月祭神农、伊耆以下至毛、介等神于五郊"；

隋初，以孟冬下亥蜡祭百神；

唐太宗贞观十一年（637年），房玄龄等议"季冬寅日，蜡祭百神于南郊"；

唐元宗开元中制仪：季冬腊日，蜡百神于南郊之坛；若其方不登，则阙之。

宋火德王，以戌日为腊；建隆三年（962年）十二月戊戌，腊，有司画日，以七日辛卯蜡百神，并首建祭祀八蜡之坛，"蜡百神坛高四尺，东西七步二尺，南北六步四尺"；仁宗天圣三年（1025年），"复皇祐定坛高八尺，广四丈。嘉祐加羊豕各五"；神宗元丰六年（1083年）"请蜡祭、四郊各为一坛，以祀其方之神；有不顺成之方，则不修报。其息民仍在蜡祭之后"；徽宗政和三年（1113年）四月，定"腊前一日蜡百神。四方蜡坛广四丈，高八尺，四出陛，两壝，每壝二十五步。东方设大明位，西方设夜明位，以神农氏、后稷氏配，位以北为上。南北坛设神农氏位，以后稷氏配。五星、二十八宿、十二辰、五官、五岳、五镇、四海、四渎及五方山林、川泽、邱陵、坟衍、原隰、井泉、田畯、苍龙、朱雀、麒麟、白虎、元武、五水庸、五坊、五于菟、五鳞、五羽、五介、五毛、五邮表畷、五嬴、五猫、五昆虫从祀，方依其分设。若中方岳、镇以下设于南方蜡坛西阶之西，中方山林以下设于南方蜡坛午阶之西，伊耆设于北方蜡坛卯阶之南，其位次于辰星"；孝宗乾道四年（1168年），"四郊各为一坛，以祀其方之神。东方以日为主，西方以月为主，各配以神农、后稷；南、北方皆以神农为主，配以后稷。若五星、五帝、二十八宿、十二辰、岳、镇、海、渎、山林、川泽、邱陵、坟衍、原隰、羽、毛、鳞、介、猫、虎、昆虫，各随其方，分为从祀"。

唐代是中国古代蜡祭之礼最为完备的朝代，按照《大唐开元礼》记载，唐中期八蜡之祀的祭祀内容包括：

日期：季冬腊日。

祭祀位置：都城南郊。

祭祀神祇：蜡百神于南郊，都百九十二座。大明、夜明在坛上，神农、伊耆、五官、五星、三辰、后稷、五方田畯、岳、镇、海、渎、二十八宿、五方山林、川泽、邱陵、坟衍、原隰、龙、麟、朱鸟、白兽、元武、鳞、羽、毛、介、于菟、井泉等八十五座。

祭乐：旧用黄钟之均，三成；新改用《天神之乐》，圜钟之均，六成。祭祀，鼓柷，作无射、夷则，奏《永和》；蕤宾、姑洗、太蔟，奏《顺和》；黄钟奏《元和》，几六均，均一成，俱以文舞。

祭器：笾、豆、簠、簋、俎、太樽、著樽、罍、象尊。

仪程：斋戒（如圜丘仪）、銮驾出宫、奠玉帛、进熟、銮驾回宫。

《大唐郊祀录》也载唐代八蜡之坛"其坛，长安在明德门外一里道东，洛阳在定鼎门外午桥东南二里。其制高五尺，方、广八十步……神农氏、伊耆氏各设着尊二，实以盎齐"。

蜡祭是古代国家祭祀中的一项非常祀之祀，虽关乎农业神祇、具有安抚四方神祇之用，但在国家各项典仪中，实在是位列其微，唯独唐代尤为关注，不仅制订了详细祭祀礼仪，甚至将蜡祭与社稷之祀、宗庙之祀合为一天举办"以应唐之土德"（《文献通考·郊社考十八》）。宋代虽参照唐制，却终因祭制一代一变，祭祀章法犹如先农耕田之礼、先蚕之礼一样，总是摇摆不定、犹豫不决，论而不行的积弊之风妨碍国家典章，除了极大"丰富"八蜡之祭的祭祀内容外（宋代的八蜡祭祀完全承袭了唐制，已然是五花八门、应有尽有、包罗万象，大凡能与农业扯上关联的事物，都成为蜡祀内容（《文献通考·郊社考十八》），从一个侧面体现出中国古代万物有灵的崇祀观，已经成为内涵犬牙交错、无所不包淫祠杂祀式的自然崇拜。

特别说明的是，蜡祭诸神祇中，先农炎帝神农氏在唐宋时期处于百神之首的重要位置，无论是唐代南郊蜡祭，还是宋代四郊分祀蜡祭，均是先农炎帝神农氏为主、后稷从祀。

明代，蜡祭之祀退出了国家典章活动序列：

（洪武二年八月）庚寅，礼部尚书崔亮奏："周官天子五祀，曰门；曰户，人之所出；曰中霤，人之所居；曰灶；曰井，人之所养。故杜佑曰：'天子诸侯，必立五祀，所以报德也。'今拟依周官五祀，止于岁终腊享，通祭于庙门外，群臣则四品以上祀中霤、门、灶三神，五品以下祀门、灶二神，庶合礼意。"上命着为令。——《明实录·太祖实录》卷四十四

清代，满族人在入关之前，采用汉俗祭祀八蜡，其庙建在盛京南门内，春、秋之时设坛望祭。清世祖顺治帝入关后，仍然沿用这一做法。乾隆十年（1745年），乾隆帝下诏废止蜡祭。当时有大臣以其古制之由，力请乾隆帝不要废止，而乾隆帝认为：

大蜡之礼，昉自伊耆，三代因之，古制夐远，传注参错。八蜡配以昆虫，后儒谓害稼不当祭。月令：祈年于天宗。蜡祭也。注云：日、月、星、辰，则所主又非八神。至谓合聚万物而索飨之，神多位益难定。蜡与腊冠服各殊，或谓腊即蜡，或谓蜡而后腊。自汉腊而不蜡，魏、晋以降，废置无恒。或溺五行家言，甚至天帝、人帝及龙、麟、朱鸟，为座百九十二，议者谓失礼。苏轼曰"迎猫则为猫尸，迎虎则为虎尸，近俳优所为"，是其迹久类于戏也，是以元、明废止不行。况蜡祭诸神，如先啬、司啬、日、月、星、辰、山、林、川、泽，祀之各坛庙，民间报赛，亦借蜡祭联欢井间。但各随其风尚，初不责以仪文，其悉罢之。

——《清史稿·志五十九·礼三》

乾隆帝清醒地认识到，蜡祭的内容庞杂、等级尊卑的混乱无序，与其他列

入祀典官祭活动的国家典章严重重复，于是断然下决心彻底革除。因此自乾隆十年（1745年）以后，蜡祭绝迹于大一统专制国家祀典。

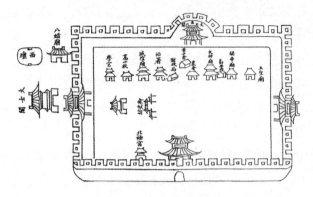

清代陕西宝鸡县的八蜡庙（位于图的左侧上方）

清代山西平阳县的八蜡庙（位于图的右侧下方）

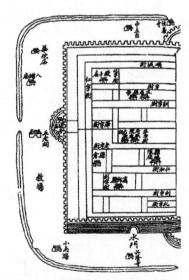

清代归德府的八蜡庙（位于图的左侧上方）

民间八蜡神崇拜

随着历史的演变，原本作为国家祭祀的八蜡之神，逐渐为人们从官方意识中淡化，特别是具象化的祭祀内容，如邮表畷、猫虎、堤防、水庸等基本上淡出人们视线。这一方面是农业生产力和农业生产技术逐步提高的因素所致，原始农业环境下的关注点得到逐渐转移，另一方面也是国家对先农炎帝神农氏祭祀崇拜的逐步加强，使人们从原本众多的农业职能神身上希望得到的实惠，转由先农炎帝神农氏一神就可嘉佑响应。这一层含义，是中国古代大一统专制国家政权认识上的潜移默化过程的体现。

八蜡庙（江南民间年画）

但在民间，目不识丁的广大农民面对大自然的侵袭时，仍然信奉的是礼多神不怪的信条，凡是一切农业相关神祇尽可能逢神必拜、逢神必求。从宋元开始，原本八蜡中的昆虫之神的重要性越来越突出，成为事实上人们崇拜八蜡之神的核心内容。这其中，昆虫的具体所指，就是蝗虫。这一现象的出现，与农业生产中面对虫害的束手无策紧密相关。时至今日，蝗灾仍然是许多旱地农业地区或半旱地农业地区时刻提防的重要自然灾害之一。虽然八蜡崇拜的重要性逐步减低，但蝗灾的破坏性并不见减少，如遇爆发之年，往往使人们颗粒无收。在古人尚不知道农药除害和生物工程等当今科学概念的情况下，对灾害的恐惧和无所依靠，再一次以斯德哥尔摩效应转变为对敌人的崇拜，同时有所加强。所谓心理战胜法或鲁迅先生所说的阿Q精神胜利法，在攘除自然灾害面前又一次发生效力，于是不少地方将名为八蜡之祀实为蝗虫之祀的祭拜，千方百计寻找附庸之所，通常在蝗灾经常发生地区，独立设置八蜡庙以应祭祀之用，不得已之时，也可以附庸在地方先农坛、先农祠、道观，或者其他淫祠杂祀小庙中，多加一个神牌以示供奉。

以清代四川为例，附祀于地方先农坛的八蜡之神祭祀，有大邑县、广元县、隆昌县、南溪县、纳溪县、珙县、筠连县、屏山县、乐山县、璧山县、江津县、黔江县、万县、巫山县、仪陇县、南部县、营山县、岳池县、万源县、新宁县、邻水县、渠县、通江县、理番县、邛嶲县、盐源县、彰明县、合江县、遂宁县等县。而如此众多的八蜡之祀附庸在地方先农坛，理由是“乾隆十二年部议归并先农坛配祀不必特祭，今祭先农坛日遵照部议设立牌位附祭”（《乾隆屏山县志》卷二）。

到了清雍正二年（1724年），雍正皇帝为了体恤民生之艰，想民生之想，大胆顺应民意，又将民间低调奉祀的一个驱蝗神明刘猛将军立为国家提倡奉祀之神，除“饬各直省建刘猛将军庙”，还在北京圆明园中专设庙祭祀。从此，八蜡之祀完全演变为对蝗虫之神的敬祀，而与之对应的是驱除蝗虫之神的刘猛将军之祀。一敬一逐，构成中国民间崇拜中正邪对立的二元祭祀文化奇观。

圆明园刘猛将军庙（在四十景之一的“月地云居”西北侧）

关于刘猛将军众说纷纭，有传说是南宋时驱蝗的刘姓之人，这种传说多流传在淮河以南的南方地区。还有传说是元代末年驱蝗的将军刘承忠，这种说法出现于明代，多传播于北方地区，如《莒州志》（清嘉庆版）卷四载：

刘猛，吴川人，元末授指挥，弱冠临戎，兵不血刃，盗皆鼠窜，适江淮千里飞蝗遍野，将军挥剑追逐，须臾蝗飞境外。后因鼎革，自沉于河，有司奏请授猛将军之号。

刘猛将军的国家崇拜肇兴在清代。康熙三十四年（1695年），河北沧州、静海、青县等处飞蝗蔽天，直隶守道李维钧一面加紧捕治，一面诚心向刘猛将军祈祷，飞蝗遂未成灾。李维钧成为刘猛将军信仰的有力推动者，使得清廷认识到刘猛将军之祀的政治价值，为刘猛将军之祀最终走进官方祀典打下舆论基础。雍正二年（1724年），雍正帝敕谕江南、山东、河南、山西各地建刘猛将军庙，并于京郊建庙奉祀。刘猛将军列入祀典时，官方只是把其作为备蝗之一端，而对盲目宣扬刘猛将军威力的，则加以限制。清代中期以后，由于人口增加，人口与经济结构平衡性程度复杂化，对生态环境的压力愈来愈大，环境愈加恶化，自然灾害频繁发生，民众生存受到极大威胁，官方也一再虔诚祈祷，妄图把水旱蝗灾减到最低限度，刘猛将军于是也不断得到加封。咸丰五年（1857年），加"保康"，同治元年（1862年），加"普佑"，同治七年（1868年）加"显应"，光绪四年（1878年）加"灵惠"，光绪五年（1879年），加"襄济"，光绪七年（1881年），加"翊化"，光绪十二年（1886年），加"灵孚"。

刘猛将军神祃

1949年以前，八蜡之祭作为地方民俗活动特别是农历年终民俗活动的一个重要组成部分，既是民间崇拜的一项重要内容，也是民间社交活动的一个重要平台，1949年后被列入迷信之列彻底废除。

董绍鹏（北京古代建筑博物馆陈列保管部　副研究员）

北京先农坛地祇祭祀初探

◎温思琦

前　言

北京先农坛位于北京城外城西南，与天坛分属中轴线东西两侧，是一座由先农神坛、具服殿、观耕台、神仓、太岁殿建筑群、神厨建筑群及宰牲亭、庆成宫建筑群等组成的保留早期明代建筑特色、宏伟壮观的古建筑群，也是现存规格等级最高的中国古代专祀农业神祇的皇家祭祀坛场。这座历经近六百年风雨沧桑的皇家祭坛，可以说伴随着北京城的城市历史演进，它曾与东面的天坛并享齐名，而近半个多世纪以来因各种历史原因淹没于学校、居民楼中，逐渐为世人淡忘。尽管如此，它在明清两代皇家祭祀体系中所承载的意义深远的文化职能和丰富的人文内涵却不能为我们忽视。

先农坛内坛之南，矗立着天神坛和地祇坛，它们并非永乐帝仿南京所建，而是修建于明嘉靖十年（1532年）。嘉靖帝登基后，出于巩固皇权的根本之需，对当朝系列礼仪制度进行了厘清，被称为"大礼议"。通过大礼议，直接形成了今天北京城天、地、日、月等四郊分祀坛庙格局。明嘉靖九年（1531年），嘉靖帝将山川坛更名神祇坛，以体现所谓厘正祀典、敬重神祇之意。嘉靖十年（1532年），嘉靖帝命将山川坛正殿合祀的风云雷雨、岳镇海渎、城隍之神迁出正殿，除城隍之神移至城隍庙外，在内坛南门外增设天神、地祇坛，以祭风云雷雨、岳镇海渎诸神。明万历四年（1576年），万历帝将神祇坛祠祭署印更换为先农坛祠祭署印，从此山川坛正式更名为先农坛。今天，天神坛已不复存在，仅余棂星门；地祇坛也仅遗九座石龛及棂星门，石龛分供五岳、五镇、五山、四海、四渎、京畿大山大川、天下大山大川等地祇。2002年10月，北京古代建筑博物馆将其易地保护于太岁殿拜殿南侧露天展区。今天地祇坛虽仅余文物若干，然世人对先农坛况且陌生，也就更遑论对地祇坛及其祭祀的了解。

笔者因工作缘故，身处先农坛的历史文化物质遗存，希望今人能够了解先农坛，借此了解古人敬祀以地祇为代表的自然诸神的朴素唯物思想，为此尽可能梳理发端于历代祭祀制度的演变及地祇祭祀之源流，以及明清之际达到顶峰的国家层面的地祇祭祀以及明清两代恢弘的祭典仪程。

第一章　祭祀活动与地祇崇拜溯源

第一节　明代以前的地祇祭祀活动流变

世界历史中的已知人类祭祀活动，可以追溯到几万年前的原始社会，中国古代文献记载的最早祭祀活动始于传说中的尧舜时代。迫于原始社会中人们的认知能力低下，及生存的自然环境恶劣，人们认为天气的变化、粮食的丰收、生老病死一切的一切都有一个或众个看不见的神来掌管，自然界本身就不存在着纯自然现象，只有超自然力统治着自然界，因此他们崇拜神灵，出现万物有灵观，"山林川谷丘陵，能出云，为风雨，见怪物，皆曰神"。[①]当遇到干旱、洪水、疾病等影响自身生存时他们通过祭祀趋吉避凶以祈求上天，保佑他们得以生存和种族延续。祭祀活动，往往与图腾崇拜和祖先崇拜有着密切关联。百年以来的考古学发现中，中国的红山文化、大汶口文化、龙山文化、薛家岗文化、良渚文化的考古文化遗址中已经有礼神之器发现。而辽宁红山文化遗址中甚至出现祭坛、神庙等祭祀文化遗存，表明当时已经存在大规模祭祀活动。

进入文明社会阶段，中国传统国家政治中首推祭祀，其目的是"神道设教"，也就是以虚实相间的祭神观及祭祀活动实现人间政治企图，这在周代开始的人文社会阶段尤为典型。《礼记·祭统》开篇有云"凡治人之道，莫急于礼，礼有五经，莫重于祭"。[②]意思就是说统治者在治理百姓时最为重要的手段就是礼了，礼共有五种，分别为吉礼、凶礼、宾礼、军礼、嘉礼，其中没有比吉礼更为重要的了。《左传》当中也提到国家大事在祀与戎，其中祀与戎不是简单地指祭祀和军队，而是指五礼当中的吉礼与军礼。周代，统治者为了巩固自己的统治，将祭祀上升到国家层面。周代也是后世系列国家制度包括祭祀制度系统化的关键基础时期，这个时期确立的国家典章核心成为后世效法的依据。祭祀活动中蕴涵的"神道设教"宗旨，成为在精神上实现稳固政治秩序的重要手段。中国是一个多山川的国家，古人对岳镇海渎等高山大川的神灵崇拜观念和祭祀行为由来已久，经历了漫长的发展演变过程，至周代形成岳镇海渎的基本祭祀内容。

初民时代，人们对于岳镇海渎的崇拜和祭祀属于原始的自然崇拜状态。进入国家阶段，岳镇海渎的崇拜与祭祀成为一种重要的国家行为，《尚书·虞

---

① 郑玄注，孔颖达疏《礼记注疏·祭法》，台湾：台湾商务印书馆1986年7月四库全书影印本，第253页。

② 郑玄注，孔颖达疏《礼记注疏·祭统》，台湾：台湾商务印书馆1986年7月四库全书影印本，第291页。

书·舜典》说舜帝即位后"岁二月，东巡狩，至于岱宗，柴。望秩于山川"。[①]
柴，即为燎祀；望，即为望祀。此外，商周时期除了常规祭祀外，天子还通过
巡狩等方式，亲临山岳川泽崇祀山川之神。《虞书》说"舜在璇玑玉衡，以齐
七政。遂类于上帝，禋于六宗，望秩于山川，遍于群神。揖五瑞，择吉月日，
见四岳诸牧，班瑞。岁二月，东巡狩，至于岱宗。岱宗，泰山也。柴，望秩于
山川。遂见东后。东后者，诸侯也。合时月正日，同律、度、量、衡，修五
礼、五乐，三帛二生一死为贽。五月，巡狩至南岳。南岳者，衡山也。八月，
巡狩至西岳。西岳者，华山也。十一月，巡狩至北岳。北岳者，恒山也。皆如
岱宗之礼。中岳，嵩高也。五载一巡狩"。[②]

秦汉时期，祭祀制度作为国家的统治理念和手段之一较前代更加得到统治
阶层的重视，祭祀也成为政治生活的基本内容之一。汉代罢黜百家独尊儒术，
作为祭祀体系主导精神的儒家精神此时得到系统化的弘扬。公元前221年，秦
始皇统一六国，建立了中国历史上第一个中央集权的皇权专制王朝，命祀官
将山川之神按次序记录下来。此外，每逢国家遭遇大事，也要通过祭祀山川来
祈求平安。这一系列做法都是统治者希望通过对山川神的崇祀活动得到神灵的
庇佑，以维护自己的统治。汉承秦制，沿袭了山川之祀。汉高祖高帝二年（前
205年），恢复太祝、太宰之职，并按时节祭祀天地、山川之神。汉文帝时，下
令诸侯国内的名山大川由诸侯国自行祭祀。汉武帝时立太室山为中岳、天柱山
为南岳。汉宣帝时，在博州祭祀东岳泰山，嵩山祭祀中岳太室，潜水祭祀南岳
潜山（潜山即为天柱山，因天柱山位于潜水，因此也称为潜山），华阴祭祀西
岳华山，曲阳祭祀北岳恒山。祭祀河渎于临晋、江渎于江都、淮渎于平氏、济
渎于临邑。宣帝神爵元年（前61年）确立岳渎常祀制度，这一时期，统治者
崇拜的山川神灵主要是五岳、四渎。

至隋唐。隋代进一步规范之前历代的岳渎祭祀礼仪，并将镇山的祭祀纳
入其中。《隋书·志第二》载隋文帝开皇十四年（594年）闰十月，下诏封东
镇沂山、南镇会稽山、北镇医巫闾山、冀州镇霍山，并在四镇就山立祠。封东
海于会稽县界，南海于南海镇南，并于靠近海处立祠。四渎和吴山各安排近巫
一人，主要负责几处的清扫工作，并下令多植松柏，霍山则在零祀之日遣使来
祭。开皇十六年（596年）正月，又下诏在北镇于营州龙山立祠，准东镇晋州
霍山镇、西镇吴山造神庙。隋代还规定，以五郊迎气日行岳渎礼仪，以太牢祀
岳渎。唐继隋制，唐代随着《贞观礼》、《显庆礼》、《开元礼》相继而成，祭祀

---

① 孔安国注，孔颖达疏《尚书注疏》卷二，台湾：台湾商务印书馆1986年7月四库
全书影印本，第58页。

② 孔安国注，孔颖达疏《尚书注疏》卷二，台湾：台湾商务印书馆1986年7月四库
全书影印本，第55-58页。

制度得到全面完善并带有明显的体系化特征。而唐代的祭祀制度也对后代祭祀体系产生了重大的影响，宋元及明清基本沿袭了唐代制度。唐代五岳、四镇、四渎、四海每年一祭，各自于五郊迎气之日祭祀，属于中祀，祀官由当地所在州行政长官负责，或遣官分往致祭。关于祭祀规制，《新唐书·志第二》载"岳镇海渎祭于其庙，无庙则为之坛于坎，广一丈，四向为陛者，海渎之坛也，岳镇海渎以山尊实醍齐，山林川泽以蜃尊实沉齐……祭五岳、四镇、四海、四渎为笾豆十、簠二、簋二、俎三，牲皆少牢"。①

宋袭唐制。降至辽、金、元三代，作为三个少数民族政权，岳渎崇拜具有鲜明的民族特性，不同民族在祭祀属于自己本民族的山川神灵的同时，随着统治区域不断向南扩大、文化上的不断汉化，也加入汉族山川崇拜内容。辽代除了祭祀木叶山（契丹族祖先居住之地）、黑山（辽境内名山）、辽河（辽境内主干河流）等神灵之外，也崇祀汉族的山川神，辽太宗就曾在会同三年（940年）冬亲祠南岳。

始建于隋开皇二年（582年）的济渎庙

金代对山岳海渎的崇祀礼仪也十分重视。大定四年（1164年）定立祭祀五岳、四渎之礼。此外除了传统汉族崇祀的岳镇海渎之外，金代的国家祭祀的山川神还包括长白山、大房山、混同江等。

元代继承前代祭祀岳镇海渎之神传统，自元世祖后遣官代祭岳镇海渎。

通过以上论述，我们可以清晰的看出地祇祭祀从产生到明清之前的演变过程。地祇祭祀最早属于远古时期自然崇拜诸多内涵中的一种，是一种民间的朴素祭祀。随着国家的建立，地祇祭祀被赋予更多的政治色彩，承担了更多的政治内涵，在以往朴素的外在形式和理念中人为增添了附加内容，早已不是简单的朴素崇祀，成为了统治者加强自己封建统治的一种政治手段，体现着宣示主

---

① 欧阳修、宋祁《新唐书》卷一十二，北京：中华书局1975年2月版，第326页。

权、宣示国家疆域等政治意图。地祇祭祀不仅仅成为国家祭祀活动的一部分，而且像其他祭祀一样，更是一种神道设教的教化人民的政治表演。

第二节　地祇——岳镇海渎涵义概述

何谓地祇？

地祇泛指地上所有自然物的神灵，包括土地、社稷、山川等等。所谓岳、镇，是中国古代山岳神的代表，海、渎是中国川泽神灵的代表，都属于地祇范畴。历史上，由于历代统治疆域各异，岳镇海渎具体所指也有所不同。

一、五岳

远古时代，人们认为高耸入云的山是神圣的象征，是与上天沟通的媒介，山是神的居所。由于人们对世界的认识局限于生存的地域范围，世界古代文明大多拥有自己心中的神山，比如古希腊的奥林匹斯山、古印度的须弥山、中国的昆仑山等。神山也是人类寄予精神寄托的象征，崇拜高山，因为山林提供给了他们最基本的物质生活资料。他们对山川祭祀，祈求山川带给他们富足的生活。在古代中国，岳镇的崇拜成为先秦先民重要的崇拜内容之一。

"岳"为山中的大山之意。以我们熟知的五岳最为典型，分别为东岳泰山，亦称为岱宗、西岳华山、南岳衡山、北岳恒山、中岳嵩山。

五岳的说法历代均有不同，传说中的禹舜时期只有四岳，并以四仲月巡

东岳之神（《三教源流搜神大全》）

守而祭四岳，是为东岳泰山、南岳衡山、西岳华山、北岳恒山，此时并无中岳嵩山一说。《礼记·王制》中说"天子祭天下名山大川，五岳视三公，四渎视诸侯"，[①]因此到周代才开始有"五岳"这一说法。东汉郑玄在对《周礼》进行注时称五岳分别代表东岳岱宗、南岳衡山、西岳华山、北岳恒山、中岳嵩山。

---

① 郑玄注，孔颖达疏《礼记注疏》，台湾：台湾商务印书馆 1986 年四库全书影印本，第 271 页。

《周礼·春官·小宗伯》云："兆五帝于四郊，四望四类亦如之。"[1] 由此可推断出当时既有兆四望于四郊之说。郑玄对《周礼》进行注时解释说四望就是五岳、四镇、四渎。

五岳的具体名称得到官方确认是在秦汉时期，《尔雅·释山》和《尚书·大传》都记载了五岳分别为岱山、霍山、华山、恒山、嵩高。其中的霍山，又称衡山。《汉书·郊祀志》载，汉宣帝在神爵元年（前61年）颁诏，正式确定五岳为东岳泰山、西岳华山、南岳霍山、北岳常山、中岳嵩山。降至清代，五岳分别为东岳泰山（位于今山东省泰安市）、西岳华山（位于今陕西省华阴市境内）、南岳衡山（位于今湖南省衡阳市）、北岳恒山（位于今山西省浑源县城南，顺治十七年三月更定，开国之初于直隶曲阳县遥祭）、中岳嵩山（位于今河南省登封市西北）。

地方割据政权也分封过自己的五岳。如三国时期，东吴孙皓封中岳离县，南岳荆南山。五代十国时期，闽帝王延均封东岳霍童山，西岳高盖山。唐时，南诏称苍山为中岳、乌蒙山为东岳、无量山为南岳、高黎贡山为西岳、玉龙山为北岳。

二、五镇

相对五岳来说，五镇就稍显陌生，但镇山的地位在我国历史上仅次于五岳。"镇"有安定之意，又因古时称一方的主山为镇，因此镇山即是安定一方的主山。关于镇山最早的记载可见于《周礼·夏官·职方氏》："职方氏掌天下之图……乃辨九州之国，使同贯利，东南曰扬州，其山镇曰会稽……正南曰荆州，其山镇曰衡山……河南曰豫州，其山镇曰华山……正东曰青州，其山镇曰沂山……河东曰兖州，其山镇曰岱山……正西曰雍州，其山镇曰岳山……东北曰幽州，其山镇曰医无闾……河内曰冀州，其山镇曰化验山……正北曰并州，其山镇曰恆山……"[2] 这里首次出现了九州山镇的说法。《周礼》中的岳镇并未分离，只要是一方主山皆被称为"镇"。但同一时期也有四镇的说法，郑玄注"兆四望于四郊"时说，四望就是五岳、四镇、四渎，四镇就是山之重大者，分别代表东镇沂山、西镇岳山、南镇会稽山、北镇医无闾山。

唐宋之际四镇之说与五镇之说并存。唐代，唐初沿袭四镇之说，《旧唐书·礼仪四》记载"五岳、四镇、四海、四渎……东镇沂山……南镇会稽……西镇吴山……北镇医无闾山……"[3] 这时四镇当中还没有中镇霍山，霍山虽尚未

---

① 郑玄注，贾公彦疏《周礼注疏·春官》，台湾：台湾商务印书馆1986年7月四库全书影印本，第344页。

② 郑玄注，贾公彦疏《周礼注疏·夏官》，台湾：台湾商务印书馆1986年7月四库全书影印本，第322页。

③ 刘昫等《旧唐书》卷二十四，中华书局1975年5月版，第910页。

列入镇山之列，但唐代统治者对霍山极其尊崇，原因在于李渊父子起兵反隋之地太原位于河东，而霍山就是河东名山，李渊父子得到天下后势必看重起兵之地，这可以说是唐代开国福地，因此霍山地位在唐代得到提升有其必然性。因此在天宝六年（747年）霍山取得了与四镇并列的地位，玄宗皇帝封霍山为应圣公，与会稽山永兴公、吴山成德公、医巫闾山广宁公地位并列。虽然此时霍山地位虽与其他四大镇山同高，但还未被列入镇山之列，不过这时开始历史上的四镇格局向着五镇格局慢慢转变，到天宝十年（751年）始有五镇之说。《旧唐书》载"昭封霍山为应圣公于晋州，是为五镇"。[1]

　　宋时，《宋史·志五十五》记载："立春日祀东镇沂山于沂州，立夏日祀南镇会稽山于越州，立秋日祀西镇吴山于陇州，立冬祀北镇医巫闾山于定州，北镇就北岳庙望祭，土王日祀中镇霍山于晋州。"[2]

　　元明清三代沿袭宋制，均有五镇之说。《元史·志第二十七》载："岳镇海渎代祀，自中统二年始，凡十有九处，分五道，后乃以东岳、东海、东镇、北镇为东道，中岳、淮渎、济渎、北海、南岳、南海、南镇为南道，北岳、西岳、后土、河渎、中镇、西海、西镇、江渎为西道。"[3]《明史·志第二十五》载："（洪武）三年（1370年），诏定岳镇海渎神号……五镇称东镇沂山之神，南镇会稽山之神，中镇霍山之神，西镇吴山之神，北镇医无闾山之神。"[4]《清史稿志·第五十八》载："（康熙）三十五年正月，为元元祈福，始遣大臣分行祭告，凡……镇五曰东镇沂山、南镇会稽山、中镇霍山、西镇吴山、北镇医巫闾山。"[5]

　　纵观五镇格局的演变，唐宋之际完成四镇到五镇的转变，五镇的说法始自宋代并延续到清代。五镇的最终确立，为明清之际地祇祭祀内涵奠定了基础。

三、五山（五陵山）

　　明代之前，五山之说并未在文献中出现过。明初洪武帝南京营建山川坛时，岳镇海渎、风云雷雨、太岁以及钟山、天寿山在山川坛正殿合祭，永乐皇帝迁都北京营建北京山川坛时也是悉仿前制，在北京山川坛正殿合祀诸神，直到此时，依旧没有五山一说，仅只祭祀钟山和天寿山。嘉靖帝即位，另辟神祇坛，将风云雷雨、岳镇海渎五山以及天下名山大川和京畿名山大川诸神位分别供奉于神祇坛的13座石龛，因此直到嘉靖帝时才有了五山之说，具有十分清

① 欧阳修《太常因革礼》卷四十九，北京：中华书局1985年1月版，第420页。
② 脱脱等《宋史》卷一〇二，北京：中华书局1977年11月版，第2485-2486页。
③ 宋濂等《元史》卷七十六，北京：中华书局1976年4月版，第1900页。
④ 张廷玉等《明史》卷四十九，北京：中华书局1974年4月版，第1284页。
⑤ 赵尔巽等《清史稿》（第十册）卷八十三，北京：中华书局1976年7月版，第2522页。

晰的本代政治意图。而明代所指五山分别为基运山（祖陵）、翊圣山（皇陵）、神烈山（孝陵）、纯德山（显陵）、天寿山。

清军入关之后，礼制上沿袭明代制度。《清会典则例》卷八十三载："天神地祇顺治年初定……为地祇坛于天神坛之西……为五岳、五镇、启运山、积庆山、天柱山、隆业山位。"[①] 由此可见，清军入关后的清朝初年，清政府将明代四山内涵改成为满族祖先祖陵。顺治十六年（1659年）时停祭积庆山，此时只余三山，到康熙二年（1664年）封凤台山为昌瑞山设位地祇坛。《清实录·顺治朝实录》就记载了"封肇祖原皇帝、兴祖直皇帝陵山曰启运山，景祖翼皇帝、显祖宣皇帝陵山曰积庆山，福陵山曰天柱山，昭陵山曰隆业山"。[②] 由此可见，顺治朝、康熙朝、雍正朝均祭祀四山，但是四山所指各不相同。顺治朝的四山分别指启运山，位于辽宁新宾县永陵；积庆山，位于辽宁新宾县永陵，因为启运山与积庆山均位于辽宁永陵，因此于顺治十六年（1659年）停祭积庆山；天柱山位于辽宁沈阳东陵，隆业山位于辽宁沈阳北陵，这四山所代表的均为清朝先祖陵寝所在地。康熙时期的四山为启运山、天柱山、隆业山以及昌瑞山，昌瑞山为现在的清东陵所在地，康熙皇帝的父亲顺治皇帝以及康熙帝本人就埋葬在这里，这四山规格也一直延续到雍正朝。

至乾隆元年（1736年）封泰宁山为永宁山设位地祇坛，至此，从清初延续到雍正的四山正式变更为五山，分别为启运山、天柱山、隆业山、昌瑞山以及永宁山。前三山均为满人入关前的祖陵，后二山则是入关之后的帝王的皇陵，其中永宁山为现在清西陵所在地，乾隆皇帝的父亲雍正帝的泰陵即位于此处。

通过以上可以看出，清代所设无论四山还是五山均带有明显的政治用意，将祖陵和皇陵设位祭祀，其根本目的是向天下百姓宣告自己所属的满族这个少数民族承续天祚的正统性。

四、四海四渎

古人对水的崇拜，起源于对水的依赖和恐惧。水，自古与人类的生活和繁衍密切相关，水是生命的组成、农业的命脉，海洋、江河湖海能带给人类丰富的物产资源，水还关系着人类的繁衍与生存。在远古生产力水平低下状态下，人们在洪水等自然灾害面前无能为力，只好祈求看不见的水神来保佑免除水患，随之出现了水的崇拜。正因为水与人类生存和农业息息相关，因此人类无法远离水源，自古就会逐水而居，南宋的《平江图》就鲜明的向我们展示了城市和水源的关系。因为水的福祸双重性，所以古人会让聚居地和水源保持一个

---

① 《大清会典则例》，台湾：台湾商务印书馆 1986 年 7 月四库全书影印本，第 604—605 页。

② 《清实录》第三卷，北京：中华书局 1985 年 8 月版，第 480 页。

四渎之神（《三教源流搜神大全》）

合适的距离，既方便取水又不会被水灾吞噬。

水在大自然中以江河湖海的具体形式，成为人们需要面对的水的具体存在，这也就是海渎的具体指向内容。

四海，是我国古时所指东海、南海、北海、西海。远古时期的四海与今日所言东、南、西、北四海并不同，先秦古籍《山海经》当中就提到四方有海这一概念。《史记·孟子荀卿列传》记载战国著名阴阳学家邹衍在谈天地时提出了九州之内有裨海环绕，九州之外，有大瀛海环绕之说。这里裨为微小之意，所以裨海就是小海的意思，与之相对应的瀛海即是相对的大海了。《礼记·月令》载："爵入大水为蛤。"①郑玄注说大水即为海也，可见古人认为大

的江河汇聚成海。四海之说最早见于《尔雅》，早期四海并不像五岳或四渎那样有明确所指，没有特指海域，只是泛指。春秋时期，越国将毗邻的海称东海或南海。秦以后，南海指今我国南海以及其南的海域，其他三海同南海一样指代。四海还是古人设想国家天下的代名词，昭示统治疆域，因此四海又多了一层政权疆域四至的含义。

对各种水源的崇拜，特别是河川崇拜在华夏民族各种崇拜中占据着极其重要的地位，尤其是黄河、长江等与中华民族的繁衍生息和文明进步有着重要的关系的大江大河，它们是滋养培育华夏民族的摇篮。

四渎，具体指代长江、黄河、淮河、济水。《释名·释水》说"天下大水四，谓之四渎，江河淮济是也，渎，独也，各独出其所而入海也"。②《周礼·春官·小宗伯》也曾说兆四望于四郊。郑玄注释说四望就是五岳、四镇、四渎。

江渎即长江，也称大江，发源于青藏高原唐古拉山脉各拉丹冬峰西南侧，是中国最长的河流，干流流经11个省、自治区、直辖市，于崇明岛以东注入东海。秦并天下后封禅名山大川时，有六条大川被列入岁祷之列，《汉书·郊

① 郑玄注，孔颖达疏《礼记注疏》卷十七，台湾：台湾商务印书馆1986年7月四库全书影印本，第361页。

② 刘熙《释名·释水》，台湾：台湾商务印书馆1986年7月影印本，第388页。

祀志》载"自崤以东，名山五，大川祠二……水曰济，曰淮；自华以西，名山七，名川四……水曰河，祠临晋……江水，祠蜀"。[①]历史上，古人长期将岷江视为长江之源，《尚书·禹贡》中就有岷山导江的说法。汉袭秦制，江水祠蜀。汉宣帝神爵元年（前61年）改祀大江于江都，即今江苏扬州市境内。唐武德、贞观时，在成都祭南渎大江。后周显德五年（958年），祭江渎于扬州，宋太祖乾德六年（968年）祭于成都。宋太宗时规定，立夏日祀江渎于成都府。元至元三年（1337年）夏四月，定祭祀岳镇海渎之制，立夏日遥祭大江于莱州界。元末明初，朝廷曾在湖北宜昌"望祭"江渎，明洪武六年（1373年），礼官上奏朱元璋，称四川尚未平定，因此遣人于南渎致祭江渎。由此可见，历史上的江渎祭祀多数还是在今天的四川省成都市。

河渎即黄河，被誉为华夏文明的母亲河，孕育了古代中国文化，是中国古代华夏文明的发祥地之一。河渎崇拜在四渎崇拜中占有极其重要的地位，《汉书·沟恤志》载："中国川原以百数，莫著于四渎，而河为宗。"[②]清代雍正皇帝在祭河渎的祭文中也提到河渎在四渎中称宗为大。河渎为四渎之宗，有其必然性。其一，黄河被誉为中华民族的母亲河，孕育了中华文化。其二，纵观中国历代政权，多数以黄河流域为其政治中心，由此可见黄河对国家政治经济文化有着极大影响。

淮河，位于中原腹地，被称为华夏风水河，居于长江、黄河之中，在气候上、地理上与秦岭一起构成了中国南北分界线，明代《五杂俎·地部》云："淮者，汇也，四渎之尊，槐居其一焉……以其界南北而别江、河也。"[③]并且淮河流域一直是中国重要的政治、经济、文化核心区。《史记·殷本纪》中记载："东为江，北为济，西为河，南为淮。"[④]降至唐宋，据《旧唐书》记载："五岳、四镇、四海、四渎，年别一祭，各以五郊迎气日祭之，东渎大淮，于唐州；南渎大江，于益州；西海、西渎大河，于同州；北海、北渎大济，于洛州。"[⑤]因此唐代将江、河、淮、济四渎分别称为南渎、西渎、东渎、北渎。宋代，据《宋史》记载："立春日祀……淮渎于唐州；立夏日祀……江渎于成都府；立秋日祀……西海、河渎并于河中府，西海就河渎庙望祭；立冬祀……北海、济渎并于孟州，北海就济渎庙望祭。"[⑥]因此到宋代，四渎重新又称为江、河、淮、济。

① 班固《汉书》卷二十五，北京：中华书局1962年6月版，第1206页。
② 班固《汉书》卷二十九，北京：中华书局1962年6月版，第1698页。
③ 谢肇淛《五杂俎》卷三，北京：中华书局1959年3月版，第68页。
④ 司马迁《史记》卷三，北京：中华书局1959年9月版，第97页。
⑤ 刘昫《旧唐书》卷二十四，北京：中华书局1975年5月版，第910页。
⑥ 脱脱等《宋史》卷一〇二，北京：中华书局1977年11月版，第2485–2486页。

济水，发源于王屋山，在上古时已为古人所关注。《尚书·夏书·禹贡》说："（禹）导沇水，东流为济入于河，溢为荥……又北东入于海。"[①]《史记·封禅书》载："秦并天下，令祠官所常奉天地名山大川鬼神可得而序也……于是自殽以东，名山五，大川祠二……水曰济、曰淮……自华以西，名山七，名川四……水曰河……江水，祠蜀。"[②]这时济水名列江河淮济之首。东汉王莽时期大旱，济水堵塞。降至隋唐，唐高宗时济渎又通而复枯。虽今日济水已难觅踪迹，但一直受到世人的推崇与称颂。究其原因在于济水贯穿黄河，三伏三见，独流入东海，寓意着众浊我独清的高尚品格，济水曲折入海也象征着不屈不挠的坚韧毅力，因此济水虽枯却被历代文人所歌颂，比如白居易的《题济水》、文彦博的《题济渎》等。

五、历代对岳镇海渎的加封

中国古代传统上，五岳、五镇、四海、四渎标志了皇权统治的核心区域，是古代天下观的物质体现之一，因而帝王对岳镇海渎这些地祇极其尊崇，加诸封号。周代将五岳视作三公，四渎视作诸侯，其余山川视作伯爵，体量较小的山川视作子爵和男爵。

唐代是对岳镇海渎加封最为频繁的朝代，也是首次将岳镇海渎按人间王侯加诸封号，将岳镇海渎人格化，等级不断提高，一度超过了"视三公"的礼制等级。唐睿宗垂拱四年（688年）封嵩山为神岳天中王，武周万岁通天元年（696年）将嵩山尊为皇帝。神龙元年（705年）李显登基，恢复唐国号，随之将嵩山封号重新变为神岳天中王。唐玄宗李隆基于先天二年（713年）封华山为金天王，开元十一年（723年）封泰山为天齐王，礼秩加三公一等；天宝五年（746年），封中岳嵩山为中天王，南岳为司天王，北岳为安天王；六年（747年）封河渎为灵源公、济渎为清源公、江渎为广源公、淮渎为长源公；十年（751年）封东海为广德王、南海为广利王、西海为广润王、北海为广泽王，封沂山为安东公、会稽山为永兴公、岳山为成德公，霍山为应圣公、医巫闾山为广宁公。

到宋代加封岳镇海渎之时甚至为五岳加上了帝号，岳镇海渎在国家政治生活中的重要性进一步加强。宋真宗大中祥符元年（1008年），为泰山天齐王加号仁圣，进封河渎显圣灵源公；大中祥符五年（1012年）加号东岳为天齐仁圣帝，南岳为司天昭圣帝，西岳为金天顺圣帝，北岳为安天元圣帝，中岳为中天崇圣帝，之后又加封五岳后号，分别为东岳淑明后、南岳景明后、北岳靖明

①　孔安国注，孔颖达疏《尚书注疏》卷五，台湾：台湾商务印书馆1986年7月四库全书影印本，第132页。

②　司马迁《史记》卷二十八，北京：中华书局1959年9月版，第1371—1372页。

后、中岳正明后。宋仁宗时期，将四渎升格为王，康定元年（1040年），昭封河渎为显圣灵源王。康定二年（1041年），加封东海为渊圣、南海为洪圣、西海为通圣、北海为冲圣、江渎为清源王；庆历二年（1042年），仁宗又增封南海神为洪圣广利昭顺王。神宗元丰八年（1085年）第一次封西镇吴山为成德王。徽宗大观四年（1110年）为东海加号助顺。南宋高宗绍兴三十一年（1161年）加封江渎为昭灵孚应威烈广源王。

元代，元蒙虽为少数民族，但是为了保障汉地的政权长久因此对岳镇海渎的加封和尊崇并未中断，甚至更甚前代。元世祖至元二十八年（1291年），加封东岳大生，全称为东岳大生天齐仁圣帝；加封南岳大化，全称为南岳司天昭圣帝；加封西岳大利，全称西岳大利金天顺圣帝；加封北岳大贞，全称北岳大贞安天元圣帝；加封中岳大宁，全称中岳大宁中天崇圣帝。

元代还加封江渎顺济，全称江渎昭灵孚应威烈广源顺济王；加封河渎弘济，全称河渎灵源神佑弘济王；加封淮渎溥济，全称淮渎长源溥济王；加封济渎善济，全称济渎清源汉济王。加封东海广德灵会王，加封南海广利灵孚王，加封西海广润灵通王，加封北海广泽灵佑王。

成宗大德二年（1298年），加封东镇沂山元德东安王、南镇会稽山昭德顺应王、西镇吴山成德永靖王、北镇医巫闾山真德广宁王、中镇霍山崇德应灵王。

明初，洪武三年（1370年）五月，洪武帝对唐宋以来对岳镇海渎进行封号的行为提出质疑。1996年7月，济源市文物保管所在对境内济渎庙进行修缮时，在庙内渊德门西侧发现了一通《明太祖诏正岳镇海渎神号碑》。济渎发源地即为济源，济源境内的济渎庙始建于隋开皇年间，是我国自唐以来历代祭祀济渎的所在地。在济渎庙发现的这通石碑总共镌刻有529字，碑文中不光对朱元璋平定中原的功绩进行了歌颂，同时认为自唐以来对岳镇海渎封号均为渎礼之行，岳镇海渎始自开天辟地、受命于上帝，明确表明朱元璋对于唐宋以来加封岳镇海渎行为的不认可，认为岳镇海渎全部都是高山广水，自开天辟地以来，汇集灵气而成神，因此他们是受命于上帝的，并非国家可以给他们加封号，因此洪武帝重新昭正岳镇海渎封号，将历代的溢美之称去除，恢复他们山水的神名，并颁布全国执行。昭正之后五岳分别称为东岳泰山之神、南岳衡山之神、中岳嵩山之神、西岳华山之神、北岳恒山之神，五镇分别称为东镇沂山之神、南镇会稽山之神、中镇霍山之神、西镇吴山之神、北镇医无闾山之神，四海分别称为东海之神、南海之神、西海之神、北海之神，四渎分别称为东渎大淮之神、南渎大江之神、西渎大河之神、北渎大济之神。

清初，沿用明代之礼，岳镇海渎均以本名相称，到康熙四十三年（1704年）才又一次对岳镇海渎进行加封，此次加封大淮之神为长源佑顺大淮之神。

雍正二年（1724 年），因江海之神有功于民，因此加封江渎为南渎涵和大江之神，河渎为西渎润毓大河之神，淮渎为东渎通佑大淮之神，济渎为北渎永惠大济之神。四海皆称龙神，东海为显仁龙王，南海为昭明龙王，西海为正恒龙王，北海为崇礼龙王。

通过以上不难看出，岳镇海渎的含义最早仅仅起源于祖先对自然山水的崇拜，体现朴素的唯物世界观，蕴涵万物有灵的自然崇拜理念，没有其他意图。随着封建王朝的建立，各代不断对岳镇海渎的含义进行完善丰富，最终形成了五岳、五镇、四海、四渎的格局，并对岳镇海渎进行加封。完善过程中，岳镇海渎逐渐由其所简单指代的自然山川被深远的政治寓意所取代，并与国家政权紧紧地联系在一起，意指国家的四至所含，成为中华政权国家的具体指代内涵之一。对岳镇海渎之神建庙、封号，进行国家祭祀等相关礼仪礼制不断发展成熟，统治者对岳镇海渎的重视到封建时代的末期明清两朝达到顶峰。

第二章　明、清北京先农坛的地祇祭祀礼制

明清两代是中国封建历史中最后的两个王朝，政治上皇权的高度集中，文化上各种礼仪制度的严格规范，因此明清时期的国家典章制度达到高度程式化，给后人的研究提供了大量坚实的史料基础。明清统治者为了加强中央集权、维护专制统治之需，在帝都北京建造了许多坛庙建筑，以保证王朝祭祀神祇。建于明嘉靖时期的天神坛、地祇坛、方泽坛、崇雩坛，以及建于清雍正时期的风云雷雨庙，都承担着崇祀风、云、雷、雨及岳、镇、海、渎等自然神的功能。

第一节　明代北京先农坛的地祇祭祀礼制演变

1368 年，洪武帝朱元璋建立明王朝定都南京，明成祖朱棣永乐十八年（1420 年）完成新都北京的营建，于永乐十九年（1421 年）迁都北京。明代，岳镇海渎的祭祀活动作为国家重要的典章内容有了空前发展。洪武时期的南京以及永乐定都的北京，甚至连没有真正投入使用的安徽凤阳明中都，皆建有山川坛，以供奉和祭祀岳镇海渎之神。明代以嘉靖时期为分水岭，其即位之后历经大礼议，不仅实现了自身原本要把生父兴献王入驻太庙昭穆之制目的，而且厘清各种祀典，实现四郊分祀，修建神祇坛，专祀天神、地祇。

一、洪武时期的地祇祭祀内涵与礼制

明代蒙元，历经元代百年的统治及蒙古人败走之前的国家战乱，百废待兴，明代统治者从各个方面急于恢复汉族的正统地位。典章制度效法元之前各代，尤其唐宋，成为政治上的首选。礼制上采用周法，彰显对周礼的政治与

典章的承袭性。建国伊始，就参照唐宋之法编纂《大明集礼》。因政权尚未稳定，而唐宋之法又多庞杂，朱元璋在恢复的同时，也进行了适于当朝应用的种种考虑与选择、变通。

明建国之初洪武帝效仿唐宋之法于南京正阳门外修建圜丘坛，位于钟山之阳（山南水北谓之阳），以冬至日祀天。建方丘坛于太平门外，钟山之北。依照天圆地方的观念，圜丘建成圆形，方丘建为方形，天地分别祭祀，而岳镇海渎、山川诸神作为陪祀不单独祭祀，因此也没有为这些天神地祇专门建坛。这一时期岳镇海渎从祀方丘，而天下山川不得以类从祀。

随后朱元璋发现将天神、地祇同屋不同时祭祀，认为这并不是敬神之道，于是在洪武二年（1369年）命礼官考据古制，根据礼官回复不设坛祭祀不合礼制，将太岁、风云雷雨诸天神合为一坛，定于惊蛰、秋分之日祭祀，将岳镇海渎、天下山川、城隍诸地祇之神合为一坛，于清明、霜降之日祭祀。设祭坛十九座，第一坛祭祀太岁、春夏秋冬四季月将，第二坛祭祀风云雷雨，第三坛祭祀五岳，第四坛祭祀五镇，第五坛祭祀四海，第六坛祭祀四渎，第七坛祭祀京都钟山，第八坛祭祀江东山川，第九坛祭祀江西山川，第十坛祭祀湖广山川，第十一坛祭祀淮东、淮西山川，第十二坛祭祀浙东、浙西、福建山川，第十三坛祭祀广东、广西、海南、海北山川，第十四坛祭祀山东、山西、河南、河北山川，第十五坛祭祀北平、陕西山川，第十六坛祭祀左江、右江山川，第十七坛祭祀安南、高丽、占城诸国山川，第十八坛祭祀京都城隍，第十九坛祭祀六纛大神、旗纛大将、五方旗神、战船、金鼓、铳炮、弓弩、飞枪飞石、阵前阵后诸神，这十九坛帝王均躬自行礼。随后又定惊蛰、秋分后三日，遣官来祭山川坛诸神。

洪武三年（1370年），洪武帝认为风云雷雨、岳镇海渎为阴阳一气，于是在正阳门外将两坛合二为一，将太岁、四季月将、风云雷雨、岳镇海渎、山川、城隍、旗纛诸神在山川坛合祀。

洪武七年（1374年），更定圜丘、方丘从祀之神。涉及到天神地祇诸神的更定内容为：圜丘坛部分，在圜丘坛下内墙（祭坛四周矮墙）内东西设星辰二坛，星辰坛东为太岁坛和五岳坛，西侧为风云雷雨坛及五镇坛。内墙外，东西各修建两坛，东为四海坛，西为四渎坛，天下神祇二坛分别设在四海坛和四渎坛旁。方丘坛第一层设皇地祇位，第二层东设五岳位，西设五镇位。内墙内东西各设两坛，东为四海坛，西为四渎坛，天下山川二坛设于四海坛与四渎坛旁，内墙外东西两侧各设一天下神祇坛，可以看出这时的圜丘坛与方丘坛配位及从祀大致相同。同年，更定祭祀时间，在春、秋仲月上旬择日祭祀。

洪武九年（1376年），重又更定山川坛规制，并在圜丘西南建山川坛，山川坛正殿祭祀太岁、风云雷雨、五岳、五镇、四海、四渎、钟山之神。东西配殿各祭祀三坛，东配殿祭祀京畿山川、夏冬二季月将。西配殿祭祀春秋二季月将、京都城隍。

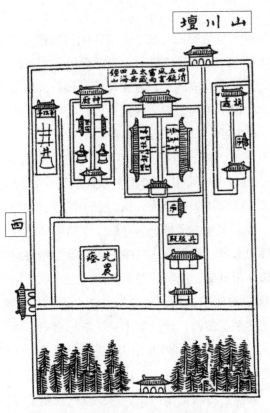

南京山川坛（《洪武京城图志》）

洪武十年（1377 年）庚戌，朱元璋认为"以分祭天地揆之人情有所未安至是欲举合祀之典"。[①]于是天、地分祀改为天地合祀，并配享天神、地祇诸神，并在圜丘上覆盖屋顶，改称大祀殿。正殿合祀昊天上帝和皇地祇，并定山川坛正殿共设七坛，皇帝亲自行礼，东西配殿所祭祀诸神遣功臣分献。洪武十二年（1379 年），大祀殿正殿设三坛，从祀十四坛设于东西两配殿。东配殿依次为太岁、五岳、四海，西配殿依次为风、云、雷、雨、五镇、四渎二坛、天下山川、神祇二坛，以及星辰二坛。

洪武二十一年（1388 年）在大祀殿丹陛内增修坛墠，垒石为台，东西相向，是为日月星辰四坛。又在内墠之外设二十坛，同样东西相向，为五岳、五镇、四海、四渎、风、云、雷、雨、山川、太岁、天下神祇、历代帝王诸坛。规定历代帝王、太岁、风云雷雨、岳镇海渎、山川、月将、城隍诸神停止春秋祭，仅在每年八月中旬择日祭祀，并命礼部更定祭山川坛仪程，其仪程与社稷坛同，同时制定祭祀乐舞。

① 《明太祖实录》卷一一四，北京大学图书馆 1962 年影印本，第 1873 页。

二、嘉靖改制后北京先农坛的地祇祭祀内涵与礼制

　　永乐皇帝迁都北京之后悉仿南京旧制，在京城南郊西侧修建山川坛，相较南京山川坛仅是高、敞、壮丽过之，而坛庙格局以及祭祀诸神并未改变，只在正殿钟山之神右侧增祭天寿山之神。天寿山位于现今的北京市昌平区北部，是明代皇陵十三陵的所在地。这时的山川坛格局为正殿七间，祭祀太岁神、风云雷雨诸天神、岳镇海渎诸地祇、钟山之神、天寿山之神。东西配殿各十一间，祭祀京畿山川、都城隍以及十二月将。山川坛正殿为拜殿，拜殿东南为燎炉。正殿西侧为神厨、神库和宰牲亭，南为川井。正殿西南为先农坛，东为旗纛庙，东南为具服殿，具服殿南为耤田。明英宗天顺二年（1458 年）在内坛东门与先农门之间修建斋宫一所。我们不难看出从永乐十八年（1420 年）到嘉靖帝

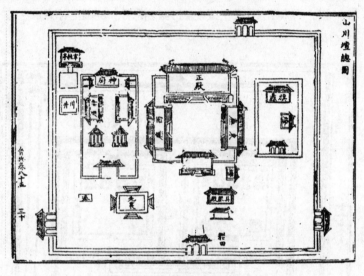

山川坛总图（《明会典》）

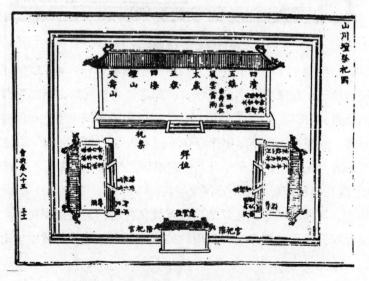

明嘉靖改制前的山川坛祭祀图（《明会典》）

即位之前这一百余年山川坛格局未有大的变动,基本保持不变。

　　嘉靖帝即位后,在位期间最大的"政绩"是更改太祖朱元璋确定的各种礼制,也就是后世所谓的"大礼议"。通过"大礼议",嘉靖皇帝明确了自身统治的法理正统性、正确性,加强了皇权。最初,嘉靖帝为了提升亡父的政治地位能够入驻太庙,开启礼制争辩。最终结果,经过三年反复辩论,不仅实现初衷,而且修正了开国以来的祖宗定制,"厘正祀典",借口是恢复周礼之制。嘉靖九年(1530年),恢复明初的天地分祀,在正阳门外原大祀殿南修建圜丘坛,在安定门外修建方泽坛。对北京山川坛的改动,主要是在旗纛庙和斋宫之间修建神仓,又对山川坛正殿内合祀的众神祇进行调整,在山川坛内坛南修建神祇坛,将山川坛正殿内的天神风、云、雷、雨,地祇五岳、五镇、四海、四渎分别于神祇坛祭祀,并将山川坛正式更名为神祇坛。《明世宗实录》卷一一九详细记载了更名情况:

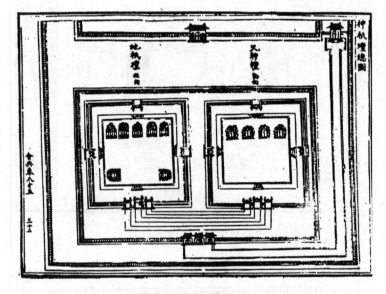

神祇坛总图(《明会典》)

　　"嘉靖九年(1530年)十一月,丙申,上谕礼部曰:南郊之东坛名天坛,北郊之坛名地坛,东郊之坛名朝日坛,西郊之坛名夕月坛,南郊之西坛名神祇坛。著载会典,勿得混称"。[①]原山川坛管理机构耤田祠祭署,也同时更名为神祇坛祠祭署。但神祇坛这个名字仅存在了四十六年,在万历四年(1576年)正式将神祇坛改为先农坛,直至今日,而神祇坛之祭也于隆庆元年(1567年)因"神祇已于南北郊从祀"为由终止国家祭祀。

　　应该说,虽然嘉靖帝大礼议的出发点自私狭隘,但他把明初朱元璋自以为是的礼制乱作为,重新更改为回到周礼的轨道上来,是为延续中华正统天道的

----

① 《明世宗实录》卷一一九,北京:北京大学图书馆1962年影印本,第2833页。

应该之举，这一做法对于皇权专制国家典章制度的正规化，也即符合周礼之制具有相当重要的意义。嘉靖帝的厘清祀典，使明初朱元璋偏离周礼之制的坛庙祭祀理念，重新回到符合周礼原始内涵或曰正统内涵的原点。

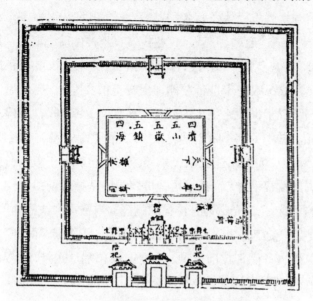

明嘉靖地祇坛祭祀图（《明会典》）

三、洪武时期和嘉靖时期地祇祭祀内涵与礼制的异同

明代开国，经过战乱百废待兴，"驱逐鞑虏恢复中华"，是朱元璋的政治使命。恢复唐宋礼制，是彰显汉家政权天道正统的政治必须。基于这个前提，明代对包括地祇在内的神祇祭祀极度尊敬，从洪武皇帝设坛专祀这一做法就可以提现。岳镇海渎诸神的明代地位相比之前均有所提高，洪武三年（1370年）六月，太祖"依古定制"，重新昭定岳镇海渎封号，废除元代岳镇海渎封帝封号，恢复它们自然神身份，只以山水本名称其神。朱元璋认为，不论人间帝王还是百姓都应对神心存敬畏之情，不能为神封人间帝王封号而亵渎神灵。朱元璋的这一做法突出了神祇高于人的地位，强调神与人的界限不可逾越，让神灵祭拜更加神圣。即便后世嘉靖帝厘正祀典，对太祖的这一做法也没有"诟病"。

四、明代地祇礼制内容

1. 洪武时期

前面已经详细介绍洪武时期与地祇相关的坛庙的演变。明太祖时期因开国伊始，各项典章制度包括祭祀制度在内依据理解与实用的原则一直在不断调整完善，总体而言洪武时期的祭祀制度较其他朝代是去繁就简。明代祭祀岳镇海渎、山川，根据祭祀实施主体的等级可划分为五大类，同样也是五个等级，分别为皇帝亲祭、遣官祭祀、诸侯王祭祀境内山川河流、各府州县祭山川、藩属国祭祀境内岳镇海渎山川。

第一等级，皇帝亲祭地祇。亲祭仪程在《大明集礼》吉礼十四当中有详细记载。

典仪官唱"乐舞生就位，执事官各司其事"，导引官恭引皇帝至御位，内赞奏请"就位"，典仪唱"迎神、奏乐"，各执事官到神位前，斟第一层酒，乐停。内赞奏"四拜"，典仪唱"奠帛、行初献礼"，奏乐。执事官各捧帛、爵献于神位前，读祝官取祝版跪于皇帝左侧，内赞奏请"跪"，典仪唱"读祝"，读祝官读祝后将祝版置于祝案之上。内赞奏"俯伏兴，平身"，乐停。典仪唱"行亚献礼"，奏乐，执事官各到神位前，斟第二层酒，乐停。典仪唱："行终献礼"，执事官各到神位前斟第三层酒，乐停。太常司卿立于殿东，西向，唱"赐福胙"，典仪唱"饮福受胙"，光禄司官员捧福胙从神位前由正门左边出到皇帝前，内赞奏"跪搢圭"，光禄司官捧福酒跪进，内赞奏"饮福酒"，光禄司官捧胙跪进，内赞奏"受胙，出圭，俯伏兴，平身"，随后奏"两拜"，典仪唱"撤馔"，奏乐，执事官各于神位前撤馔，乐止，典仪唱"送神"，奏乐，内赞奏"四拜"，典仪唱"读祝官捧祝，掌祭官捧帛馔，各诣燎位"，奏乐，内赞奏："礼毕"。

明代皇帝亲祭地祇，几乎只集中存在于洪武时期。山川坛建成后，洪武皇帝对诸天神地祇的祭祀相当看重，多次亲祭，例如《明太祖实录》卷三十八就详细记载了洪武帝亲祭山川坛的过程：

洪武帝头戴通天冠，身着绛纱袍，侍仪司奏请祭祀风云雷雨诸天神、岳镇海渎诸地祇仪式开始，太常卿引导皇帝到祭祀风云雷雨诸天神御位前。第一步迎神，协律郎举麾，乐奏《中和之曲》，太常卿奏请各祭祀官各就各位、各行其事，洪武帝二拜，陪祭官员跟随皇帝全部二拜。第二步奠帛，行初献礼，奏《保和之曲》，皇帝到盥洗位，插圭、盥手并用巾擦手，之后将圭取出。然后到爵洗位，清洗爵。清洗爵后到酒尊位，斟甜酒。斟酒后到风云雷雨神位前，上香、奠帛，此时奏《安和之曲》，皇帝祭酒、奠爵，之后俯身、起身、再拜。之后皇帝到五岳、五镇、四海、四渎神位前，仪程同风云雷雨。

洪武二年（1369年）三月因天下久旱不雨，洪武帝再一次对岳镇海渎进行了亲祭。《明太祖实录》卷四十记载："（丁酉）上以春久不雨告祭风云雷雨、岳镇海渎、山川、城隍、旗纛诸神，中设风云雷雨、五岳五镇、四海四渎，凡五坛东设钟山。两淮、江西、两广、海南、海北、山东、燕南、燕蓟山川旗纛等神凡七坛。西则江东，两浙、福建、湖广、荆襄、河南、河北、河东、华州、京都城隍凡六坛，共一十八坛，中五坛。奠帛、初献，上亲行礼。"[1]

---

① 《明太祖实录》卷四十，北京：北京大学图书馆1962年影印本，第804页。

不同于其他亲祭,典籍当中记载的皇帝亲祭地祇仪程中并没有亲自向诸地祇献祭步骤,而是由各执事官完成献祭。尤其到了嘉靖朝,更是将祭祀地祇诸神之礼仪进行简化,论文下一小节将会进行详述。但是洪武皇帝作为明朝开国皇帝,明朝建国伊始,政权不稳,因此朱元璋对各种祭祀礼仪的恢复尤为看中,因此在天下大旱,有可能会影响政权稳固和百姓生存之时,洪武帝以身作则,亲祭诸地祇,祈求天下太平、风调雨顺,企图以其真诚感动上苍,护佑他的政权,以达到巩固其统治的目的。

第二等级,遣官代祭。明代除了洪武帝亲祭地祇之外,其他帝王通常都是遣官代祭,遣官代祭也是祭祀地祇诸神最主要的方式,并且相较于皇帝亲祭仪程,遣官代祭的仪程更为隆重。除常规祭祀外,每当天下大旱、新帝登基之时,也会遣官告祭岳镇海渎。

首先祭祀前三日皇帝及献官、各执事官均要散斋二日、致斋一日。祭祀前一日清晨,皇帝服皮弁服在奉天殿捧香授予献官,献官由中阶下,中道出午门外,将香置于龙亭内。仪仗鼓吹导引至祭所。祭祀前一日要将祭坛陈设摆好,献官还要着公服到坛东省牲,到神厨查看器具之后才能进行烹饪。祭祀当日清晨执事摆放好各类祭祀器物。赞引引导献官和祭祀官员各入其位。经过这一系列复杂的前期准备,祭祀才正式开始。首先迎神,赞礼官唱迎神,协律郎举麾奏乐,执事官瘗毛血于瘗坎。赞礼唱:"有司已具,请行礼。"唱:"鞠躬、拜、兴、拜、兴、平身。"献官和祭祀官行礼完毕,祭祀乐停,复位。第二步,奠币。赞礼唱:"奠币。"赞引官引导献官到盥洗位,搢笏、盥手、帨手、出笏,之后到五岳神位前。协律郎奏乐,赞礼唱:"跪。"献官北向跪,搢笏,上香三次。执事官捧币东向跪,将币给献官,献官受币。赞礼唱:"奠币。"献官兴,奠币于神位前。赞礼唱:"鞠躬、拜、兴、拜、兴、平身。"祭祀官行礼后到五镇神位前,仪式同五岳。之后到四海四渎、钟山、江东、两淮、两浙、江西、湖广、山东、山西、河南、陕西、北平、福建、广东、广西、海南、海北、左右两江、山川之神并京都各府城隍、外夷山川之神全部自左向右逐位上香、奠币,仪式同五岳。祭祀乐停,复位。第三步,进俎。赞礼唱:"进俎。"执事官举俎迈上台阶,协律郎跪俛伏,举麾奏乐。赞礼引导献官到五岳神位前搢笏,将俎奠于神位前后,出笏,之后的二十一个神位进俎同五岳。第四步,初献。赞礼唱:"行初献礼。"赞引引导献官到爵洗位,搢笏、涤爵、拭爵,将爵给执事官,以下二十一个神位皆同五岳。之后到酒尊前,司尊官举幂,执爵官捧爵进,酌醴、斋,将爵给执事官,以下二十一个神位皆同五岳。赞礼唱:"引诣五岳神位前。"协律郎举麾奏乐,武舞生舞武功之舞。赞礼引导祭祀官到神位前跪,搢笏,上三次香,敬三次酒,奠爵,出笏,俯伏兴,平身。稍微退一步鞠躬,拜,兴,拜,兴,平身。接下来到五镇神位前,之后的二十一个神位步骤皆同五岳。行礼完成，乐舞停。赞礼唱："读祝。"读祝官跪，献官跪，读祝官取祝版在神位右侧跪下读祝，读祝完毕乐舞停。赞礼唱"俯伏兴"，平身，稍后，鞠躬，拜、兴、拜、兴、平身。乐舞停。第五步和第六步亚献终献仪式同初献，仅不读祝。第七步，饮福受胙。赞礼唱："饮福受胙。"赞引引导献官到饮福位，鞠躬，拜、兴、拜、兴、平身，稍微向前，跪，搢笏、进爵，祭酒，饮福酒，将爵置于爵垫上。奉俎官员进俎，献官接过俎再将俎给执事官，出笏，俯伏兴，平身，鞠躬，拜、兴、拜、兴、平身，复位。第八步，彻豆。赞礼唱："彻豆。"掌祭官彻豆。赞礼唱："赐胙。"传赞唱："已饮福受胙者不拜。"在位官皆再拜，鞠躬，拜、兴、拜、兴，平身。第九步，送神。赞礼唱："送神。"协律郎举麾奏乐。赞礼唱："鞠躬，拜、兴、拜、兴，平身。"献官以下皆再拜。祝人取祝版，币人取币到望瘗位。第十步，望瘗。赞礼唱："望瘗。"赞引引导献官到望瘗位，执事官将祝版、币、馔放入瘗坎。赞礼唱："可燎。"执事官举火炬烧至一半，瘗坎东西两面各有二人用土填实瘗坎。赞礼唱："礼毕。"献官以下按照次序退下。

前两等级，不论是皇帝亲祭还是遣官代祭岳镇海渎，都会以公祭的仪式昭告天下，目的为了彰显明王朝对于四方疆域的统领地位以及无上的权力。

第三等级，诸侯王祭祀封地内山川。诸侯王祭祀封内山川始于周代，周代诸侯王都有在其封地祭祀境内名山大川的记载，像鲁人祭祀封内的泰山，晋人祭祀封内的河渎，楚人祭祀封内的江渎等。不在自己封地内的名山大川不敢进行祭祀，这属于不尊礼制。秦代罢封诸侯之制，因此诸侯祭祀境内山川河流之制也同时罢废。汉文帝时，在诸侯封地内的名山大川诸侯各自建祠祭祀，天子不会干预。降至隋、唐、宋、元均没有在封地内进行名山大川祭祀的礼议。到明朝，封皇子为王，恢复各祭封地内山川之制，且遵循周汉礼仪制度。洪武三年（1370年），皇帝祝文详细记载了各诸侯王祭祀山川内容，包括秦国祭祀西岳华山之神以及诸山之神，西渎大河之神以及诸水之神；晋国祭祀中镇霍山之神及诸山之神，汾水之神及诸水之神；燕国祭祀北镇医巫闾山之神及诸山之神，易水之神及诸水之神；赵国祭祀北岳恒山之神及诸山之神，滹沱河之神及诸水之神；吴国祭祀南镇会稽山之神及诸山之神，浙江之神及诸水之神；楚国祭祀大别山之神及诸山之神，江汉水之神及诸水之神；潭国祭祀南岳衡山之神及诸山之神，洞庭水之神及诸水之神；齐国祭祀东岳泰山之神及诸山之神，东海之神及诸水之神；鲁国祭祀峄山之神及诸山之神，沂水之神及诸水之神；靖国祭祀舜山之神及诸山之神，漓江之神及诸水之神。

诸侯王祭封内山川河流仪程为：

首先进行斋戒。王散斋二日于别殿，王相府官于正寝。王致斋一日于正殿，王相府官于公庠。之后省牲，先祭二日，执事官设王的拜次于庙坛南门外

道之东，南向。先祭一日，典仪、典祠恭导王至拜次。执事者各执其事，典仪、典祠恭导王至省牲位，执事者自东牵牲西行过王前。省牲完毕，执事牵牲回到神厨。典仪、典祠恭导王到神厨视鼎镬、涤濯。之后典仪、典祠恭导王回到拜次。

诸侯王祭祀封内山川河流陈设。先祭一日，典祠依图进行陈设。正祭当日清晨，典祠率执事者各捧尊、罍、簠、簋、笾、豆、登、铏到坛上。将筐、币置于祝案之上，祝版置于诸神位的右侧。奏大乐，诸执事官及陪祭官入，就位。典祠启："王服远游冠、绛纱袍。"典祠、典仪恭导王至拜次，北向立。典祠、典仪两人分别左右立于王前。

经过前期一系列的严格按照典章制度的精心准备之后正祭才正式开始。首先司礼唱"迎神"，大乐作。司礼唱"请行礼"，典祠启"有司谨具请行事"，随后启"鞠躬、拜、兴、拜、兴、平身"。司礼唱"在位官再拜"。司赞唱"鞠躬、拜、兴、拜、兴、平身"。王与在位官全部鞠躬、拜、兴、拜、兴、平身。大乐止。司礼唱"奠币，行初献礼"。典祠启"诣盥洗位"，大乐作。典仪、典祠恭导王至盥洗位，大乐止。典祠启"搢圭"，王搢圭。典祠启"盥手"。司盥洗官员到水，王盥手。司巾官员向王呈上巾帕，典祠启"帨手"，王用巾帕擦拭手。典祠启"出圭"，王出圭。典祠启"诣爵洗位"，典祠、典仪恭导王至爵洗位。典祠启"搢圭"，王搢圭。执爵官员举爵进到王身前。典祠启"受爵"，王从执爵官员手中接过爵。典祠启"涤爵"，司爵洗的官员倒水，王清洗爵。典祠启"拭爵"，司巾官员呈上巾帕，王擦拭爵。典祠启"以爵授执事者"，王将爵递给执爵官。典祠启"出圭"，王出圭。随后继续启"诣山川神位前"，此时奏大乐。典祠、典仪恭导王至神位前，大乐暂停。奉爵、奉币官员向前迈进。典祠启"跪"，王跪下，掌祭官到案前，取香，跪进于王的左侧。典祠启"搢圭，王搢圭"。随后启"上香、上香、三上香"，王三上香。奉币官员捧币跪进于王的右侧，王接过币，献祭于神位前。奉爵官员捧爵跪进于王的右侧，王接过爵。典祠启"祭酒、祭酒、三祭酒，奠爵"。王三祭酒，献爵。典祠启"出圭"，王出圭。读祝官取祝跪读于神位右侧，读祝，读完祝将祝置于案上。典祠启"俯伏兴，拜、兴、拜、兴、平身"，王俯伏兴，奏大乐，之后拜、兴、拜、兴、平身。大乐暂停。典祠启"复位"，典祠、典仪恭导王复位。司礼唱"行亚献礼"，典祠启"行亚献礼"，掌祭官在神位前将爵内乘上酒。典祠启"鞠躬、拜、兴、拜、兴、平身"，王鞠躬，大乐作，之后再拜、兴、拜、兴、平身，大乐停止（终献的仪程同亚献，此处不再赘述），终献之后饮福受胙，司礼唱"饮福受胙"，执事官举香案放于王的拜位前，然后倒福酒、举胙肉。典祠启"饮福受胙"，奏大乐，典祠、典仪恭导王到香案前。典祠启"鞠躬、拜、兴、拜、兴、平身"，王鞠躬、拜、兴、拜、兴、平身。典祠启"跪撎圭"，王跪撎圭，执事官捧爵东向跪着将爵进献给王，王接过爵。随后典祠启"饮福酒"，王在爵内倒入少许酒，饮下，之后将胙肉递给左右执事官，左右执事官西向跪着接过胙肉，起立。典祠启"出圭"，王出圭。随后启"俯伏兴、拜、兴、拜、兴、平身"，王俯伏兴，奏大乐，之后再拜、兴、拜、兴、平身，大乐停止。典祠启"复位"，典祠、典仪恭导王复位。司礼唱"彻豆"，掌祭官彻豆。司礼唱"赐胙"，典祠启"王饮福受胙者免拜"，司礼唱"陪祭官皆再拜"，司赞唱"鞠躬、拜、兴、拜、兴、平身"，陪祭官员全部鞠躬，此时奏大乐，随后再拜、兴、拜、兴、平身，大乐停止。司礼唱："送神"。典祠启："鞠躬、拜、兴、拜、兴、平身"，司礼唱："在位官皆再拜"，司赞唱："鞠躬、拜、兴、拜、兴、平身"。王与陪祭官全部鞠躬，奏大乐，之后再拜、兴、拜、兴、平身，乐止。司礼唱"望燎"，读祝官取祝，捧币者取币，掌祭官取馔，到燎所。典祠启"诣望燎位"，奏大乐，典祠、典仪恭导王到望燎位，乐止，王等候将祝、币、馔烧后敬献给境内山川河流之神。司礼唱"可燎"，典祠启"礼毕"。典祠、典仪导引王回到拜次，引礼官引导陪祭官出祭所。

第四等级，各府州县祭山川。唐代开始各郡县有山川者皆祭祀属地内的岳镇海渎，没有山川的各郡县筑坛祭祀。明朝诸侯王国在其境内祭祀封内山川，郡县也在本境内筑坛致祭，对于山川坛规制、祭器陈设、祭祀时间、仪式做了严格要求。各府州县山川坛必须筑于城西南，高三尺，四出陛，三级，方二丈五尺。清明、霜降二日祭祀。牲用羊一、豕一。笾二，内盛栗黄（栗子肉）和牛脯。豆二，内盛葵菹（腌葵花）、鹿醢（鹿肉酱）。簠一，盛黍饭。簋一，盛稷饭。象尊一，盛缇齐（红酒）。壶尊一，盛事酒（冬酿春成的新酒）。

各府州县祭山川坛仪程同诸侯王祭祀仪程内容相近，因此不单独做介绍。不同于其他等级祭祀，此等级设有两名献官，分别为初献官与亚献终献官。除了仪程当中的亚献终献步骤由亚献终献官完成，其余仪程全部由初献官完成。

第五等级，藩属国境内的祭祀。对于周边藩属国境内的山川，明朝政府也曾派遣使节前往祭祀。洪武三年（1370年），朱元璋颁诏认为占城、安南、高丽等国既以归附于明朝，其境内的山川也应一并祭祀，并派遣朝天宫道士前往祭祀，同时还命各藩属国将境内山川绘制成图，命人刻石，并亲自祝文，用来表明"必能庇其国王，世保境土，使风雨以时，年谷丰登，民庶得以靖安，庶昭一视同仁之意"[①]。洪武六年（1373年），琉球诸国朝贡，祭祀其国内山川。洪武八年（1375年），礼部尚书牛谅上书称京城既已停止祭祀天下山川，那么诸附属国的山川，也并非天子应当亲自祭祀。中书及礼臣奏请皇帝将外国山川附祭于各省，洪武帝听从大臣建议下昭由广西附祭安南、占城、真腊、暹罗、

① （明）《明太祖实录》卷四十八，北京：北京大学图书馆1962年影印本，第955页。

锁里诸小国，广东附祭三佛齐、爪哇诸小国，福建附祭日本、琉球、渤泥，辽东附祭高丽，陕西附祭甘肃、朵甘、乌斯藏，京城不再重复祭祀。随后朱元璋又听从礼官谏言，让各省的山川居中南向，依附于明朝的诸国山川东西向，同坛共祭。洪武十八年（1385 年）定王国祭山川仪程，同祭社稷仪程，但没有瘗埋之文。又定凡是岳镇海渎及他山川所在地，令有司每年以清明、霜降两日祭祀。

中国传统的政治体系思想——儒家思想推崇以礼乐教化天下，祭祀活动是政治上"神道设教"和礼的重要内容之一，因此祭祀从准备开始一直到结束所用一系列陈设、器物，都被赋予了与神灵相关的象征意义，是对神的敬献。

始自周代的所有典章内涵都突出等级之别，其目的是体现周天子的威严，心理上造成一种威服天下的政治气势，这其中自然包括祭品，通过不同的组合和数量来达到祭祀不同等级神祇和举办不同等级祭祀活动的需要。

明代沿用周礼，因此对各项陈设和祭品也有着严格的规定。洪武二年（1369 年）定：祭祀每坛均为笾四、豆四，簠、簋、登、爵各一。洪武九年（1376 年）更定山川坛正殿共设酒尊三、爵七，东西配殿各设酒尊三、爵三，其他祭祀物品沿用旧制。洪武二十一年（1388 年）更定每坛用登一、铏二、笾豆各十、簠簋各二、酒盏三十，岳渎、山川同。洪武二十六年（1393 年）定岳镇海渎用登一、铏二、笾豆各十、簠簋各二、酒盏三十。共设酒尊三、爵七、篚七。京畿山川用登一、铏二、笾豆各十、簠簋各二、酒琖三十。

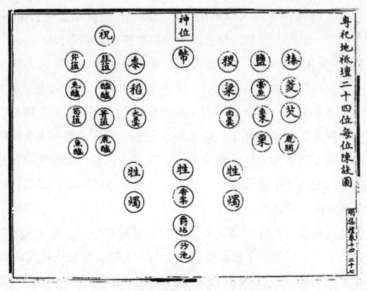

地祇坛祭祀陈设图（《明集礼》）

洪武三年（1370 年）定制，帛分为五等。第一等为郊祀制帛，郊祀正配位用。祭祀上帝用深青色，祭祀皇地祇用黄色，皇地祇配位用白色。第二等为奉先制帛，祭祀太庙用之。第三等为礼神制帛，社稷祭祀以下都用礼神制帛，太岁、风云雷雨、天下神祇都用白色，岳镇、四海、陵山随方色，四渎用黑色。第四等为展亲制帛，为祭享亲王用。第五等为报功制帛，祭享功臣用之。洪武十一年（1378年）礼臣议定，在京大祀、中祀用制帛，有筐。洪武二十六年（1393年）定祭祀天神地祇、五岳、五镇，用礼神制帛五，各五色，四海各用礼神制帛，各四色，四渎各用礼神制帛，全为黑色，钟山用礼神制帛，白色，京畿山川用礼神制帛，白色。

牲牢分为三等，分别为犊、羊、豕，颜色用赤色或青黑色。祭祀先期要将祭祀用牲牢收入养牲处饲养，使之洁净。大祀，共九旬（九十天）；中祀，三旬（三十天）；小祀，一旬（十天）。洪武七年（1374年）定制，大祀皇帝亲自省牲，中祀、小祀遣官省牲，风云雷雨、天下神祇，用羊、豕各五。洪武二十一年（1388年）更定，每坛用太牢，犊、羊、豕各一。二十六年（1388年）再定，祭祀岳镇海渎用太牢，犊一、羊一、豕一，祭祀京畿山川也用太牢，犊一、羊一、豕一。

祝文在国家祭祀中的主要作用就是表达对神的恭敬，歌颂赞扬神明，阐述祭祀原委，达到沟通人神的作用，而作为祝文载体的祝版多仿唐制，祭祀地祇的祝文还体现出关乎民生的内容。洪武时期的祝文内容为："维洪武某年某月某日，皇帝（御名）致祭于太岁之神、风云雷雨之神、岳镇海渎山川城隍之神。惟神主司民物，参赞天地，化机发育有功。历代相承，有秋报之礼，今农事告成，谨以牲帛、醴斋、粢盛、庶品，用伸报祭，尚享。"①

洪武二年（1369年）因久旱不雨，朱元璋决定亲自祭告风云雷雨诸天神、岳镇海渎诸地祇、城隍、旗纛诸神，并为这次祭祀亲自撰写祝文：

"朕代前王统世治、教民生，当去岁纪年建号之初，首值天下灾旱，中原人民苦殃尤甚。今年自孟春得雨之后，中春再沾微雨，至今又无。虽未妨农务之急，而气候终未调顺。伏念去岁因旱，民多颠危，今又缺雨，民生何赖？实切忧惶，夙夜静思。惟天地好生，必不使下民至于失所。然神无人何以享？人无神何以祀？朕不敢烦渎天地，惟众神，主司下土民物，参赞天地化机，愿神以民庶之疾苦，哀闻于上天厚地，乞赐风雨以时，以成岁丰，养育民物，各遂其生，朕敢不知报？尚飨。"②

这一临时性祝文主要作用就是专为这次大旱祈福弥灾，祝文大致意思就是上天有好生之德，希望神明不要罪责民众，天下大旱，导致民众流离失所。

朱元璋认为古代的圣王在取得天下后一定要制定礼仪，礼仪与音乐是教

---

① 俞汝楫《礼部志稿》卷二十六，台湾：台湾商务印书馆1986年7月四库全书影印本，第496页。

② 《明太祖实录》卷四十，北京：北京大学图书馆1962年影印本，第804页。

化人民的重要手段，音乐代表人心，帝王心中平和，天下就会安定。因此朱元璋极其重视乐礼的恢复，明初即恢复了周代礼乐制度，《明史》志三十七就说："太祖初克金陵，即立典乐官。其明年置雅乐，以供郊社之祭。"[1]明代祭祀乐舞均由教坊司负责，并规定凡圣节、冬至、正旦行朝贺礼、上徽号、进实录、册封、颁诏、进春、进历、遣祭、郊祀、听受誓戒、进士传胪及进士上表，都用中和韶乐。

中和韶乐中的"中和"二字，取自《礼记·中庸》"喜怒哀乐之未发，谓之中；发而皆中节，谓之和"。[2]因此"中和"二字为中正和谐之意。韶乐，即美好的音乐，相传舜制的音乐曰"韶"。中和韶乐是明清时期重要的礼仪用乐，洪武皇帝制订宫廷雅乐时，定"中和韶乐"之名，至清代沿用，用于祭祀、大朝会、大宴飨，表示最和谐完美、最符合儒家伦理道德的音乐。

洪武时期初定中和韶乐乐器包括：麾一、柷一、敔一、搏拊二、琴十张、瑟四张、箫十二管、笙十二攒、笛十二管、埙四个、篪四管、排箫四架、编钟二架、编磬二架、应鼓二（具体乐器样式与尺寸描述见附录一）。

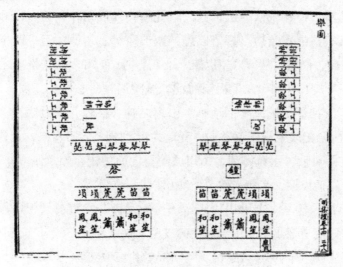

地祇坛祭祀乐悬设置图（《明集礼》）

中和韶乐的布置就是乐悬，洪武元年（1368年）定郊丘庙社乐器之制。用乐工六十二人，编钟、编磬各十六人，琴十人，瑟四人，搏拊四人，柷敔各一人，埙四人，篪四人，箫八人，笙八人，笛四人，应鼓一人，歌工十二人，协律郎一人。洪武七年（1374年）增篪四人，凤笙四人，埙改用六人，搏拊改用二人，共七十二人。

洪武二年（1369年）定祭祀奏曲之名。太岁、风雷、岳渎诸坛迎神奏《中

---

① 张廷玉等《明史》卷六十一，北京：中华书局1974年4月版，第1500页。

② 郑玄注，孔颖达疏《礼记注疏》卷五十二，台湾：台湾商务印书馆1986年7月四库全书影印本，第351页。

和》，奠帛奏《安和》，初献奏《保和》，亚献奏《肃和》，终献奏《凝和》，彻豆奏《寿和》，送神奏《豫和》，望燎奏《熙和》。《明史》卷七十四载："乐四等，曰九奏，用祀天地；曰八奏，神祇、太岁；曰七奏，大明、太社、太稷、帝王；曰六奏，夜明、帝社、帝稷、宗庙、先师；舞二，曰文舞，曰武舞。"

祭祀过程中演奏的曲子即为祭祀乐曲，将乐曲进行填词后所形成的曲子就是乐章或乐歌了。祭祀地祇的乐歌歌词为：

"迎神：吉日良辰，祀典式陈。惟地之祇，百灵缤纷。岳镇海渎，山川城隍。内而中国，外及四方。濯濯厥灵，昭鉴我心。以候以迎，来格来歆。奠帛：灵其泲止，有赫其威。一念潜通，幽明弗违。有帛在筐，物薄而微。神兮安留，尚祈享之。初献：神兮安留，有荐必受。享祀之初，奠兹醴酒。晨光初升，祥征应候。何以侑觞，乐陈雅奏。亚献：我祀维何？奉兹牺牲，爰酌醴斋，二觞再升。洋洋如在，式燕以宁。庶表微衷，交于神明。终献：执事有严，品物斯祭，黍稷非馨，式将其意。荐兹酒醴，成我常祀。神其顾歆，永言乐只。彻馔：春祈秋报，率为我民。我民之生，赖于尔神。维神佑之，康宁是臻。祭祀云毕，神其乐歆。送神：三献礼终，九成乐作。神人以和，既燕且乐。云车风驭，灵光昭灼。瞻望以思，邈彼寥廓。望燎：俎豆既彻，礼乐已终。神之云旋，候将焉从。以望以燎，庶几感通。时和岁丰，惟神之功。"①

洪武三年（1370年），正岳镇海渎、城隍诸神号，合祀太岁、四季月将、风云雷雨诸天神、岳镇海渎诸地祇、山川之神、城隍、旗纛诸神。洪武六年（1373年）因合祀改祭祀乐章歌词，变更为："迎神：吉日良辰，祀典式陈。太岁尊神，雷雨风云，岳镇海渎，山川城隍。内而中国，外及四方。濯濯厥灵，昭鉴我心。以候以迎，来格来歆。"②奠帛以后，同前。

明初祭祀乐舞基本上沿用唐宋做法，朱元璋非常重视祭祀乐舞制度的制定，其所定制度奠定了明朝乐舞制度的规范。吴元年（1367年）十月，定乐舞之制，文武生各六十四人。洪武二年（1369年），随着祭祀天地、社稷、宗庙、日月、先农、诸天神地祇以及历代帝王、至圣先师等活动的进行，完成了对乐舞之数的定制，规定祭祀用武舞三十二人，左手执干右手执戚，四行，每行八人，舞作发扬蹈厉坐作击刺之状，取征伐之意，舞师二人执旌以引之；文舞三十二人，左手执龠右手执翟，也为四行，每行八人，舞作进退舒徐、揖让升降之状，取揖让之意，舞师二人执翿（即纛）以引之。洪武七年（1374年）定武舞生六十二人，引舞二人，各执干戚；文舞生六十二人，引舞二人，各执羽

---

① 张廷玉等《明史》卷六十二，北京：中华书局1974年4月版，第1539页。奠帛以后歌词同朝日坛，因此将朝日坛祭祀乐歌歌词誊抄于此。

② 张廷玉等《明史》卷六十二，北京：中华书局1974年4月版，第1540页。

篇；舞师二人执节以引之，共一百三十人。洪武十七年（1384 年）定郊祀、社稷、先农、太庙乐舞之制均仿历代旧制，奏武功之舞、文德之舞，取其"象成名德而兼备文武"之意。

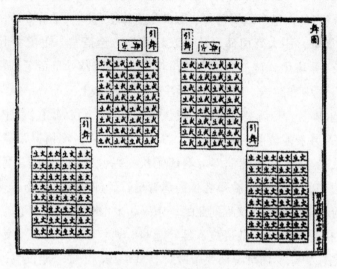

地祇坛舞图（《明集礼》）

祭祀、祭祀舞蹈，都是沟通人神的过程，祭祀乐与乐舞在这一过程中烘托出了一种神圣的氛围，更加将国家祭祀中所体现的庄严肃穆推向高潮。

地祇祭祀作为国家祭祀，体现着庄重与神圣，这种庄严不光从一系列的繁复的前期准备、祭祀陈设与祭品、祭祀乐、乐舞中体现，同时祭祀过程中不论祭祀主体，还是陪祀官员、各执事官、乐舞生等，他们所着服饰也从感官上给予视觉上冲击与震撼。

洪武四年（1371 年），朱元璋命礼部参考历代祭祀郊庙、社稷、日月诸神的冕服，及百官陪祭冠服制度，制定本朝祭服规制。根据礼部与太常寺、翰林院的议奏，只有皇帝亲视圜丘、方丘、宗庙及朝日、夕月服衮冕，其他坛庙，如祭祀星辰、社稷、太岁、风云雷雨、岳镇海渎、山川、先农皆服皮弁服。

皮弁服是自周以来古代天子视朝、诸侯告朔所着衣，是朝服的一种。汉代，皮弁服只留下名称。明代沿用周礼，洪武二十六年（1393 年）定皇帝皮弁服制。皮弁，用乌纱冒之，前后各十二缝，每缝缀五采玉十二以为饰，玉簪导，红组缨。其服绛纱衣，蔽膝随衣色。白玉佩革带，玉钩，绯白大带，白袜，黑舄。

2. 嘉靖时期

经过嘉靖帝的"厘正祀典"，北京九坛八庙格局初定，在山川坛南侧营建天神坛、地祇坛专祀天神地祇，简化了祭祀地祇的各项仪程，仅在祭祀天神坛之后到地祇坛上香。具体体现在嘉靖十年（1531 年）更定祭祀天神地祇坛仪程：

祭祀前二日，太常寺官奏请皇帝祭祀，太常卿同光禄卿奏省牲。谕百官致斋二日。祭祀前期一日，黄帝在文华殿亲填祝版，然后告于太庙。告辞为：孝玄孙嗣皇帝御名明日出往神祇坛，行秋祭礼。皇帝到祖宗、列圣帝后神位前恭预告知。正祭当日，皇帝戴翼善冠、服黄袍至奉天门。太常卿奏请皇帝到神祇坛。皇帝上御辇，用大驾卤簿，从先农坛东门入至斋宫。更皮弁服后到天神坛。典仪唱："乐舞生就位。执事官各司其事。"内赞恭导皇帝至御拜位。典仪唱："迎神。"奏中和韶乐。内赞官恭导皇帝到天神坛上三上香，完毕回到御拜位。中和韶乐暂停。奏请皇帝两拜。典仪唱："奠帛、行初献礼。"中和韶乐奏。执事者捧帛、爵于神位前，跪着祭奠，完毕，乐暂停，奏请皇帝跪，皇帝跪。读祝官读祝，完毕，乐继续演奏。奏请俯伏、兴、平身，此时乐停。典仪唱："行亚献礼。"中和韶乐作，执事者捧爵跪着敬献于神位前，乐停。典仪唱："行终献礼。"中和韶乐乐作，仪程同亚献，乐停。太常卿唱："答福胙。"内赞奏请跪，皇帝饮福受胙，完毕皇帝跪、拜、起身。典仪唱："彻馔。"奏乐。乐停。典仪唱："送神。"乐。内赞奏请皇帝两拜。皇帝拜，乐停。典仪唱："读祝官捧祝，掌祭官捧帛馔，各诣燎位。"奏乐，捧祝、帛、馔官从皇帝前经过，内赞奏请礼毕。之后内赞、对引官恭导皇帝至地祇坛御拜位。典仪唱："瘗毛血、迎神。"内赞恭导皇帝上地祇坛到五岳香案前，三上香。礼毕。皇帝换黄袍回銮，到太庙参拜。致辞曰：孝玄孙嗣皇帝御名祭云雨风雷岳镇海渎等神回还，到祖宗列圣帝后神位前参拜。参拜完毕，回宫。

如遇遣官告祭地祇坛仪程为：

典仪唱："迎神。"执事官导引各官由东西两侧台阶上坛至各坛香案前。内赞奏："搢圭、上香、出圭、复位。"照前序立，其他仪程同皇帝亲祭。

嘉靖三十四年（1555年），嘉靖帝亲自到神祇坛祭祀云雨风雷、岳镇海渎、基运山等神以及京畿天下山川之神。

祭祀陈设方面嘉靖十年（1531年）定：天神坛在左，地祇坛在右，两坛各用牲五。五岳、五镇、四海、四渎并列南向，皆用犊一、羊一、豕一、笾豆各八，簠簋各二，酒尊三。五岳为一坛，用帛五；五镇为一坛；用帛五；四海为一坛，用帛四；四渎为一坛，用帛四；京畿山川为一坛，用帛二、牲五；天下山川为一坛，用帛二、牲五。

祭祀岳镇海渎祝文，仅以皇帝亲祭为例：

"维某年某月某日，（嗣天子御名），致祭于五岳之神、五镇之神、基运山之神、翔圣山之神、神烈山之神、天寿山之神、纯德山之神、四海之神、四渎之神、京畿天下山川之神。惟神钟灵毓秀，主镇一方，参赞大化，功被于民。

今农事既成，以牲帛醴斋之仪，用修报祭，神其歆哉。尚飨！"①

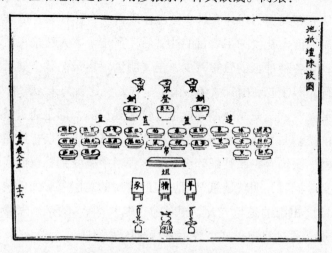

明嘉靖地祇坛陈设图（《明会典》）

祭祀乐章：

"迎神，奏《保和之曲》：吉日良辰，祀典式陈。灵岳方镇，海渎之神，京畿四方，山泽群真。毓灵分隔，福我生民。荐斯享报，鉴我恭寅"。②奠帛以后，同洪武时期。

嘉靖时期，伴随大礼议的进行，嘉靖帝对洪武以来旧有的各类祭祀乐章、新增各种祭祀乐章以及乐舞生、协律郎等官员的检选都进行了全面调整，核心是去繁取简，但文武舞生冠履佾数俱如旧制，仅更改了圜丘、方泽、朝日、夕月四坛舞生服饰颜色。

嘉靖三年（1524 年）定凡服，大祀着冕服，中祀着皮弁服。

3. 洪武时期与嘉靖时期的地祇祭祀礼制异同

洪武时期的地祇祭祀和嘉靖改制之后的地祇祭祀存在显著不同。

首先，从祭祀设施上来说，朱元璋主张恢复周礼，根据唐宋之制恢复诸神祭祀，当时的地祇诸神仅作为天地陪祀，并没有设专坛祭祀，在山川坛内也是太岁、天神、地祇、城隍诸神在山川坛正殿合祀。嘉靖改制时，因嘉靖本人以出身荆楚好鬼神之地深受感染及对山川诸神的特别感受，在先农坛之南修建天神坛、地祇坛，专祀天神、地祇诸神，至此神祇的地位得以提升。

其次，从祭祀主体看，洪武帝时期是建国伊始，为了凝聚汉民族人心，彰显明王朝传承汉家天道的正义性和正统性，朱元璋非常重视各项祭祀活动，多次对地祇诸神进行亲祭。嘉靖朝时嘉靖帝为了使自己的生父入祭太庙而引发的

① 俞汝楫《礼部志稿》卷二十六，台湾：台湾商务印书馆 1986 年 7 月四库全书影印本，第 498 页。

② 张廷玉等《明史》卷六十二，北京：中华书局 1974 年 4 月版，第 1540 页。

大礼议，导致一系列京城祭坛布局大变革，并以此为"厘正祀典"之举，客观上使各祭祀坛庙布局更为严谨合理、更加体现传统自然神崇拜的理念，也更为体现周礼之制。但大礼议的主要目的达到后，嘉靖帝本人对祭祀活动的兴趣也就逐步消失，对各种神祇的敬祀减少，据《明世宗实录》载，地祇祭祀全部由皇帝遣官进行，即使遇到国家久旱不雨也是如此，这就与朱元璋有很大不同。

　　虽然如此，洪武、嘉靖时期的地祇礼仪客观目的，都是通过祭祀达到对国家、对民众的统治与教化，从前述中可以清晰地从明代为祭祀所建坛场、祭祀用陈设、祭器、服饰等一系列配套设施和仪程当中感受到礼仪的高度程式化和对民众的约束。同时，明代地祇祭祀更多的体现的是国家层面的政治性，这一时期岳镇海渎之祀指的是与"天"相对的"地"，昭示的是国家疆域四至，蕴涵的是天下观。通过祭祀仪式，统治者代表国家沟通了人神，用以祈福祛灾，昭告统治的正统性，护佑王朝永祚，达到从思想上统治、约束民众和麻痹民众灵魂的目的。

第二节　清代北京先农坛的地祇祭祀礼制

　　清代是中国皇权专制的最后一个王朝，其皇权专制制度达到顶峰。作为少数民族政权清代与之前的政权存在着共性，又有相当的区别。共性上都属于皇权专制统治，极端的中央集权。区别在于满人入主北京之后并没有尽毁前代宫殿和坛庙，因此在祭祀礼仪上也效仿明代。这种做法不得不说与其政治目的有着密切关系，统治者亟须以最快速度稳定其在中原的统治秩序。体现在国家祭祀层面就是全面完善了祭祀的礼乐、仪程，并对祭祀陈设重新考据，制定了各祭祀礼器。体现在地祇祭祀制度上主要就是完善了岳镇海渎的祭祀礼仪，仍将地祇祭祀列为中祀，规定凡岁旱祈雨，遣官祇告天神、地祇、太岁诸神，可以说清代是中国历史上在国家祭祀层面上的集大成者。诸多典籍都对各坛庙的祭祀制度、坛庙规制、仪程、礼器样式尺寸等有详细的介绍，为后人研究清代祭祀制度和礼仪提供了相当翔实的研究资料。

一、祭祀制度

　　清代的礼仪制度早在入关之前就已创制，可以说带有纯粹的民族特色。入关之后吸收传统的汉家礼法，在历朝经验基础上，特别是承袭明代礼乐制度并不断完善，使清朝各典章制度达到封建王朝的巅峰。本章第二节引言当中已经说明清入关后并未毁掉前朝宫殿坛庙，因此顺治、康熙、雍正三朝一直沿用明代先农坛。到了乾隆时期，国力强盛、国家稳定，因此于乾隆十八年（1753年）至乾隆二十年（1755年）对北京先农坛进行了修缮与改建，这次改建成为明嘉靖帝之后北京先农坛最重要的一次改建，而我们今日所见北京先农坛规制就是乾隆时期的格局。主要内容就是将每年祭祀先农神之前临时搭建木质观耕台改为砖石结构，拆除旗纛庙前院，将神仓移建于此，拆除仪门，将斋宫更名为庆成宫，在先农坛内遍植树木。

从地祇祭祀主体看，清代祭祀地祇主要分为三类：分别为遣官祭祀，皇帝巡至方岳祭祀，遣官至方岳祭祀。值得一提的是虽然明代帝王亲祭地祇基本只有洪武帝、嘉靖帝，但是作为国家祭祀当中非常重要的组成部分，帝王亲祭地祇的仪程记载在诸多典籍当中。同明代存在较大不同的一点就是清代地祇祭祀虽被列入中祀行列，但清代帝王几乎不会到先农坛亲祭诸地祇之神，通常都是遣官祭祀，皇帝祭祀地祇仪程典籍当中也无记载。

清代遣官祭祀岳镇海渎的仪程大致是：祭祀的前一日，被派遣之官需要在府邸斋戒一日。祭祀当天，天未亮，祭祀官以及相关官员就已经来到地祇坛前等待祭祀典礼的举行。天刚亮，太常寺卿到要神版库上香行礼请出神位。三跪九叩礼后，岳镇海渎诸神位请入地祇坛。五岳居中，五镇在右，五陵山在左，四海次右，四渎次左；京畿名山居东，大川次东，均西向；天下名山居西，大川次西，均东向。后，又三叩首，退。赞礼郎引导承祭官入地祇坛。承祭官盥洗后，来到地祇坛台阶下。鸿胪寺序班引导陪礼官至地祇坛内坛墙北门外。典仪："乐舞生登歌。"各官员各就其位，武舞执干戚进，司香奉香进。典仪赞："迎神。"奏《祈丰之章》，承祭官登上地祇坛，至各神位香案前上香，行三跪九叩礼。随后，典仪赞："奠帛、爵，行初献礼。"奏《华丰之章》，舞干戚之舞，奉帛、爵于各神案前，分别行三叩礼，司祝官读祝文，乐止。典仪赞："行亚献礼。"奏《兴丰之章》，舞羽籥之舞，司爵献爵各奠于左，行三叩礼，乐止。典仪赞："行终献礼。"奏《仪丰之章》，司爵献爵各奠于右，行三叩礼。献毕，乐止。典仪赞："彻馔。"奏《和丰之章》，有司彻，毕，乐止。典仪赞："送神。"奏《锡丰之章》，百官行三跪九叩礼送神。最后，由官员将祭祀的祝文、帛送至瘗所，承祭官望瘗。

清代遣官祭祀地祇坛的记录比较重要的有乾隆年间遣仪郡王永璇、成亲王永瑆分别祭祀地祇坛、太岁坛祈雨；光绪年间，恭亲王奕䜣多次来到先农坛恭祀岳镇海渎之神。

前面已经阐述清代帝王不会亲祭地祇诸神，但是皇帝时巡至五岳，会到各岳庙亲祭（具体仪程见附录二）。在国家大庆典之时也要致祭岳镇海渎，通常派遣二品至四品京堂官前往，礼部太常寺笔帖式官员撰写祝文，准备香帛，之后以伞仗龙旗引路，前往山东泰安府东岳泰山、青州府东镇沂山，湖南衡州府南岳衡山、浙江绍兴府南镇会稽山、河南登封县中岳嵩山、山西霍州中镇霍山、陕西华阴县西岳华山、陇州西镇吴山、山西浑源州北岳恒山、盛京广宁县北镇医巫闾山、山东莱州府东海、广东广州府南海、山西蒲州府西海、吉林望祭北海、山西蒲州府望祭河渎、四川成都府江渎、河南唐县淮渎、济源县济渎。

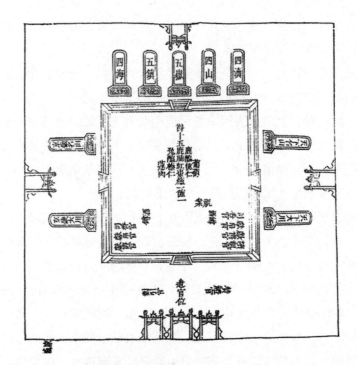

清雍正朝地祇坛告祭图北向（《郊庙图》）

二、祭器与祭品

明代在制定祭祀礼器之时并未对周代以及唐宋时期礼器质地形态进行考证，只是沿用了宋代对于各礼器的命名，因此，有明一代祭祀礼器是用瓷盘与瓷碗代替，这种现象一直持续到乾隆时期。乾隆皇帝在考据周代礼器制度和唐宋之法后，明确了各式礼器质地与形制。根据乾隆朝《大清会典》记载，地祇坛祭祀，如遇遣官祈告，在地祇坛上，北向摆放五案，东西向各摆放一案，五案各陈脯、醢、果实。笾二、豆六、尊一、炉二、镫二，每个神位帛一、爵三。笾中盛放鹿脯、红枣、莲子、榛仁、桃仁、葡萄，豆中盛放鹿醢（鹿肉酱）、兔醢（兔肉酱）。

如得雨报祭，地祇位七案皆摆放登一、铏一、簠二、簋二、笾十、豆十、尊一、炉一、镫二，每位帛一、爵三，共牛一、羊一、豕一。登中盛放太羹（没有调味的清牛肉汤），铏中盛放和羹（加了五味调料的牛肉汤）。簠中盛放稻（大米）和粱（高粱米），簋中盛放黍（黄米）和稷（小米），笾中盛放形盐（制成虎形的盐）、枣、芡、咸鱼、栗、鹿脯、榛、白饼、菱、黑饼。豆中盛放菌菹（腌笋）、菁菹（腌韭菜花）、韭菹（腌韭菜）、芹菹（腌芹菜）、鱼醢（鱼肉酱）、鹿醢（鹿肉酱）、醓醢（肉酱）、兔醢（兔肉酱）、脾析（用盐酒腌过的牛百叶丝）、豚拍（小猪肩肉做成的肉干）。豕、牛、羊三牲盛于俎内。帛为礼神制帛，盛于篚内。

皇帝巡至方岳亲祭，岳神位前陈设帛一、牛一、羊一、豕一、登一、铏二、簠二、簋二、笾十、豆十、尊一、爵三、炉一、镫二。如遇国家大庆典致祭各岳镇海渎，陈设帛一、牛一、羊一、豕一、登一、铏二、簠二、簋二、笾十、豆十、尊一、爵三、炉一、镫二。各直省、府、州、县各建神祇坛，中设云雨风雷之位，左设本境山川之位，右设本境城隍之位。陈设帛七、羊一、豕一、铏二、簠二、簋二、笾四、豆四、尊一、爵各三、炉一、镫二。

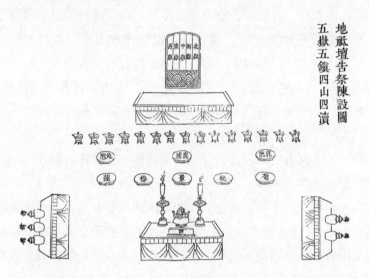

清雍正时期五岳、五镇、四山、四渎地祇坛告祭陈设图（《郊庙图》）

三、祭祀乐

顺治元年（1644年）定祭祀乐章，有九奏、八奏、七奏、六奏，所奏乐器均为金钟十六、玉磬十六、琴十、瑟四、排箫二、萧十、篴十、笙十、埙二、篪六、建鼓一、搏拊二、柷一、敔一，歌工手执木笏十。

康熙五十二年（1713年），康熙帝认为原有中和韶乐虽然参考明朝所载制度，但因年久失真导致音律不协调，因此重造各坛庙中和韶乐乐器，并将此事载于典训。

祭祀地祇乐用中和韶乐，《御制律吕正义后编》卷三十三载："神祇坛，天神从祀圜丘，地祇从祀方泽，又别建坛于太岁坛之南……用中和韶乐。"[1]中和韶乐是明清时期重要的礼仪用乐，明初制订宫廷雅乐时，定"中和韶乐"之名，至清代沿用，用于祭祀、大朝会、大宴飨。演奏中和韶乐的乐器分别为：麾，指挥演奏祭祀中和韶乐用，麾举乐作，麾偃乐止。特磬，玉制，每组计一件磬。编磬，石质，每组计十六件件磬。镈钟，铜制，每组计一件钟。编钟，

———————

① 允禄、张照等《御制律吕正义后编》第三十三卷，台湾：台湾商务印书馆1986年7月影印本，第97页。

铜制，每组计十六件钟。搏柎，横置于座的小鼓，木制、革制。建鼓，横置于高架之上的大鼓，木制、革制。柷，木制，形状类似衡器中的方斗。笙，木制。箫，竹制。排箫，竹制。笛，竹制。篪，竹制。埙，泥制。敔，木制，形状如伏虎，背有二十四片竹片，演奏者用竹籈反复刮三遍，乐止。琴，木制。瑟，木制。

祭祀地祇乐悬设于阶下之北，乐舞在乐悬之次，均南向。乐悬具体布置为：镈钟一，设于左。特磬一，设于右。编钟十六，同一簴设于镈钟之右。编磬十六，同一簴设于特磬之左。建鼓一，设于镈钟之左。其内，左、右埙各一，篪各三，排箫各一，并列为一行。又内，笛各五，并列为一行。又内，箫各五并列为一行。又内，瑟各二，并列为一行。又内，琴各五，并列为一行。左、右笙各五，竖列为一行。左，柷一，搏柎一；右，敔一，搏柎一。乐悬前设麾一。

中和韶乐的歌词有三种形式，分别为离骚体、四言古诗和长短句。乐章分为四等，分别为九奏、八奏、七奏、六奏（奏，指的就是步骤）。祭祀地祇所用中和韶乐歌六奏，用丰字。清初，祭祀天神地祇没有乐章，至乾隆朝始定祭祀天神地祇乐章。《大清会典则例》卷八十三载："乾隆七年奏准神祇坛增撰乐章，所有应用乐器照例增设。九年奏准神祇坛向未专设祭器乐器，应增设以昭诚敬。"因此乾隆七年（1742年）定地祇应从方泽，以林钟为宫，乐章用丰字。《清乾隆实录》同样也记载了皇帝昭"惟神祇坛向无乐章，应交律吕正义馆撰拟"。①

祭祀地祇，迎神奏《祈丰之章》，歌词：云车驰兮风旆征，云阗阗兮雨冥冥。表六合兮穹青，横大川兮扬灵。纷总总兮来会，穆子心兮斋明。奠帛、初献奏《华丰之章》，歌词：束帛戋戋兮筐篚将，昭诚素兮郁馨香。瘼此下民兮候有望，神垂鸿祜兮未渠央。亚献奏《兴丰之章》，歌词：疏幕兮再启，芳齐兮载陈，惠邀兮神昵，福我兮民人。终献奏《仪丰之章》，歌词：牲尊兮三涤，旨酒兮思柔。诚无斁兮嘉薦，神宴娭兮降休。撤馔奏《和丰之章》，歌词：神既成兮孔殷，洁明粢兮苾芬。废彻兮不迟，至敬兮无文。送神奏《锡丰之章》，歌词：流形兮露生，苞符兮孕灵，介我稷黍兮曰雨而雨，神之格思兮祀事孔明。②

四、祭祀舞

顺治初年定凡坛庙祭祀，初献用武舞，干戚六十四，亚献终献均用文舞，羽籥六十四，引舞旗、节各四，文舞、武舞皆八佾。乾隆八年，大臣奏皇帝

---

① 《清实录》第十一册第一六六卷，北京：中华书局 1985 年 11 月版，第 109 页。

② 《钦定大清会典则例》卷九十九，台湾：台湾商务印书馆 1986 年 7 月影印本，第 26 页。

称武舞干上有字，但内容只有五种，会导致八佾舞不整齐，特撰写八句让乾隆皇帝钦定。乾隆帝随后将武舞干上的字钦定为：雨旸时若、四海永清、仓箱大有、八方敉宁、奉三永奠、得一为正、百神受职、万国来庭，总计八种。

祭祀舞陈设包括：左右两侧的节，各二个，分别设在左、右文舞生和武舞生前。其作用与麾基本相同，为指挥乐舞之用，节举则舞，节偃舞止。

祭祀舞用具为干、戚、羽、籥。祭祀地祇时，初献用武舞，武舞生左右两班，正面立，皆左手执干，右手执戚，工歌《华丰之章》，舞凡三十一式。亚献用文舞，文舞生左右两班，正面立，皆左手执籥，居左。右手执羽，居右，工歌《兴丰之章》，舞凡二十式。终献文舞，文舞生左右两班，立如亚献，工歌《仪丰之章》，舞凡二十二式。

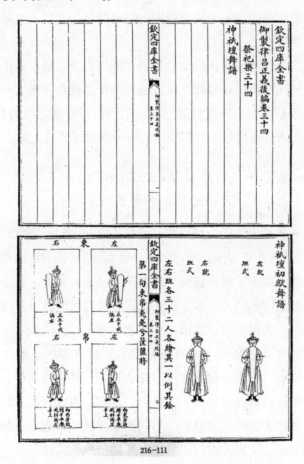

神祇坛舞谱（《御制律吕正义后编》）

像其他祭祀礼仪一样，虽然祭祀岳镇海渎表面上是国家祭礼的一部分，但其最终目的是服务于封建专制政治、维护统治者政权的需要。

国家祭祀岳镇海渎是为国家大事，统治者为了安定统治的需要，以神道设教为宗旨，将神灵崇拜仪式体现在国家祭祀制度当中，因此明清国家祭祀岳镇海渎诸地祇的礼仪，体现着皇权的威严。祭祀诸地祇，祈求诸神福佑，希冀国家风调雨顺、国泰民安。为了祭祀地祇之神祇，明清统治者制定了翔实的各种祭祀制度，包括礼仪、乐舞及用具、服饰、卤簿等，作为国家制度，代表着虔诚之心。周代礼制虽被后世儒家所推崇，体现着儒家思想的核心——礼乐教化天下观，不过延续至明清之际，统治者虽维系这一传统礼制秩序，但礼制却已高度程式化，流于形式。

地祇之祭，明代的政治属性突出，无论是早期洪武帝为了树立汉家政权天道正统性，采照唐宋之制全面恢复国家祀典礼制体系，以致后世世宗嘉靖帝"厘正祀典"，在北京实行洪武初年奉行的周代正统做法"四郊分祀"，无一不是完整系统化包括地祇祭祀在内的国家典章制度举措，有着明确政治意图。但明代早期的高度重视，强调国家四至疆域的巩固、天下归顺的安定，演变到中后期的礼仪荒废，是一个王朝从兴盛走向没落的历史必然，也是纵观中国历史中体现出的客观规律之一。

虽然地祇祭祀在明清朝代的最后遭遇相同，但清代地祇祭祀还是有着自己的显著特点，相比明代的政治性有所减退，地祇之神和天神之神、太岁之神一样，共同扮演着护佑国家雨雪甘霖丰沛、消弭雨雪淫肆之灾的自然神祇责任，这一点，从清代诸多地祇祭祀的明确目的中可以看得清清楚楚。

第三节　明清时期地祇祭祀与先农祭祀的文化关系和礼制区别

地祇坛位于北京先农坛内坛南侧。北京先农坛始建于明永乐十八年（1420年），永乐帝"悉仿南京旧制，唯高、敞、壮丽过之"，时称山川坛，正殿合祀太岁、四季月将、城隍、风云雷雨、岳镇海渎、天寿山等。嘉靖时，世宗"厘正祀典"，于嘉靖十年（1532年）在先农坛南部另行辟建天神坛、地祇坛，专门祭祀风云雷雨、岳镇海渎，将山川坛更名为神祇坛。隆庆帝即位后，废除神祇之祭。万历四年（1576年）将神祇坛之名更为先农坛。清代乾隆时北京先农坛形成现今格局，由太岁殿建筑群、先农神坛、神厨建筑群、宰牲亭、神仓建筑群、具服殿、观耕台、耤田、庆成宫、神祇坛组成的恢弘的皇家祭祀建筑群，形成一处多神合祭的皇家祭坛。与明清祭祀的主神先农之神炎帝神农氏不同，太岁、四季月将、风云雷雨、岳镇海渎诸神虽有完整祭礼，但通常皇帝不会亲祭，而是遣官代祭。

地祇祭祀，是从广义农业内涵上对以先农之神炎帝神农氏为代表的农业诸神的祭祀的必要补充。从内容上看，炎帝神农氏代表的是发明农业技术、培育农业种子的人文先祖，而地祇之神岳镇海渎与风云雷雨一样，共同构成农业生产必备的物质要素，体现出农耕农业依赖自然取得生存资料的自然属性，也即：祈求四方安定、政权稳固、福祚万民。这也是一切农业时代神祇祭祀的最根本

目的所在。

北京地祇坛石龛

明清时期，地祇之神的祭祀存在于北京先农坛的地祇坛，也存在于属于国家大祀行列的北京方泽坛（地坛），二者既有联系又有区别。坐落于京城北部的地坛本叫方泽坛，明清之际是地位仅次于天坛的第二大祭坛，是明清两代帝王祭祀皇地祇神的场所，始建于明嘉靖九年（1530年），嘉靖十三年（1534年）改称地坛。明代建国之初，朱元璋建圜丘于钟山之阳，方丘于钟山之阴，实行天地分祀，后改为天地合祀。永乐营建北京城时"悉仿南京旧制"，在正阳门外建天地坛，合祀天地之神。嘉靖九年（1530年），将天地坛改为圜丘专用于祭天，在北郊择地另建方丘专门祭地，实行天地分祀。

前面已述，早在西周初期，祭祀地祇神就是国家大型祭祀典礼之一。到周代在祭祀地祇的同时，还要祭祀与地祇有关的许多神祇作为陪祀，这种祭祀地祇神的礼仪一直延续至明清。明清时，地坛祭祀属于大祀，五岳、五镇、五陵山、四海、四渎诸神作为从祀。

地祇坛与方泽坛两者虽然在祭祀内容上有着相同，祭祀内涵上也有统一，但祭祀的诸地祇存在着本质的差异，这是岳镇海渎诸神在方泽坛属于从位性质决定的。明清时，方泽坛代表国家祭祀地祇之神，是为太祭之列。方泽坛中作为皇地祇从位的岳镇海渎之神，有标示领土范围的含义。尤其是皇帝登极之后，祭祀方泽坛更有向境内山川河流诸神宣告其统治地位的正统性的政治作用，其自然神的属性减弱而职能保护神的属性增强。地祇坛中的岳镇海渎之神，更多的是强调他们在农业社会中自然神的属性，体现了以农为本的精神。

无论地祇坛还是方泽坛，都是大一统中央集权统治者祭祀地神的场所，其最终目的是祈求河湖顺畅、五谷丰登、国泰民安，这是源于农耕农业对土地崇拜的延伸，是中国古代土地崇拜的重要表现。

像其他文明一样，我国在远古时期就已产生对土地的崇拜。古人认为土地滋生万物，山川出自大地，大地孕育山川河湖，山川是从大地之中生长出来，是土地的神力所致。岳镇海渎与土地有着自然而直接的关联，因而它们是从属于地祇之神。地祇之神的祭祀，既有自然属性祭祀，也有政治属性祭祀，是两类不同属性祭祀的结合体。自然属性祭祀方面，因岳镇海渎之神属于地神，土壤的肥沃与否决定着农作物生长的好坏，影响一年的收成，人们希望通过对土地的崇拜，满足他们风调雨顺、五谷丰登的愿望。政治属性祭祀方面，当祭祀地神的礼仪同国家政权发生关系时，统治者所祭的"地"是载万物的大地，是相对于"天"而言的。在中国这样一个典型化农耕农业社会中，地祇之神祭祀的政治属性需要自然属性的内涵上的支撑，掌握对神祇的话语权，用祭祀的礼仪形式满足虚幻的神祇对人间福报的嘉佑，祭地的权力归天子独有，以国家祀典的形式强调了土地对于农业生产的重要性，既是统治者重农思想的体现，也在相当程度上维护了中国这个农耕文化中央集权专制国家小农经济农业的繁荣、专制政体人文环境下的几千年超级稳定。

结　语

国家祭祀，源于上古时期万物有灵多神崇拜的自然神崇拜。明清两代的国家祭祀属于经过数千年的积淀更加制度化与程式化的祭祀，对周代礼乐制度有较为充分的恢复与体现，且制定了详细完备的祭祀制度。地祇祭祀作为国家祭祀体系中的一部分在明清两代祭祀中占有较为重要地位，不仅体现出国家层面神道设教的指导思想，也蕴涵、体现了儒家礼乐教化天下思想，同时也体现了封建时代传统的天下观。

我们可以清晰的看出地祇祭祀从产生到明清的演变过程。地祇祭祀最早就是远古人民简单的自然崇拜的一种，是一种民间的朴素祭祀。随着国家的建立，地祇祭祀逐渐加入了更多的政治色彩，早已不是简单的朴素崇拜，而是演变成为统治者加强自己封建统治的一种政治手段，地祇祭祀成为国家众神祭祀中的一部分。虽然祭祀岳镇海渎表面上是国家礼制的一部分，是教化天下的手段，但其最终目的却是是维护统治者政权的需要。

首先，祭祀地祇诸神，明清两代统治者的首要目的，是政治上宣示国家主权，宣示国家四至疆域，宣示王权在四至疆域的确立与绝对权威。其次，因传统观念中农业生产依靠包括山川地祇等自然神祇的护佑，敬祀山川地祇等诸神，祈求护佑王朝永祚的同时，也体现出儒家思想中民本的主旨，借敬祀包括地祇诸神在内的神祇佑民得以安生，从而进一步达到客观上维护王朝统治的目的，这是中国古代的农业文化氛围下祭祀神祇的根本文化核心目的所在。第三，就北京先农坛来说，由于这里的祭祀主神是先农神炎帝神农氏，他的农业主神属性决定了祭祀活动内涵的核心地位，因而到了清代，包括地祇、天神、太岁在内的坛内其他神祇，只不过从侧面发挥影响先农神神应达成的客观目的——这一层目的虽未在会典中明确出现，但实质上的这些神祇功能定位只局限于雨雪盈亏的祈祀、报祀之中，用祭祀的行为说明了一切。因此，地祇的祭祀与先农炎帝神农氏祭祀一样，两者共同起到维护封建统治者长治久安的最终目的，体现了我国自古以农为本的农业社会核心理念。

附录一：

明代洪武帝时期中和韶乐乐器具体描述：

麾一：用朱红漆竿，高一丈一尺，饰以抹金铜龙头，铁钩，一尺七寸，缀红罗织金龙文并彩云，一面升，一面降，上下有花板，上绘云，下绘山水。

柷一：以木为之，状如斛，面方二尺、深一尺七寸，有足，四面，绘山水树木，后面有孔一，椎柄曰止。敔一：以木为之，状如伏虎，背刻二十七龃龉，长二尺五寸，有座，以红漆竹梊之，其半析为二十四茎，名为籈。

搏拊二：其形如鼓，长一尺四寸，冒以革，二面，粉饰，绘彩凤文朱红漆木匡、绘彩云纹，铜钉环，贯以黄绒绳。

琴十张：用桐木面，梓木底，长三尺六寸六分，黑漆身，临岳，焦尾，以铁力木为之，肩阔六寸，尾阔四寸，七弦，俱带轸，其面有徽十三，底有雁足，护轸各二，用朱红漆几承之。

瑟四张：用梓木为质，长七尺，首广一尺三寸五分，尾广一尺一寸，黑漆边，体以粉为质，绘云文，首尾绘以锦文，二十五弦，各有柱，皆朱弦，内一弦黄，寘于红漆架。

箫十二管：以竹为之，长一尺八寸，间缠以弦线，有六孔，前五后一。

笙十二攒：用紫竹，十七管，下施铜簧，参差攒于黑漆木匏中，有觜项，亦黑漆。

笛十二管：以细竹为之，红漆，长一尺五寸，前一孔，次六孔，旁二孔。埙四个：以土为质，形如秤锤，平底，中虚上锐，孔六，上一，前三后二，黑漆戗金云文。

箎四管：用大竹为之，长尺有五寸，间缠铜丝三道，红漆面，吹窍一，六孔，前一，后四，头一，近头又二小孔。

排箫四架：每架高一尺五分，广一尺一寸五分，用竹十六管，其下参差列于朱红漆木匾架，二面俱戗金凤文。

编钟二架：钟以铜为之，十六枚，应十二律、四清声，设于朱红漆笋虡、笋横虡上，饰以鳞属，为贴金木龙头二，各垂流苏五，并（巾分）鍖，即周之璧翣遗制，钟虡则植二柱以设笋，饰以蠃属，为二狮子于跗上，笋之上有业、有崇牙，大板谓之业，刻为山形，若锯齿捷业然，其上大板绘云文，崇牙，以悬钟，笋上列植羽，为木雕彩鸾五。

编磬二架：磬以石为之，十六枚，应律如钟，笋饰以羽属，为贴金木凤头二，虡亦饰以羽属，若鹅状二于其跗，余并如编钟笋虡制。

应鼓二：以木为匡，冒以革，镀金铜钉环，横寘于青绿重斗上，贯以朱红漆柱，下四足饰以蠃属，刻狮子四于其跗，上施四角，黄绵布蒙盖，周围垂沥水，抹金铜莲花座，其上施彩凤一，四角贴金木龙头，下垂彩线流苏五，各垂红线（巾分）鍣，系以红漆槌。

附录二：

清代皇帝巡至方岳祭祀仪程：

先祭一日行在乐部设中和韶乐于殿外阶上，分左右悬，所司设大次于戟门外，南向，至日昧爽，行在銮仪卫陈骑驾卤簿于行宫门外，扈从王公暨文武官陪祭如常仪。地方文官知府武官副将以上与朝臣陪祭者以其班序，咸彩服日出前三刻行在太常卿诣行宫告时，行宫前跪送。驾发，警跸及岳庙，不陪祭地方官序列跪迎皇帝入庙中门至戟门，降舆入大次少憩，太常卿奏请行礼，皇帝出大次，盥洗。赞引太常卿二人恭导皇帝由戟门中门升中阶入殿中门至拜位前，北向立。鸿胪官引王公位阶上，百官位阶下，左右序立，均北面。典仪官赞"乐舞生登歌，执事官各共迺职"，赞引官奏"就位"。皇帝就拜位，乃瘗毛血、迎神。司香官奉香盘进，司乐官赞"举迎神乐，奏祈丰之章"，赞引官奏"就上香位"，恭导皇帝诣香案前。司香官跪进香，赞引官奏"上香"，皇帝立，上炷香，次三上瓣香。奏"复位"，皇帝复位。奏"跪拜兴"，皇帝行二跪六拜礼，王公百官均随行礼。奠帛，行初献礼，司帛官奉筐，司爵官奉爵进，奏华丰之章。司帛官跪奠筐，三叩。司爵官立献爵，奠正中，皆退。司祝至祝案前跪，三叩，奉祝版，跪案左，乐暂止，皇帝跪，王公百官皆跪。司祝读祝，毕，诣神位前，跪，安于案，三叩，退。乐作。皇帝率群臣行三拜礼。亚献，奏兴丰之章，司爵官献爵，奠于左，仪如初献。终献，奏仪丰之章，司爵官献爵，奠于右，仪如亚献。撤馔，奏和丰之章，撤馔毕，乃送神，奏锡丰之章，皇帝率群臣行二跪六拜礼，有司奉祝，次帛，次馔，次香恭送瘗所。皇帝转立拜位旁，西向，候祝帛过，复位。赞引官奏礼成，恭导皇帝出戟门，升舆，不陪祭地方官跪送于庙门外，不陪祭扈从官跪迎于行宫门前，皇帝还，行宫众皆退。銮舆所至方镇及所过名山大川均遣官至祭，仪与祭地祇坛同。

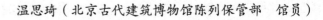

温思琦（北京古代建筑博物馆陈列保管部　馆员）

北京先农坛庆成宫
宫墙改制原因初说

◎陈媛鸣

北京先农坛位于北京城西南方，清代城市中轴线南端的西侧，创建于明永乐十八年（1420年），是明清时期皇帝祭祀先农之神并进行亲耕耤田的场所。初为明代山川坛，永乐十八年（1420年）营造北京城，城中、城郊宫殿、坛庙、衙署等官式建筑"悉仿南京旧制"，当时太岁神、先农神、风云雷雨、岳海镇渎、钟山之神共祭于山川坛之内。经过明天顺二年（1458年）修建山川坛斋宫，明世宗嘉靖十年（1531年）下旨每年亲耕前临时搭建木制观耕台，嘉靖十一年（1532年）建成先农坛神仓，逐步完善了祭祀先农神的相关建筑，形成了包括先农祭坛、神厨建筑群（神厨、神库、神版库、井亭）、宰牲亭、神仓建筑群、斋宫建筑群、具服殿、瘗坎、仪门、观耕台，一整套服务于先农之祭的建筑，这其中以斋宫规模最大、占地面积最广、自用配套设施最全（含前殿、后殿、御膳房、御茶坊、钟楼、鼓楼等）。

一、庆成宫建筑群

庆成宫建筑群位于先农坛内坛东门和先农门之间迤北，始建于明天顺二年（1458年），原为明代山川坛的斋宫。清乾隆二十年（1755年）奉诏将先农坛斋宫改称庆成宫，作为皇帝进入先农坛后下轿并存放御辇、等候耤田耕作完毕犒赏百官随从、接受朝贺所在。

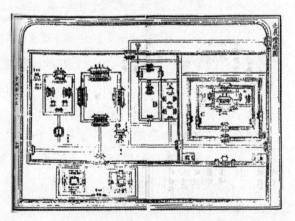

清朝初年先农坛平面图

庆成宫建筑群坐北朝南，东西长122.84米，南北宽110.14米，占地面积13529.6平方米。中轴线从南向北依次为宫门、内宫门、大殿、后殿。大殿、后殿间东西两侧有东西配殿，内宫门与大殿间院墙东西各开拱券掖门一间。

庆成宫初建时内外两重宫墙为敞廊式，廊在宫墙内侧。清乾隆二十年（1755年）改建为实体墙。

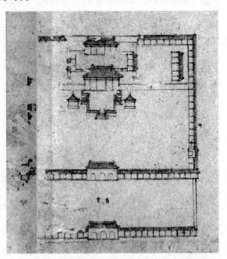

乾隆十五年（1750年）庆成宫平面图

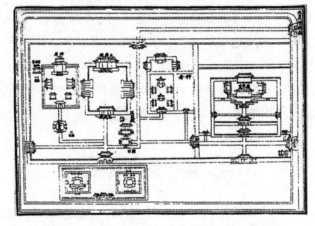

乾隆二十年（1755年）改造后的庆成宫平面图

庆成宫前殿建筑面积约419.7平方米，前置246.93平方米的月台，正面置九阶台阶。大殿通面阔五间27.2米，进深三间15.43米。五踩单翘单昂斗拱，绘有金龙和玺彩画。屋面单檐庑殿式，有推山，绿琉璃瓦。

创建斋宫的最初目的，是为了明天子祭祀山川之神、先农之神前斋戒之用，所以一切按照斋宫的规格营建。后殿建筑面积约288.6平方米，通面阔五间26.14米，进深三间11.04米。三踩单昂斗拱，金龙和玺彩画。屋面单檐庑殿式，铺绿琉璃瓦。殿顶采用了团龙图案天花，天花的圆光用青色做地，方光用绿色，四角绘如意卷云纹。

东西配殿建筑面积各为84.12平方米，其面阔三间12.48米，进深一间6.74米，悬山卷棚顶，绿琉璃瓦屋面，龙锦枋心彩画。

二、廊院式建筑格局

廊院式建筑格局即为，以建筑为中心，四周围有连续的回廊以形成的院落。廊院式院落出现的时间非常早，1959 年在河南偃师二里头发掘的夏商一号宫殿遗址就出现了四周有回廊、中间设殿屋的院落。由南北朝以至隋唐，廊院主要被宫室、大官署、大寺院、大第宅采用。据河南洛阳宁懋石室石刻所示，北魏和东魏时期贵族住宅内侧建有围绕着庭院的走廊。《洛阳伽蓝记》中提到洛阳建中寺

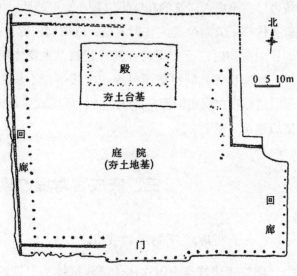

河南偃师二里头一号宫殿遗址平面

时说，"本是阉官司空刘腾宅"，该建筑群体"屋宇奢侈，梁栋逾制。一里之间，廊庑充溢，堂比宣光殿，门匹乾明门，博敞弘丽"。可见魏晋时期大型建筑采用回廊式格局已是司空见惯。隋唐五代，住宅仍常用回廊绕成庭院，敦煌第 85 窟唐代壁画《穷子喻品》所绘的就是一户西北富户住宅的两重廊院。在宋元以前，廊院式住宅所代表等级较高，流布上也具有优势。宋代以后的院落周围为了增加居住面积，多以廊屋代替回廊。明初，为了建立新的环境秩序，通过制度规定与营造示范，再次明确廊院式在等级上的优越性。明清故宫的核心部分采用了廊院格局，进一步垄断回廊式格局。

敦煌第 85 窟唐代壁画中一户住户的两重廊院

廊院式建筑从出现到明清一直被沿用，且多用于建筑等级较高的建筑组合。廊院式建筑之所以等级较高，是由于廊院式建筑出现时间比较早，并且长期沿用于高等级的建筑，因而造成了营造惯例。另外由于廊院式建筑与另一种流布较广的建筑布局——合院式建筑所表达的空间布局意向不同。廊院式建筑可以突出中心建筑的在空间位置上的重要性，主体建筑位于院落的最中心位置，体现了其对位置的有利占据，以四周回廊衬托更能体现中心建筑的地位。而比较明清时广泛应用的合院式建筑，主要体现的意向是围合，由正房、厢房、倒座房等共同组成了封闭式的院落，不是为了突出某一建筑，整体性更强。所以在空间布局意向的表达上，廊院式建筑传达出的信息也更适用于较高等级建筑。

三、庆成宫宫墙改建原因

（一）明清建筑制度的变化

廊院式建筑是中国古代传统建筑体系中规格等级较高的布局形式。汉代以后廊院格局开始在帝王宫殿以外的范围使用，很多寺庙也开始采用。到了唐宋时期，廊院的使用中心下移，即使四五品的官员也能使用回廊式格局，可见，随着时代的变迁，廊院式建筑所代表的高等级性受到了挑战，使用范围逐渐扩大，适用阶层逐渐下移，建筑格局的使用已不能完全体现使用者较高的身份等级。

明代立国之初，朱元璋制定了依品级高低为官员分配相应等级的政策，提出"大官人必得大宅第"的说词，在朱元璋的主导下，人们设计了使用于一二品大员住宅的"样房"。关于"样房"的形制为：

广一十七丈五尺，深二十五丈五尺。东至民房，南至都堂街，西至大理寺正堂私署，北至民房。正厅七间，东西房各三间。厅前东西廊房各三间，东小房二间。大门三间，中门一间，左右小门各一间。

——《南京都察院志》卷二廨宇之私署

此处所记载的"廊房"只有三间，也并不连通，明显和认识中的"廊"有很大区别。"样房"的出现，事实上禁绝了品官对传统廊院的使用，但是考虑到"大官人"的身份等级仍然保留了一些廊院的意象。可见明代以后，朝廷对于传统廊院的使用重新加以限制，帝王在此实施对廊院的明确垄断，廊院式建筑重新成为高层阶级的象征。

到了清朝，虽然在许多制度上沿用明代，但是也做了一些适当的调整。清代专制主义中央集权达到了顶峰，对于权力象征的制度规定也进一步要求严格。清顺治九年（1652年）定亲王府制度：

亲王府基高十尺，外周围墙。正门广五间，启门三，正殿广七间，前墀周卫石阑，左右翼楼，各广九间，后殿广五间，寝室二重，各广五间，后楼一重，上下各广七间。自后殿至楼左右均列广庑。

——《钦定大清会典则例》卷一百二十七

此处的"广庑"只是后殿两侧延伸出的廊子，对于身份等级较高的亲王尽最大可能地保留了"廊"这一建筑形式，但廊子只是片段式出现，和标准廊院式格局中环院落一周连续的廊在规模上根本无法相比，可见清代时标准廊院应是进一步被皇家建筑所垄断。另外，今日可见的清代回廊式格局的皇家建筑包括有：故宫前三殿、后三宫、慈宁宫及宁寿宫……这些建筑即使在紫禁城中也属于等级较高的。由此可以看出，虽然清代皇家建筑垄断了廊院式建筑格局，也仅可用于一小部分等级较高的皇家建筑。

（二）规格和礼制的再确定

先农坛在清代乾隆时期经历了一次规模较大的修、改建，直接形成了沿用至今的北京先农坛格局。乾隆十八年（1753年）开始，先农坛所有建筑落架大修，重绘彩画，更换"乾隆年制"款瓦件。其中，祭祀太岁神建筑群（太岁殿、两庑、拜殿）、先农坛焚帛炉、神仓建筑群、内外坛门，一律换为绿剪边黑色琉璃瓦，以代替前明时期绿瓦。因考虑观耕台每年搭建耗费银两，下令拆除太岁殿前仪门，将每年临时搭建的木质观耕台改建为砖石观耕台。以旗纛之神已在各军校场有祭祀为由，下令将先农坛里的旗纛庙拆除，并将东侧的神仓迁建于此：

又奉旨：先农坛旧有旗纛殿可撤去，将神仓迁建于此。

——《清会典事例》卷八六五

清乾隆二十年（1755年）更名并改建庆成宫，在改建庆成宫宫墙为单体墙的同时拆除庆成宫西南角的鼓楼。

且乾隆时期，在考据周代礼器制度及唐宋以来后人的发现基础上，明确了各式礼器祭祀用品的质地、形制，而且在耕、祭之礼上，在对比历代礼仪的同时并进行调整而最终确立了先农耕、祭礼，将前代合理的、符合敬神与体恤稼稽之艰的各项礼仪予以保留，而不符合礼仪肃穆的部分都撤销。

自明代嘉靖以来先农坛建筑并没有进行过大规模的修、改建，祭祀建筑及祭祀礼仪大都还遵照明代规定。清代乾隆皇帝十分重视祭祀先农和亲耕耤礼，不管是祭祀建筑规格、祭祀礼器这些物质方面，还是在祭祀礼仪制度这种精神方面都进行了整合和再确定，使祭祀内容更加制度化、规范化。这种将前朝典章制度稍作改动就成了本朝自己的制度的做法，历朝历代多少都有。即可宣扬统治正统性，又可满足加强统治的政治需要。

（三）宫殿职能变化

庆成宫在明天顺二年（1458年）初建时作为皇帝祭祀前的斋戒之所，因此与先农坛内其他附属建筑规制相比，等级明显要高。但是山川坛斋宫自营建之后就很少有皇帝踏足这里斋宿，渐渐地斋宫由斋戒之所变成了庆贺亲耕礼成的场所：

> ……耕毕，从耕官个就班，导驾官同太常卿导引上诣斋宫。……百官序列定，致词云：亲耕礼成，礼当庆贺。
>
> ——《明会典》卷五十一

> 隆庆二年二月，上诣先农坛，祭先农之神。礼毕，诣耕田所，秉耒三推。公卿一下助耕。毕，御斋宫，赐百官宴。
>
> ——《国朝典汇》卷十八

到了清雍正九年（1731年）在紫禁城内建了一处斋宫，皇帝便在宫中进行斋戒。此时先农坛内的斋宫基本失去了原本的功能，取而代之的是庆贺耕耤礼成的新功能，于是清乾隆二十年（1755年）将先农坛斋宫改称成庆成宫。

> （臣等谨按）乾隆二十年会典进呈，奉御笔将先农坛斋宫改为庆成宫。
>
> ——《日下旧闻考》卷五五

所以庆成宫从用于皇帝斋戒到用于庆贺耕耤礼成的职能转变，皇帝不需要在此斋戒，也不再需要众多护卫。庆成宫职能的转变导致政治地位的下降，因而建筑布局也随之变化，遂拆除庆成宫回廊。

（四）安全性

天坛斋宫始建于明永乐十八年（1420年），有内外两道宫墙，是一座回字形宫城式建筑。斋宫外宫墙一周有御河环绕，沿河建有河廊，廊柱依河岸排

列。斋宫御河是皇帝斋戒时侍卫值勤卫戍之处，为敞廊。斋宫内城也设有御河，明代，斋宫内御河四面环围。明嘉靖三十二年（1553年）修建北京外城墙，将天坛包括在外城内，斋宫御河的防护作用尽失。清乾隆八年（1743年），乾隆皇帝命建寝宫于宫中，选地无梁殿后，遂填内御河西段建成寝宫。清朝皇帝斋宿于此，护卫众多，斋宫外围墙河廊即为八期兵丁侍卫所。据史料记载：清同治十一年（1872年），每遇驾诣坛内斋宫，设两翼前锋营、八旗护军营宿卫官兵2003名，由管营大臣一人带领值宿。此外，还派有管员大臣一人，率540名官兵在坛外值宿。

所以作为同为祭祀功用的山川坛斋宫，在明代初建时的目的也是皇帝斋宿于此，可能同是考虑到安全因素才建成回廊式，而后同样因为先农坛圈入外城，宫殿群周围安全性提高，不再需要如此森严的护卫。且与天坛斋宫直到清朝时仍有皇帝斋宿不同，自山川坛斋宫建成后，并没有皇帝斋宿于此，所以也并不需要像天坛斋宫一样需要回廊供侍卫值勤卫戍，因而改建为单体宫墙。

四、结论

关于庆成宫在明代初建为回廊式格局，而后清代又改建为单体墙的原因在历史文献中并没有明确记载，我们只能通过在历史文献中找寻线索，找到最可能接近合理情况的原由。综上所述，以上四点相互存在、相互支持的作用下，为了使庆成宫符合封建等级制度和祭祀功用，才致使庆成宫建筑群从廊院式格局被改建为单体宫墙的格局，应该是较为合理的解释。

参考文献：

［1］董绍鹏，潘奇燕，李莹.北京先农坛［M］.北京：学苑出版社，2013：67—76，201—208.

［2］潘谷西.中国建筑史［M］.北京：中国建筑工业出版社，2009：21—22，87—89.

［3］北京市地方志编纂委员会.北京志·世界文化遗产卷·天坛志［M］.北京：北京出版社，2004：46—53.

［4］傅熹年.中国古代建筑史 第二卷［M］.北京：中国建筑工业出版社，2001：441.

［5］宋鸣笛，王鲁民.廊院式住宅使用探讨［J］.新建筑.2012（4）：148—151.

［6］王鲁民，乔迅翔.明代官宅形制的选择与合院式住宅的流布［G］.中国建筑史论汇刊，2014（5）：491—504.

[7] 王鲁民.中国传统轴对称院落的布局要旨与主要类型——一个研究草案 [J].建筑，2012，2（156）.

[8] 王鲁民，宋鸣笛.合院住宅在北京的使用与流布——从乾隆《京城全图》说起 [J].历史建筑与民居.2012（1）：80—84.

陈媛鸣（北京古代建筑博物馆陈列保管部）

太庙源流考

◎贾福林

一、太庙是什么

"慎终追远"、"昭祖扬祢",这是中国人古来一贯的最重要精神信仰和"图腾"。从历史上来看,宗庙祭祀的起源非常早,可以直追溯到三代之时,这是先民们生活中的重要组成部分。《礼记·祭义》曰:"齐齐乎其敬也,愉愉乎其忠也,勿勿乎其欲其飨之也。"《诗》云:"为酒为醴,烝畀祖妣。以洽百礼,降福孔皆。"此皆言祭祀祖先之状者。而诸如此类之描述,钩稽文献则不知凡几。

说到太庙祭祀礼乐,俎豆管弦、牺牲玉帛、卤簿仪仗、斋戒沐浴,这些坛庙都有。而享告袷祭,加上荐新,在加上明代以前的禘祭,这是太庙的基本祭祀方式,而祈福是太庙祭祖的核心。关于这一点,由于太庙祭祖这种古代国家重大活动消失已近百年,留下的只有依然辉煌的巨大建筑群。"古来数谁大、皇帝老祖宗。如今数谁大,工农重弟兄。世道一变化,根本不相同。还是这所庙,换了主人翁。"一位农民作家赵树理的诗,记录了1950年太庙功能的彻底改变。从此,在人们眼力,这里和紫禁城的宫殿,内有什么两样,只是都更换了主人,人民可以在这里进行文化活动,如同一个庞大的多功能厅。于是,关于太庙本质的记忆消失了。

现在,世界性的对传统文化的重视与回归,特别是以习近平为核心的党和政府,确立了复兴传统文化的伟大目标,2017年春节中央专门下发了弘扬传统文化的文件,太庙,和太庙的文化获得了新的重视。这样,才使我们严肃庄重的回答太庙是什么的问题,理直气壮地阐述"太庙的起源和发展"的问题。

那么,到底太庙是什么?

古人说:太庙天子明堂。外地人问:太庙供什么佛?外国人说:太庙是紫禁城。老北京人:太庙是文化宫。新北京人:太庙在哪儿?更加有趣的是一些电视剧中有许多关于太庙的讹传:电视剧中女一号自罚入太庙做苦工、企图从太庙地宫逃跑、老太妃在太庙停灵等。

那么,太庙到底是什么?先弄请几个问题:太庙和宗庙、太庙和寺庙、太庙和明堂、太庙和社稷坛、太庙和紫禁城、故宫。

（一）太庙和宗庙

庙：祭祖的场所。太，大，但不是一般的大，有终极的意思：最。太庙，最初是祭祀国君远祖的场所，大是久远的意思，孔子进入的太庙就是鲁国远祖的太庙。后来变成大一统天子祭祀祖先的场所，是级别最高的宗庙，诸侯国和藩国叫宗庙。如韩国，宗庙礼乐已经成功申报世界非物质文化遗产。

（二）太庙和寺庙

庙和寺都是中国本土建筑名称。庙：（1）祖庙；（2）庙堂，指朝廷，居庙堂之高，则忧其民。寺：官署名。如大理寺、鸿胪寺、光禄寺、太仆寺等。东汉永平十年（公元67年），二位印度高僧应邀和东汉使者一道，用白马驮载佛经、佛像同返国都洛阳，汉明帝安排在"鸿胪寺"暂住。永平十一年汉明帝敕令兴建僧院，取名"白马寺"。"寺"字源于"鸿胪寺"之"寺"字，后来"寺"字成为中国寺院的泛称。后寺与庙合称，又简化为"庙"。此庙非祭祖的宗庙，也非庙堂。所以，太庙，宗庙、祖庙，是祭祖的场所。寺庙，是宗教场所。

（三）太庙和明堂

《礼记·明堂位》："太庙，天子明堂。"孔颖达疏《古周礼孝经》说："明堂，文王之庙。"这叫"反训"，互相证明。结论是：太庙就是明堂，明堂就是太庙。这种判断，有道理，并不准确。

明堂创始于黄帝，夏代叫"世室"，商代叫"重屋"，周代才叫"明堂"，是初创期，西汉是复兴期，东汉发展期，唐代捋清了天和帝的关系，宋代鼎盛期，明代调整衰败期。清代没有明堂制度。

1. 大房子具有后世太庙和明堂的双重功能

《尚书·舜帝代行天道》译文：正月的一个吉日，舜在尧的太祖宗庙接受了禅让的帝位。他观察了北斗星的运行情况，列出了七项政事。接着举行祭祖，向上天报告继承帝位一事，并祭祖天地四时，祭祖山川和群神。舜聚集了诸侯的五等圭玉，挑选良辰吉日，接受四方诸侯头领的朝见，把圭玉颁发给他们。这完全是明堂的功能，即太庙与明堂功能是合一的。

2. 太庙和明堂分离，形成了太庙和明堂的区别

（1）对外的宣示性和封闭性。

（2）对象不同。太庙是祭列祖列宗，明堂是祭天，祖先为配享。

（3）祭祀时间不同。明堂（行礼殿）祭祀是九月吉辛日，太庙是四孟和年

终祫祭。

（4）太庙是皇族内部，以祭祖为主要内容，尊崇祖先，学习祖先之德，继承祖先智慧，向祖先祈福，获取精神力量，封闭性强。

（5）明堂是对外宣示，通过祭天，祖先配享，宣扬祖先功绩，颁布政令，赏军、赏赐百官，赦宥，向天下展示权威。开放性强。

上辛日是指农历每月的第一个辛日。古代以甲子计日，每十日必有一个辛日。其中每年正月上辛日，为帝王祈求丰年之日。唐代杜佑《通典·礼序》："神农播种，始诸饮食，致敬鬼神，蜡为田祭。"是为吉礼之一。《礼记》规定郊于建子月，用辛。汉代郑玄注："凡为人君，当斋戒自新。"故天子、诸侯南郊举行祭祀皇天上帝皆用辛日。清沿古制，每年正月上辛日于南郊举行祈谷以求丰收的活动。若遇特殊情况，如国家有丧事等，则由皇帝降旨，可予改期，于正月的次辛日或下辛日举行。

（四）太庙和社稷坛（左祖右社）

"左祖右社"是《周礼·考工记》记述的周代王城的规制："匠人营国，方九里，旁三门，国中九经九纬，经涂九轨，左祖右社，前朝后市，市朝一夫。"

这段经典论述的意思是：建筑师营建都城时，左祖：皇城左前方是太庙。右社：皇城右前方是社稷坛。

城市平面呈正方形，边长九里，每面各大小三个城门（设立两个侧门）。城内有九纵、九横的十八条大街道，街道宽度皆为能同时行驶九辆马车（七十二尺）。王宫的左边（东）是宗庙，右边（西）是社稷坛。宫殿前面是群臣朝拜的地方，后面是市场。市场和朝拜处都是方百步（一夫，面积单位，边长一百步的正方形）。

这一规制对于中国历代的大都城建设都影响深远。如西汉长安平面近方形，旁三门，北魏洛阳宫城居中，左祖右社；隋唐长安的旁三门、九经九纬、左祖右社，宫城居中（但偏北）。元大都比较全面的体现了《周礼考工记》的布局，在元大都基础上，明南京皇城和北京皇城遵循这个规制，把太庙和社稷坛兴建于紫禁城外朝，离大内最近。使朝廷十分方便地在太庙举行隆重的祭祖礼仪，清代完全承袭了明代的建筑。明清北京皇城是中国古代都城建设的高峰，臻于至善至美的境地，在中国古代建筑史、文化艺术史等方面都具有崇高的地位。

（五）太庙和紫禁城、故宫、劳动人民文化宫

1. 太庙曾经是紫禁城的一部分（明清太庙），明永乐十八年（1420年始建）。

2. 太庙曾经是故宫的一部分（1924年后）（民国，故宫图书馆分馆）。

3. 现在：太庙是劳动人民文化宫（1950年）。明清太庙建筑遗存，国家文物保护单位（1988年）。

二、太庙的起源和发展

（一）太庙的源头——朝

门，好理解。什么是"朝"？"朝"是一种古老的建筑，即部落聚集区中朝阳的一块空场，是最早的祭祀场所，兼有祭天、祭祖和理政功能。后来三项功能分开，坛——祭天，发展为天、地、日、月等自然神祭祀。庙——祖先祭祀。宫殿——治国理政，即朝廷。

周朝形成了"天子三朝五门"的规制。根据中国传世古籍《左传》、《礼记》的记载：周朝天子皇城为"三朝五门"。东汉郑玄注《礼记·玉藻》曰："天子及诸侯皆三朝。"

"三朝"的"朝"是祭祀、占卜、议政、决策的场所，其建筑逐步演化为"三殿"。

"五门"根据《礼记》的记载：外曰皋门，二曰库门，三曰雉门，四曰应门，五曰路门。

周朝的"三朝五门"规制，在后来的历史演变当中，是一种理想的模式，在战国以后，都城宫室大都没得到严格遵循。直到明代南京皇宫，才实现真正意义上的"三朝五门"规制。其五门为：洪武门、承天门、端门、午门、奉天门，三朝（三殿）为：奉天殿、华盖殿、谨身殿。明成祖迁都北京，北京的皇城仿照南京布局。明代北京皇城三朝（三殿）为：永乐年始称奉天殿、华盖殿、谨身殿。明嘉靖四十一年（1562年）九月重建更名为皇极殿、中极殿、建极殿。明代北京皇城五门为：大明门、承天门、端门、午门、皇极门。清朝沿用明代北京皇城。顺治时，将大明门改为大清门。皇极殿改为太和殿，其他未做太大的变动。清代沿用明代北京皇城，仅改动大部分名称。其五门为：大清门、天安门、端门、午门、太和门，其三朝（三殿）为：太和殿、中和殿、保和殿。

（二）太庙建筑的雏形——大房子：最早的庙堂，兼具明堂的功能

1. 西安半坡文化：距今 6800—6300 年

半坡遗址一号大房子

2. 大地湾原始殿堂

甘肃秦安大地湾遗址 901 号大房子，属于仰韶时代晚期的大地湾类型遗存，位于山前台地的前缘，坐北朝南，背后是宽阔的河谷，面前是平缓的山地。《秦安大地湾》发掘报告这样写道："这是一座占地 420 平方米、保存较完整的多件复合式建筑，它不仅是本遗址面积最大、结构最为复杂的房址，而且也是我国新石器时代考古发现中迄今所见规模最大的宏伟建筑。"整个建筑布局井然有序，主次分明，以长方形主室为中心，两侧扩展为与主室相同的东西侧室，后有后室，前有敞篷。房屋地面坚硬、光亮、平整，是用极像今日水泥的材料制成的；墙体是用草拌泥制成的，内插直径约 0.1 米粗的木骨，深入地下 1 米余，墙壁的内侧设扶墙柱；主室中部设有蘑菇状地面灶台，直径约 2.6 米；主室中部偏后有两个顶梁柱，左右对称，直径约 0.5 米；主室前墙设门，宽约 1.1 米。室内出土 30 余件器物，尤以主室出土的 9 件非日常生活用具的陶器引人注目。报告认为："它应是部落或部落联盟的公共活动场所，用于集会、祭祀或举行某种宗教仪式，换言之，它是大地湾乃至清水河沿岸原始部落的公共活动中心———座宏伟而庄严的部落会堂。"著名史前考古学家严文明誉其为"原始殿堂"。

位于大地湾河岸阶地上类似"坞壁"聚落的中部，是一幢多空间的复合体建筑。主体为一梯形平面的大室，面积约 130 平方米。主室前面有三门，中门有突出的门斗，室内居中设直径 2.6 米的大火塘，形成轴对称格局。主室后部有后室，两旁有侧室，前部有敞棚。整组建筑面向西南，是古人推崇的艮位。其特点是：（1）位于聚落中心；（2）为全聚落最大建筑，并为庄重的对称格局，强调中轴线对称；（3）开放性的主室具有堂的性质；（4）敞棚是所谓的前轩，"堂"前设"轩"大有"天子临轩"的味道；（5）堂的正面并列三门沟通前轩，

反映实用上的群众性和礼仪性；（6）"前堂后室"并设"旁"、"夹"的格局与史籍中的"夏后氏世室"形制相合；（7）堂内伴出收装粮食的陶抄及营建抄平用的平水等，是部族公用性器具。总之，可以推测 F901 为当时部落社会治理的中心机构，也是部落首领的寓所。大地湾大房子的出现，表明仰韶时代晚期的大地湾社会业已高度复杂化。

中国考古学的泰斗苏秉琦将大地湾遗址的 901 号大房址与燕山北侧红山文化的牛河梁"冢坛庙"、太湖之滨良渚文化的瑶山和反山祭坛一同视为距今五千年中华文明曙光期的满天星斗。

3. 良渚文化的祭祖建筑

浙江良渚文化的反山土冢、瑶山祭坛墓地与莫角山大型台基及建筑址，体现了南方先民的祭祖形态。这些祭坛经过精心设计，为近方形的漫坡状，以不同的土色分为内外三重。中心为红色土方台，红土外围为灰色土填充的围沟，灰土围沟外是用黄褐色斑土筑成的围台，围台面铺砾石，边缘以砾石叠砌。出土了大批精美的玉器，玉琮、透雕玉冠、冠状饰、三叉形器等，象征权力的玉钺、龙首牌饰，其上大都雕刻有神徽。

莫角山遗址是一处经人工修筑的台形基址，东西长约 730 米，南北宽约 450 米，面积达 30 万平方米以上，高出周围地面平均 3~5 米以上。一处面积超过 1400 平方米的大型夯土基址和另一处留有三排颇大柱洞的夯土基址，这一大型台址上曾建有规模空前的巨型建筑物。其周围约 12 平方千米范围内，分布着各类大小遗址 40 余处，其中瑶山、反山、汇观山等都是围绕这个中心遗址而存在。莫角山遗址上的大型建筑物，很可能是良渚人最高统治者理政议事，同时祭祀自然神和祖先的场所，充分显示了距今 4800 年前的良渚人的精神世界与辉煌灿烂的物质文化，良渚文化的社会在那时已经进入了高度发达的时期。

（三）中国最早的宗庙——龙山文化牛梁河女神庙

牛河梁"坛、庙、冢"遗址是 5000 年前出现的一处具有原始王陵和 祭祖庙性质的崇祖中心，它的出现表明当时在一个相当广阔的地域范围内，建立于公共意志之上的统一宗教神权和族权已经产生。当时的社会统治者所以不惜耗费巨大的人力、物力支出来营建如此规模的礼仪中心，其目的无非是借助传统的崇祖习俗，通过祭祀近祖和"怀远尊先"等种种形式，把原始的氏族、部落心理升华为统一的、新的社会意识，从而达到团结部民、稳定社会的目的。所以，崇祖的实质，乃在于尊崇现实社会的当权者，这种人物，就是后世的王。这是一处高规格的祭祀礼仪活动中心，已经基本上成为学术界的共识，其具体代表的祭祀性质和内容，多数学者主张是崇祖中心，认为"这绝非一个氏族甚至

一个部落所能拥有，而是一个更大的文化共同体崇拜共同祖先的圣地"。其中，积石冢"是建在特地选择的冈丘上，主要用于埋葬一些特殊人物，可能同时又进行某种祭祀活动的场所"，而"女神是由五千五百年前的'红山人'模拟真人塑造的神像（或女祖像），而不是后人想象创造的'神'，她是红山人的女祖，也就是中华民族的'共祖'。"晚期的红山文化居民，祭祀祖先神灵的时候，同时祭祀龙神和鸟神，而一室之中祖和神合祀，正是中国古代祖庙的最基本特点。因此，牛河梁"坛、庙、冢"堪称我国古代早期的太庙。

（四）夏代的宗庙

夏代的国王设有宗庙，已经被考古发掘所证实。考古人员最近在素有"华夏第一都"之称的河南洛阳偃师二里头夏代都城的遗址，发现了一座距今约三千六百年的大型古代宫城。据考古专家称，始建于二里头文化时期的二里头宫城，是迄今为止可以确认的中国最早的宫城。经考证，新发掘的宫城是一处经缜密规划、布局严整的大型古代都邑。面积逾十万平方米，它是迄今为止可以确认的中国古代最早的具有明确规划的都邑，其布局开创了中国古代都城规划制度的先河。在二里头遗址中，发现了一处大型宫殿群基址，规模宏大，结构复杂，总面积达一万多平方米，四周为廊庑式建筑，中为庭院和殿堂，其平面布局和后世的宗庙十分相似。经专家研究论定，这个宫殿遗址是夏代宗庙遗址。

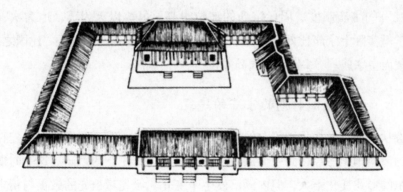

夏代宗庙图（建于前 2070 年左右）距今约 4000 年

（五）殷墟宫殿宗庙

商朝（约前 1600—前 1046 年），开国距今大约 3609 年，亡国距今大约 3055 年，中国历史上继夏朝之后的一个王朝。约公元前 1600 年商族部落首领商汤灭夏创立，商王朝经历 17 代 31 王，历经五百余年，至前 1046 年 1 月 20 日被周武王所灭。

商代祭祖在固定的祖庙中进行，立于宗庙的先王的神主，称之为"示"。

示有大小之别，"大示"是直系先王，"小示"是包括旁系先王的。大示从上甲开始，称为"元示"。例如卜辞"自上甲六示"指上甲至示癸六个先王，小示也称若干示。大示常用牛牲，小示常用羊牲。"示"所在之处，后世称为宗庙，卜辞有不同的名称，如宗、升、家、室、亚等等，如'文武丁宗'是文武丁的宗室。

商代甲骨文、金文中的祭祖建筑名称

以上名称按其作用可以分为五类：

（1）藏庙主之地：宗、升、家、室、亚、宎、旦、宬。

（2）祭祀之地：宗、东室、中室、南室、血室、大室、嬰室、南宣、公宫、皿宫、宿。

（3）商王居住之地：寝、小室、从宫。

（4）宴享之地：宿。

特别提出三个字：宗、家、亚

宗：摆放着祖先牌位的房子（示：神主）。家：摆放着祭祀祖先的牺牲的房子（猪：祭品，不是养猪）。亚：祭祀祖先场所（祖庙）的平面图。天圆地方，天坛是圆形。

（六）周代宗庙建筑（前1046—前256年）距今约3000年

周代确立太庙祭祖规制，太庙作为独立的建筑出现在周代，并形成了"左祖右社"的宗庙制度。周代宗庙的地位很高，虽称以天为尊，地为次，祖先又次，但实际上宗庙比郊坛和社坛更为重要，《礼记·祭义》云："建国之神位，右社稷而左宗庙。"郑玄注："周尚左也"。

（七）春秋战国时期的宗庙的建筑

春秋时期，虽战争频仍，但遵周礼的祭祖之风大盛，宗庙祭祀祖先在战国时代的诸侯国中已经得到完全的巩固，各国都建有庄严的宗庙。这一时期，太庙祭祖的形式变化不大，但内涵已发生了变化。原先对祖先的敬畏与祈求，在"敬德"、"明德"的人文观念冲击侵染下，已转化为"志意思慕之情"、"报本反始"即"慎终追远，民德归厚矣"，成为人文精神极为浓郁的伦理观念。

（八）秦代太庙

秦代太庙遵用天子七庙制度，宗庙在雍城、咸阳一带。秦始皇死后，胡亥尊始皇庙为帝者祖庙。

（九）西汉长安太庙

汉初于长安立宗庙，但当时各诸侯王国也都立有祖宗之庙，直到元帝时才下令废去。汉高祖死后，有每月出游高祖衣冠的礼仪，在高庙之外又别建"原庙"，收藏高祖衣冠、车驾。宗庙之外，汉代帝王陵墓旁都建有寝殿，仿其生前起居闲宴之所，这一制度为后代沿用。

（十）东汉洛阳太庙

西汉末，赤眉军攻克长安，焚毁汉家宫殿宗庙。光武帝徙都洛阳后，乃将西汉帝王十二陵合入高庙，作十二室。刘秀死后，明帝位他立了世祖庙。

（十一）魏晋洛阳太庙

东汉时期，佛教已经传入我国，并逐步产生影响，魏晋时在玄学和佛道思想的冲击下，传统中国的"孝道"、"伦理"观念和祭祖的传统，受到前所未有的挑战。佛门信徒不拜祭祖先，被士大夫群起而攻之，形成一场大辩论。颜之推在《颜氏家训》中告诫子孙："四时祭祀，罔孔所教，欲人勿忘其亲，不忘孝道也……有时斋供及七月半盂兰盆，望于汝也。"这段话告诫子孙，必须虔诚地依时祭祀，以明孝道，并且要重视盂兰盆节。颜之推的家训，体现出儒佛整合后的时代面貌，但是，皇家的祭祖并没有因此而发生大的变化。

（十二）隋代太庙进入皇城

隋代以前，都城只有宫城而无皇城。隋文帝兴建大兴都城时首创皇城制，严格区分尊卑内外，不与民杂处，在宫城外加筑皇城，宗庙、社稷及官署均在皇城内，以为宫城屏藩，形成政治活动中心。城市的其他部分如市场、手工作坊及平民居住区等划分为不同功能的区域，集中在皇城之外的大城（郭）内，成为经济活动中心，都城采用宫城、皇城、大城三重环套的配置形制。太庙建筑正式进入皇城之内，遵循"左祖右社"的规制，使太庙和皇宫联系更加紧密，实际上是太庙和国家政治统治的中心联系更加紧密，太庙的地位在国家政治中的地位得到进一步的提升。这种皇城制是在承袭北魏洛都布局形制上创造的，对唐长安城及后世都城规划有深刻影响。

（十三）唐代的太庙

唐代初期长安宫城和皇城平面图中的太庙位置

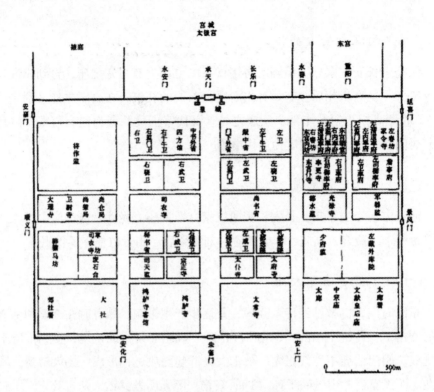

陕西西安唐长安皇城平面图

（十四）宋代的太庙

宋朝分北宋、南宋，北宋东京开封城、南宋临安城均建有大规模的太庙。

1. 北宋开封城

北宋开封城分内外三重，即外城、里城和宫城。宫城正殿为大庆殿，位于宣德门之里，"殿九间，挟各五间，东西廊各六十间，有龙墀、沙墀"，修建得非常壮丽。而且规模很大，"殿庭广阔，可容数万人"。宫城大致可分为三区，宣德门至宣佑门之间以大庆殿为主可称前区，即正至朝会、册尊号、飨明堂恭谢天地的场所。宣佑门至迎阳门为中区，以崇政、垂拱殿为主，是皇帝住宿和处理朝政的地方，太庙位置当在大庆殿前区左方。

2. 南宋临安城太庙，现为南宋太庙遗址公园

太庙遗址位于杭州市上城区紫阳山与中山南路之间，白马庙巷北为太庙巷。

1995 年 9 月，市考古部门在紫阳小区建设工地发掘出南宋太庙东围墙、东门址和大型建筑台基，是迄今我国发现的时代最早、保存最好的皇室太庙遗址，为 1995 年中国十大考古新发现之一，2006 年被列为第五批全国重点文物保护单位。据《西湖游览志》十三卷载，宋时巷内有大宗正司，其南有玉牒所、宗正寺等南宋官署。南宋太庙是南宋皇帝祭祀祖先的宗庙，始建于南宋绍兴四年（1134 年）。十六年，用给事中段拂请，厘正礼器而室隘不可陈列。监

南宋太庙遗址公园内部

察御史巫伋请增建庙宇，乃从西增六楹，通旧十三楹，每楹联为一室，东西二楹为夹室。又增廊庑，作西神门、册宝殿、祭器屋、库屋。十九年建斋殿。绍定四年，毁后重建。景定五年，以垣南民居逼近，厚给之直，令从他处，即其他作致斋子四十四楹，前豁墙为小门，又斥粮料院白马神祠，依山拓地为庙壖。咸淳元年，添置理宗皇帝拓室，今通为室十四。帐座皆当中的少近左，盖右壁藏神主，又有二成之台，为祠官升下，以奉神主入之地也。杭州市政府以保护文物为重，投入 8000 余万元，停建紫阳小区，布置保护性绿化，作为历史文化的重点加以保护利用。按太庙遗址原样仿制的南宋城墙说明碑，正面是太庙遗址说明文，背面是南宋皇城图。

三、北京地区宗庙的历史变迁

（一）周朝燕国的宗庙

北京建城三千年，从诸侯国开始，就应当有宗庙。燕国是周朝的一个诸侯国，1972 年在北京房山琉璃河董家林村发掘的西周燕国遗址，面积达 5.25 平方千米，不仅发掘了西周燕国都城的城址和位于都城东南方的燕国贵族的墓葬区，而且出土了大批的珍贵文物，特别是青铜礼器 113 件。带有铭文的堇鼎、伯矩鬲（gé）、克盉（hé）、克罍（léi）等是青铜重器，足以证明这里是燕国的都城，距今已经有 3000 多年的历史。出土的青铜器有用于祭祀的重要的礼器，其中堇鼎重大 41.5 公斤，伯矩鬲全器铸造大小牛头七个，造型精妙绝伦，艺术水平很高。克盉、克罍出土于学术届公认的一代燕侯的墓葬 1193 号大墓，两件铸有完全相同的铭文，这样的重器应当置放于太庙，然后在燕王去世后随葬在陵墓当中。周朝已有"左祖右社"的兴建国都的规范，同时根据《尚书大传》的说法"凡邑，有宗庙先君之主曰都"，这样我们可以推断在西周燕国都城存在着燕国王室的太庙。

（二）战国时燕国的宗庙

战国时期燕国的太庙历史有较为可靠的记载，北京当时称作"蓟城"，是燕国的国都。

据《括地志》记载：磨室、元英都是宫室的名称，"皆在幽州蓟县西四十里宁台之下"。宁台之台也是楼观宫庙的异名，这说明以宁台为主体的这三组建筑是一个宫庙群，地点在现在的石景山一带。关于"磨室"，也就是燕国太庙的位置，史料有更为详细的记载。《太平寰宇记》说燕国的"故鼎"在万安山，上有法海寺，下有"置洽处"遗址。在这座山的东边至今有"金顶（鼎）山"，有村子叫"金顶（鼎）村"，在法海寺公元前 675 年前也有村子叫"金顶（鼎）街"。在这些以"金鼎"为名的地点之间，有一个村子叫作"磨石口"，"磨石"就是"磨室"以讹传讹的写法，这个"磨石口"就是因邻近陈设燕鼎的燕王宗庙磨室而得名。

（三）辽代南京太庙（御容殿）

唐天祐四年（907 年），游牧于潢水（今赤峰市西拉木伦河畔）之滨的契丹民族建立了契丹国，耶律德光继帝位后改国号"辽"。为巩固疆土，加强统治，辽相继修建了上京临潢府（今赤峰市林东镇）、东京辽阳府（辽宁省辽阳市）、南京析津府（北京市）、中京大定府（内蒙古宁城县）、西京大同府（山西省大同市），谓之辽代五京。

唐朝末年，中原地区军阀混战，政权交替频繁，史称"五代"，中国北方的游牧民族契丹兴起，10 世纪初耶律阿保机统一契丹各部。辽神册元年（916 年），阿保机称帝，建契丹政权，定都上京。辽会同元年（938 年），辽太宗下诏更国号为大辽，以幽州为南京（辽有五京：皇都上京临潢府，中京大定府，东京辽阳府，南京析津府，西京大同府）。辽保大三年（1123 年），金占领上京，燕京成为辽国的代都城。

辽南京最繁华，周长达 18 千米，面积居五京之首，建筑颇为富丽。皇城偏西南隅，为宫殿区和皇家园林区，宫殿区偏于皇城东部，向南突出到皇城的城墙以外。《辽史》记载：皇城有"景宗（耶律贤）、圣宗（耶律隆绪）御容殿二"。辽国"因俗而治"，崇奉儒学，统治阶层的人物，大都熟知传统的汉文化典籍，近年在辽西京（大同）发现太庙遗址，辽南京建有相当于太庙的御容殿。辽保大三年（1123 年），金占领上京，燕京成为辽国的代都城，御容殿当正式成为太庙。

（四）金代的太庙

在贞元初年，金朝从海陵迁到了燕京，修缮了许多旧有的寺庙，增建了许多新的寺庙。与此同时，恭敬隆重地把祖宗的神位迁到了新的都城，在城南的千步廊建造了一个巨大的太庙。在贞元三年的十一月，把祖宗神位正式地安放在太庙。从大定十一年开始举行祭天的典礼，并且在祭天的前一天一定要先到太庙祭祀祖先。金代太庙的规模和形制，史书记载的资料不多，使我们无法确切地了解。但是，我们可以通过北京房山县金陵遗址的规模加以推断。可以想象，金代的太庙位置紧邻皇宫，不仅规模巨大，而且其壮丽雄伟的程度不会亚于金朝的皇宫。

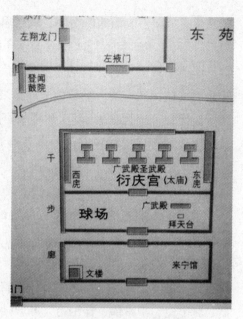

金中都皇城和太庙位置图

（五）元代的太庙

在元至元十四年（1277年），下诏书在大都建筑太庙，地点在齐化门北面的通衢大道旁边。至元十六年（1279年）八月，把元军在江南缴获的玉爵等四十九件宝物，供奉于太庙。至元十七年（1280年）十二月，重新建造的太庙竣工。元代至大二年（1309年）正月，用受尊号的名义拜谢太庙的先祖，这是元代皇帝亲自到太庙祭祀祖先的开始。

耶律楚材（1190—1244年），蒙古帝国大臣，字晋卿，号玉泉老人，法号湛然居士，蒙古名为吾图撒合里。出身于契丹贵族家庭，生长于燕京（今北京），世居金中都（今北京），是辽太祖耶律阿保机的九世孙。

耶律楚材像

耶律楚材秉承家族传统，自幼学习汉籍，精通汉文，年纪轻轻就已"博及群书，旁通天文、地理、律历、术数及释老医卜之说，下笔为文，若宿构著"了。初仕金，为开州同知、左右司员外郎。金贞祐三年（1215年），蒙古军攻占燕京，成吉思汗得知他才华横溢、满腹经纶，遂派人向他询问治国大计。据格鲁塞《草原帝国》记载："占领北京后，在愿意支持蒙古统治的俘虏中，成吉思汗选中一位契丹族王子耶律楚材，他以'身长八尺，美髯宏声'博得成吉思汗的喜爱，被任命为辅臣。窝阔台汗即位后，耶律楚材倡立朝仪，劝亲王察合台（太宗兄）等人行君臣礼，以尊汗权，从此更日益受到重用，被誉为"社稷之臣"。初执掌中原地区赋税事宜，建议颁行《便宜一十八事》，设立州郡长官，使军民分治；制定初步法令，反对改汉地为牧场；建立赋税制度，设置燕京等处十路征收课税所。窝阔台汗三年（1231年），任中书令（宰相）。此后，他积极恢复文治，实施"以儒治国"的方案和"定制度、议礼乐、立宗庙、建宫室、创学校、设科举、拔隐逸、访遗老、举贤良、求方正、劝农桑、抑游惰、省刑罚、薄赋敛、尚名节、斥纵横、去冗员、黜酷吏、崇孝悌、赈困穷"的政治主张，实施"以儒治国"的方案和"定制度、议礼乐、立宗庙、建宫室、创学校、设科举、拔隐逸、访遗老、举贤良、求方正、劝农桑、抑游惰、省刑罚、薄赋敛、尚名节、斥纵横、去冗员、黜酷吏、崇孝悌、赈困穷"的政治主张。

元代以大都城作为全国的统治中心，先后在这里兴建了两座太庙，使其成为国家的象征之一，有着特殊的地位。建立元王朝的蒙古统治者最初生活在大草原上，习惯的是游牧文化，对于代表农耕文化的太庙制度是比较陌生的。当他们进入中原地区之后，在对农耕文化有了越来越多的接触和了解之后，才对这种新的文化形态逐渐重视起来。元太宗窝阔台，他任用儒家大臣耶律楚材在中原地区实行赋税制度，为蒙古国获得了巨大的物质利益。元世祖忽必烈，他任用手下谋臣刘秉忠为其创建官制，定国号、年号，大兴礼制，遂使元王朝的统治日益鼎盛，达到了空前的程度。从元太宗到元世祖的发展历程是"汉化"的过程，而太庙制度的确立，即是"汉化"的一个重要环节。

元朝在中统四年（1263年）三月"初建太庙"，位于燕京城（即今北京），兴建太庙的建议，是由翰林侍讲学士兼太常卿徐世隆提出的。"世隆奏：'陛下帝中国，当行中国事。事之大者，首惟祭祀，祭必有庙。'因以图上，乞敕有司以时兴建，从之。逾年而庙成，遂迎祖宗神御，奉安太室，而大飨礼成。"也就是至元三年（1266年）十月，太庙才完工。"太庙成。承相安童、伯颜言：'祖宗世数、尊谥、庙号、增祀四世、各庙神主、配享功臣、法服祭器等事，皆宜定议。'命平章政事赵璧等集群臣议，定为八室。"基本上确立了元初太庙的格局。

后来元世祖忽必烈决定兴建大都新城之后，皇宫、苑囿全都新建，太庙当然也不能继续留在旧燕京城中，至元十四年（1277年）八月又在大都新城之中兴建元代的第二座太庙。新太庙位于皇城的东面、大都新城东侧南门齐化门里面，体现出《周礼·考工志》"左祖右社"的都城设计思想。

至元十七年（1280年）十二月，重新建造的太庙初具规模，建成正殿、寝

殿、正门及东西门。其规制是：前庙后寝，正殿东西七间，南北五间，殿内分为七室。寝殿东西五间，南北三间，连接一圈形成一个城堡，四个角是双层的建筑，叫作角楼。正南、正西、正东有宫门，每个宫门分为五个门，都称作神门。筑有三重高大的院墙，在外墙的东面、西面和南面各开一个棂星门，南门外的驰道，可以抵达齐化门大街。将燕京城里的太庙中的各位帝王的神主等迁移到大都城新太庙之中，遂行大飨之礼，并且将燕京城的旧太庙拆毁。到至元二十一年（1284年）三月，新太庙的建造工作全部完毕。

至治元年（1321年）元英宗即位后，皇帝下诏书扩建太庙的规制，至治三年，在正殿的前面新建大殿十五间，原正殿改作寝殿。

元代不仅很重视太庙祭祖，在太庙祭祖的建筑规制、祭祖礼仪制度上融入汉族文化，其民族特点是乐舞加入独立的胡乐，据《析津志·祭祀志》记载：在太庙祭祀过程中"四孟以大祭，雅乐先进，国朝乐后进，如在朝礼"。说明元代四孟祭祖和在朝礼都是雅乐先进而国乐后继之。元代的雅乐并不纯正，一是杂宋、金、元之器并用，二是在登歌、宫悬乐器的建制上，也有与古制不符之处。此外，元代是中国历史上唯一的由公主直接参与太庙祭祖活动的朝代。

在元代初期，元世祖忽必烈兴建太庙之时，庙中供奉的蒙古帝王的神主都是用木材制成的，这种规制符合古代太庙的典范。但是到元武宗即位后，为了表示对祖先的尊崇，将诸位蒙古帝王的神主都用黄金来制作，"改制金表神主，题写尊谥庙号。……其旧制金表神主，以犊贮两旁，自是主皆范金作之，如金表之制。"因为太庙中的神主是用黄金制作的，故而在此后连续出现了盗贼进入太庙，盗走仁宗及武宗神主的事情。在至治三年（1323年）十二月，"盗入太庙，窃仁宗及庄懿慈圣皇后金主。"到泰定四年（1327年）四月，"盗入太庙，窃武宗金主及祭器。"而到了元朝后期，至正六年（1346年）五月，再次出现"盗窃太庙神主"。神主被盗之后，元朝统治者还是用黄金重新制作神主

除了太庙神主之外，元朝统治者对太庙中供奉的各种祭祀器物也很重视，一旦获取奇珍异宝供奉到太庙之中。如元军攻灭南宋，从江南搜刮到珍贵的祭祀用器皿，即送太庙供奉。至元十二年（1275年）十一月，"遣太常卿合丹以所获涂金爵三，献于太庙。"至元十四年（1277年）正月，"以白玉、碧玉水晶爵六，献于太庙。"到了至元十六年（1279年）八月，又"以江南所获玉爵及坫凡四十九事，纳于太庙"。翌年八月，再"纳碧玉盏六，白玉盏十五，于太庙"。这两次所供奉的各种珍贵祭器数量是最多的。

除了这些珍贵的祭器之外，元世祖时其他的祭祀器物，大多为陶瓦烧制。元武宗即位后，朝廷中大臣们提出"太庙祠祭，故用瓦尊，乞代以银"，得到元武宗的赞同。元武宗即位之后，太庙的祭祀器皿也进行更新，用白银制作的祭祀器皿与用黄金制作的帝王神主交相辉映，使太庙祭祀增添了更多神秘色

彩，也对盗贼增加了更大的吸引力，小偷进入太庙盗取帝王神主的同时，顺手偷走了这些精美的祭祀器皿。

元朝在太庙中供奉的各种食品也很有其少数民族的特色。在中原农耕王朝供奉太庙时所使用的食品，基本上都是由人工饲养的，而元朝习惯于游猎生活，也体现到对太庙供奉的食品上。至元七年（1270年）十月，元世祖曾下令："敕来年太庙牲牢，勿用豢豕，以野豕代之；时果勿市，取之内园。"到至元十年（1273年）九月，元世祖又下令："敕自今秋猎鹿豕先荐太庙。"到至元十三年（1276年）九月，元世祖再下令："享于太庙，常馔外，益野豕、鹿、羊、蒲萄酒。"元世祖多次提出供奉太庙要用野猪，不仅说明捕获野猪十分令人自豪，而更为重要的是认为皇帝亲自捕获的猎物祭祖显得更加虔诚尊崇。

元大都兴建的太庙，是元朝中央政府各机构中的一个重要组成部分，是蒙古少数民族统治者对于中华民族的农耕文化加以认同的一个重要标志。太庙所具有的这些重要功能，是其他任何一个官僚机构都无法取代的，也是不能或缺的。蒙古统治者的"汉化"进程，是从元太宗窝阔台开始的，其完成"汉化"的主要过程，是在元世祖忽必烈的在位时期。元世祖忽必烈不仅兴建了太庙，而且组建了从中央到地方的各级官僚机构，完善了政务、军事、监察、文化教育、宗教管理等各项政府职能。大都城的太庙在兴建完成之后，又经历了一系列的变迁，从最初的七室之制，发展到十三室之制（实际是十五室），其策划、建造的主持人物都是汉族的文臣。而在太庙各庙寝之中供奉的蒙古帝王，也在随时发生变化，每一次的重大变化，都与元朝的宫廷斗争密切相关。因此，太庙又成为政治斗争风云变幻的测量标志。只有在政治斗争中获胜，才能够在太庙中占有一席之地。太庙又是元朝统治者举行各项重大政治活动的主要场所之一，帝王登极、册立皇后、册立太子、出军征伐、回师献俘等，都要到太庙举行隆重的祭祀仪式。

（六）明代的太庙

1. 明代南京太庙

明洪武元年（1368年），在皇宫的阙左门外建造四庙。德祖庙居中，懿祖在东面第一庙，熙祖在西面第一庙，仁祖在东面第二庙，庙和神主都朝南。由于是开国的皇帝，朱元璋追尊其高祖孝曰玄皇帝，庙号德祖；曾祖考曰恒皇帝，庙号懿祖；祖考曰裕皇帝，庙号熙祖；皇考曰淳皇帝，庙号仁祖，妣皆皇后。追尊四册宝。

洪武八年（1375年）改建太庙，九年新太庙建成，规制是前面是正殿，后面是寝殿，东西两边都设有配殿。寝殿九间，以每一间为一室。中一室奉安德皇帝神主，懿祖在东第一室，熙祖在西边第一室，仁宗东第二室，神主都朝南。这里预备的香几、席子、床榻、被褥、竹箱、帷幔等器物，都和侍奉在世的皇帝一样。在宝座上陈设着先祖的衣服和帽子，而不是安放着神主。在东墙是亲王配享，功臣在西墙配享，配享就是和先祖一块享受祭祀的荣誉待遇。明洪武三十一年（1398 年），将太祖朱元璋的神主归附到太庙供奉。

2. 明太庙遗址研究

有关史籍凡载有南京皇城图的均源于《明实录》、《洪武京城图志》和《金陵四十八景图考》等明代文献，尤其是《金陵十朝帝王州·南京卷》中，更在明皇城图上较清晰地标明了太庙位置。南航校园区基本上是在原内皇城与外皇城间东南角，实地考察东华门、西华门、五龙桥、午朝门以及皇城护城河等处，证实上述文献所载与实地相符。从明皇城图与现今南京图来看，明太庙确实在南航校园内，再从与明皇城图的测算比较，可推定，明太庙殿遗址应在南航办公区中轴线的中北部（即中心花园内）。史载，明北京皇宫是以南京皇宫为蓝本的，因此结合北京太庙位置比较分析，能较准确地得出南京明太庙的位置。首先，从明南京皇城与北京皇城比较看，明南京故宫紫禁城（内皇城）与北京故宫紫禁城范围大体相同。明南京紫禁城外的承天门（外五龙桥）到午门（午朝门）距离为 560 米，与北京天安门至午门的南北距离长度相同。通过对北京太庙与南京午朝门外相同尺寸图形的比较，因此，南京明太庙（包括中、后殿）遗址的地点应在南航中心花园御园处。现御园中还存有多块巨大石础，也证实该处为太庙遗址。

3. 明代北京太庙

明成祖定都北京，建造的宫殿规制和南京的宫殿相同，而且更加讲究，其中自然也包括太庙的建筑。北京的太庙，建在皇宫的左前方，建成的时间是永乐十八年，和紫禁城同时完工。永乐帝迁都北京，两京制开始形成，曾南北双庙。北京的郊坛、宗庙、社稷坛等俱照南京规制而建，成为天子亲祀天地、宗社之所，南京原有坛、庙仍举行天地、宗社祀典，因此，永乐迁都之后明代宗庙就变为"一天下而有二庙、二主"的南北双庙制。祭礼是政治典礼，祭权也就是政治权力的表现，随着政治中心的转移，祭权势必发生转移。双庙制下，南京宗庙由于失去权力支撑，难以避免废弛的宿命。成化八年（1472 年），南京太常寺少卿刘宣上疏："自古圣帝明王未尝不谨于祀事，我祖宗定鼎金陵，百祀具举。及北都以后，南京祀典或存或废，礼制亦多蹈旧袭讹而未备者。"比如，太庙之中帝后冠服、宝座不全。太宗有冠服而无宝座，仁宗、宣宗只有宝座而无冠服，昭皇后、章皇后及英宗宝座、冠服俱未备。但朝廷以祖宗已尊祀于京师太庙，对南京太庙的废弛并不十分在意（刘宣《议覆南京祀典疏》,《礼部志稿》卷四六）。直到嘉靖十三年（1534 年），南京太庙毁于火灾，遂合并供奉于南京奉先殿，迁都以来的双庙制终于归并合一。

嘉靖皇帝"一庙改九庙"。嘉靖十一年，一个叫廖道南的官员上奏请求将一个太庙改建为九个太庙，即将合祀制改为分祀制。皇帝批准了他的意见，嘉靖十四年二月，撤销原来的太庙，开始改建九庙，嘉靖四年（1525年）五月，开始建献帝世庙，位置在太庙的东北。嘉靖五年（1526年）九月，献帝世庙建成。

嘉靖十三年（1534年），皇帝要改建九庙，朝廷讨论方案，最后，世庙比其他庙高的方案，得到嘉靖皇帝的认可。嘉靖十四年（1535年）皇帝亲往祭祀先帝和社稷，开始分建九庙，改建世庙。嘉靖十五年十二月，九庙建成。而且改建了皇考庙，也就是嘉靖皇帝的父亲的庙，称作睿宗献皇帝庙，改建后的位置在太庙都宫的东南。将原来的世庙改称景神殿，寝殿改称永孝殿，供奉祖宗皇帝、皇后的画像。嘉靖十七年（1538年），又将献皇帝庙改题睿宗庙。这一年制定了时享和祫祭的礼仪，凡是在立春的特别的祭祀时，皇帝要亲自到太庙祭祀，还要派遣八个大臣分别祭祀其他先祖，派遣内臣八人分别祭祀各位先祖的皇后，立夏的时候进行合祭，各自把神主奉请到太庙。太祖面向南，成祖面向西，位置在其他的先皇之上，仁、宣、英、宪、孝、睿、武宗东西相对。秋、冬时合祭已是和立夏时相同。嘉靖二十年（1541年）四月夜间，太庙遭灾，八座庙被雷火烧毁，只有睿宗的庙未毁。

嘉靖二十三年（1544年）四月，礼部和朝廷的群臣商议，将太庙建成同堂异室的规制，嘉靖皇帝说："料造已会计明白，只并力早成。"意思是说：我料到群臣开会已经把太庙合祀的事情讨论清楚决定下来了，我只好听从大家的意见。既然定了下来，就赶快征集力量早日修建完成吧。这样，太庙的规制重新确定下来。同年夏天，开始建造太庙。

嘉靖二十四年（1545年）六月，礼部上奏说：太庙大体完成，只剩下细节的地方还没有完工，建议在秋季祭祀先祖的时候，将各位祖先的神主奉安到景神殿。嘉靖皇帝说：太庙的工期，你们原计划秋天祭祀的时候可以完成，现在既然完成了，还等什么？这件事亟需选择吉祥的日子安放祖先的神主，安排礼仪进行祭祀。

七月，新的太庙建成。举行礼仪，百官都来祝贺，并下诏书告之天下。新建的太庙仍然在皇宫的左前方，正殿九间，前面东西有配殿，正南是戟门，戟门的左面是神库，右面是神厨，再往南是太庙的庙门，庙门外东南是宰牲亭，南面是神宫监，西面是庙的街门，太庙正殿的后面是寝殿，是奉安列位祖先神主的地方，再往后是祧庙，是奉安远祖神主的地方。

（七）清代的太庙

清朝本无太庙，只有祭堂子的制度。崇德元年，太宗文皇帝在盛京建立太庙。顺治元年，世祖章皇帝进入北京，将明代的太庙变成清朝的太庙，而将盛京的太庙称作四祖庙。

承袭太庙制度是清王朝学习和吸收汉族文化的历史性进步，也是清王朝的明智之处。顺治皇帝及其王公贵族深知自己来于边远落后的东北，实力对于统治偌大中国来讲确实非常不够，所以必须尊重汉族的文化传统，采用传承数千年的汉族礼仪制度，才能稳定全国的民心，把列祖列宗迎入太庙供奉本身就是学习吸收的汉族文化的具体措施。北京太庙是唯一的由两个朝代先后连续使用的太庙，有些传闻不利于这一论点，主要是李自成农民起义军在败退的时候烧毁了紫禁城，同时也烧毁了太庙。

1644年农历三月十五日，李自成率领的农民起义军攻入居庸关，十六日攻克昌平，十七日围攻京城，十八日攻克外城，十九日攻入内城，明朝的崇祯皇帝思宗朱由检在景山上吊自杀。当天李自成进入承天门（天安门），穿过午门，登皇极殿（太和殿），随后在武英殿处理政事。四月，李自成率军征讨吴三桂兵败，退回北京，二十九日在武英殿即皇帝位，三十日焚宫室，退出北京。以上是李自成攻入京城、紫禁城，称帝到败于吴三贵请来的清军，最后退出北京的历史的简要的过程，其中一个重要的情节是"三十日焚宫室"。李自成的起义军逃走时焚烧了紫禁城，史书有着详细的记载。但是，和紫禁城紧邻的太庙是否也在这一天被烧毁，现有史料上没有任何确切的记载，只是后世有传闻太庙被焚毁。

这种传闻并非空穴来风。确实，根据中国封建社会改朝换代，新王朝必然要烧毁前朝宫殿和太庙以及祖陵，以灭绝龙脉王气的铁律，明王朝正统统治的象征太庙，肯定是起义军焚烧的对象。早在1635年，起义军就烧毁了凤阳皇陵，在进北京攻克昌平以后，又焚烧了明陵。所以，对腐朽的明王朝怀有深仇大恨的起义军，在迫不得已逃离北京的时候，先放火烧紫禁城的宫室，如果时间允许，一定会放火烧太庙。

那么，太庙是否真的被败走的李自成起义军烧毁了吗？并非如此。

首先，史书上明确的记载是"焚宫室"，范围所指限于"宫室"，并未提及太庙。就太庙的重要地位来看，如果太庙真的被焚毁，史书绝不会遗漏而不予记载。据李天根（云墟散人）所著南明史书《爝火录》记载："大清顺治元年，明崇祯十七年（1644年）四月云：二十九日丙戌：李自成僭帝号于武英殿，追尊七代皆为帝后……下午，贼（李自成）命运草入宫城，塞诸殿门。是夕，焚宫殿及九门城楼。三十日丁亥，李自成先走……出宫时，用大炮打入诸殿。又令诸贼各寓皆放火。日晡火发，狂焰交奋……门楼既崩，城门之下皆火……日夕，各草场火起，光耀如同白昼，喊声、炮声彻夜不绝。"记载得十分详细。不难看出，李自成放火烧了明故宫和北京九门，然后落荒而逃，丝毫没有提到

坛庙文化

太庙。所以，根据"焚宫史"三字断定太庙被李自成所烧毁，并非历史事实，因而不能成立。

第二，从其他的历史记载，我们还可以看出，明末皇宫劫后之余，唯太庙和武英殿保存完好。同年五月初二，清睿亲王多尔衮率军抵北京，进朝阳门，临武英殿处理政事。六月十四日，多尔衮及诸王、贝勒、大臣会议决定建都北京。九月十四日，建堂子于御河桥东，路南。十八日顺治皇帝由盛京（沈阳）抵京，二十七日，供奉太祖、太宗神主于太庙。从六月十四日多尔衮决定建都北京到九月二十七日顺治皇帝福临"供奉太祖、太宗神主于太庙"仅三个多月，顺治皇帝来到北京刚刚九天，如果太庙被焚毁了，岂能供奉神主？如果是重建的话绝对不可能这样快。再说，史书记载了"九月十四日建堂子"，如果要建太庙比建堂子要重要的多，史书上无论如何也会记录的。

所以，可以得出结论：太庙根本就没被李自成的起义军焚毁。所以，清朝轻易地占据了明朝先帝享受香火的地方，顺治皇帝在从东北到达北京后仅仅九天，就毫无愧色地把努尔哈赤、皇太极的牌位摆进了太庙。

太庙没被烧毁还有两条旁证。

一是清朝统治者进入北京，事物繁多，百废待兴，出于统治的需要，肯定要重建或修复焚毁的宫殿。清顺治二年（1545年）五月，也就是顺治进京八个月后，史书记载"重建太和殿、中和殿、位育宫、乾清宫成"。请注意：这里是"重建"。可是，一直到顺治五年（1648年）六月三十日，才"重修太庙成"。请注意：这里是"修"，而不是"建"，而且是在使用了明朝的太庙近四年，才对太庙逐步"重修"，这也完全可是说明1644年太庙没有被大火焚烧，而是"基本完好"，所以清朝才能实施"拿来主义"。与之相反衬的是，由于皇极殿（即太和殿）被李自成烧毁，十月一日顺治皇帝只好在皇极门（即太和门）张设御幄，颁诏天下，定鼎燕京。

二是太庙大殿68根十几米高，一米多粗的丝楠木大柱，全部不施油饰，故木材的纹理质地清晰可见，为金丝楠木无疑。所有大柱表面因年代久远造成的风化程度一致，为明代的遗物，这是许多古建专家共同的结论。因为，如此巨大的金丝楠木，在明代就已经砍伐殆尽，到了清初，更没有了。所以清朝重修太和殿还得从东北老家运来红松顶替，哪有那么多金丝楠木大柱修缮太庙呢？这是一条重要的证据。所以，精美的太庙没有被明末的战火焚毁，而是留给了清朝。

顺治元年，确定太庙时享的规制，每年孟春在正月上旬占卜选择其中阅祭祀，孟夏、孟秋、孟东在初一举行祭祀。在孟春祭祀的时候，如果赶上祈谷的斋戒期，皇帝要到太庙敬告祖先，出入都要有仪仗和乐队引导迎送，但是乐队只列队而不奏乐。顺治四年，确定每年除夕前一天在太庙对祖先进行合祭。

十二月大在二十九日，在十二月小在二十八日进行。

乾隆皇帝对太庙建筑的修缮：乾隆皇帝是中国古代在世最长的皇帝，也是在位最长的皇帝，由于良好的文化教育和他本人的政治和艺术天赋，使他能够对传统文化中重要的组成部分——祭祀活动，特别是对祭祀祖先非常重视，十分谦恭。每次祭祖都亲到并极为认真的履行祭祀的礼仪程序，不仅在太庙留下了很多的足迹，同时对太庙进行了多次修缮。

据史书和清朝档案记载，乾隆在位时曾多次修缮太庙，并在乾隆二年（1736年）进行了一次大规模的修缮，历时四年才完工，使已经三百多年的太庙面貌焕然一新。乾隆二十五年（1760年）又进行了一次全面的修缮，新开了寝殿通往祧庙的东西两个侧门。这次修缮将戟门前的原来没有水的玉带河，引来金水河流经玉带桥下，此次修缮工期不详。乾隆二十八年又将玉带河七座桥和二十六块汉白玉栏板和望柱进行拆改，增加了二百八十八块栏板和望柱，增建了两座水闸，使玉带河水暖季流水充盈，玉带桥因有水而增加了灵气而益加美丽。

（八）民国时期的太庙

1911年辛亥革命推翻了统治中国两千年的封建帝制，大清王朝退出历史舞台以后，逊位皇帝溥仪仍在紫禁城内廷暂居，在此期间，太庙仍由清室管理使用。1924年10月22日，冯玉祥配合孙中山北伐，发动著名的"北京政变"，囚禁了贿选总统曹锟，推翻了直系军政府，与此同时，下令驱逐末代皇帝溥仪出宫。11月5日上午，溥仪召开了最后一次"御前会议"，遣散了数百名太监和宫女。溥仪移居什刹海醇王府，永远地被赶出了故宫，同时也结束了对太庙统治。根据《清室善后委员会组织条件》，太庙由清室善后委员会接管。1925年10月以后，归属故宫博物院管理。1926年北洋军政府曾将太庙命名为"和平公园"对外开放，但开放时间不长。不久，奉系军阀张作霖进驻北京，太庙于1927年8月改由安国军大元帅内务部坛庙管理处管理，1928年10月第二次北伐结束，安国军大元帅府倒台，太庙一度归内政部管辖。后故宫博物院由南京国民政府接管，根据南京国民政府公布的《故宫博物院组织法》的规定，太庙又由故宫博物院接受管理，经过一段时间的筹备，1930年作为故宫博物院分院对外开放，故宫图书馆在太庙开辟了阅览室，对外提供院藏图书的阅览。1935年5月，太庙改称故宫博物院太庙事物所，原图书馆的阅览室改称故宫博物院太庙分馆。在此前后，为了保障对外开放，故宫博物院对太庙庭院进行了整理，对房屋、殿宇、井亭、河墙等建筑进行了维修，增建了图书馆的办公用房，修筑道路，建造藤萝架，在东区堆垫土山，使太庙公众休闲游览的公园功能逐步完善。

20世纪30年代初，学者张国瑞对太庙进行了考察，参照《大清史》、《清实录》等史料写出了专著《太庙考略》，不仅介绍了文物建筑和祭祖的过程，而且对当时太庙的景色进行了描写和评价："西垣外有一小园，内为古柏苍松，并有房舍，呼鹭鸶院，昔日每年有鸳鸯灰鹤栖止。今则庙东南古树丛中，有灰鹤成群，借树支巢，翱翔空中，软红十丈之北平，惟有此山林气象，诚所谓山林者也。"可见，太庙当时是市中心颇受老百姓喜爱的休闲场所。

作为故宫博物院分院期间，太庙配殿改为图书馆，享殿、寝殿和祧庙室内原祭祀的供桌、祭器等设施物品基本保持原状，没有变动，而大殿广场消失了规模很大的祭祀活动，空旷的院落成了举办展览的良好场所，经常举办各种展览，规模很大，观众云集。据史料详细记载，1934年5月，第三届铁路沿线物品展览会在太庙举行，出售门票75万张，参观者达100多万人。1935年4月16日到5月15日举办的北平市物产展览会，出售门票24万张，参观者达30多万人，展出农林、矿产、饮食、医药机械、工艺品等2.5万件，并按五个分类进行评选，有592家分获各种奖项。在获奖的产品中，有至今仍著名的同仁堂、双合盛、六必居的产品。

这两次展览会的产品销售量也相当大，实际上太庙作为公园和文化场所的功能在那时已经形成。所以，1935年马芷庠先生编著、张恨水先生审定的《北平旅行指南》一书，亦将太庙列入北平中城的显要位置，不仅详细地介绍了三座大殿的古建、室内的祭祀设施、器物和清代祭祀祖先的详细过程，而且介绍了公园的风景："庙东垣外，为打牲亭。西园外小园，俗呼鹭鸶院，昔年有仙鹤鹭鸶栖止，今则古树东南丛中，尚有灰鹤成群，借树营巢，有山林风景。鹤园北土山上，新建六角小亭一座，油色红绿相间，极为美观。"向公众推荐为旅游观光和文化展览的重要场所。当时的门券价格为二十枚。

1937年"七七事变"后，日本帝国主义侵略军占领北平，在沦陷期间，太庙管理权仍属故宫博物院。但国难当头，太庙荒芜。1945年抗战胜利后国民党政府派员接管，太庙依然归属故宫博物院。1948年底北平解放前夕，太庙曾被国民党军队占领。致使太庙垃圾成山，蒿草丛生，一片凄凉。1949年北平和平解放以后，太庙又由故宫博物院收回，并于当年3月恢复开放。

（九）新中国的太庙与劳动人民文化宫

1949年8月23日，当时的北平市总工会筹备委员会提出了把太庙作为工人文化公园的设想，负责人肖明面见周恩来总理提出了这一请示。

1950年1月6日，由周恩来总理提议，第一次政务院会议批准，将太庙辟为劳动人民的文化活动场所，由北京市总工会管理。1月9日，市总工会派出力达、赵候、宋文成和夏秉衡四人为筹备组，进驻太庙开始，进行筹备，后北京市委增派田耕、方松、石钢，全国总工会派冯磊参加，由石煌负责领导。

1950年4月10日故宫博物院和北京市总工会正式办理了房产移交手续，原太庙的可移动文物归属故宫博物院保管，同时北京市人民政府拨给405143斤小米作为经费。筹备组，进行了紧张的筹备，整理园容，修缮房屋，修整道路，清除了上百吨的垃圾，拔除了半人高的蒿草，初步创造出一个开展群众活动的环境。在筹备期间，周恩来总理和邓颖超同志曾到太庙了解情况，帮助解决困难。

4月下旬，全国总工会副主席李立三和北京市总工会副主席肖明来到中南海请毛泽东主席题写匾额。毛主席命名为"北京市劳动人民文化宫"，并亲笔书写了宫名匾额。

4月30日上午举行了劳动人民文化宫成立的揭幕仪式，全国总工会副主席李立三、北京市委宣传部副部长廖沫沙、北京市文委书记李伯钊讲话，到会祝贺的有中央人民政府监查委员郭任之、中央人民政府文化艺术局副局长周巍峙、北京市文教委书记翁独健、捷克驻中国大使魏斯柯普夫等，北京市劳动人民文化宫宣告成立。揭幕仪式前，党和国家领导人和文化界知名人士朱德、董必武、聂荣臻、黄炎培、郭沫若、吴玉章、李立三、茅盾、周扬、老舍、赵树理、丁玲等题词祝贺。作家赵树以通俗的笔触写道："古来数谁大？皇帝老祖宗。如今数谁大？工农众弟兄。世道一变化，根本不相同。还是这所庙，换了主人翁。"真实地记载了这一翻天覆地的变化。

次日，即新中国的第一个五一国际劳动节正式向社会开放，当日接待各界群众一万多人参加了各种丰富多彩的文体活动。从此，这座古老的封建时代的太庙，焕发了青春和活力，翻开了历史崭新的一页，变为劳动人民的学校和乐园，这是当代中国的一个重大的历史事件，载入了《中华人民共和国大事记》。

北京市劳动人民文化宫向社会开放

四、太庙主要建筑文物

北京的太庙，平面呈南北向长方形，占地 19.7 万平方米，有围墙三重，主体建筑为前、中、后三大殿。前殿即太庙，又称大殿，面阔十一间、进深四间、黄琉璃瓦重檐庑殿顶，坐落在俗称"三台"的高大的汉白玉须弥座式殿基之上。其梁柱外包沉香木，其余构件均用极其名贵的金丝楠木制成。中殿、后殿均面阔九间，黄琉璃瓦覆殿顶。各殿东西都有配殿，称东、西庑。明清时，前殿是太庙"祫祭"的场所，皇帝祭祖活动在这里举行。中殿又称寝宫，是供奉历代帝后神龛神主的地方。后殿又称"祧庙"，是供奉后来追封的清代立国前的四代帝后神龛神主的地方。前殿东庑十五间，为存放配飨的王公牌位之所；西庑十五间，为存放配飨的功臣牌位之所。中、后殿军有东、西庑各五间，是存放祭器的地方。此外，太庙还有神库、神厨、宰牲亭、燎炉、井亭等一些辅助性建筑。

1. 前琉璃门

始建于明代，清代改建，是太庙的正门，嵌于太庙中墙南面。中间三座为拱门，旁门二座为过梁式。黄琉璃瓦顶，檐下饰有黄绿琉璃斗拱额枋及垂莲柱。墙下为汉白玉须弥座，整个建筑华贵而不失古朴，秀美而越发端庄，充分地体现了皇家建筑的风范。

2. 戟门桥（玉带桥）

始建于明代，为七座单孔石桥，建在一条"带"形的水流上，故称"玉带桥"。桥宽八米，两侧有汉白玉护栏，龙凤望柱交替排列。河道为条石所砌，乾隆年间引护城河水流经桥下，并对桥身及栏杆进行改建。正中的桥是皇帝走的御路桥，两边为王公桥，次为品级桥，边桥二座供常人行走。玉带桥背倚戟门，东西井亭相望。春日，河畔花香蝶舞；夏日，河中睡莲娇依；秋日，桥旁松涛悦耳；冬日，桥上玉栏挂雪，堪称太庙最美之景。

3. 戟门

建于明永乐十八年（1420 年），是太庙内墙的正门。面阔五间，进深二间，黄琉璃瓦单檐庑殿顶，屋顶起翘平缓，檐下斗拱用材硕大。汉白玉绕栏须弥座，台阶九级，中饰丹陛。正门两侧各有一黄琉璃瓦单檐歇山顶的旁门。现均为始建原貌，是明初宫殿建筑的典范。门外东间原有一木制小金殿，为皇帝临祭前更衣盥洗之处。门内外原有朱漆戟架八座，共插银镦红杆金龙戟 120 条，1900 年被入侵北京的八国联军全部掠走。

4. 享殿（前殿）

始建于明永乐十八年（1420 年），是整个太庙的主体。后虽经明清两代多次修缮，但其规制和木石部分基本保持明代原构，是全国现存规模最大的金丝

楠木宫殿。黄琉璃瓦重檐庑殿顶，檐下悬挂满汉文书写的"太庙"九龙贴金题额。面阔十一间（长68.2米），进深六间（宽30.2米），坐落在高3.46米的三层汉白玉须弥座上，殿高32.46米。殿内木构件均为名贵的金丝楠木，主要梁枋外包沉香木。六十八根大柱皆是整根圆木，最高的达13.32米，直径最大的达1.2米，殿顶、天花、四柱、梁架用片金沥粉彩画装饰，地面墁铺特制的金砖。

享殿是明清两代皇帝举行祭祖大典的场所，每年四季首月祭典称"时享"，岁末祭典称"祫祭"，凡婚丧、登极、亲政、册立、征战等家国大事之祭典称"告祭"。殿内设木制金漆神座，座前设案、俎和笾、豆、登、筐等祭器，上置稻粱、果蔬、牺牲、香烛、祝版、玉帛等祭品。祭典时将祖先牌位从寝殿移至此处神座安放，然后举行隆重而庄严的仪式。整个大殿气势雄伟，庄严华丽。当年举行大典时，香烟缭绕、仪仗簇拥、钟鼓齐鸣、韶乐悠扬、佾舞翩迁，是中华祭祖文化的集中体现。

5. 享殿东配殿

始建于明代，黄琉璃瓦单檐歇山顶，面阔十五间。殿前出廊，廊柱呈锥形，并向内倾斜，屋檐起翘平缓，是典型的明代宫殿建筑。殿内供奉有功亲王的牌位，是功臣配享制的体现。清代供奉十三人，每间设一龛，内置木制红漆金字满汉文牌位，北端两间是存放祭器之处。

6. 享殿西配殿

始建于明代，黄琉璃瓦单檐歇山顶，面阔十五间。殿前出廊，廊柱呈锥形，并向内倾斜，屋檐起翘平缓，是典型的明代宫廷建筑。殿内供奉文武功臣的牌位，是功臣配享制的体现。清代供奉十三人，每间设一龛，内置木制红漆金字满汉文牌位，北端两间是存放祭器之处。

7. 寝殿（中殿）

始建于明永乐十八年（1420年），黄琉璃瓦单檐庑殿顶，面阔九间（长62.31米），进深四间（宽20.54米），殿高21.95米。石露台与享殿相连，汉白玉须弥座，周绕石栏，望柱交错雕以龙凤，台阶中饰丹陛，是平时供奉历代皇帝、皇后牌位的地方。清代规制，殿内祖宗牌位同堂异室，分十五个寝宫，用木

寝殿

墙幔帐间隔。内设神椅、香案、床榻、褥枕等物，牌位立于褥上，象征祖宗起居安寝。清末供奉努尔哈赤、皇太极、福临、玄烨、胤禛、弘历等十一代皇帝及皇后的牌位，每次祭典前一天，将牌位移至享殿安放于神座之上，祭毕奉回。

8. 桃庙（后殿）

始建于明弘治四年（1491 年），黄琉璃瓦单檐庑殿顶，面阔九间（长61.99 米），进深四间（宽 20.33 米）。石露台独立，汉白玉须弥座，周绕石栏，望柱交错雕以龙凤，台阶中饰丹陛。全殿自成院落，四周围以红墙，是供奉皇帝远祖牌位的地方，殿内陈设亦如寝殿。清代规制，正中肇祖、左兴祖、再左显祖、右景祖。每季首月时享皇帝委托官员在本殿祭祀，岁末将先祖牌位移至享殿祫祭。

9. 丹陛

建于明代，是须弥座台阶中间的纹石，在享殿、寝殿、桃庙和戟门石阶上均有，是神走的路，皇帝则走东边的台阶。享殿丹陛尤为壮观，随阶分为三座，各为整块青石，分别雕有显示尊严的"云龙纹"、"狮子绣球纹"和"海兽纹"。雕工线条洗练，刀法娴熟，精美绝伦，是明代石雕艺术的珍品。

10. 燎炉

建于明代，为焚烧享殿和享殿西配殿的祝版和玉帛而设。通体用琉璃素坯构件砌造，质地细腻坚硬。整体仿造木结构建筑，筒瓦单檐歇山顶，檐下饰以斗拱额枋，炉身四角有圆柱，炉膛门上雕花饰带，其余三面雕刻菱花，下为须弥座。雕工精美，艺术价值很高。

11. 神库

始建于明代，黄琉璃瓦单檐悬山顶，面阔五间，进深一间。是收藏笾、豆、俎、筐、灯盏和各色绒毡绣片、幄帐棕荐（拜垫）等祭品的库房。

12. 神厨

始建于明代，黄琉璃瓦单檐悬山顶，面阔五间，进深一间，是制作牺牲等祭品的厨房。内设锅灶，上有天窗，经数百年烟熏火燎，室内屋顶已被熏黑。

13. 井亭

始建于明代，高 8.55 米，为黄琉璃瓦盝顶六角亭，梁架用鎏金斗拱承托，亭内正中有水井一口，上置六角汉白玉井圈，柱间的坐凳为现代所加。

14. 宰牲亭和治牲房

始建于明代，是太庙的主要建筑之一，由井亭、北殿、正门、治牲房、宰牲亭等组成，祭祖所用的牛、羊、猪等（称作"牲牢"）均在此宰杀，宰牲要经过"入涤"、"省牲"、"宰杀"三个程序。正门坐东向西，黄琉璃瓦硬山顶。北殿在正门旁，黄琉璃瓦硬山顶。治牲房在正门内，黄琉璃瓦悬山顶，室内无柱，设有毛血池，是洗涤牲畜及礼部尚书在祭祀前三天省牲之处。宰牲亭在治牲房以里，黄琉璃瓦重檐歇山顶，是宰牲之处。宰前先以大木槌猛击牲畜头部，又称"打牲亭"。井亭为黄琉璃瓦盝顶六角亭，内有井一口，为入涤、治牲取水之处。

15. 太庙街门

始建于明代，清代改建。原为太庙正门，是皇帝从皇宫进入太庙祭祖的通道。面阔五间，进深二间，黄琉璃瓦单檐歇山顶。外观庄重，与一般庙门有着严格区别，体现了封建社会的最高礼仪制度。

16. 太庙右门（神厨门）

始建于明代，清代改建。面阔三间，进深二间，黄琉璃瓦单檐歇山顶，是运送祭品及制作牺牲用的牲畜的通道，故称神厨门。

17. 太庙西北门（花甲门）

始建于明代，是通向皇宫午门外阙左门的通道。据说雍正皇帝在位时，为确保安全，到太庙祭祖不走太庙街门，而从此门进入，于是加筑琉璃随墙门，形成内外两门，并在北面和东面建两道高墙，以防刺客。乾隆皇帝六十岁以后，为减少劳累，亦改由从此门乘辇而入，故又称"花甲门"。原门及墙已不存，现门黄琉璃单檐庑殿顶，为现代改建。

18. 太庙南门

太庙原无此门，1914年与中山公园南门同时辟建，以便保持皇城对称的格局。黄琉璃瓦歇山顶，实拔券门，门后有敞厅衔接，直通庙内。当时逊清皇室未交出太庙，故久未使用。1924年溥仪出宫，太庙曾改为和平公园，此门打开，始向公众开放，现为北京市劳动人民文化宫正门。

19. 奉祀署旧址

原为独立的一道围墙，大门朝北，左右各有房三间，是平时管理太庙的机构。明代由内府神宫监管理，设掌印太监一人，其他管理人员十余人。清代属太常寺，设七品首领一人，八品副首领二人，太监二十人。

结论：太庙的性质和文化的传承

《祭统》云："祭者，教之本也。"《中庸》曰："宗庙之礼，所以祀乎其先也。"祖先祭祀"序昭穆，崇功德，敬老尊贤，追远睦族，礼缘人情、礼因义起、礼尚报本，礼，本乎人情合乎道义，而并非一经制定即不可改变之物。崇拜祖先作为中国人最重要的精神信仰，完全合乎人情、顺乎天理。千古人同此心，心同此理，两千余年来一直是化育中国民族之最基本精神力量。作为中国文化之最基本载体，非但是国人精神之归宿，更在中国社会发展历程中，发挥了举足轻重而又不可估量、无可替代之重要作用。对祖先的祭祀，已成为中国文化不可或缺的一部分，并深深融入了这个民族的血脉之中。而看集中体现这种民族特色和民族精神的太庙，是世界现存最大的祭祖建筑群，是明代官式建筑最佳经典遗存，是中华传统核心文化的发源地和凝聚地，是首都北京最具特色的人文景观。当然也是文化传承，创造新时代文化的极为重要的内容。

（一）太庙是首都北京最具特色的人文景观

在北京是唯一的，在全国是唯一的。《左传·庄公二十八年》说："凡邑有宗庙先君之主曰都，无曰邑。"只有大一统的天子首都，才有太庙。明以前历朝历代的太庙都毁了，现在沈阳故宫太庙，是象征性的，原是四祖庙。清朝入主中原后改修，规模、内涵、功用都不是真正意义的太庙，主要是存放帝后册封的金册、玉册。广西有"冼太庙"，不是太庙。因为北京太庙是现存唯一的天子祭祖的太庙，也是历史上唯一的两朝皇帝使用过的太庙。所以，太庙是北京最具特色的人文景观

（二）太庙是世界现存最大的祭祖建筑群

《史记·礼书》云："上事天，下事地，尊先祖而隆君师，是礼之三本也。"这更是以儒家文化为代表的中华文明一个极其显著而又殊为重要的一个特点。"事死者如事生"，是祖先祭祀的通义，黍稷酒肉更是祭祀必备之物。宗庙祭祀乃礼之大者，殊为重要。明以前历代太庙均不存，外国没有太庙，只有宗庙。沈阳故宫太庙是"四祖庙"，并非真正意义的太庙。沈阳故宫面积 6 万平方米，北京太庙面积 19.7 万平方米，是体现"左祖右社"礼制建筑的精典。

（三）太庙是明代官式建筑最佳经典遗存

长期以来，太庙在古建中的地位被遗忘了，被大大低估了。中国文物界有公认"中国最好的大殿"，指故宫太和殿、曲阜大成殿、泰山天贶殿，遗漏了太庙。近年网上流传有"中国最好的五十座古建"，其中没有太庙。

故宫中的明代建筑尚有南熏殿、中和殿、保和殿、钦安殿、钟粹宫、神武门城楼、储秀宫等，而太庙主要建筑全部是明代建筑，太庙大殿是现存明代官式建筑体量最大的。

（四）太庙是中华传统核心文化的发源地和凝聚地

1. 核心文化发源地

从字形看，形声加会意。左形：太阳从草丛中刚刚露头。右声：下方是舟，近音标声。上面一弯短横，像手遮光瞭望。在太阳刚刚升起的时候，对天十分敬畏的远古祖先们聚集在一起，向上天祈祷，向祖先祈祷，同时商讨和决定部落的大事。这就是最早的天坛，宗庙，朝廷，是功能合一的。后来发明了大房子，祭天的天坛先分出去，祭祖和会议仍在一起，这就是庙堂。再后来，王有了专门的大房子，庙又分出去，形成了专门祭祖的宗庙和国王理政的

朝廷。所以，中国最早的祭祀活动，祭天、祭祖、国王理政的仪式、舞蹈、音乐，后来"至善至美"的礼乐文化，就诞生在朝、庙。巫（舞）是最早的舞蹈家，祝，是最早的主持人和朗诵家，歌唱家。经历了从炎黄，到夏商的漫长发展才逐步定型。

2. 核心文化历史悠久的传承地

宗庙祭祀历来皆为国之重典，在历代国家祀典之中，均以郊庙二者最为隆重，皆作大祀等级，其程序仪节相应也极尽严格。周朝总结前代的文化积累，经过周公制礼乐，形成世界上最早的国家管理系统、成熟的礼乐文化，以后数千年历朝历代不断传承，更加的完善，为中华民族核心文化的凝聚、发展、成长、发展，发挥了无以伦比的巨大推动作用。随着清朝退出历史舞台，这种核心文化的外化形式，在人们的视野中消失了。但是，祖先崇拜和礼乐文化，作为意识形态，根深蒂固地在民众当中，并且顽强地传承。

以太庙文化为代表的中华祖先文化，在当代和未来都有极为重要的意义和价值。因为共同祖先的崇拜是中华民族的核心凝聚力，是构建和谐社会的基本保障，是凝聚海外华人的精神根脉，台湾回归的根脉所系，乃至中华永世太平的福祉的依托。

（五）太庙礼乐文化传承要进行三个切分

源远流长、根深叶茂的太庙祭祀礼乐文化，是祖先留给我们的宝贵遗产。文化遗产是一种民族文化传承的血脉，这个血脉不能中断。文化遗产也是弘扬民族精神、创造新文化的基础，这个基础不能削弱，这些遗产是我们和遥远的祖先沟通的唯一渠道，是人类历史留下的物证，传统文化是我们的根，是我们文化发展的源泉。随着社会的发展，寻根之情普遍存在于人类。我们珍惜文化遗产，不只是发思古之幽情，是熔铸文化之魂、创造新文化的需要。

在世界主要流域文明中，中华文明绵延数千年没有中断，这和以祖先崇拜为中心的礼乐文化的传承有至关重要的关系。礼乐文化蕴涵着先人的宇宙观和生命观，在五千年的历史长河中，国家无论是兴盛，还是衰微，礼乐文化都潜移默化地影响着每个中国人，形成中华传统文化的精神根基。"礼"是内容，是核心。"乐"是形式，是特征。"礼"和"乐"结合形成"礼乐"，其意义已经超出两字的简单相加，而形成了中华独特的文化形态，是中华文明发展的累累硕果。中华文化复兴、建设美丽家园、保证国泰民安、实现"中国梦"，让中华文化走向世界，离不开中华礼乐的传承和创新。

传承太庙祭祀礼乐文化，必须用科学的态度，取其精华，去其糟博，正本清源。不复古，不盲目，要做到"三个切分"。

（1）与封建切分。古代皇帝祭祖，如今回归全民。去掉封建宗法制家天下的内容，保留中华民族祖先崇拜、礼乐文化的核心。改革创新，成为即传承文化精髓。

（2）与阴丧切分。古代国家实行五礼，嘉礼、吉礼、宾礼、军礼、丧礼，太庙祭祖列为吉礼。祖先崇拜，是人类最崇高的精神活动，严肃、庄重、崇敬，但不悲戚。吉礼和丧礼的不同：对象不同，太庙祭祀的列祖列宗的灵位，陵墓祭祀的是逝者的遗体；时间不同，太庙固定的祭祀时间，陵墓一般是清明和忌日；情感不同，太庙庄肃崇敬，陵墓悲戚怀念。

（3）与迷信切分。古代人认为灵魂不死，这是不科学的。现代人对人既有自然科学的研究，又明白逝者的崇高精神境界能教育人、感染人、激励人。

经过三个切分，我们就摆脱了困惑，使太庙祭祖不再是私家行为，而变成全民祭祀共同祖先，理直气壮地向祖先学习智慧，从祖先伟大的功绩和人格中吸取力量，获得祖先的护佑和吉祥。在传承中创造新文化，为当代和后代谋求福祉。太庙也就获得了新生，为中华文化的永久传承发挥不可替代的作用。

贾福林（劳动人民文化宫（太庙）副研究员）

先蚕西陵氏嫘祖与
先蚕坛祭享源流考

◎ 董绍鹏

在北京北海公园的东北角处，有一组平日不开放的面积不大封闭的古建区，这就是闻名全国的北海幼儿园。几十年来，知道这里是幼儿园的人不计其数，但古建区的前身是什么少有人关注，在繁华热闹的城区中，这里颇显几分神秘。其实，稍微懂得一些北京历史知识的人就会知道，这里是中国古代绝无仅有的皇家女性祭祀传说中创造衣食之着中养蚕术和丝织术的人文先祖——西陵氏嫘祖的坛场，名曰北京先蚕坛。说它绝无仅有，那是因为当年这里举办的国家祭祀大典，活动主体几乎都是女性，而它的活动主题，就是与北京先农坛的核心文化内涵父仪天下亲耕耤田相对应的母仪天下亲桑织造，当然，封建国家的皇后自然就是演出的主角。

中国古代神话故事的一大特点，就是神话人物林林总总不计其数。不过众多神话的文化核心，总是围绕着发源于以黄土地带为中心的农耕文明展开，因此神话人物多是披着农耕文明外衣，而农耕文明的一大特征，即是男耕女织。像炎帝神农氏作为中国古代农耕文化始创者一样，西陵氏嫘祖也成为古代蚕丝织造的始创人，千年以来一直得到古代社会以致当今一些地域人们的崇拜。

一、西陵氏嫘祖

古人崇尚万物有灵，更重视对造福民生的圣贤之人的纪念。人们认为，必定有一位神祇开创了桑蚕养殖与丝纺之术，逐渐地，人们把创造丝织物的无名之氏作为圣贤之人加以崇拜，并将之称为"先蚕氏之神"，含义与先农氏、先医氏、先牧氏等先某氏一样，意即在某一行业的开创之人。

先蚕之神的国家祭祀（典章完备的国家祭祀）在周代即已出现。周天子一家的祭祀神祇活动中，包含王后北郊亲祀先蚕之神、行躬桑之礼。不过，自先秦文献上出现祭祀先蚕行躬桑之礼，直至南北朝北朝的最后一个王朝北周之前，中国历代王朝祭祀的先蚕之神均非后世明确的黄帝正妻嫘祖，而分别由西汉的"苑窳妇人、寓氏公主"，甚至黄帝本人充当。直到北周确立先蚕祭祀制度时，后世人们所知道的嫘祖才登场，成为自北周以降一千三百多年的皇家祭祀之先蚕之神：

> 后周制：皇后乘翠辂……至蚕所，以一太牢亲祭进奠西陵氏神。——《隋书·志第二·礼仪二》

所谓西陵氏，就是传说中作为中华民族直系祖先炎黄之一的黄帝轩辕氏正妻——西陵氏嫘祖，后人又称其为"先蚕娘娘"、"蚕神女圣"、"西陵圣母"（四川新津民谣有"三月三日半阴阳，农妇养蚕勤采桑。桑蚕创自西陵母，穿绸勿忘养蚕娘"）。

为何北周时嫘祖成为官祀先蚕之神呢？《史记·五帝本纪》说黄帝"顺天地之时，幽明之占，死生之说，存亡之难，时播百谷草木，淳（驯）化鸟兽虫蛾"，这不过是把种植百谷和驯化家禽家畜的功劳都记在黄帝名下，本来先农之神炎帝神农氏开创的种植农业、辨五谷识百草，这里都张冠李戴记在黄帝头上，如果虫蛾包括桑蚕的话，那么将野桑蚕驯化成家蚕，家蚕能吐丝也就是黄帝的功劳了。《史记·五帝本纪》的这种神话记载所包含的政治目的十分明确，也可作为将黄帝当作先蚕之神的一家之言。依据历代祭祀先蚕之神的记载，推测由于南北朝时由于北齐把黄帝轩辕氏作为先蚕之神加以祭祀，后人感觉让一个男性充当女红之神实在不妥，于是改由黄帝的夫人西陵氏嫘祖来充当，这样黄帝父仪天下，妻西陵氏嫘祖母仪天下，更能体现出传统世俗礼教的合理性。

西陵氏嫘祖对于人们来说其实并不陌生，因为文献中已有描述，当然神话色彩浓厚，如：

> 流沙之东，黑水之西，有朝云之国……黄帝妻雷祖，生昌意，昌意降处若水，生韩流。——《山海经·海内经》
>
> 黄帝居轩辕之丘，而娶于西陵氏之女，是为嫘祖。嫘祖为黄帝正妃，生二子，其后皆有天下。——《史记·五帝本纪》

古汉语中的通假字很多，嫘祖的"嫘"字出现较晚（《说文解字》未收录，证明该书成书之时尚未有"嫘"字），而使用较多的是雷、累、傫、儽，几字通用，其中雷字最为古老。

可见，这个时期嫘祖不过以是黄帝的正妻形象示人，根本与桑蚕或其他家蚕饲养之事无关。

但自从北周王朝将西陵氏嫘祖列为正式的官方先蚕之神加以祭祀后，北周以降的文献就陆续出现之前文献所没有的对嫘祖身世详细描述的内容，如：

西陵氏之女嫘祖为帝元妃，始教民育蚕。——《资治通鉴外纪》

西陵氏之女嫘祖为帝元妃，始教民育蚕，治丝茧，以供衣服，而天下无皴瘃之患，后世祀为先蚕。——《路史·后纪五》

这类促使嫘祖传说继续圆满、内容更加丰富的现象，一直持续到清代。这种在前代的描述上添枝加叶的做法，史书中比较常见，是一个神话传说在历史流变中不断自我完善的过程。

围绕着嫘祖还有形形色色的传说故事，其中比较重要的是三项内容，其一为嫘祖的故国西陵氏之地在四川、在河南、在湖北等地之争，其二为嫘祖是行路之神，其三为嫘祖是百家姓中方姓、雷姓、元姓之祖之说。这些说法有的依靠我国古代桑蚕业发端地的历史依据为证据，有的以古地名的考据为证据，有的干脆以汉以后几部古书中的描述为印证依据，且多以后人添枝加叶的记述互为印证。

所谓嫘祖始创桑蚕织作技术之说，像神农氏始创培植五谷、开辟农耕之术的传说一样，是人们怀念先祖泽被后世丰功伟绩的一种浪漫主义诠释，而将功绩归于一人，实质上是为人民便于流传和记忆。

正如先农之神炎帝神农氏一样，先蚕之神西陵氏嫘祖，是封建专制社会中的国家官祀之神，不是中华民族唯一的先蚕之神，或曰不是唯一的蚕神。农业之神还有后稷，而桑蚕之神还有马头娘，她在民间广为人们祭祀的程度远远超过西陵氏嫘祖，此不详述。

二、亲桑享先蚕：明代之前的先蚕之神国家祭祀

中国古代的每一个神祇，都有其漫长的产生发展之路。无论是对自然神祇的崇拜，还是对古圣先贤的敬祀，除了人们出于功利的考虑，还掺杂着对自然的畏惧。这也符合人类演化发展的规律，即对自然由害怕到敬服，再由长期的观察总结出认知规律后，最终变为试图对自然的掌控，使自然为人所用，由自然王国走向必然王国。

先蚕之神和众多中国古代神祇一样，起源于对朴素生活的认知，上升于日后的社会政治活动。我们知道，越是远古的社会，统治者的日常政治生活越是加大区别于后世的政治繁复，较为接近人类早期生活的本源目的。古人说"国之大事，惟祀与戎"，已经十分明确了人类社会早期政治生活的核心，即对外征战与祭祀神祇。作为神祇之一的先蚕之神，在国家的政治生活中享有一席之地是顺理成章之事。

据史书记载，在成为日后两千多年历代典章效法的周代，祭祀先蚕之神就

已列入国家典章活动，成为先蚕之神国家祭祀的发端。我们沿着史书的记载描述，一直下沿到后世的元代，大致将这一历史阶段的先蚕之神国家祭祀予以还原。

周代

贞元示（音 qí）五牛，蚕示三牛，十三月。

这是商代甲骨文献中记载卜示祀蚕之事的一条重要的卜辞（见胡厚宣"殷代的蚕桑和丝织"，《文物》1972 第 11 期），说明早在殷商时期对于蚕事已有祭祀活动。

众所周知，周代因其完善的国家典章制度，特别是对神祇的国家祭祀制度，成为周以降，尤其是西汉独尊儒术后儒家大力提倡的礼法根源。史书上说，周代天子（帝）亲耕耤田，将收获的谷物作为向宗庙等庙宇神祇供奉的祭品；王后（后）亲蚕，将丝织品作为祭祀宗庙等庙宇神祇时穿着的祭服的衣料（天子亲耕以供粢盛，王后亲蚕以供祭服）。应该说，周代在商代只有祭祀之事而无祭祀典章的基础上有了质的飞跃：

仲春，诏后率内外命妇，始祭于北郊。——《周礼·天官·内宰》

天子诸侯，必有公桑蚕室，就川而为之。大听之朝，夫人浴种于川。——《尚书·大传》

命野虞无伐桑柘。鸣鸠拂其羽，戴胜降于桑，具曲植籧筐。后妃齐戒，亲东乡，躬桑。禁妇女毋观，省妇使，以劝蚕事。蚕事既登，分茧称丝效功，以共郊庙之服。——《礼记·月令》

古者天子诸侯，必有公桑、蚕室，近川而为之。——《礼记·祭义》

王后蚕于北郊，以供纯服；夫人蚕于北郊，以供冕服。——《礼记·祭统》

这里所说的亲蚕具体包括以下内容：

首先，天子、王后与诸侯、公卿的夫人们都有作为代表国家进行活动的场所"公桑蚕室"，在国家公有土地"公田"（也简称田）上种植的桑树林附近建亲蚕活动设施；地点选在都城的北郊（古人将男性定义为阳，女性定义为阴。所以男性的亲耕之礼在正位为阳的南郊举行，女性的亲蚕之礼在非正位为阴的北郊举行）靠近有河流湖泊的近水之处，便于洗涤"蚕种"（蚕茧）；"公桑蚕室"外要有"仞有三尺"的宫墙围绕（周代，一尺合今 0.231 米。又或理解为宫墙高为一仞又三尺。周制一仞八尺，即宫墙高十一尺），墙上还要植上荆棘之类的植物（因蚕室是女性活动场所，墙上植有刺的植物预防异性进入）；时间选在"季春吉巳"日，也就是每年农历三月中的一个天干吉祥、地支为

"巳"的吉日；参与人员为王后及三公九卿的夫人们，以及民间熟练的蚕工、蚕母等；仪式分祭神与躬桑两部分，仪式前斋戒以示虔诚。

其次，大致仪程是：亲蚕当天，王后先是祭神，然后躬桑，即按照天子亲耕"三推"的做法，亲自摘三片桑树叶放在框中，三公九卿的夫人们依次摘下五片、九片桑叶放入框中，然后再按三、五、九之数选蚕种交给蚕工进行洗蚕种。

第三，作为补充的相关祭祀措施，命令山林管理机构在养蚕吐丝的相关月份禁止砍伐桑树，以保证桑蚕的食物供给；同时命令整修蚕事用具、工具，以确保蚕事的顺利进行。

王后的亲蚕之仪，涵盖祭神与躬桑两个重要内容。全部过程中，以躬桑最为体现出"以为祭服"的核心目的，并借此向天下人宣示蚕事的重要性，达到给天下人做出表率的初衷。

不难看出，平民百姓男耕女织的社会经济生活特性，在周的天子之家不仅同样存在，而且更具重要性、更具象征性。重要性在于，统治者既要代表自己敬奉神祇"为祀重"，还要为天下人做出表率，父仪天下、母仪天下，既然天下是自家的，天子王后也就是天下人的政治父母，因此给大家做出积极的榜样不容推脱。象征性在于，尊为天子之家不可能等同于寻常百姓，因此天子推耕三趟木犁、王后摘取三片桑叶加上再选三粒蚕种，意思意思也就达到目的了。从根本上讲，王后的亲蚕之仪与天子的亲耕之仪政治意义大于实际意义。

从此以后，亲蚕之礼就成为后世儒家舍命提倡的一项国之大礼，它与亲耕之礼一并成为日后中国农业社会封建专制国家的重要典章。周代的亲蚕之礼，虽史书上没有明确记载具体哪位周之王后亲行过，但因其出自后世儒家的经典《礼记》所讲述，一样使人坚信不疑亲蚕之礼是周王室所创。周制中所确定的亲蚕日期、选址、设施要求、人员构成，以及"三、五、九"之数的应用，成为后世依行的制度参照，个别朝代虽有更改，但总体上是遵照周礼之制。

这时的先蚕之神没有具体所指，为虚化之称，是只祭名为先蚕的神祇。

两汉时期

西汉与周代一样，史书上没有具体的亲蚕记载，只记有制度，如：

> 春正月丁亥，诏曰：夫农天下之本也，其开耤田。朕亲率耕以给宗庙粢盛。十三年春二月甲寅，诏曰：朕亲率天下农耕以供粢盛，皇后亲桑以奉祭服，其具礼仪。——《汉书·文帝纪第四》

西汉时，亲蚕之仪的主要内容包括：所祭的先蚕之神有了名称，但分为两个神祇加以分别祭祀（苑窳妇人、寓氏公主。窳，音 yǔ，见《汉官旧仪》"今蚕神曰苑窳妇人、寓氏公主，凡二神"）；祭神与躬桑分于两地进行，祭神于都城东郊（五行中东为木，主青，代表生命），躬桑于禁苑之中；祭祀的等级为中牢（祭品为羊与猪）；出现了先蚕坛、采桑台，其中先蚕坛高一丈、方二丈、四出陛；躬桑活动完成后，奖给参与活动者蚕丝。

东汉与西汉区别的是，特别强调了皇后的活动仪仗（如：乘鸾辂，青羽盖，驾四马），明确了皇家祭祀的威仪；设置了管理亲蚕之仪相关事项的官员"蚕宫令、丞"（《文献通考·郊社考二十·亲蚕祭先蚕》），对先蚕之神的祭祀等级未做改变。

有意思的是，东汉祭祀的神祇又改回先蚕之称。

同时，史书上也出现了有确切纪年的官祀先蚕之神记载：

（明帝永平二年三月）是月，皇后帅公卿诸侯夫人蚕。祠先蚕，礼以少牢。——《后汉书·志第四·礼仪上》

汉明帝永平二年为公元 59 年，这一年成为中国历史上有文献纪年记载的官祀先蚕之神的第一次。

两汉时期的亲蚕之仪，起到沿袭周制并为汉以降亲蚕之制的演变定型完成过渡的作用。虽然汉代距周代接近，但因中间历经战国的战乱"礼崩乐坏"及秦代的礼法大变革，完全照搬周制有相当的难度。

需要说明的是，西汉祭祀的先蚕之神"苑窳妇人、寓氏公主"，仅于此时出现过，这两位神祇成为历史上官祀先蚕之神中的特例。

魏晋南北朝时期

这一时期，亲蚕之仪的演变出现了成为后世最终规制的变化，即：祭神躬桑设施的成型完备、祭祀议程的繁复完善，最为重要的，就是将原本与蚕事无干系的传说中的黄帝及黄帝之妻西陵氏嫘祖先后转换为官方认可的先蚕之神（黄帝只历北齐一代），正式开启了西陵氏嫘祖的官祀历史。

这一时期亲蚕的记载有：

（魏）文帝黄初七年命中宫蚕于北郊。——《晋书·志第九·礼上》
晋武帝太康六年，蚕于西郊。——《文献通考·郊社考二十·亲蚕祭先蚕》
（宋孝武帝）大明四年三月甲申，皇后亲蚕于西郊。——《宋书·本纪第六·孝武帝》
（北齐）于京城北设蚕坊，皇后行先蚕礼。——《隋书·志第二·礼仪二》

三国魏的亲蚕应该是遵从了周制，亲蚕地点重新回到北郊。

晋代亲蚕之礼的恢复，是依周代帝耕耤、后蚕桑的古礼对于帝王社稷乾坤之道的重要性而行的。太康六年（285年）有人奏晋武帝司马炎"今陛下以圣明至仁修先王之绪，皇后体资生之德合配乾之义，而坤道未光蚕礼尚缺"（《晋书·志第九·礼上》），要求恢复先蚕之礼。但晋的先蚕之礼可以说比较特立独行，首先，亲蚕地点的选择既没有遵循周之古礼选在北郊，也未尊从汉制于东郊，而是选在西郊。《文献通考》说其选在西郊"盖与耤田对其方也"，为的是与东郊的耤田相对。另一说是因为晋从三国吴的做法，但史书中对三国吴是否行亲蚕之礼并无明确记载，只从三国吴韦昭的《西蚕颂》认为吴曾于西郊亲蚕。其次，蚕坛及采桑台的规制却仍沿用汉制，即先蚕坛高一丈、方二丈、四出陛。第三，躬桑之三、五、九之数袭周制。第四，出行车仗卤簿仿汉魏之制，"衣青衣、乘油画云母安车、驾六骓马"（《文献通考·郊社考二十·亲蚕祭先蚕》）。晋代虽仅进行过一次亲蚕之礼，但对活动的重视程度可说是博采历代之长，可以想象当年是一种何等盛况。

南朝宋沿用了晋代制度，没做调整。宋孝武帝大明三年（459年）下诏，要求于大明四年六宫实行亲桑之礼，"宋孝武大明四年，始于台城西白石里为蚕所，设兆域，置大殿，又立蚕观"（《宋书·本纪第六·孝武帝》），虽然划定祭祀蚕神的活动范围并建造了设施，却"其礼皆循晋氏"，不过是前晋的礼仪继续。

史书中虽未记载北齐高氏王朝亲蚕的具体事例，但对高氏王朝的亲蚕制度有着较为详细描述，与皇帝亲耕一样，可以看出北齐政权对于耕、蚕二礼制度的重视较其他政权更为到位，具体来看大致有以下内容（依照《隋书·志第二·礼仪二》）：

（1）蚕坊位于京城邺城城北的西侧（即城西北方），距皇宫十八里外，这个方位与位于城东南皇帝行亲耕之礼的耤田相对。

（2）亲蚕设施的布局及建制：蚕宫方九十步（五尺为一步），墙高一丈五尺（北齐一尺合今0.2997米），上被以棘。内有蚕室二十七间，桑台方二丈、高四尺、四出陛；先蚕坛方二丈、高五尺，四出陛。外围总长四十步，四面各一门。

（3）祭祀日期：每岁季春（三月）的雨后吉日。

（4）祭祀等级、陈设：如祀先农，用太牢（牛羊猪各一）。

（5）皇后仪仗等：法驾、服鞠衣、乘重翟。

（6）祭祀对象：黄帝轩辕氏，无配位。

（7）由太监充任蚕坛的管理官员蚕宫令、丞。

（8）躬桑之数为三、五、七、九，皇后为三，命妇中服鞠衣者五、展衣者

七、褖衣者九。

（9）礼毕，设劳酒，赏赐随从。

按史书记载，北齐高氏政权是一个短命且极度荒淫无道的朝代。虽然仁政不施，但对于处于胡汉交融大时代环境下的一个近于汉化的少数民族政权来说，努力采用汉法以维护统治秩序是明智的选择。从文献记载上看，北齐政权将周制、晋制的亲蚕之制（特别是其中的西方亲蚕）融会贯通，为后代实施亲蚕之礼打下较为全备的可以依循的参照。

值得一提的是，把一个男性（黄帝轩辕氏）作为先蚕之神，而古时男性又不进行女红之责，这种违背传统男耕女织社会分工且自相矛盾的神祇祭祀，历史上恐怕绝无仅有。

重翟（chóng dí）：古代王后祭祀时乘坐的车子。《周礼·春官·巾车》："王后之五辂，重翟，錫面朱总。"郑玄注："重翟，重翟雉之羽也……后从王祭祀所乘。"贾公彦疏："凡言翟者，皆谓翟鸟之羽，以为两旁之蔽。言重翟者，皆二重为之。"

鞠衣：古代王后六服之一，九嫔及卿妻亦服之。其色如桑叶始生，又谓黄桑服，春时服之。《周礼·天官·内司服》："掌王后之六服：袆衣、揄狄、阙狄、鞠衣、展衣、缘衣，素沙。"汉郑玄注："鞠衣，黄桑服也，色如鞠尘，象桑叶始生。"《礼·月令》季春之月："天子乃荐鞠衣于先帝。"亦为诸侯之妻从夫助君祭宗庙的祭服。

展衣：古代王后六服之一。白色，用以朝见皇帝和接见宾客，又为世妇和卿大夫妻的礼服，《周礼·丧大记》作"襢衣"。展，通"襢"。郑玄注："郑司农云：'展衣，白衣也。'……以礼见王及宾客之服。"一说展衣色赤。

褖（音 tuàn）衣：古代王后六服之一，亦作"缘衣"。郑玄注："此缘衣者实作褖衣也。褖衣，御于王之服，亦以燕居。"《礼·玉藻》："再命袆衣，一命襢衣，士褖衣。"因此也指卿大夫等士妻的命服。

魏晋南北朝时期亲蚕之礼的最大举动，就是于北周时在制度上明确了西陵氏嫘祖为国家祀典中正式的先蚕之神：

后周制：皇后乘翠辂……至蚕所，以一太牢亲祭进奠西陵氏神。礼毕，降坛，昭化嫔亚献、淑嫔终献，因以公桑焉。——《隋书·志第二·礼仪二》

从此，传说中的神话人物、作为中国古代大一统皇权专制政治最高化身的黄帝轩辕氏一家登上了先蚕之神的宝座，黄帝正房妻西陵氏嫘祖摇身成为日后一千三百多年中国家祀奠的先蚕之神。她的祀奠等级和规模与作为中华民族农业之神的先农炎帝神农氏近似，到晚期祭祀之礼干脆就是照搬先农之礼，只不过换个神牌。先蚕之神的最终明确，为这尊神祇在中国文化中的定位提供了最终依据，更使传说中的民族祖先黄帝继续进行全能式的政治发酵，自然他的夫人也沾荣光，成为中华民族政治崇拜核心、精神崇拜核心。

隋唐时期

隋代与唐代在历史上虽说常常并列提起，唐的政治制度各方面包括典章在内虽多效仿隋制，但隋的亲蚕之礼仍与之前南北朝历代做法一样仿晋制，史书上讲隋"先蚕坛于宫北三里为坛，高四尺。季春上巳，皇后行先蚕礼"，"服鞠衣，以一太牢、制币，祭先蚕于坛上"，除了将晋制蚕坛设于西方改回周制设于北方，其余仍旧多依照晋制，不过是稍有增减（自齐及周隋，其典法多依晋仪，亦时有损益《隋书·志第二·礼仪二》），因此隋制仍可看成是一种过渡。

唐代，亲蚕之礼发生了与晋代之制同等重要的重大变化。这一点，与皇帝亲耕之礼的变化性质相同。唐初，在礼法上实行皇帝与大臣就事议事的原则，并没有形成明确制度，因此史书没有留下制度的记载。到唐玄宗李隆基开元之时，才最终形成完备的各项制度，其中也包括皇后亲蚕之制。《大唐开元礼》中，像记载皇帝亲耕之制一样，详细的记载了皇后的亲蚕之制（皇后季春吉巳享先蚕仪），这些制度归纳起来有以下几个方面：

（1）祭祀日期：明确规定为季春吉巳日，也就是周代所定农历三月天干属吉的巳日。

（2）祀前斋戒。一共斋戒五日，其中散斋三日、致斋二日。其中，致斋于皇后寝宫正殿内进行，散斋于后殿内进行。至于其他陪祀官员，散斋则在家，致斋的第一天在家，第二天在蚕坛。六尚、命妇人等也要与各自住所斋戒。

什么是散斋、致斋呢？斋戒，是古人敬神祭祀前的一种礼仪，也是一种身心上的准备工作，表示隆重诚敬的意思。斋戒时，主祭人要事先数日沐浴、更衣、戒酒、用素食等，以使心地纯一，无杂念，诚恳恭敬，不怠慢。除了祭祀外，有时遇到重大事件也要进行斋戒。斋戒可分为"斋"与"戒"两个部分："斋"，又称为致斋；"戒"，又叫作散斋。《礼记·坊记》中说"七日戒，三日斋。"具体说出了斋戒的时间。一般来说，致斋宿于内室中，散斋宿于外室里。古代天子或诸侯主要的居宿地叫作"正寝"，里面还有内室。他们平时居宿于"正寝"，不遇到重大的事情，是不宿于外的。"散斋于外"，是因为国家有了大事。国君要不是致斋或患病，也不会昼夜居于内的。"致斋于内"，是因为要斋戒独居。致斋时一般在正寝，散斋时，要在正寝之外的室内居住。《礼记·檀弓》中说"君子非有大故不宿于外；非致斋也，非疾也，不昼夜居于内"，就是这个意思。

六尚，古代官职名、官署名。"尚"是掌管帝王之物的意思。战国时已有尚衣、尚冠等官，秦有六尚，即尚冠、尚衣、尚食、尚沐、尚席、尚书，汉初仍之。后尚书渐为执政要员，余五尚之职分由人他官所掌。隋文帝始在内廷设女官六尚，即尚宫、尚仪、尚服、尚食、尚寝、尚工，各三人，相当于从九品。隋炀帝大加扩充，依外廷尚书省，设女官局二十四司，将外廷门下省所辖的殿内局，扩建为殿内省，辖尚食、尚药、尚衣、尚舍、尚乘、尚辇六局，亦称六尚，各局设奉御（正五品）、直长（正七品）等员。唐依隋制。

（3）祭祀陈设。主要涉及为参加亲桑活动诸人明确各司其职的工作位置。按祭祀工作的程序分成四步：祀前第三天，设置祭祀用帷幔。祀前第二天，设置雅乐乐悬，摆好位置；建造采桑台（在先蚕神坛南二十步，方三丈，高五尺，四出陛）。祀前第一天，划定参加祭祀人等各司其职的工作位置，如皇后在先蚕神坛上的御位、望瘗位、皇后在采桑台上的御采桑位、命妇采桑位，等等。祭祀当天，天亮前的十五刻宰牲（唐代，作为时间计量单位的一刻，是以一个时辰分五刻计算的，所以唐的一刻约等于今天24分钟，十五刻就是6小时），以豆取毛血，马上开始烹煮牺牲（当时没有固定的神厨建筑，只是在先蚕神坛的东方设一座临时帷幔充当神厨）；天亮前的五刻（2小时），有司于先蚕神坛上摆设先蚕氏神牌，南向。

（4）皇后车驾出宫。祭祀活动前一天的晚上，有司就把部分活动参与者（外命妇）进行召集，带好各自活动道具。活动当天天亮前的四刻（96分钟），命妇等这些低层次的活动人员就进入现场以南，更换服装，各执器具（钩、筐）。从三刻到活动正式开始，每一刻有司各捶一遍鼓，以示提醒。到皇后出宫时，主要以六尚和内命妇迎奉皇后，皇后服鞠衣，乘车而不鸣鼓乐前往先蚕神坛。

（5）祭祀。祭祀当天的仪程繁复，主要由三献、三拜组成，期间分别奏《永和之乐》、《正和之乐》、《肃和之乐》、《雍和之乐》、《寿和之乐》，经进酒、献胙等项，止于奠瘗。祝文：

维某年岁次月朔日，子皇后某氏，敢昭告于先蚕氏：惟神肇兴蚕织，功济黔黎，爰择嘉时，式遵令典。谨以制币、牺齐、粢盛、庶品，明荐于神。尚飨。

（6）皇后亲桑。唐代采桑之数沿袭传统，为三、五、九之制。皇后采三片桑叶，器具交尚宫。参与五、九采桑之数的，是内外命妇（一品各二人，二品及三品各一人），因此一品命妇各采五片、二品及三品命妇各采九片。桑叶交蚕母，蚕母将桑叶切开，交给一名由司宾领入蚕室的婕妤喂食桑蚕。

婕妤，古时皇帝后妃中的一个等级。唐代的规定是：贵妃、淑妃、贤妃、德妃、惠妃为夫人，昭仪、昭容、昭媛、修仪、修容、修媛、充仪、充容、充

媛为九嫔（以上各一人），婕妤、美人、才人各九人为二十七世妇，宝林、御女、采女各二十七人为八十一御妻。

（7）皇后车驾回宫。与出宫时相对，距活动结束三刻到正式结束，每一刻有司各捶一遍鼓，以示提醒。皇后车驾启程时金鼓齐鸣，内命妇像来时一样陪同皇后还宫，而外命妇在有司引导下则各自回家。

（8）劳酒，也就是犒赏。皇后于回到皇宫的第二天，在自己的寝宫正殿摆酒犒赏昨日随从进行亲蚕活动的内外命妇。

综上所述，不难看出唐代对于先蚕之礼的制度制定，较先前历代都有的更为正规严格的规定，除了依周制为制度制定基本原则外，各项议程的细节在历史上第一次达到极为繁复的程度，明显看出唐的统治者试图依据亲蚕之礼的完备，来达到以礼仪教化民众的强烈愿望，这与唐代皇帝的亲耕之礼在《大唐开元礼》中的体现是相同的。男耕女织的农业社会传统，在唐代以国家制度的形式得以充分的肯定，其仪程细节成为唐以后历代制度效法的首选依据。

饶有趣味的是，从《大唐开元礼》的记载中，我们得知参与皇后亲蚕活动的主要随从人员，其实就是皇后周边的后宫嫔妃及宫中女官，国家三省六部之类的品官没有出现，这不能不说，亲蚕之礼的活动人员构成体现出该活动在国家政治生活中的真正地位，实质上比同为农之根本的皇帝亲耕之礼要低得多，可以看成亲耕之礼的陪衬，更可看成是"家天下"统治观念中富于"家"之特性的祭祀活动代表。

唐代，也是中国古代官方祭祀先蚕之神次数最多的朝代之一，共计八次（仅次于清代），史书上的记载从早期到中期都有体现，以唐高宗李治在位为频繁，晚期亲蚕事例未见记载，应该是已经废弛，《文献通考·郊社考二十·亲蚕祭先蚕》载：

太宗贞观九年三月，文德皇后率内外命妇，有事于先蚕。

高宗永徽三年三月，制以先蚕为中祠。

显庆元年三月，皇后有事于先蚕。

总章二年三月，皇后亲祠先蚕。

咸亨五年三月，皇后亲祠先蚕。

上元二年三月，皇后亲祠先蚕。

玄宗先天二年三月，皇后亲祠先蚕。

肃宗乾元二年三月，皇后祠先蚕于苑中。

重点说明的是，唐代皇后亲桑之礼与之前历代最大不同，就是将周制的皇后北郊亲桑，改为在皇家禁苑中亲桑，"唐先蚕坛在长安宫北苑中，高四尺，周回三十步"（《文献通考·郊社考二十·亲蚕祭先蚕》）。这一制度的改变，表面上说皇后身为一国之母，频出郊外多有不便，众嫔妃为皇帝家室，更不能随意示人，实质上如前所述，是封建皇帝将女性主导的皇后亲桑之礼完全看成家之祭祀，因此可以在自家之中进行，只不过在祭祀仪式上参照祭祀先农之礼的官祭排场罢了。这一做法，对后代，尤其是清代的先蚕祭祀之制具有直接的影响。

宋元时期

宋代是一个农桑典章有制无行的时代。说其有制，也不过是进行过几次朝廷官员建议恢复皇后亲桑之礼的进言，亲桑之礼就这样一直在讨论—定制—再讨论—再定制中原地打转，其遵循的古礼摇摆不定，如宋真宗景德三年（1006年），真宗想恢复先蚕之礼，先是大臣陈述一遍先蚕之礼的重要性，建议依从祭祀先农的制度，而后负责祭祀事物的太常礼官又建议对唐制改弦更张，不用唐制而退回到北齐的祭祀制度，不仅如此，还别出心裁地建议真宗把新的先蚕坛建造在都城东郊，"请筑先蚕坛于东郊，从桑生之义"。这种别出心裁的想法，其思考的出发点与当年唐太宗李世民不从礼官建议南郊亲耕而改为东郊亲耕以迎东方主青之"生"气理由相同。到神宗元丰四年（1081年），前代的祭祀定制未见施行，这时又起更改，在礼官建议下，又改回周代北郊亲蚕之制。制度改了，但实际上仍未见亲蚕之礼的实行。

一直到宋徽宗时期，北宋开国已一百五十余年，摇摆不定的亲蚕之礼还在讨论，从记载中可以看出，至少到宋徽宗政和元年（1111年）四月，北宋政权的先蚕祭祀竟然连公桑蚕室、亲蚕殿等先蚕坛基本礼制建筑都未建造，应该只有先蚕神坛（庆历用羊、豕各一，摄事献官太尉、太常、光禄卿，不用乐《宋史·志第五十五·礼五》）。为此，宋徽宗赵佶召集大臣又对蚕坛的规制、方位等技术细节喋喋不休地讨论，这一次讨论的结果虽然仍未完全照搬施行，不过北宋朝廷终于进行了两次皇后亲蚕之礼，也算是对开国以来论而不行式的纸上谈兵有了一个交代，《文献通考·郊社考二十·亲蚕祭先蚕》载：

宣和元年三月，皇后亲蚕于延福宫。

六年闰三月，皇后亲蚕。

宋徽宗宣和元年与宣和六年分别是1119年、1124年，皇后终于能够在禁苑中亲行母仪天下之责，进行险些荒废的亲蚕之礼。此时，距离羸弱的北宋王朝灭亡仅剩三年。

南宋，外辱不断而内政不修，一个民族精神上萎靡不振和扭曲变态的朝廷在苟延残喘中惶惶不可终日度过了一百五十二年，国无大志、只求苟安。初年，只求偏安的高宗赵构除了对大臣装模作样以"朕已在宫中养蚕……可少知女工之艰辛"敷衍外，恢复亲蚕之礼不了了之，直至南宋灭亡。

作为历史上号称倡行汉家礼法的南北两宋，以延续三百一十九年之久只进

行区区两次皇后亲蚕之礼（庆历年间的献祭只为官员代祭，非皇后亲蚕），载入极不光彩的历史记录。

　　元代作为中国历史上一个典型的少数民族入主中原的政权，起初蔑视汉家礼法。随着元代统治者分而治之理念的确立，认识到以汉家礼法治汉对巩固统治的重要性，于是逐步从统治阶层开始恢复以亲耕享先农、亲桑享先蚕为代表的汉家典章，以元世祖带头亲耕为始，终于在开国三十多年后确立农桑祭享的国家制度：

　　武宗至大三年夏四月，从大司农请，建农、蚕二坛。博士议：二坛之式与社稷同，纵广一十步，高五尺，四出陛，外墙相去二十五步，每方有棂星门。今先农、先蚕坛位在耤田内，若立外墙，恐妨千亩，其外墙勿筑。——《元史·志第二十七·祭祀五》

　　元武宗至大三年，即1310年，这一年，元武宗采纳大司农的建议，建立了元代的先农坛、先蚕坛，二坛不设围墙，均建在皇帝的亲耕耤田之中。虽然史籍中均未见元代皇后亲蚕的记载，但农桑二坛的确立，表明了作为草原游牧民族的蒙古统治者对汉家礼法政治上的高度重视，也是在当时蒙古民族统治下的中国实现和谐稳定政治的重要表现。

　　帝躬耕、后躬桑，自周代开始的统治者父仪天下、母仪天下，以亲行耕桑之礼为天下众人之先，既为祭享神祇提供粢盛、祭服，同时也带动天下人重农桑、从本根。周代至元代亲蚕之礼的逐渐明确，从形而下的坛制、布局，到形而上的祭礼、先蚕之神的演变，唐代时完全成熟。唐制成为中国古代先蚕之礼的国家祭祀典范与制度模板，后世清代的先蚕祭祀之法，不过是唐制的延续。

三、明清先蚕之祭与北京先蚕坛

　　明代，汉民族重新成为大一统专制国家的统治民族。在历经南宋以来长达二百五十年的少数民族与汉民族争夺中国统治权的拉锯战过程中，社会生产力遭到极大破坏，人民流离失所，国家人口极度下降。在当时正统汉家上层看来，外夷的长期乱华必然带来汉家礼乐之制的大倒退、大破坏，因此，元末的割据枭雄朱元璋在自称吴王时期就着手恢复唐宋时期的各种国家祀典，并试图依此确立自己的典章制度。1368年，朱元璋称帝建立明王朝。开国伊始，便命李善长等人考订历代典章，确立大明的典章制度。明初的典章涉猎广泛，诸如吉、凶、军、宾、嘉五礼等都在参照前代基础上重新考订，这其中，属于祭祀各类神祇的吉礼占了相当大的一部分。作为源自周代的亲蚕古礼，在分类上属于吉礼。但《大明集礼》中没有相关记载，《明实录·太祖实录》亦无记载，日后的《明会典》说"国初无亲蚕礼"（《明会典·卷五十一·亲蚕》），因此可以肯定地说，朱元璋建国后虽恢复一系列古礼以正汉家典章，但这一系列举动中不含皇后亲蚕之制。

明徐光启《农政全书》中有一例"太祖洪武二年二月，上命皇后率内外命妇蚕北郊，供郊庙衣服如仪，自是岁如常"的记载，因其无任何史书可对质，故不为史学界采纳。

嘉靖帝大礼议与先蚕之礼创立的大致过程

永乐十八年（1420年），明代新都北京宣告建成，永乐十九年（1421年），成祖朱棣颁诏正式迁都北京。史书上说，新建的北京宫殿、坛庙、衙署"悉仿南京旧制"，就是说成祖为了凸显大明政治上的承继性，在北京原样克隆了南京城太祖留下来的各种官制建筑。由于太祖时没有先蚕之礼，因此这时的北京也就不可能有先蚕之坛。

一晃，时间到了1521年，这一年是明正德十六年。明武宗正德皇帝驾崩，由于长期荒淫无度，死时仅31岁且没有后代。国不可一日无君，于是时在湖广安陆府、年仅15岁的朱厚熜被安排急忙赴京继位，次年改元嘉靖即明世宗。

朱厚熜是正德的堂弟，他的父亲兴献王是弘治帝的弟弟，就藩湖广安陆（今钟祥），正德帝是弘治帝的独子。朱厚熜16岁登基、60岁去世，在位45年，是明朝实际统治时间最长的皇帝。

嘉靖帝朱厚熜统治期间，开始了表面上完善祖制、恢复周礼，实质上明确自身政治正统性、加强了皇权、打击排斥了前朝元老的"大礼议"。

开始，嘉靖的政治意图十分清晰，就是将自己的亡父兴献王纳入天子昭穆之制，进入明帝的统治序列，这样，自己的政治身份就自然而然地体现出完全符合帝制传位传统，也拔高了自身血缘的含金量。也就是因为此事，招致满朝文武的极力反对。身为藩王之后，从小远在天边无拘无束的生活，使嘉靖一直反感宫廷中的繁文缛节，为此在进京当初就因为各种礼仪之事与当朝大臣闹得不愉快。随后出于政治与感情需要，想将亡父身份拔高一下，也要与大臣争锋相对，为此持续了三年，虽最后嘉靖以皇权人治战胜了千年以来的尊古循古之礼，但宫廷内的各种开国祖制、典章也借此在他面前走了个过场。这个所谓早年还算意气风发的年轻皇帝，从小在荆楚之地沾染了足够丰富的好鬼神、好自然崇拜的习惯，此时心里逐渐展开一个要对帝王敬鬼神、拜神祇礼制的变更计划，并逐步加以施行，如：拆除天地坛长方形的大祀殿，改建三层重檐，施以青、黄、绿三色琉璃瓦圆形攒尖顶的大享殿（后世清代祈年殿的前身），更名天地坛为天坛；将天地坛中"地"的成分另于北郊辟建地坛，祭祀皇地祇；将

天地坛中的日、月于东西郊外辟建朝日坛、夕月坛；将山川坛中合祀的风云雷雨、岳镇海渎另行辟建天神坛、地祇坛（合称神祇坛）。要说明的是，嘉靖此时所做的一切，不过是表明他自己内心蕴涵的再造大明政治社稷的政治权谋，这些新建的礼制建筑只不过是他的政治道具而已，他虽然好鬼神，但满足政治之需是根本利益出发点，因此嘉靖十九年以前的系列折腾，切切实实地为自己的皇权专制统治秩序的稳固奠定了强大基础。行不行礼并不重要，因为只要礼制建筑建成了就是目的。此后，嘉靖帝就可以放心地一头扎进皇家御苑西苑（今北海、中海、南海）炼丹修道并以道长自居，常年不理国政，以享逍遥自在。

明代先蚕之礼的创立，就是在这个亦私亦公的政治大折腾下登上了政治舞台。

《明实录·世宗实录》卷一百零九记载：

（嘉靖九年正月丙午）吏科都给事中夏言奏："臣向被命查看顺天田土，曾请改各官庄田为亲蚕厂公桑园名额，令有司种桑柘，以备宫中蚕事，未见举行。迩者陛下有事于南郊，臣猥以侍从之末，叨陪法驾，仰见陛下对越严恪，馨香升闻。……帝轸念民事，已无不尽其诚矣。臣感激之余，窃念向所建亲蚕之议，有助于陛下敬天勤民之事，且足以绍圣祖之制，作补当代之阙遗。夫农桑之业，衣食万人，不宜独缺耕蚕之礼，垂法万世不宜偏废。倘蒙采纳。敕礼官会议，以闻令儒臣参酌考订，慨然施行，则天下万世永有瞻仰。

夏言，嘉靖在位前半段时期的重臣，以正直敢言著称，后死于昏君的无道和奸臣严嵩的陷害，其人在嘉靖大礼议及其相关的典章更定过程中，为嘉靖扮演着大力支持者的角色。

史书记载上说，夏言从嘉靖帝忙于祭祀神祇并表现出对随从人员呵护的言行中，不仅看到了年轻皇帝的朝气蓬勃、大明后继有人，更为皇帝的新气象所感动。特别从国家祭祀神祇的新气象中，感到皇帝既然对天地日月敬祀有加，那么作为关涉到社稷安危之本的农桑耕蚕之礼——帝躬耕、后躬桑，也应该得到更加深刻的认识，不应当被荒废。因此，夏言诚恳建议年轻的皇帝一定要恢复亲耕耤田以为粢盛，而皇后要恢复亲桑先蚕以为郊祀祭服。显然，年轻的嘉靖从登基以来一直注意到夏言对自己的政治支持，对夏言的建议即刻采纳，于是马上给礼部下达了命令：

朕惟耕桑王者重事也。古者天子亲耕，王后亲蚕，以劝天下。朕在官中，每有称慕。自今岁始（嘉靖九年），朕躬祀先农，与本日祭社稷，毕，既往先农坛行礼，皇后亲蚕，礼仪便会官考求古制，具仪以闻。——《明实录·世宗实录》卷一百零九那么，对于建造开国以来并未有过的亲蚕之坛，这么重要的大事由谁来督造呢？这个重要的政治任务落在当朝大学士张璁的身上。

张璁（1475—1539年），字秉用，号罗峰，卒谥文忠。浙江温州府永嘉三都人，张璁因和明世宗嘉靖朱厚熜同音，世宗为其改名孚敬，赐字茂恭。因支持嘉靖，成为大礼议的核心人物之一，官拜文渊阁大学士。

张璁熟读三礼之书名不虚传，他向皇帝提出：先蚕坛选址在都城之北的安定门外，以符合周礼北郊亲桑古礼；蚕坛的建造尺寸与先农坛相同；附属建筑设采桑台、蚕室、别殿、斋宫、二十七间育蚕室。张璁所提的建议符合古制，嘉靖帝就同意了。不过，坛址选择一波三折。张璁的提议提出后，有朝臣就说"皇后出郊，难以越宿，且郊外别建蚕室，则宫嫔命妇未得亲见蚕事，势难久行"（《皇明典礼志》卷十二），要求就近选择坛址。

这时的嘉靖皇帝表现出深明古礼的君王之态，申明"亲蚕礼，朕心决之久矣"，指出皇后出宫虽远至安定门外，但更改祭祀地点不能以远近为理由，礼部也曾经说过北郊虽有空地，但没有河流湖泊，无法取得浴蚕之水，因而也建议在城里的太液池另行辟建蚕坛，所以此事要慎重。嘉靖帝还指出，唐宋把蚕坛祭祀一律改在禁苑，已完全不合周之古制，不值得完全效法，否则，会对天子带来政治道义上的危害（实质上，嘉靖是故作姿态，他本对宫中的礼仪繁文缛节忍受不了，但出于塑造自身形象而不得不忍耐，因此危害只是托词）。最后，嘉靖帝采取了折中的办法，将亲蚕坛（就是先蚕坛，含先蚕神坛、采桑台等）筑于北郊安定门外稍西侧，让皇后率公主及内外命妇前去采桑叶；同时在西苑的西北角空地建造织堂，用来最终完成织造郊庙祭服的任务。

由于分开两地进行亲蚕建筑建造，因此很快便完工，"九年二月，建先蚕坛于北郊"（《国朝典汇》卷十八）。但是根据其他文献记载，推测应该完工的是坛内主体建筑，如先蚕神坛和采桑台。嘉靖九年，即1530年，这一年三月，也就是蚕坛建成后的第二个月，明政府在北郊先蚕之坛举行了明代历史上的第一次皇后亲蚕之礼：

（嘉靖九年）三月，始立先蚕氏之祭。岁春择日皇后祭，用少牢、礼三献、乐六奏。……公主、内外命妇陪祀。——《国朝典汇》卷十八

皇后从西华门出宫，众随行女官前呼后拥，热热闹闹抵达北郊安定门外的新建祭坛，按古礼祭祀先蚕之神西陵氏嫘祖，而后行采桑。

不过，就是这首开的亲蚕礼，也让朝中食古及体恤皇帝真正心思的大臣坐不住了，嘉靖十年（1531年）二月，朝臣对嘉靖说：去年皇后的亲桑之举，已经成功地为天下人示范了桑蚕之事的重要性。现在，相关的蚕坛建筑还在收

尾施工，这种情况下还是遣官祭祀为好。又说，去年皇后娘娘出城遇到大雾弥漫，天气不是很妥当，这种情况下根据古制可以考虑皇后不用出宫，在皇宫里举行代祭之仪，同样也可以体察到民间织妇蚕事之艰辛，因此只要达到明察大义的目的就可以了，不一定非要年年出城亲自祭祀（《明实录·世宗实录》卷一百二十二）。其实，嘉靖何尝不是如此考虑？本来，建个祭坛做做样子就是他的本来目的，因此大臣所说被采纳了，嘉靖最终以皇后出入不便、北郊无浴蚕之水、一事分二地进行不妥等，下旨在西苑西北角已建织室的地方再建先蚕神坛、采桑台，拆除了北郊的建筑设施。这样，沿袭周之古礼的北郊亲蚕终于还是被在皇帝自家禁苑内行事所替代，唐宋开始的宫内亲蚕已经彻底取代了周代皇后代表国家亲蚕，成为皇帝自家行亲蚕之礼，也就是说，原本的"太祭"已经演变为"帝祭"，国事成为了家事。到后世清代就更为明确，祭祀等级虽为中祀，但祭祀事宜管理改为管理皇帝家事的内务府进行，与国家机关的管理完成脱离。

《明会典·卷五十一·亲蚕》载：

坛高二尺六寸，四出陛，广二丈六尺，甃以砖石。又为瘗坎于坛右方，深取足容物。东为采桑台，方一丈四寸，高二尺四寸，三出陛，铺甃如坛制。台之左右树以桑。坛东为具服殿，三间。前为门一座，俱南向，西为神库、神厨，各三间，右宰牲亭一座。坛之北为蚕室，五间、南向，前为门三座，高广有差。左右为厢房，各五间，之后为从室各十，以居蚕妇。设蚕宫署于宫左偏，置蚕宫令一员、丞二员，择内臣谨恪者为之，以督蚕桑等务。

《国朝典汇》卷十八亦载：

（嘉靖）十年……三月，建土谷坛、先蚕坛于西苑。

明代的西苑蚕坛，也成为后世清代建造先蚕之坛的样板。清雍正时，虽然将明的蚕坛改建为祭祀雨神龙王的时应宫，但它的影响却无法从历史中完全抹去，如蚕坛的西墙外明末清初形成名为"蚕池口"的地名，名称中就透露出这里原来具有的历史功能的信息。

新坛建成后，原来安定门外的蚕坛建筑随之废弃。而前文所说的那位建议皇帝复行耕蚕之礼的夏言，"以耕蚕礼成，赐吏科都给事中夏言四品服"（《国朝典汇》卷十八）。

嘉靖十年（1531年）四月，皇后举行了第二次亲蚕之礼：

四月，皇后行亲蚕礼于西苑。……止筵宴、用笏前导……赐蚕母王氏等二十七人各布一匹。——《国朝典汇》卷十八

嘉靖九年、十年的两次亲蚕，成为大明历朝二百七十六年中仅有的两次祭

祀先蚕之神。嘉靖四十一年（1562年），当礼部礼官提请嘉靖遣女官祭祀先蚕之神时，这位自称道长好鬼神皇帝终于揭下伪装了三十多年的假面具，以一句"耕蚕二礼昔自朕作，即亲耕亦虚渎耳，必有实意为之"，表达了自己心底的真实想法，于是亲耕耤田、亲桑先蚕"具罢之"，结束了明代短命的皇后亲桑享先蚕之礼。

清代先蚕之祀确立的大致过程

清代，是中国古代大一统专制制度下的最后王朝。清代对于先蚕之祀的认识，不像对于先农之神的认识那样到位，存在一个逐渐认知到彻底落实的过程。与明代相比，认识先蚕之祀的重要性虽稍滞后，但最终能够落实到典章活动中的实处，虽无法摆脱为了政治做做样子之嫌，但远比明代那位自称道长的嘉靖帝只说不做彻彻底底自欺欺人的做法值得称道得多。

根据文献记载，清代的先蚕之祀从认识到落实大致经历了三个过程。

康熙帝的西苑蚕舍

清康熙帝（爱新觉罗·玄烨，清圣祖，1654—1722年），是大清帝国人主中原后的第二位皇帝，在位长达60余年，也是清代在位年限最长的皇帝（清乾隆帝是另一位，但不计其三年太上皇）。康熙帝在位期间，除了继续通过军事、政治手段巩固国土、加强皇权外，也对源自明末来华的西洋天主教、基督教等教派传教士带来的近代科学知识和科学技术产生浓厚兴趣，用了较多的时间向西洋传教士领略近代科学的奥妙，同时通过自己的一些实践对所学到的科学知识加以验证。在诸多的"科学实践"中，康熙帝深知由来已久的古训"民以食为天"对江山社稷的重要性，同时也认识到，大清的国家政治秩序尚在打基础阶段，对于大清的统治阶层来说，尽快稳定全国范围内的反清思想带来的政治不稳，不仅是通过所谓的法律和分而化之的政治手段，还要通过改善民生的行动使民族的不满情绪得以缓和，使汉民族等清帝国内的民族认识到一个良好的皇帝才是人民安康的国家保证。当然达到这一目的方法多样，而康熙帝除了采取传统行之有效的方式之外，更是别出心裁地冒着别人可能认为是"奇技淫巧"的讥笑，试行粮食作物的优选优育且亲行桑蚕养殖，从行动上试图使自己更为清晰地了解农桑之艰、之重要（但需要说明的是，康熙帝也无法逃脱传统帝王驭人之术的影响，他的亲历农桑之举只局限在使自己更为清楚而不想使国民明白的愚民之说之中。因此他的亲历农桑之举，也可以理解成对农桑之学的把玩）。无论如何，康熙帝还是吸取了西洋近代科学提倡的实证方法，较为重视试验，尚实而虚文，在中南海"西苑"创建丰泽园并开辟稻田数亩，在丰泽园投入了大量"业余时间"钻研水稻种植技术，亲自试验水稻良种的优育优选，培育出籽实粒大、成色诱人的良种稻"御稻米"，以致"岁取千百，四十余

年以来，内膳所进，皆此米也"（《康熙几暇格物篇》），并向全国推广；同时在丰泽园的东侧建蚕舍数间，并植桑树成排，养蚕、浴蚕种，缫丝、纺丝，使丰泽园一带成为皇家专用的农业试验场。

康熙帝的这一举动，不仅受到后世子孙"劝课农桑"、"重农从本"的称道，事实上也为皇家对蚕事在国家政治生活中的地位提供了说辞，先行的事实为后行的祭祀铺垫了行为上的依据。

雍正与乾隆之交时期的先蚕祠

清雍正帝（爱新觉罗·胤禛，清世宗，1678—1735年），是中国历史上较为少有的勤政皇帝之一，在位仅十三年，却以超常的工作效率载入史册，据称在位期间批阅文件批改的文字、批示达千万字。虽然为了加强皇权做了一些违背情理之事，为了钳制人民思想大兴文字狱，但其人在体恤民生方面却值得大书特书。可以这样说，雍正皇帝力图通过自己的行为，提振已经显现的大清贵族的颓废人心，试图不断以为人之先做出表率，改进吏治，促进国家长治久安。在国家经济政策上采取一些列措施，著名的如"摊丁入亩、火耗归公"，安定了人心，客观上也为社会生产特别是传统农业的发展提供了条件。

转眼到了雍正十三年（1735年），这一年的四月有位大臣对雍正帝奏称，北京作为国都，理应按古制建立先蚕之坛，以祭祀先蚕之神西陵氏嫘祖。这样，一耕一蚕，帝亲耕后亲蚕的格局才能确立。这类提振国家农桑根本认知的大臣奏议，马上为雍正帝批准。不仅如此，雍正帝又以当初向全国推广先农之神地方官祭的思路，诏谕全国推行先蚕之祭：

> 四月。己亥。礼部议覆。河东总督王士俊奏请奉祠先蚕。……周制蚕于北郊，其坛应设于北郊。祭日用季春吉巳。一切坛制祭品，俱视先农典礼。京师为首善之地，应于北郊建坛奉祀。届期，派礼部堂官一员承祭。通行直省各府州县，一体遵行。从之。——《清实录·世宗实录》一百五十五

也就是说，在京城北郊和地方治所北郊一律建立先蚕之坛，每年季春巳日致祭，且"一切礼仪均依祭先农典礼"（光绪《清会典事例·礼部》卷三一四）。

不凑巧的是，雍正帝这年的八月离世，爱新觉罗·弘历（乾隆帝，清高宗，1711—1799年）成为继任者，先前推行地方官祭先蚕之神的计划暂时搁浅。

乾隆元年（1736年），又有大臣旧事重提，仍请求按先帝遗愿在地方设立先蚕之坛，所不同的是，设立范围缩小到有养蚕业的省份。不过这次也有人提出别的看法，认为为先蚕设坛祭祀在大清从未有过，要设立的话，只宜在京城先设先蚕祠进行遣官祭祀：

春正月。癸卯。直隶总督李卫疏请出蚕省分，建立先蚕坛。总理事务王大臣议覆，为坛以祀先蚕，经传未闻，未便各省城通立。应于京师建祠奉祀，至期，遣礼部堂官一员承祭。从之。——《清实录·高宗实录》十

其实这不过是对先前雍正帝时打算在京城设先蚕坛做法的一次调整，因为清代自建国还未有过设立先蚕之坛、考证先蚕之礼的过程，看来不宜速动，礼仪制订要慢慢来，先在北京城北部偏东侧的安定门外建个先蚕祠进行一下过渡。

关于这座先蚕祠，文献没有什么可以说明问题的文字记载，大致能够知道的，只有两项：其一，每年农历三月遣太常寺官员前去告祭；其二，祭品使用少牢，即一头羊、一头猪。从《清实录》中，我们得知自乾隆三年（1738年）到乾隆八年（1743年），清政府共计遣官六次告祭先蚕之神。后来，随着位于北海东北部新的先蚕坛的建成，这座先蚕祠也就荒废了。

乾隆帝创建先蚕坛

众所周知，清乾隆帝个性好大喜功、擅远游，又好诗文，同时在位期间对立国以来的国家典章进行较大规模的完善补充。但有一点是承继了康熙、雍正的做法，那就是对维护并加强农桑之国本的传统治国政策没有放松，深知农桑是民之维生的根本，是社稷永祚的首要，是国家经济命脉。因此加强农桑对于社稷重要性的认识，从实际行动上、从典章上都要采取措施。

前述中已知，乾隆帝即位后基本遵照雍正帝的想法，在北郊设立先蚕祠，派官员祭祀。祠的祭祀等级属于官方祭祀中最低一级，即群祀。导致乾隆帝正式创立清代皇后躬桑享先蚕之礼的想法，原本是由当时大学士鄂尔泰编纂《国朝宫史》，考虑到乾隆帝登基以来完善各项典章，但按照古制唯独尚缺皇后的北郊亲蚕之礼，故而上奏乾隆，请求创建先蚕坛，实行皇后亲桑享先蚕。

乾隆帝深知创立皇后亲蚕之礼的政治意义，不仅是在国民面前树立"天子亲耕、皇后亲蚕"的父仪天下、母仪天下的家天下政治形象，更是实现自己所谓"千古一帝"崇文尚虚政治高大全形象所必须。因此乾隆帝立即同意了这个请求，还与臣下就沿袭周礼北郊躬桑之制还是采用唐宋内廷亲蚕之制进行了探讨，总的来说，在坛址选择与坛内建筑布局上实行了中庸，即：皇后乃一国之母，出京城远行亲蚕之礼多有不便，北郊也没有浴蚕之水，因此选址采用唐宋内廷祭祀的做法，在西苑的东北角前明的雷霆洪应殿旧址，辟建清的先蚕坛。之所以选在这里，一是为了尽最大限度符合北郊亲蚕的北之方位之意，二是可以使用北海之水作为浴蚕河，自北而南穿过坛内，实现了浴蚕的客观需求。乾隆帝较为严格地采纳了内务府大臣海望的历史考证，尽最大可能还原自周代起始的先蚕之祭所涉及的功能建筑：

具服殿，也称亲蚕殿、茧馆，皇后在坛内祭神前更换祭服之处，也是行献茧礼、选蚕种之处；

织室，皇后行缫丝礼之处，也是坛内女性丝织工人（织妇）缫丝与纺丝之处，布料用来制作皇家祭祀礼服之用；

先蚕神坛，祭祀国家的先蚕之神西陵氏嫘祖的祭坛，砖石台；

观桑台，也称采桑台，是皇后按周代古制亲自采摘三片桑叶后，观看嫔妃摘五片、福晋摘九片、命妇终采等事项的砖石台；

蚕舍，二十七间，养蚕之处。

当然，时至清代也要有当时的祭祀考虑，比如设立供奉先蚕之神神位的蚕神殿（先蚕之神享殿）、收纳祭祀用品的神库及制作祭品的神厨、管理机构先蚕坛祠祭署等，使先蚕坛的使用功能达到历史上最为完善的状态（关于先蚕坛建筑相关情况的介绍，详见第三章）。

乾隆七年（1742年），"八月，辛卯。定亲蚕典礼"（《清实录·高宗实录》一百七十二）；乾隆十一年（1746年），"正月。庚午。钦定祭祀中和乐章名。……先蚕坛乐：迎神，麻平。奠帛、初献，承平。亚献，均平。终献，齐平。彻馔，柔平。送神，洽平"（《清实录·高宗实录》二百五十六）；乾隆十一年（1747年）二月，参照先农坛遣官代皇帝祭祀先农之制，又制订遣妃恭代皇后祭祀先蚕之礼；乾隆十三年（1748年），"正月。丁亥。定祀典祭器。……日、月、先农、先蚕各坛之爵，社稷、日、月、先农、先蚕豆、登、簠、簋、铏、尊，均用陶"（《清实录·高宗实录》三百六），先蚕坛的祭祀礼器与先农坛相同；乾隆十四年（1749年），因乾隆帝的正室孝贤皇后富察氏于前一年过世，尚未册立新后，"二月。己卯朔。定派官致祭先蚕例……应照皇帝不亲行耕耤顺天府尹致祭先农之例，于内务府总管或礼部太常寺堂官、奉宸院卿内，酌派一人致祭，方足以明等威而昭仪制"（《清实录·高宗实录》三百三十四）。

至乾隆十五年（1750年）时，最终完成了清之先蚕坛一切相关制度的确立。

清代先蚕之祀的内容

清代自乾隆帝确立的先蚕之祀，从祭祀礼仪、祭祀陈设、祭祀乐章、祭祀乐器，以及祭祀的组织管理工作，包括管理机构、蚕坛工作人员等，都有详尽的规定。

我们这里先要提及一下先蚕坛的管理，因为这是其与其他坛庙的最大不同之处，也是先蚕坛所独有的管理特色。

我们知道，传统农业社会的经济运行模式是男耕女织。自周代开始，在国家典章制度活动中就出现了天子南郊亲耕耤（耤，音jiè）出以为宗庙粢盛（粢盛，意即祭祀贡品），王后北郊亲桑以为祭服的做法，这一耕一桑，虽说原本用意是指向"国之大事，惟祀与戎"中的"祀"，即祭祀祖先和神祇，但其活动形式却是实实在在的农业生产活动内容，因此帝后的耕桑之举逐渐地还是转变为代表统治者重视农桑、劝课农桑的朴素目的，到清代这一目的更为明确。虽然说帝代表一国之父，后代表一国之母，耕与桑都是为天下人做出表率，但男女社会地位的不平等，使神圣的祭神活动也打上了性别不平等的印记，这在清代的先蚕之神祭祀活动管理中得以突出体现。与之前历代不同，清代的先蚕祭祀不是由政府机关六部之一的礼部及太常寺、光禄寺等国家机关管理，而是由专门管理皇家内部事务的"管家"内务府归口管理，从管理上把国事事实上降格为家事，但又维持五礼之中吉礼的中祀规模，且又对外宣称皇后亲桑母仪天下。表面看会感到这样处理先蚕之神祭祀比较怪异，其实，这正是封建专制王朝家天下的政治体现，即国就是家，家就是国，主持祭祀的皇后是皇帝内人、从属皇帝，内人祭神自然就完全可看成自家之事，因此由内务府管理先蚕坛事务也就顺理成章。

还有一个现象，因为养蚕纺丝都是女性行为，参加先蚕坛的祭祀人员如皇室、官员夫人及平日工作人员也都是女性，在古代男女授受不亲的封建礼教约束下，这类女性进行的活动不可能让男性参与，所以参与先蚕坛的祭祀活动人员，除了上述人员外，就是那些所谓阴阳人的太监。因为有些工作非女性所为，只有太监可以胜任，比如吹奏祭祀乐章的乐工，就不是由天坛神乐署的乐舞生充当，而是由太监充任，以强调男女有别。参与祭祀仪式全程的女官，均由宫女中选出充任，如人数不足，则于内务府或八旗的命妇中选出充任。

正因为如此，如遇皇后或嫔妃、皇亲国戚等无法亲自祭祀先蚕之神时，指派皇帝的"管家"内务府大臣代行祭祀就成为可能。依照《清实录》统计，有清一代由内务府大臣代行祭祀先蚕之神计有十五次，出现于清咸丰朝及其以后时期。

先蚕坛的日常事务性管理，由先蚕坛祠祭署进行，设蚕宫令一员、蚕宫丞一员（先蚕坛祠祭署归内务府辖），工作人员分为专门饲养桑蚕的蚕妇和指导管理蚕妇技术工作的蚕母（类似今军队中管理士兵的军士长）。蚕妇多是由南方养蚕大省，如浙江省、江苏省等处优选而来，每年养蚕季节到京完成相关工作。按清代有关档案记载，这些远道而来的南方养蚕妇人被安置在圆明园专门为她们建造的住处，每日进行熟练完成育蚕及参加祭祀先蚕之神活动议程的训练，甚至充当打扫圆明园工作人员的角色（清内务府《奏销档》）；而在桑蚕孵化到结茧的适值皇家亲行亲桑之礼期间，这些蚕工临时居住在先蚕坛的蚕室，以完成育蚕相关工作，蚕母则由内外命妇中熟悉养蚕之事的年长者充任。

先蚕坛祭祀诸方面，按清帝的要求基本参照先农坛的做法实行，尤其是祭祀先蚕之神程序，以及祭祀陈设、祭祀乐器，甚至皇后行躬桑礼时的躬桑采桑歌的形式、采桑歌的乐器等，多与先农坛相同，这是出于农桑本一家朴素认知的礼制选择。

根据清代文献记载，先蚕坛的祭祀活动内容主要为亲桑三礼：

亲祭礼：即祭祀先蚕之神西陵氏嫘祖。与先农坛祭祀先农之神炎帝神农氏一样，这是参仿始自周代的皇家祭祀仪程沿袭下来的标准祀神活动。规模为中祀，活动日期为每年农历二月或三月的"吉巳"之日（季春"吉巳"日）。活动地点在先蚕神坛，神坛上的陈设与先农坛相同（见本节附），即坛上北侧设黄色神幄，内有神案（怀桌），上奉"先蚕之神"红地金字神牌，礼器若干，坛上南侧设皇后的黄色拜幄，行初献、亚献、终献等三献之礼，祭祀的馔、帛等物瘗埋于神坛西北角的瘗坎。祭祀由皇后亲自进行（皇后不能亲祭时，由妃、福晋、内务府大臣代祭，仪式从简）。台下设乐工、歌工（均由太监充任），演奏、演唱祭祀先蚕之神的相关乐章，不设舞生，就是说，先蚕之祀有乐无舞，这是与其他中祀活动的最大不同之处。

躬桑礼：与先农坛躬耕一样，躬桑是先蚕坛内独有的祀神礼仪之一。主要内容是：皇后祭神完毕的第二天，如果蚕已孵化出生，遂与妃嫔（两人）、福晋（三人）、命妇（四人）再次来到先蚕坛，在桑树林中按照周代"三、五、九"古制，皇后先用金钩采摘三片桑叶，然后登上观桑台，观看妃嫔与福晋、命妇各自采摘五片、九片桑叶。这些桑叶由蚕母亲自送到蚕舍，由蚕妇切成桑叶条，将其喂食新孵化出的小蚕蚁。桑树林其余的桑叶，由参与活动的蚕妇们继续采摘。皇后祭神完毕的第二天，如果蚕尚未孵化出生，则由内务府奏请另行择日进行。躬桑礼行前一日，先由内务府官员在龙亭、彩亭中陈设采桑器具：皇后金钩黄筐、妃嫔银钩柘黄筐、福晋夫人命妇铁钩朱筐。接着这些器具还要陈设于交泰殿中的陈设案，由皇后亲自审视。审视完毕，仍放回龙亭、彩亭，由内务府官员运至先蚕坛观桑台附近摆放。

献茧缫丝礼：与躬桑礼共同组成先蚕坛内独有的祀神礼仪。按照桑蚕的生命规律，孵化成蚕蚁的桑蚕要大量蚕食桑叶，历经三眠，吐丝作茧，这时（约农历四月或五月），内务府官员提请皇后再到先蚕坛，在具服殿内亲自拣选由蚕母奉上的优质蚕茧（从中再挑出外观养眼的几枚，带回皇宫献给皇帝、皇太后观看），然后在织室金盆内缫丝三次，从祭的妃嫔缫丝五次。

采桑叶、缫丝这些原本出自民间生产生活的平常内容，在皇家礼仪活动中升格为肃穆、凝重的祭神议程。这些活动与先农坛亲耕耤田一样，成为中国古代祭祀文化中特色鲜明的、富有浓郁农业生产特色的、紧接中华民族农业文明地气的独特祭祀形式。

清代历史上最为隆重的一次皇后先蚕坛亲祭先蚕之神、行躬桑之礼，发生在乾隆九年（1744年）。乾隆七年（1742年），新的先蚕坛建成，乾隆八年（1743年），乾隆帝确定清的皇后亲祭先蚕坛仪程仪轨。九年农历三月初三"皇后亲享先蚕坛，翼日行躬桑之礼"（《清朝文献通考·卷一百二·郊社十二》），由皇后富察氏按照先蚕仪程仪轨进行了开国第一次亲桑享先蚕，活动庄严、肃穆、圆满，仪式隆重，可谓首开告成。乾隆帝在欣喜之余，命宫廷画师郎世宁绘《孝贤皇后亲蚕图》，以志纪念。

皇后富察氏于乾隆十三年（1748年）病逝，乾隆帝因追思亡妻之故，命人将首次亲蚕礼成后所得蚕丝织造的丝帛永远作为纪念之物，以为宫中观瞻。

至清亡，皇后亲行先蚕祭祀、躬桑之礼计54次，亲行缫丝之礼计4次（以上数据来自《清实录》）。有趣的是，亲行先蚕祭祀、躬桑之礼贯穿乾隆以降，而行缫丝之礼却只出现于光绪年间。由此，清代成为中国古代国家祭祀先蚕之神西陵氏嫘祖次数最多的王朝。

"宣统三年三月。丁巳。祭先蚕之神。遣总管内务府大臣增崇行礼"（《宣统政纪》五十一），这是清代最后一次举行先蚕坛的祭祀活动。从此以后，先蚕之神西陵氏嫘祖的国家祀典正式退出了中国历史舞台，随着文明的演进逐渐为人们所遗忘。

董绍鹏（北京古代建筑博物馆陈列保管部　副研究员）

先农坛宰牲亭与北京坛庙宰牲亭比较研究初探

◎李莹

一、本文缘起

北京先农坛坐落在北京城正阳门外永定门内西侧，与天坛隔街相对，是明清两代封建国家祭祀先农、躬耕耤田以及祭祀太岁、山川、天地神祇等神灵的场所，始建于明永乐十八年（1420年），至今已经有近600年的历史。

中国古代国家祭祀有着极其复杂的仪程，最初的祭祀以献食为主要手段。《礼记·礼运》记载："夫礼之初，始诸饮食。其燔黍捭豚，污尊而抱饮，蒉桴而土鼓，犹可以致其敬于鬼神。"从这段文字可以看出，人们最早向神灵敬献的食物主要是猪肉。在中国以农业为主的社会中，肉食是十分宝贵的食物，将自己最珍贵的食物做成祭祀品供奉神灵，是人们用来表达自己虔诚之心的主要方式。这些祭祀品被人们通过"埋"、"沉"等方式将贡献给了不同的神灵。古代用于祭祀的肉食动物叫作"牺牲"，宰牲亭则是处理牺牲的场所。

北京先农坛宰牲亭作为明清祭祀先农诸神宰杀牺牲的场所，位于先农坛神厨院落的西北方向，面阔五间，进深七檩，建筑面积达261平方米，屋顶形式为重檐悬山顶，独特的屋顶形制被著名古建专家单士元先生认证为国内官式建筑中的孤例。宰牲亭作为中国古代重要的一类礼制建筑，其建筑形制同祭礼等级存在着密切的联系。

作为中国传统祭祀坛庙的功能建筑，宰牲亭发挥着不可替代的功能。在北京地区如天坛、地坛、日坛、月坛、历代帝王庙等坛庙中，都能看到宰牲亭的身影，但是这些宰牲亭的形制大都为重檐歇山顶，与北京先农坛宰牲亭有明显区别。

通过北京先农坛宰牲亭同北京皇家主要坛庙中宰牲亭的形态、规制、建筑特色等比较研究，分析北京先农坛宰牲亭形成的独特原因，展示在中国传统礼制建筑中的影响及作用。

文献中有关北京先农坛宰牲亭的记载稀少，仅在《清工部则例》、《大清会典图》中有寥寥数语。今人对它的研究更是有限，《先农神坛》（董绍鹏、潘奇燕、李莹合著）、《北京先农坛》（董绍鹏、潘奇燕、李莹合著），韩洁的论文《北京先农坛建筑研究》等著作、文章中，均将宰牲亭作为北京先农坛附属建筑有简短的描述，对宰牲亭形成原因、在中国传统礼制建筑中的作用并未做过多阐述。

通过北京先农坛宰牲亭与北京地区皇家坛庙（如天坛、地坛、社稷坛、日坛、月坛等）中的宰牲亭建筑进行比较研究，展示宰牲亭这一建筑类型在中国传统礼制建筑中的作用及影响，试探性阐述北京先农坛宰牲亭特殊形制的形成原因，希望抛砖引玉，为北京先农坛及北京的皇家坛庙研究添砖加瓦。

二、明代以前历代先农坛建筑概述

中国自古以农立国，古时的先民靠天吃饭，自然条件的好坏直接影响着农业的丰歉。由于原始社会生产力极端低下，原始先民的思维能力和认识水平十分有限，他们不能科学合理地解释那些影响农业生产的自然现象，而是把它们看成是在神的作用下而产生的神奇的现象。万物有灵观念普遍存在于古人的意识之中，农业神灵是万物有灵观念的一个重要方面。古人崇拜这些与农业有关的神灵，并希望通过对农业神灵的祭祀来保佑农业的丰收，于是就开始了对农业神灵的崇拜。

在中国古代众多的农业神中，炎帝神农氏是中国民族世代奉祀敬仰的农业神灵。神话传说中，他遍尝百草，为人们找到可以医病的草药和能够食用的粮食，亲自耕种，并将耕种技能传授给天下百姓，让百姓种植五谷，使人们脱离了茹毛饮血、居无定所的原始状态，过上定居的农耕生活，因炎帝神农氏在天下百姓之先掌握了农耕技术，故被后世人尊称为先农。春秋战国时，有关炎帝的神话在民间广泛流传。根据史书记载，除了民间要祭祀炎帝神农氏以外，历代的封建统治者也要举行祭拜炎帝的礼仪。"先农"之称始于汉代，认为"先农即神农，炎帝也"[①]，祭祀先农正式列为国家祀典，开始在国家政治生活中发挥重要作用，一直延续到清末。

国家祭祀体系中的先农之祀主要分为两个部分，即：耤田礼和祀农礼。耤田礼最初是天子或诸侯执末耜象征性地在耤田上耕种，以供宗庙粢盛，客观上以此来为百姓做农耕表率的礼仪，与祭祀先农没有必然关系。

汉代，耤田礼逐渐与祭祀先农的礼仪合二为一，统称"亲耕享先农"。汉代统治者仿效祭祀社稷的形式制定祭祀先农礼仪，创建神农祠，开启了先农炎

---

① 《古今图书集成》，博物汇编神异典第三十四卷，中华书局、巴蜀书社出版 1985年版，第 60158 页。

帝神农氏祭祀制度之始。[①]《汉官旧仪》记载："春耕耤田官祀先农，百官皆从，置耤田令丞。"同时，书中还记载："先农，神农炎帝也。祠以太牢，百官皆从，皇帝亲执末耜而耕，天子三推、三公五、孤卿十、大夫十二，庶人终亩。乃至耤田仓，置令丞，以给祭天地宗庙，以为粢盛。"

由上推测，当时先农祀典的主要有先农祭坛以及耤田仓，其中耤田仓就是后来的神仓。神仓是西汉时期先农坛建筑中重要的组成部分，承载着封建帝王粢盛的政治愿望。

东汉光武帝在洛阳城修建南郊坛，在一座圆形双重祭坛上供奉着天地、五帝、日月、北斗、先农、风伯、雨师、四海、四渎、名山、大川等众多神灵。

魏晋南北朝是中国历史上政权更迭最频繁的时期，尽管如此，耤田制度还是在这乱世的时代得以保存下来，帝王实行祭农礼在很多文献中都有记载：

《晋书》卷十九"礼上"："汉文帝之后，始行斯典。魏之三祖，亦皆亲耕耤田。"但是曹魏时，只是行耕耤礼，并没有祀享先农。直到西晋武帝泰始四年，"有司奏始耕祠先农，可令有司行事"。晋武帝"乘御木辂以耕，以太牢祀先农"。

《魏书·太祖纪》载天兴三年："始耕耤田。"

《宋书》卷十四《礼志一》中记载刘宋文帝元嘉二十年（443年）时耤田活动仪式和过程：

"先立春九日，尚书宣摄内外，各使随局从事。司空、大农、京尹、令、尉，度宫之辰地八里之外，整制千亩，开阡陌。立先农坛于中阡西陌南，御耕坛于中阡东陌北。将耕，宿设青幕于耕坛之上。皇后帅六宫之人出穜先立春九日，尚书宣摄内外，各使随局从事。司空、大农、京尹、令、尉，度宫之辰地八里之外，整制千亩，开阡陌。立先农坛于中阡西陌南，御耕坛于中阡东陌北。将耕，宿设青幕于耕坛之上。皇后帅六宫之人出穜稑之种，付耤田令。耕日，太祝以一太牢告祠先农，悉如祠帝社之仪。孟春之月，择上辛后吉亥日，御乘耕根三盖车，驾苍驷，青旗，着通天冠，青帻，朝服青衮，戴佩苍玉。蕃王以下至六百石皆衣青。唯三台武卫不耕，不改服章。车驾出，众事如郊庙之仪。车驾至耤田，侍中跪奏：'尊降车。'临坛，大司农跪奏：'先农已享，请皇帝亲耕。'太史令赞曰：'皇帝亲耕。'三推三反。于是群臣以次耕，王公五等开国诸侯五推五反，孤卿大夫七推七反，士九推九反。耤田令率其属耕，竟亩，洒种，即耰，礼毕。"

从这段文字我们可以看出，经过魏晋南北朝，耤田礼和祀农礼已经成为祭祀先农礼仪中重要的两个组成部分，二者密不可分，这是农业在国家政治经济

---

① 《钦定四库全书》，子部，类书类，玉海，卷七十六。

中占有重要地位的必然结果。但是这一时期亲耕享先农的礼仪相对比较简单，从只言片语的叙述中，我们也只能推测当时的先农坛建筑也不是很复杂，除了先农坛还出现了用于皇帝观耕的御耕坛。

《隋书·志第二·礼仪二》载：梁"普通二年（521年），又移耤田于建康北岸，筑兆域大小，列种梨柏，便殿及斋宫省，如南北郊。别有望耕坛，在坛东。帝亲耕毕，登此坛，以观公卿之推伐。又有祈年殿云。"

"北齐耤于帝城东南千亩内，种赤粱、白谷、大豆、赤黍、小豆、黑穄、麻子、小麦，色别一顷。自余一顷，地中通阡陌，作祠坛于陌南阡西，广轮三十六尺，高九尺，四陛三壝四门。又为大营于外，又设御耕坛于阡东陌北。每岁正月上辛后吉亥，使公卿以一太牢祠先农神农氏于坛上，无配飨。祭讫，亲耕。先祠，司农进种悬之种，六宫主之。行事之官并斋，设斋省，于坛所列宫悬。又置先农坐于坛上，众官朝服，司空一献，不燎。祠讫，皇帝乃服通天冠、青纱袍、黑介帻，佩苍玉，黄绶，青带，袜，舄，备法驾，乘木辂，耕官具朝服从。殿中监进御耒于坛南，百官定列。帝出便殿，升耕，坛南陛，即御座，应耕者各进于列。帝降自南陛，至耕位，释剑执耒，三推三反，升坛即坐。耕官一品五推五反，二品七推七反，三品九推九反。耤田令帅其属以牛耕，终千亩。以青箱奉穜稑种，跪呈司农，诣耕所洒之。穫讫，司农省功，奏事毕。皇帝降之便殿，更衣飨宴。礼毕，班赍而还。"

通过以上文字我们可以看出，魏晋南北朝时期的先农祭祀仪程更加复杂，先农坛建筑较之前朝内容更加丰富，主要有耤田、先农坛、便殿、斋宫、望耕坛等，梁朝先农坛建筑中还有祈年殿。在《隋书》的描述中，我们可以得知，御耕台发挥着两个作用：一是皇帝在亲耕之前在御耕台观看从耕人等进场，在耤田中各就各位；二是行完耕耤礼之后，观看从耕人员终亩。在这一时期的文献中，暂时没有发现用于宰牲的建筑，推测宰牲亭在这一时期并没有出现在先农坛建筑中。

隋唐是中国封建社会发展的顶峰，尤其是在唐朝全盛时期，政治、经济、文化等方面都达到了很高的成就，先农祭祀在此时也进一步完善。隋唐是中国封建社会发展的顶峰，尤其是在唐朝全盛时期，政治、经济、文化等方面都达到了很高的成就，先农祭祀在此时也进一步完善。虽然，亲耕祭先农在国家的政治生活中仍未非常祀，不定期举行，但经过唐初承继前代礼仪后的经验积累，至唐中时，始完成唐代自己的礼仪建设。

隋代的先农坛建筑在《隋书·志第二·礼仪二》中有记载："隋制，于国南十四里启夏门外，置地千亩，为坛，孟春吉亥，祭先农于其上，以后稷配。牲用一太牢。皇帝服衮冕，备法驾，乘金根车。礼三献讫，因耕。司农授耒，皇帝三推讫，执事者以授应耕者，各以班五推九推。而司徒帅其属终千亩。播

殖九谷，纳于神仓，以拟粢盛。穰槀以饷牺牲云。"在这里我们又看见了关于神仓的记载。

《大唐开元礼》中，对唐开元年间祭祀先农礼仪有详细的记载，"皇帝吉亥享先农仪"仪程大致如下：

斋戒：在别殿散斋三日，太极殿致斋一日，行宫致斋一日，共五日。

陈设：祭祀前二十日临时修建先农祭坛，坛高五尺，方五尺四，四出陛，青色。前享三日，陈设如圜丘仪，前享二日，太乐令设宫悬乐，前享一日，奉礼设皇帝致祭位和耕耤位，御耒位于三公之北。设从耕位：三公、诸王、诸尚书、诸卿位于御座东南侧，执耒耜者位于耕者之后，非耕者位于耕者东侧。祭器陈设于先农神位之前，牺樽二、象樽二、山罍二。祭祀当日，设置神农氏神位于先农坛北方，设置后稷氏神位于先农坛东。

銮驾出宫：皇帝于太极殿前乘坐耕根车，前往先农坛行祭祀先农礼。

馈享：祭祀当日未明三刻，祭祀官员及从祀官员将祭品放置于祭器之中。未明一刻，皇帝至先农坛行祭祀礼，共分为奠玉帛、初献、亚献、终献。终献后饮福受胙、彻馔、望瘞。祭文："维某年岁次月朔日，子开元神武皇帝。敢昭告于帝神农氏：献春伊始，东作方兴，率由典则，恭事千亩。谨以制币、牺齐、粢盛、庶品，肃备常祀，陈其明荐，以后稷氏配神作主。尚飨。"

耕耤：皇帝行祭祀礼后，来到耕耤位，从耕、侍耕者各就其位，廪牺令献御耒给司农卿，司农卿授耒给侍中，侍中奉耒于皇帝。皇帝执耒于耤田三推后，将耒交予侍中，侍中转予司农卿，司农卿再转予廪牺令，最后由廪牺令将御耒藏于本位。皇帝耕毕，三公、诸王五推，尚书卿九推。

銮驾还宫：行耕耤礼后，皇帝銮驾还宫。

劳酒：第二天，皇帝设会于太极殿，宴群臣以示庆贺。

耤田谷物成熟后，将谷物存放在神仓之中。

由此可以看出，此时的先农坛建筑主要有先农坛、神仓、御耕台等祀先农亲耕耤田礼专用建筑，其中御耕台为祀农礼仪开始前临时构筑而成。

北宋时规定在立春后亥日享先农，当时的主要建筑有先农坛、观耕台、斋宫、钺麦殿、神仓、耕作人牛庐舍以及墙壝、沟渠等。这些建筑在《文献通考》中都有记载："神宗元丰二年，诏于京城东南度田千亩为耤田，置令一员，徙先农坛于其中，神仓于东南，取卒之知田事者为耤田兵。……权管干耤田王存等言：'请以南郊钺麦殿前地及玉津园东南荄地八百四十余亩，并民田共千一百亩充耤田外，以百亩建先农坛兆，开阡陌沟洫，建神仓、斋宫并耕作人牛庐舍之类。'绘图进呈。从之。"由此推测，宋代的先农坛建筑中也没有宰牲亭的存在。

元初二十多年，只有耤田之礼，并没有先农之坛。元武宗至大三年

（1311 年），元政府依照唐宋之制，在大都东郊耤田千亩建造农蚕二坛。

祭农礼仪作为中国封建社会中重要的国家祀典，是封建帝王维护皇权统治的重要手段之一，仪程随着中国礼制的不断发展而完善，与之相配的礼制建筑也随之不断丰富。在中国礼制不断的完善过程中，一些礼制建筑从无到有，从不固定到固定，并形成制度，被后世延续下来。作为功能性建筑的宰牲亭出现在祭农建筑中，很有可能是随着中国古代祭农礼仪不断完善而出现的。

三、明清北京坛庙宰牲亭情况概述

明成祖朱棣于永乐十八年营建北京城，作为都城包括先农坛在内的坛庙建筑是重要内容。明代北京坛庙的营建，分为两个时期，即永乐朝至正德朝的北京坛庙初制时期、嘉靖朝至崇祯朝北京坛庙改制时期。在北京现存主要坛庙建筑中，天坛、先农坛、太庙、社稷坛、孔庙创建于明永乐时期，天坛、地坛、月坛、历代帝王庙创建于嘉靖时期。这些坛庙建筑在清代虽有不同程度的改扩建，但是总体格局与现存建筑结构仍然以明代为主。

（一）永乐时期北京坛庙建筑简述

明洪武元年（1368 年），朱元璋在建康（今南京）称帝，改元洪武，是为明太祖。洪武初期，国家尚未统一，战争仍在继续，民生疾苦，经济凋敝。这种情况下，礼仪制度制订得仓促，有严格考据但较为严重缺乏可操作性。为此，朱元璋通过对政治经济国力等综合因素考虑，连同自身对国家礼制的发自身同感受的认识，不惜一定程度上违背他所宣扬的恢复正统周礼之制的政治初衷，创制出一套符合明代当时政治所需的祭祀体系，主要体现在大祀坛的建造与祭祀制度中。洪武中期时明朝礼仪制度相对稳定下来，洪武礼制的落实，对后来成祖营造北京城的坛庙并实行相关制度产生直接影响。

明成祖朱棣于永乐十八年（1420 年）修建北京城，"悉仿南京旧制"，建造南郊两坛——天坛、先农坛，太庙、社稷坛、孔庙等重要坛庙建筑，各坛庙组群在格局与建筑形制上皆精益求精。但是此时坛庙的建筑制度却少有文字资料，我们也只能从文献记载的明南京坛庙建筑中复原想象明初北京城的坛庙建筑。

天坛（圜丘坛、大祀殿）： 朱元璋早在元顺帝至正二十六年（1366 年），就命有司建圜丘于应天正阳门外钟山之阳。明洪武四年时，又对圜丘进行改建。在《明史》卷四七《礼制一》中有关于圜丘的记载："上成广四丈五尺，高五尺二寸。下成每面广一丈六尺五寸，高四尺九寸，二成通径七丈八尺。坛至内壝墙，四同各九丈八尺五寸。内壝墙至外壝墙，南十三丈九尺四寸，北十一

丈，东、西各十一丈七尺。"

洪武十年，朱元璋认为"天地犹父母，父母异处，人情有所未安"，于是在洪武十年（1377年），下令于圜丘旧址"以屋覆之，名曰大祀殿，凡十二楹。中石台设上帝、皇地祇座。东、西广三十二楹。正南大祀门六楹，接以步廊，与殿庑通。殿后天库六楹。瓦皆黄琉璃。厨库在殿东北，宰牲亭、井在厨东北，皆以步廊通殿两庑，后缭以围墙。南为石门三洞以达大祀门，谓之内坛。外周垣九里三十步，石门三洞南为甬道三，中神道，左御道，右王道。道两旁稍低，为从官之地。斋宫在外垣内西南，东向，其后殿瓦易青琉璃。二十一年增修坛墠，坛后树松柏，外墠

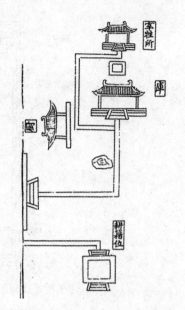

洪武朝《大明集礼》中的宰牲亭

东南凿池二十区。冬月伐冰藏凌阴，以供夏秋祭祀之用。成祖迁都北京，如其制"①，实行天地合祀。

永乐皇帝迁都北京之后，于北京城南门正阳门外东侧依照南京大祀殿规制修建天地坛，实行天地合祀制度。《大明一统志》中也记载了永乐朝天坛的建筑情况："天地坛在正阳门之南左，缭以垣墙，周回十里。中为大祀殿，丹墀东西四坛，以祀日月星辰。大祀殿门外，东西列十二坛，以祀岳、镇、海、渎、山川、太岁、风、云、雷、雨、历代帝王、天下神祇。东坛末为具服殿，西南为斋宫，西南隅为神乐观、牺牲所。"②

"正统八年秋七月丙子，命修天地坛大祀等门、具服殿、天库、神库、宰牲亭、钟楼、銮驾库等处。"③

由此可见，天地坛在北京城建成之时，其附属建筑——神厨库院、斋宫、銮驾库、具服殿、天库、牺牲所等都已经建成。

山川坛与先农坛： 洪武二年二月，在南京建先农坛。

从这张先农坛图中可以看出宰牲所位于先农坛东北，与神厨相对，这恐怕是先农坛宰牲亭（所）较早的文献记载。

洪武九年，对山川坛进行重新规划，开启了延续至今的山川坛（先农坛）诸神合祀于一处的建筑布局。

① 《明史》卷四七《礼志》一《吉礼》一，第816页。
② （明）李贤等《大明一统志》卷一，汉籍善本全文影像资料库，62。
③ 《明英宗实录》，卷106，台湾：中央研究院历史语言研究所校勘影印，1962。

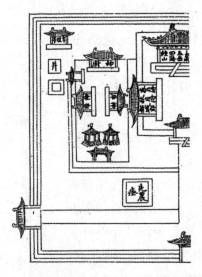

明代《洪武京城图志》中的南京先农坛宰牲亭

在这张图中，我们可以很清楚地看到当时宰牲亭位于先农坛的西北，与现在北京先农坛中所处的位置相同。

社稷坛： 元至正二十七年（1367 年），朱元璋建社稷坛于宫城西南，分祭社、稷。洪武三年（1370 年），建享殿、拜殿。洪武十年（1377 年），朱元璋引礼经及汉唐以来之制，将社稷坛改建于午门外之右，由"异坛同壝"改为"同坛合祭"，社稷共为一坛，现存北京社稷坛建制就依此而来。

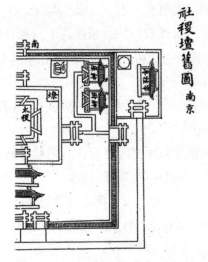

明代《图书编》中的南京社稷坛宰牲亭

从这张图中我们可以看出，宰牲亭位于社稷坛西门外南。

（二）嘉靖改制之后坛庙建筑概述

正德十六年（1521 年），明武宗驾崩。因武宗没有子嗣，明孝宗也没有其他皇子在世，于是首辅大学士杨廷和以《皇明祖训》中"兄终弟及"的规定为依据，提出迎立武宗叔伯兄弟朱厚熜入继皇帝位。杨廷和的主张得到慈寿皇太后的认可，并以武宗"遗诏"以及皇太后"懿旨"的名义公布于天下。于是在明武宗病逝后，朱厚熜就以地方藩王的身份晋京御政，是为明世宗嘉靖皇帝。明世宗皇帝属于旁支继位，于是在他在位期间，礼仪发生了重大变化。最重要的是彻底改建了大祀坛，剥离了很多早期典章错误，较为正确地恢复了以周礼为依据的礼制建筑布局和祭祀文化内涵。嘉靖皇帝对北京地区永乐朝建造的很多坛庙进行了大规模的改建、扩建工程，还修建了方泽坛、朝日坛、夕月坛等全新的建筑组群，这些坛庙建筑保存至明末并被清代所沿用。

天坛： 嘉靖九年（1530年），明世宗恢复洪武初制，实行天地分祀制度，在大祀殿之南另建圜丘坛。圜丘的附属建筑在明代成书的《拟礼志》中有较为详细的记载："遂作圜丘于旧天地坛，建于正阳门外五里许，为制三成，祭时上帝南向，太祖西向，俱一成上；其从祀四坛，俱二成上；坛面并周栏青琉璃，东西南北阶九级，俱白石。内灵星门四，南门外东南砌绿缭炉，燔柴焚祝帛，旁砌毛血池；西南筑望灯台，祭时悬大灯于竿末。外灵星门亦四，南门外左设具服台；东门外建神库、神厨、祭器库、宰牲亭；北门外正北建泰神殿，后改为皇穹宇，藏神版，翼以两庑，藏从祀神牌。外建四天门，东曰泰元；南曰昭亨，左右石牌坊凡二座：西曰广利，又西曰銮驾库，又西为牺牲所，北为神乐观，北曰成贞，门外西北为斋宫，迤西为坛门。坛稍北，有坛在，即大祀殿也。"[1]

方泽坛： 嘉靖改制，地坛建筑群的附属建筑配置比之前齐全很多。借鉴天地坛的配置，增建了神库、神厨、宰牲亭、祭器库、斋宫，除此之外，还增加了銮驾库、遣官房、内陪祀官房等建筑。这些内容在《钦定续文献通考·郊社五》中有比较详细的记载："十年四月，方泽坛成。建坛于安定门外之东，二成，坛面黄琉璃砖，用六八阴数。用白石围以方坎，周四十九丈四尺四寸，深八尺六寸，广六尺。内墙方二十七丈二尺，高六尺。外垣二重，内外棂星门制如圜丘。内北门外，西瘗位，东登台。南门外皇祇室。外西门外迤西神库、神厨、宰牲亭、祭器库。北门外西北斋宫。又外建四天门，西门外北为銮驾库、遣官房、内陪祀官房。又外为坛门，门外为泰折街坊，护坛地千四百余亩。"

夕月坛： 夕月坛作为明清两代皇帝崇祀月亮的场所，在《钦定大清会典图》卷三《礼制三（月坛图）》中有详细的描述："月坛，在阜成门外。当都城酉位，制方，东向，一成。方四丈，高四尺六寸。坛面甃金砖，四面出陛，皆白石，各六级。墙外周九十四丈七尺，高八尺，厚二尺二寸。内外白髹。……其甬路，由光恒街而南，折而西，南达坛北门，门以南达神路。折而北，达具

———————
① （明）《拟礼志》，国图馆藏本，引自单士元，明代营造史料·天坛，中国营造学社汇刊。

服殿。坛南门外，达祭器库。折而西，达神库，达宰牲亭。其覆瓦均用绿色琉璃。外垣覆瓦，用青色琉璃，绿缘。"

先蚕坛：亲蚕是祭祀蚕神的礼仪活动。先蚕坛的建造随着先蚕礼仪的发展，经历了几千年的延续。明初，先蚕礼仪并没有列入国家祀典。嘉靖九年，设立先蚕礼，先蚕坛的建造几经周折最终建造在西苑仁寿宫西南。《明会典·卷五十一·亲蚕》载："坛高二尺六寸，四出陛，广二丈六尺，甃以砖石，又为瘗坎于坛右方，深取足容物。东为采桑台，方一丈四寸，高二尺四寸，三出陛，铺甃如坛制，台之左右树以桑。坛东为具服殿，三间。前为门一座，俱南向。西为神库、神厨，各三间。右宰牲亭一座。坛之北为蚕室，五间，南向。前为门三座，高广有差。左右为厢房，各五间，之后为从室，各十，以居蚕妇。设蚕公署于宫左偏，置蚕宫令一员，丞二员，择内臣谨恪者为之，以督蚕桑等务。"

由此可以看出，宰牲亭作为具有很强功能性的礼制建筑，是祭祀礼仪开始前打杀牺牲的场所，并不是一开始就存在于国家礼制建筑中的，早期古人很有可能是在露天进行此类活动，后期才逐渐出现宰牲亭这种专门建筑类型。宰牲亭作为中国礼制建筑中的之一，随着中国礼制在明清时期发展到鼎盛时期，普遍存在于中国封建社会祭祀自然神灵的皇家坛庙中，并作为功能性建筑发挥着重要作用。

四、北京先农坛宰牲亭与北京坛庙宰牲亭比较研究

中国古代的国家祭祀重要作用之一，就是规范儒家文化极力提倡的等级秩序、强化等级意识，封建社会中不同祭祀对象有着严格的等级划分。礼制建筑是中国封建社会礼仪制度的物质载体，是上层建筑的重要组成部分，在维系封建统治中起着重要作用，不同礼制建筑的规制同所承载的礼仪内涵具有很大关系。

明代祭祀礼仪分为大祀、中祀、群祀三个等级。明嘉靖时期，大祀有圜丘、方泽、宗庙、社稷，中祀为朝日、夕月、先农、太岁、星辰、风云雷雨、岳镇、海渎、山川、历代帝王、先师、旗纛、司中、司命、司民、司禄、寿星，其他诸神为群祀。本文仅就北京天坛、地坛、日坛、月坛、先农坛、先蚕坛等崇祀自然神灵的皇家坛庙中宰牲亭进行比较，拟通过祭祀礼仪等级的比较，探索先农坛宰牲亭形成原因。

天坛：祭天是历代政权建设中一项重要的礼仪制度，也是明朝国家祭祀体系的核心。明嘉靖改制后，实行天地分祀，在原来大祀殿之南建造圜丘坛，并确定了天坛祭祀制度。此时大部分祭祀活动都在圜丘坛进行，在圜丘坛附近也

建造了其相应的附属建筑。加上原来大祀殿的附属建筑，位于天坛内的宰牲亭共有南、北两座。南座位于圜丘坛南神厨东侧，面阔三间 16 米，进深 14 米，重檐绿琉璃歇山顶。北宰牲亭位于祈谷坛长廊北神厨东侧，坐北朝南，面阔五间重檐歇山顶。

北京天坛南宰牲亭　　　　　北京天坛北宰牲亭

地坛： 地坛是明清两代帝王祭祀土地神的场所，祭地礼仪属于明代礼制中的大祀。地坛宰牲亭位于神库建筑群西，重檐歇山式绿琉璃剪边屋顶，北向。面阔三开间，其中明间面阔 6.4 米，次间面阔 4.48 米，通面阔 15.38 米，通进深三间，11.58 米。前檐明间开六扇隔扇门，次间有四扇槛窗。檐下斗拱为一斗三升，殿南侧有灶房与正殿相连。

北京地坛宰牲亭

社稷坛宰牲亭

社稷坛： 社为土地神，稷为五谷神，两者是中国农业社会最重要的根基，历代统治者也十分重视对社稷的崇祀，明代社稷之祀为大祀。社稷坛宰牲亭位于西坛门外以南，建筑面积为 143.7 平方米，歇山黄琉璃瓦屋顶，亭为方形。

朝日坛与夕月坛： 朝日坛位于朝阳门外东南，是明清两代皇帝祭祀大明神的场所。历代帝王都十分重视对太阳的祭祀，明清两代的祭祀在春分日进行。朝日坛宰牲亭位于朝日坛东北方，为面阔三间，西向。夕月坛是明清两代皇帝秋分日祭祀夜明之神的场所。月坛宰牲亭位于夕月坛西南方，重檐歇山顶，面阔三间，东向。

北京月坛宰牲亭

先农坛：北京先农坛宰牲亭位于先农坛神厨院外西北方，是先农坛内坛一处独立的礼制建筑。宰牲亭建筑面积261.3平方米，面阔五间20.13米，进深三间12.98米，重檐悬山灰瓦顶。室内上檐殿身面阔三间，明间4810㎜，次间4270㎜，进深一间，6160㎜，上檐用五檩大木，四步架，檐步1650㎜，脊步1430㎜，金柱八根，高5140㎜，柱身开卯口穿插承椽枋、角梁及抱头梁，交与檐柱座斗向外伸出，形成环于殿身的周围廊（副阶周匝），廊深2120㎜。下檐檐柱十六根，高2600㎜，无升起、无侧角，角檐柱上，用座斗代替角云，承托十字相交的檐垫板和檐檩，这种做法十分罕见。翼角处老角梁和子角梁用一根木料做成，上檐桁架中三架梁梁端通过驼峰落在五架梁上，未用瓜柱，挑山檩头下的燕尾枋外端向上略做卷杀，未做燕尾。

北京先农坛宰牲亭

可见，被列入不同祭祀等级的礼制建筑，其规模和形制都有很大区别，有着严格的等级要求，这是中国传统礼制对建筑的约束。宰牲亭作为礼制建筑中功能性附属建筑也受到中国古代等级制度的制约，其中最明显的表现就是它们的屋顶形式。

屋顶在中国古代建筑中除了能够保护建筑之外，还具有明显的等级标示作用。其中庑殿式屋顶等级最高，其次为歇山顶、悬山顶。在天坛、地坛、社稷坛等列入大祀的礼制建筑中，宰牲亭都为重檐歇山顶；明洪武初年先农之祀由大祀改为中祀，在祭祀等级上低于天坛、地坛、社稷坛，出现了重檐悬山顶的宰牲亭，推测除了与祭祀等级有关外，还应该有其他因素。其中，朱元璋作为从社会最底层的平民最终成为皇帝，这在中国历史上是绝无仅有的传奇。长期生活在社会最底层的人生遭遇，他对百姓的疾苦有着深深的体会，平民情节出处体现在他的处事与执政中。明朝建国之初，面对长期动乱的社会环境，再加上朱元璋曾经有"两京一都"的设想，所以当时都城南京的坛庙建筑未能尽善。中都罢建使得朱元璋"两京一都"的设想破灭，于是在洪武八年（1375年），南京坛庙建筑进入了新建、改建、扩建阶段。先农祭祀作为中祀，在没有经过严格规划的情况下，最终和山川坛被规划在同一坛区内。宰牲亭被建造成一个相对等级较低的形制，很有可能是朱元璋注重民生的体现。永乐帝迁都北京后，山川坛建筑形制包括宰牲亭在永乐帝迁都北京后，按照南京旧制被建造在天坛对面。嘉靖厘正祀典时，在朝日坛、夕月坛被列为中祀的坛庙建筑中，普遍建造重檐歇山顶宰牲亭建筑，对山川坛的重新规划只局限于在内坛之南另行辟建神祇坛，内坛除新建神仓外，其余建筑并未改动，北京先农坛宰牲亭建筑形制得以保存下来。由此推测，在被列为中祀的礼制建筑中，宰牲亭并没有统一的规制，在形制上也并无严格的规定，而是根据坛庙建筑条件等方面有较大随意性。

五、结论

北京地区坛庙建筑是中国封建社会礼制发展的物质载体，宰牲亭作为重要的功能性礼制建筑发挥着必不可少的作用。

1. 宰牲作为制作祭品的必要程序在中国古代祭祀礼仪中具有十分重要作用，但古代文献对其记载极其稀少，溯源极其困难。从汉代"亲耕享先农"礼仪正式被列入国家祀典之后不断发展完善，至明清发展到顶峰。通过查找文献中关于先农坛建筑的记载，我们也能发现一些附属建筑如神厨、神库、宰牲亭等陆续在文献中出现，先农坛建筑形制也最终在明代形成定局。神牌库是用来供奉先农坛全坛的神祇牌位，祭祀时移出，祭祀完毕归于原位。清乾隆时期，太岁神位移于先农坛太岁殿作为常祀，不再供奉于神牌库。神牌库面积为342.4平方米，面阔五间，进深四间，悬山灰瓦屋顶，建筑等级并不高。社稷坛神库为悬山黄琉璃瓦屋面，宰牲亭为歇山黄琉璃瓦屋面。由此，推测宰牲亭是随着祭祀礼仪不断完善而逐渐出现的功能建筑，而且很有可能同祭祀等级有密切关联。

2. 明清两代对宰牲亭的建造，从天坛、地坛、社稷坛的宰牲亭建筑中，我们推测明代对宰牲亭建筑应该是有一定之规的，但在实际操作中，也许会因实际情况而有所改变，似乎存在着祭祀建筑等级规范与因实际使用导致建筑外观随意性的双重属性。

长期以来，人们对中国礼制的研究更多注重形而上层次的研究，对于礼制的物质载体——礼制建筑关注相对较少，对像宰牲亭这类附属建筑的研究更是少之又少，本文通过对先农坛宰牲亭建筑的比较研究，希望抛砖引玉引起更多的关注。

参考书籍：

1.《先农崇拜研究》，董绍鹏著，学苑出版社 2016 年 1 月第 1 版。

2.《北京先农坛》，董绍鹏、潘奇燕、李莹著，学苑出版社 2013 年 5 月版。

3.《先农神坛》，董绍鹏、潘奇燕、李莹著，学苑出版社 2010 年 11 月第一版。

4.《北京先农坛史料选编》，《北京先农坛史料选编》编纂组编，学苑出版社 20007 年 5 月。

5.《明代国家祭祀制度研究》，李媛著，中国社会科学出版社 2011 年 12 月版。

6.《郊庙之外——隋唐国家祭祀与宗教》，雷闻著，生活·读书·新知三联书店 2009 年 5 月版。

7.《魏晋南北朝五礼制度考论》，梁满仓著，社会科学文献出版社 2009 年 5 月第 1 版。

8.《秦汉国家祭祀史稿》，田天著，生活·读书·新知三联书店 2015 年 1 月第 1 版。

9.《汉书》，中华书局 1962 年版。

10.《大唐开元礼（附大唐郊祀录）》，四库全书存目丛书本。

11.《宋史》，（元）脱脱等撰，中华书局，1985 年 6 月版。

12.《明史》，（清）张廷玉等撰，中华书局，1974 年 4 月版。

李莹（北京古代建筑博物馆社教与信息部　副主任）

中国国家祭孔释奠时间考略

◎常会营

一、祭孔释奠之起源

祭孔释奠礼，是指祭祀至圣先师孔子的典礼。释、奠都有陈设、呈献的意思，指的是在祭祀典仪中，陈设音乐、舞蹈，呈献牲、帛、酒等祭品，对孔子表示崇敬之意。释奠礼的形成和发展，应该说经历了一个很长的历史时期。根据《礼记·王制》：

> 天子将出征，类乎上帝，宜乎社，造乎祢，禡于所征之地。受命于祖，受成于学。出征执有罪，反释奠于学，以讯馘告。

孙希旦《礼记集解》：

> 郑氏曰：禡，师祭也，为兵祷，其礼亦亡。受成于学。定兵谋也。愚谓禡，《周礼·肆师》作"貉"，郑注云："祭造军法者。其神盖蚩尤，或曰皇帝。"受命于祖，告于大祖之庙而卜之也。受成于学，在大学之中定其谋也。卜吉然后定谋，谋定然后行类、宜、造之祭，而奉社主与迁庙主以行也。
> 《释文》：训，本又作"誜"，音信。馘，首获反。郑注：馘，或为"国"。释奠，设荐馔而酌奠，不迎尸也。训，所生获当问讯者。馘，杀之而割取其左耳者。出师之时，受成于学，故有功而反，则释奠于先圣先师而告之以克敌之事也。凡告祭轻者释币，重者释奠。[1]

根据郑玄的注解，我们可以看到，古代天子将要出征的时候，要以此事告上帝，需要祭天，同时还要告自己的祖先，师祭于所征之地。因为受命于祖，兵谋成于太学。出征俘虏有罪之人，返回来要释奠于太学，以所生获及断耳者告祭先圣先师。而根据孙希旦的注解，我们更可以看到，这种礼仪的顺序应

---

① ［清］孙希旦《礼记集解》（上），中华书局1989年2月版，第333页。

该是先在大祖之庙占卜吉凶，然后再去大学之中定兵谋，谋定之后行类天、宜社、造祢之礼，而奉社主与迁庙主以行，正所谓"礼有三本：天地者，生之本也；先祖者，类之本也；君师者，治之本也。无天地，恶生？无先祖，恶出？无君师，恶治？三者偏亡，焉无安人。故礼，上事天，下事地，尊先祖，而隆君师，是礼之三本也"（《荀子·礼论》）。因为出师之时，兵谋成于太学，所以有功而返，则释奠于先圣先师而告之以克敌之事。一般告祭，地位轻微者释币，重要的则用释奠。通过孙希旦注解，我们还可以看到大夫释奠与天子诸侯释奠之差别：大夫释奠，需要荐脯、醢、陈觞酒，席于阼阶，荐脯醢，三献。天子诸侯释奠，则有牲牢，有乐舞。《曾子问》曰："凡告用牲币，反亦如之。"值得一提的是，北京孔庙和国子监博物馆中矗立有多座清帝征伐平叛获胜归来所立的告成太学碑（地方庙学中亦刊立）。这些石碑，一方面固然有对士子宣谕圣功、夸示勋德之目的，但无疑更根本上是秉承《礼记·王制》上所载的这一释奠礼仪。

北京孔庙中院御碑亭

另据《礼记·文王世子》：

凡学，春，官释奠于其先师，秋冬亦如之。凡始立学者，必释奠于先圣先师，及行事必以币。凡释奠者，必有合也，有国故则否。

……

天子视学，大昕鼓征，所以警众也。众至，然后天子至，乃命有司行事，兴秩节，祭先师先圣焉。有司卒事反命。始之养也，适东序，释奠于先老，遂设三老五更群老之席位焉。

孙希旦《礼记集解》曰：

郑氏曰：官，谓《礼》、《乐》、《诗》书之官，《周礼》曰："凡有道者有德者，使教焉。死则以为乐祖，祭于瞽宗。"此之谓先师之类也。若汉，《礼》有高堂生，《乐》有制氏，《诗》有毛公，《书》有伏生，亿可以为之也。不言夏，从春可知也。释奠者，设荐馔酌奠之，不迎尸也。……

"凡始立学者，必释奠于先圣先师。及行事，必以币。"郑氏曰：谓天子命之教、始立学官者也。先圣，周公若孔子。①

孔颖达《礼记正义》："凡释奠者，必有合也。国无先圣先师，则所释奠者当与邻国合也。有国故则否。若唐虞有夔、伯夷，周有周公，鲁有孔子，则各自奠之，不合也。凡大合乐，必遂养老。大合乐，谓春入学舍菜合舞，秋颁学合声。于是时也，天子则视学焉。遂养老者，谓用其明日也。乡饮酒，乡射之礼，明日乃息司正。征唯所欲，以告于先生君子可也。是养老之象类。"

由此可知，释奠仪这一仪式早在周朝已经产生了。那时的学校，春、秋、冬三时都要释奠于先师。根据孔颖达《礼记正义》："凡学者，谓《礼》、《乐》、《诗》、《书》之学，于春夏之时，所教之官各释奠于其先师。秋冬之时，所教之官亦各释奠于其先师，故云'秋冬亦如之'。犹若教《书》之官，春时于虞庠之中释奠于先代明《书》之师，四时皆然。教礼之官，秋时于瞽宗之中释奠于其先代明《礼》之师，如此之类是也。"

但是，根据孙希旦《礼记集解》：

熊氏安生曰：释奠有六：始立学，一也；四时有四，五也；《王制》师还释奠，六也。释菜有三：春入学释菜，合舞，一也；兴器释菜，二也；《学记》"皮弁祭菜"，三也。秋颁学，合声，无"释菜"之文，则不释菜也。释币惟一，此兴器用币是也。　愚谓夏不释奠，则释奠惟五。《学记》"大学始教，皮弁祭菜"，即始立学者兴器用币，然后释菜之事，则释菜惟二也。此言"兴器用币"，即上所言"释奠于先圣、先师，及行事必以币"，非二事也。盖始立学释奠，已见上文，此又重述之，以起下释菜候宾之事耳。其曰"既"者，乃遥继前文之辞也。郑氏读兴为衅，谓"礼乐之器成，衅之，又用币告先圣、先师"，以始立学释奠与兴器用币为二事，故熊氏亦分释奠、释币为二，皆误也。衅器事小，何必告及先圣哉？②

由《礼记·文王世子》中"凡学，春，官释奠于其先师，秋冬亦如之，凡

---

① ［清］孙希旦《礼记集解》（中），中华书局1989年2月版，第559—560页。
② ［清］孙希旦《礼记集解》（中），中华书局1989年2月版，第562—563页。

始立学者，必释奠于先圣先师"可知，孙希旦的理解应该是对的，即释奠有五次，始立学，一也；四时有三，四也；《王制》师还释奠，五也。而释菜也非三次，而是两次，即开始立学校之时以及每年仲春上丁日之释菜。

明代宋濂认为："周有天下，立四代之学，其所为先圣者，虞庠则以舜，夏学则以禹，殷学则以汤，东胶则以文王，复各取当时左右四圣成其德业者为之先师以配享焉。"[1] 由此我们可以看到周代四学各以各个朝代的开国之君作为主祀，同时还有当时辅佐他们的大臣作为配享。同时，我们可以联系到，周代四学（加上当时天子之学为辟雍则为五学）可能与虞舜、夏、殷商、周有直接关系。虞庠可能便是周代四学中一般所言的北学上庠，夏学则为西学瞽宗，殷学则为南学成均，东胶则为东学或曰东序。当然，这目前还仅是笔者的一个推测，有待证实。

"释奠者，设荐馔酌奠之，不迎尸也。"也就是说，所谓释奠，是指向先师之位陈设祭奠的饭食、酒品等。释奠之所以没有尸主，是因为主要是为了向先师行礼，而非报答其功德。凡是天子使诸侯国立学的，一定要先释奠于先圣先师。等到行礼之时，一定以奠币，这就是天子命诸侯兴教化、立学官。所祭奠的先圣，如周公与孔子。

此外，凡是释奠，一定会有所合，也就是说一定会有与邻国所祭之人相合的。国家没有先圣先师的，所释奠者应当与邻国相合，国有先师先圣先师的则非如此。譬如唐虞有夔龙、伯夷，周有周公，鲁有孔子，是国故有此人，则不与邻国合祭也（另释奠还有合乐，大合乐一定以养老为终。大合乐，谓春入学舍菜合舞，秋颁学合声）。后来，由于孔子生前非常重视教育，在教育事业上成就很高，影响极为深远，所以释奠的对象逐渐以孔子为主。

鲁哀公十六年（前 479 年）夏四月己丑，孔子卒，哀公诔之，称曰尼父。[2]

史载，鲁哀公在孔子去世后第二年（前 478 年），已经开始祭奠孔子了。孔子死后第二年，鲁哀公下令在曲阜阙里孔子的旧宅立庙，将孔子生前使用的

---

① 宋濂《孔子庙堂议》，见《文宪集》卷28；另可参《左传·哀公十六年》：夏四月己丑，孔丘卒。公诔之曰："旻天不吊，不愁遗一老。俾屏余一人以在位，茕茕余在疚。呜呼哀哉！尼父，无自律。"子赣曰："君其不没于鲁乎。夫子之言曰：'礼失则昏，名失则愆。'失志为昏，失所为愆。生不能用，死而诔之，非礼也。称一人，非名也。君两失之。"《史记·孔子世家》所载相同。

② ［清］孙承泽《春明梦余录》（上册），北京古籍出版社1992版，第294页。具体内容可参《左传·哀公十六年》：夏四月己丑，孔丘卒。公诔之曰："旻天不吊，不愁遗一老。俾屏余一人以在位，茕茕余在疚。呜呼哀哉！尼父，无自律。"子赣曰："君其不没于鲁乎。夫子之言曰：'礼失则昏，名失则愆。'失志为昏，失所为愆。生不能用，死而诔之，非礼也。称一人，非名也。君两失之。"另《史记·孔子世家》所载相同。

衣、冠、车、琴、书册等保存起来，并且按岁时祭祀。①一般认为，这是诸侯祭孔的开始。但是，此史实《左传》及《史记》无载，颇可疑。此说法所据为《五礼通考》卷一百十七，另据《山东通志》卷十一之五，又据清孙承泽《春明梦馀录》卷二十一"文庙庙制"。黄进兴先生亦云："至于该庙是否如孔子四十七代孙——孔传所云：'鲁哀公十七年，立庙于旧宅，守陵庙百户'则颇值得存疑。按孔传视此为'历代崇奉'之始，但细加推敲，孔传之语系依《史记·孔子世家》追加衍生之辞，纯属臆测。"②

二、秦汉时期

如陈戍国先生所言："汉高祖刘邦素来轻儒，从来很少读书。但他并不一概排斥读书人，居马上得天下之前和之后，与张良、陈平等人的关系是融洽的。他为太子安排的两位老师，一位是叔孙通，纯为儒者，任太子太傅；一位是张良，总还得算是读书人，行少傅事。张良凭三寸舌，为帝者师，时人荣之。"③汉高祖十二年（前195年），一贯对儒生嗤之以鼻，甚至"溺儒冠"的汉高祖刘邦，在其平异姓王英布叛乱归来途径曲阜时，用太牢之礼（牛、猪、羊三牲各一）来祭祀孔子，这是帝王祭孔的开始。自此以后，"诸侯卿相至，常先谒然后从政。"（《史记·孔子世家》）。刘邦不仅以太牢祭孔，表示自己尊孔崇儒，而且还封孔子第九代孙孔腾为"奉祀君"，以主持祭祀孔子的事务，专主孔子祀事的封号就是从孔腾开始的。④惠帝时征（孔腾）为博士，迁长沙太傅。⑤

等到汉武帝罢黜百家、独尊儒术之后，作为儒家始祖的孔子在历史上的地位更是达到了鼎盛时期，而且在中国两千多年的封建社会中，其崇高的地位很少被动摇过。

黄进兴先生总结曰："自秦以来，鲁人岁时奉祀孔子，其主鬯之人、圭田之制弗可得考。汉初，始以宗子奉祀。元帝时，始有封户。平帝时，始有国邑。"⑥

---

① 参见刘厚琴《家族春秋》，载孔德懋主编（《孔子家族全书》），辽海出版社2000年版，第89页。

② 黄进兴《圣贤与圣徒》，北京大学出版社2005年版，第5页。

③ 陈戍国《中国礼制史》（秦汉卷），湖南教育出版社1993年版，第249页。

④ 刘厚琴《家族春秋》，载孔德懋主编（《孔子家族全书》），辽海出版社2000年版，第91页。

⑤ 孔祥峰、彭庆涛《衍圣公册封与孔庙祭祀》，载中国孔庙保护协会编《中国孔庙保护协会论文集》，北京燕山出版社2004年版，第3页。

⑥ 黄进兴《圣贤与圣徒》，北京大学出版社2005年版，第9页。

汉光武帝建武五年（公元 29 年），派遣大司空宋弘到曲阜阙里祭祀孔子。十月，还宫，幸太学，这是帝王派遣特使祭孔的开始。

以前，所有祭孔典礼都在曲阜孔庙举行，直到汉明帝永平二年（公元 59 年），于太学及郡县学祭祀周公、孔子。据《春明梦余录》："躬养三老五更于辟雍，令郡县通行乡饮酒礼于学校，皆祀圣师周公、孔子。"[1] 从此，中央政府所在地及各地方政府也都在学校中祀孔，祀孔成为全国性的重要活动。汉明帝永平十五年（72 年），明帝赴曲阜，（以太牢）祭祀先师孔子、先圣周公及七十二弟子。亲御讲堂，命太子、诸王说经，这是祭孔有配享的开始。

据《阙里志》载："灵帝建宁二年（169 年），祀孔子，依社稷（出王家毂，春秋行礼）。"即是说，孔子享受和社稷神同样的规格，此是将祭孔释奠时间放在春季和秋季之始。

从汉朝开始，不论在曲阜，或者在中央政府所在地及地方政府，都已普遍祭祀孔子，也都订有礼仪。曲阜孔庙汉代由孔子嫡长孙四时祭祀，而官方祭祀则一年只有两次，"春秋飨礼，财出王家钱，给犬酒直"（东汉《乙瑛碑》）。[2]

三、魏晋南北朝时期

魏晋时期，儒家在维护社会统治方面仍然发挥着不可替代的历史作用。据孔德平先生主编之《曲阜孔庙祭祀通解》：魏晋南北朝时期，有时以孔子为先圣，以颜回为先师奉祀。拜孔揖颜之礼更多是在国家太学举行，往往是国子监祭酒负责典礼。[3]魏文帝黄初元年（220 年），令郡国修起孔子旧庙[4]（注：此处记载错误，应为黄初二年）。

魏正始中，齐王曹芳每讲经遍，就让太常释奠先圣先师于辟雍，不亲自行礼。等到了西晋惠帝、东晋明帝为太子，及西晋愍帝、怀帝太子讲经结束，亲释奠于太学，太子进爵于先师，中庶子进爵于颜回。东晋成帝、穆帝、孝武三帝，亦皆亲释奠。皇帝包括皇太子每于太学讲经通，亲自释奠孔子，这就更显示出晋代皇帝对孔子的尊崇程度。这一传统一直延续至清代，临雍释奠大典应由此而来。

据钟涛先生《魏晋南北朝的释奠礼与释奠诗》一文考证，"东汉时期祀周公为先圣，孔子为先师，但后代的释奠礼多数情况下都只祀孔子，不及周公。三国齐王芳正始时释奠礼停祀周公，专祭孔子于辟雍，以颜回配享，自此，整

---

① ［清］孙承泽《春明梦馀录》（上册），北京古籍出版社 1992 年版，第 294 页。
② 西晋武帝泰始三年（267 年）命鲁国四时备三牲奉祀，至清代仍于每年四仲月举行。
③ 孔德平主编《曲阜孔庙祭祀通解》，现代出版社 2007 年版，第 3 页。
④ ［清］孙承泽《春明梦馀录》（上册），北京古籍出版社 1992 年版，第 294 页。

个六朝释奠均只祭孔子。其后，在唐高祖武德二年和唐高宗永徽中，曾短暂恢复祀周公为先圣、孔子为先师，但很快就停周公祀，只祀孔子为先圣，以孔门弟子和儒学经师配享。"[1]

晋武帝泰始二年（266年，按：唐杜佑《通典》"泰始"为"太始"，盖古"泰""太"通假也），令太学及鲁国四时备三牲以祀孔子及七十二弟子。太始三年（267年），改封孔子二十三代孙宗圣侯震为奉圣亭侯，太常卿、黄门侍郎。食邑二百户。又诏大学及鲁国四时备三牲以祀孔子（按：三年之事据唐杜佑《通典》，与上孙承泽《春明梦余录》所载二年之事有重复，待考）。七年，皇太子亲释奠于太学，讲孝经，通也。自是，咸宁三年，讲诗通；太康三年，讲礼记通，并亲释奠，以颜子配。[2]晋惠帝元康三年（293年）春闰月，皇太子释奠于太学。舆驾亲次，宫臣毕从，主祀孔子，颜回配享。

东晋明帝太宁三年（325年）增为"四大丁"（农历二月、五月、八月、十一月上旬第一个逢丁日），"八小祭"（每年的清明节、端午节、六月初一、仲秋节、重阳节、十月初一、腊月初八、除夕）。盛行时期，又加上每月的初一、十五，甚至二十四个节气也进行祭祀。[3]又据唐杜佑《通典》："明帝太宁三年（325年），诏给奉圣亭侯四时祀孔子，祭宜如太始故事。"陈戍国先生评价曰：

我们曾经说过：汉以来尊孔即尊师，尊师必尊孔（见上章第十节）。历史似乎已经证明：先师孔子是否受到尊重（包括旧社会的祭祀），可以作为教师在中国社会所处地位的标尺之一，至少在封建社会是如此。西晋朝廷尊孔之礼不全废，尊师之礼还算是讲究的。东晋版图不及鲁，其不行阙里祭孔礼可知。[4]

根据韩国赵骏河教授之考察，晋朝武帝时，四季皆由帝王亲自奉行释奠；东晋从成帝、穆帝到孝武帝，也都是由帝王亲身行释奠的。[5]通过上面所列资料可以看出，西晋惠帝、东晋明帝为太子，及西晋愍帝、怀帝太子讲经结束，亲释奠于太学，太子进爵于先师，中庶子进爵于颜回。东晋成帝、穆帝、孝武三帝，亦皆亲自释奠。

魏晋之释奠礼，在南北朝得到继承。

① 钟涛《魏晋南北朝的释奠礼与释奠诗》，载《文史知识》2009年第4期。
② ［清］孙承泽：《春明梦余录》（上册），北京古籍出版社1992年版，第297页。
③ 袁宝银、张晓玉《颂先师丰功厚德 扬儒学励世真谛》，"走向世界"，1995·6。
④ 陈戍国《中国礼制史》（魏晋南北朝卷），湖南教育出版社1993年版，第190页。
⑤ 赵骏河《朝中释奠与祭孔大典》，载《孔学论文集（一）暨孔子圣诞2553周年，曲阜祭孔纪念特刊》，马来西亚孔学研究会，2002年9月25日—10月2日，第532页。

据南朝齐礼制，新立学，必对先圣先师行释奠礼，每岁春秋二仲，常行其礼。每月旦，祭酒领博士以下及国子诸学生以上，太学、四门博士升堂，助教以下、太学诸生阶下，拜孔揖颜（《隋书卷九·志第四·礼仪四》）。

敬帝太平二年（557年），访孔子后修庙堂，备四时祭。

陈戍国先生评价曰：

从来尊师之礼的兴废与学术事业的荣衰、国运的隆替紧密联系在一起。南朝国力不振，然而较北朝为稳定一些。就中国文化传统而言，南朝毕竟是当时较为先进的汉族文化的代表。就经济生产而言，南朝亦较北朝为先进，南朝统治者确有重视学术（主要指经学）的时候。但是南朝的政治稳定、经济发展都是有限的，最高统治者并非人人，也不是时时都重视文化教育和学术事业。因此，南朝国学时立时废，师道与尊师之礼或行或废，此种情形在中国历史上倒是屡见不鲜的。[1]

北魏时期，于道武帝天兴年四年（401年），按《周礼》"春入学合舞，秋颁学合声"之制，朝廷"命乐师在春仲入学之际习舞，释菜"（《周礼·春官·大司乐》）以祭祀孔子。[2]

北魏孝文帝太和十六年（492年），孝文帝元宏称孔子为"文圣尼父"。朝廷曾经指令御用礼乐官吏们制定祭孔祀典，规定祭孔用诸侯的享乐规格，即"轩悬之乐"、"六佾之舞"，并行"三献礼"（即初献、亚献、终献），而舞蹈是置在"三献礼"的仪程中表演。而且，孝文帝对于祭孔典礼设在每年仲春和仲秋（农历二月和八月）举行，做了明文规定。江帆先生认为，"古代的舞蹈伴随'三献礼'，乃是对于受祭者以顶礼膜拜的艺术化表演。孝文帝关于释奠孔子增加'三献礼'以及对奏乐规格（包括舞蹈编制）的明确规定，使祭孔礼乐在前代基础上，继承了规格适中，礼乐谐调，歌舞相融，娱神悦人的古制。充分体现了孝文帝时期的祭孔祀典达到了礼明乐和的历史规格。"[3]

北齐显祖天保元年（550年），诏郡国各于坊内立孔颜庙。制：春、秋二仲，释奠于先圣先师；每月朔，祭酒领博士以下及国子诸学生、四门博士、升堂助教及太学诸生阶下拜孔圣，揖颜子；其郡学，则博士以下每月朔朝。[4]

① 陈戍国《中国礼制史》（魏晋南北朝卷），湖南教育出版社1993年版，第346页。

② 参见江帆、艾春华《中国历代孔庙雅乐》，中国国际广播出版社2001年版，第4页。

③ 参见江帆、艾春华《中国历代孔庙雅乐》，中国国际广播出版社2001年版，第5页。

④ ［清］孙承泽《春明梦余录》（上册），北京古籍出版社1992年版，第298页。

四、隋唐、五代时期

隋开皇元年（581年），文帝杨坚称孔子为"先师尼父"。史载："隋文帝制：国子寺每岁以四仲月上丁释奠于先圣先师。州、县学以春秋仲月释奠。"①（《隋书卷九·志第四·礼仪四》）

据盖金伟先生考证，唐因隋制，使"释奠礼"最终定型，释奠成为学校教育中最主要的礼仪活动，集中记载唐代"释奠礼"的文献是《大唐开元礼》。唐代"释奠礼"礼仪中有中祀、小祀两个级别，又分为中央、州县两个层次，是唐代祀典体系中重要的组成部分。②"凡国有大祀、中祀、小祀。……孔宣父、齐太公、诸太子庙并为中祀；……州县社稷、释奠及诸神祀，并同为小祀。"③

唐代统治者对孔子推崇备至，唐武德二年（619年）六月，"令国子学立周公、孔子庙，四时致祭，仍博求其后"（《旧唐书·高祖本纪》），并指出："释奠之礼，致敬先师，鼓箧之义，以明逊志，比多阙略，更宜详备。仲春释奠，朕将亲览，所司具为条式，以时宣下。"④

唐贞观四年（630年），"诏州县皆立孔子庙，四时致祭"（《阙里文献考》卷四）。唐高宗时，又敕"州县未立庙者速事营造"。从此，"孔子之庙遍天下矣"（俞正燮《癸巳存稿》卷九）。⑤

开元十一年（723年）九月，敕："春秋二时释奠，诸州府并停牲牢，惟用酒脯。自今以后，永为常式。"⑥规定州府释奠的祭品内容。据《旧唐书卷二十八·志第四·礼仪四》："开元十一年，春秋二时释奠，诸州宜依旧用牲牢，其属县用酒脯而已。"十三年，封禅还，诣孔子宅，奠祭，又遣使以太牢祀墓。据《旧唐书卷二十八·志第四·礼仪四》："十九年正月，春秋二时社及释奠，天下州县等停牲牢，唯用酒脯，永为常式。"

开元二十八年（740年）敕："文宣王庙，春秋释奠，宜令三公行礼。着之常式。"⑦确立孔子释奠的最高等级的礼仪内容。

---

① ［唐］魏征《隋书》卷9《礼仪志四》，中华书局1973年版，第181—182页。

② 参见盖金伟《论"释奠礼"与唐代学校教育》，《新疆师范大学学报》2007年12月第4期。

③ ［唐］中敕《大唐开元礼》卷1《序例上》，民族出版社2000年版，第4页。

④ ［清］董诰《全唐文》卷3《令诸州举送明经诏》，上海古籍出版社1990年版，第9页。

⑤ 参见刘厚琴《家族春秋》，载孔德懋主编（《孔子家族全书》），辽海出版社2000年版，第92页。

⑥ 《唐会要》卷35《释奠》。

⑦ 《唐会要》卷35《释奠》。

开元二十八年（740年），唐明皇下诏春秋二仲上丁，以三公执事，若遇到大祀，则用中丁，州、县之祭祀，用上丁。

上元元年（760年），唐肃宗因为该年大旱而罢中、小之祭祀，而文宣王之祭祀，至仲秋依旧祭祀于太学。[①]

唐代宗永泰二年（766年），修国学祠堂成，行释奠礼，宰相及参军官、六军将军皆就观焉。自肃宗以来，初复二京，宫悬不具，至是乃奏宫悬于祠堂。盖金伟先生研究认为，肃宗、代宗朝以后，直至僖宗，"释奠礼"基本依据《开元礼》规定进行，《开元礼》也成为宋代以后历朝释奠礼的蓝本。[②]

五、宋元明清时期

自祀孔升为中祀后，祭孔活动逐代升格，宋代扶摇直上。

建隆二年（961年），礼院准礼部贡院移，按《礼阁新仪》云，自后诸州府贡举人，十一月朔日正衙见讫，择日谒先师，遂为常礼（《宋史·志第五十八·礼八》）。宋神宗熙宁五年（1072年），国子监认为春秋自有释奠礼，请罢贡举人谒奠（《宋史·志第五十八·礼八》）。

政和三年（1113年），诏封王安石舒王，配享；安石子雱临川伯，从祀。《新仪》成，以孟春元日释菜，仲春、仲秋上丁日释奠。以充国公颜回、邹国公孟轲、舒王王安石配享殿上（《宋史·志第五十八·礼八》）。

元世祖至元十年（1273年）三月，颁释奠文宣王祭器。又诏：外路提学教授官春、秋二丁不变常服，于礼未宜，自今执事官各依品序服公服，执手板。命中书省安排春秋释奠。据陶宗仪撰《南村辍耕录》卷二"丁祭"条："内翰王文康公鹗……既达北庭，值秋丁，公奏行释奠礼。世祖说，即命举其事。公为祝文，行三献礼。礼毕，进胙于上。上既饮福，熟其胙，命左右均沾所赐。自是春秋二仲，岁以为常。盖上之所以尊师重道者，实公有以启之也。"[③]

明太祖朱元璋在明朝还未建立之时，便已经开始礼遇孔子，如"（元至正十六年）九月戊寅，如镇江，谒孔子庙"。明洪武元年（1368年）二月丁未，朱元璋尊孔循礼，下诏以"太牢"之礼祀先师孔子于国学，释奠用"六佾之舞"，曲阜孔庙祭祀也和国学释奠同等规格，朝廷遣使者前往曲阜孔庙致祭。规定每年仲春和仲秋的第一个丁日，皇帝降香，遣官祀于国学。以丞相初献、翰林学士亚献，国子祭酒终献（《明史·礼志四·至圣先师孔子孔子庙祀》）。

---

① 由此可知，唐代文宣王之祀应为中祀。

② 盖金伟《论"释奠礼"与唐代学校教育》，《新疆师范大学学报》，2007年12月第4期。

③ 参见陈戍国《中国礼制史》（元明清卷），湖南教育出版社2002年版，第48页。

洪武二年，又诏春秋释奠之制只用于阙里，不必天下通行。刑部尚书钱唐上疏言："……孔子垂教万世，天下共尊其道，故天下得通祀孔子。"（《明会要》）皇帝后来采纳了这个意见。

洪武七年（1374年）正月，定上丁遇朔日日食者，改仲丁致祭。

洪武十五年（1382年）四月丙戌，诏天下通祀孔子，"并颁释奠仪注"："凡府州县学，笾豆以八，器物牲牢皆杀于国学。三献礼同，十哲两庑一献。其祭各以正官行之……分献则以本学儒职及老成儒士充之。每岁春秋仲月上丁日行事。"[1]

清代祭孔更是登峰造极，祭孔仪式也随之愈来愈完备而隆重。根据据《清史稿·志五十九·礼三（吉礼三）》所载：崇德元年，建庙盛京，遣大学士范文程致祭。奉颜子、曾子、子思、孟子配。定春秋二仲上丁行释奠礼。……顺治二年（1645年），定称大成至圣文宣先师孔子，春秋上丁，遣大学士一人行祭，翰林官二人分献，祭酒祭启圣祠，以先贤、先儒配飨从祀。有故，改用次丁或下丁。月朔，祭酒释菜，设酒、芹、枣、栗。先师四配三献，十哲两庑，监丞等分献。望日，司业上香。

雍正五年（1727年），定八月二十七日先师诞辰，官民军士，致斋一日，以为常。

总之，仲春仲秋之丁祭孔子，则自汉代已经开始了。从汉朝开始，不论在曲阜，或者在中央政府所在地及地方政府，都已普遍祭祀孔子，也都订有礼仪。曲阜孔庙汉代由孔子嫡长孙四时祭祀，而官方祭祀则一年只有两次。西晋武帝泰始三年（267年）命鲁国四时备三牲奉祀，至清代仍于每年四仲月举行（曲阜）。元明清北京孔庙国家祭孔，也依然是仲春仲秋上丁日祭祀，分皇帝亲诣释奠和遣官释奠两种。雍正五年（1727年）起，定八月二十七日（阴历）先师诞辰，官民军士，致斋一日，以为常式。

六、民国时期

从元明清三朝到民国初，中央政府每年都在北京的孔庙举办"祭孔"典礼。民国年间的祭祀活动主要有祭孔子、祭关羽、祭文昌、祭名宦乡贤。其中，以文庙祭孔、武庙祭关羽较为隆重。1911年辛亥革命的胜利，摧毁了中国两千多年的君主专制制度，实现了中国向现代社会的历史飞跃。民国年间的祭孔，由于政权更迭频繁，故较诸以往，更为复杂。

民国初年，政府和民间对于祭孔的合法性问题是持有很大争议的。1912年

---

① ［清］孙承泽《春明梦余录》（上册），北京古籍出版社1992年版，第296页。

2月，中华民国临时政府内务部、教育部通令各省举行丁祭。公报宣布民国通礼现在尚未颁行，在未颁以前，文庙应暂时照旧致祭。唯除去拜跪之礼，改行三鞠躬，祭服则用便服。其余前清祀典所载，凡涉于迷信者，应行废止。[①]1912年7月，随着小学教育"废止读经"的推行，蔡元培在第一次全国临时教育会议上提出"学校不拜孔子案"，但会议仍把"孔子诞日"列入学校自定仪式一条内，仅将其作为学校多种纪念会之一。[②]广东、江苏、安徽等省诸多地方在政府教育法令的暗示下更为激进，不仅停止祀孔，而且将文庙改成学校或讲习所。

1912年10月，教育部对地方官员纷纷致电询问祀孔之事，发布了颇显谨慎意味的通令："近来各处关于祀孔一事，纷纷致电本部，各持一说，窃以崇祀孔子问题，及祀孔如何订定，事关民国前途至巨，非候将来正式国会议决后，不能草率从事"，并做出两项规定：一为"孔子诞日举行纪念会，以表诚敬"；二为"孔子诞日应以阴历，就阳历核算，本月阴历八月二十七日，即阳历十月十七日。自民国元年为始，即永以十月十七日为举行纪念会之日。"陆军部也通咨各省都督："陆军各学校于孔子诞日，应开纪念会，以表诚敬，所有开会礼节，应由各该校自行规定。"[③]

1913年，四川都督尹昌衡等地方官僚吁请大总统"决然令全国学校仍行释奠之礼"。[④]1913年6月22日，北京政府依据"民意"发布《饬照古义祀孔令》，谓"兹据尹昌衡电称：请令全国学校仍行释奠之礼等语。所见极为正大，应俟各省一律议复到京，即查照民国体制，根据古义祀孔典礼，折衷至当，详细规定，以表尊崇而垂久远"。[⑤]

自民国二年（1913年）起，民国政府采纳了孔氏后裔孔广牧的意见，孔子诞辰安排在阴历八月二十八日举行。民国二年（1913年）孔子诞辰，当时由于公文书写的错误，孔子诞日原据孔广牧说，定八月二十八日为圣节。当时误写八字为七字用，随后又发文改变祭孔日期的事，引起了广大学校学生的强烈不满。

1913年12月颁布的《祀孔案审查报告书》称"窃谓春秋两祭仍宜适用，

---

① 参见《丁祭除去拜跪》，《申报》，1912年3月5日。

② 参见舒新城编《中国近代教育史资料》上，人民教育出版社1961年版，第296-297页。

③ 参见李俊领《中国近代国家祭祀的历史考察》，山东师范大学硕士学位论文，2005年。

④ 《四川都督请释奠孔子通电》，《宗圣汇志》第一卷第二号，1913年6月。

⑤ 章伯锋、李宗一主编《北洋军阀》（1912—1928）第二卷，武汉出版社1990年版，第1377-1378页。

上丁或疑与新历，不甚相宜，则有说焉。…… 政令用阳历，所以取世界之大同，祭祀用阴历，所以从先圣之遗志。言各有当，事不相蒙也。若改于每年开学之首日举行祀典，我国幅员广大，气候不同，开学之期，断难一律，未便作为通祭之期。若即于先圣生日举行祭礼，不知祝圣庆典，通国所同。若国家崇祀之上仪，义取特尊，碍难并举。此本审查会议以夏时春秋两祭为祀孔之日之理由也。若夫大祀之说有举莫废，实无疑义。其礼节服制自应与祭天一律，以示尊崇。京师文庙应由大总统主祭，各地方文庙应由该长官主祭。如有不得已之事故，得于临时遣员恭代，用昭诚恪。此外开学祭、诞日祭，应按照从前习惯，自由致祭，无庸特为规定。本审查会开议二次，意见相同"。[1]

按照袁世凯 1914 年 2 月颁布的"祭孔令"，祭孔大典归教育部社会教育司具体执行。1914 年 2 月 7 日，袁世凯发布规复祭孔令：

大总统祭孔令

据政治会议呈复：前奉咨询祭孔典礼一案，经开会全体议决：佥以为崇祭孔子，乃因袭历代之旧典，议以夏时春秋两丁为祭孔之日，仍从大祭，其礼节服制祭品，当与祭天一律。京市文庙应由大总统主祭，个地方文庙应由长官主祭，如有不得已之事故，得于临时遣员恭代。其他开学首日，孔子生日，仍听各从习惯，自由致祭，不必特为规定等语。孔子性道文章，本生民所未有，馨香俎豆，更历古而常新。民国肇兴，理宜率旧，应准如议施行。此令。

中华民国三年二月七日[2]

1914 年 8 月，袁世凯准颁《民国礼制》七种，包括《祀孔典礼》一卷，由"政事堂礼制馆"（馆长为徐世昌）遵照通行。该卷订以夏历春秋两丁为祀孔日，仍从大祀，礼节服制与祭天一致，并规定京师文庙由大总统主祭，各地方文庙由该长官主祭，孔子生日则听各习惯，自由致祭。并分别对"京师文庙"、"各地方文庙"修订乐章名一样，但歌词不一样。[3]1914 年 9 月，礼制馆将《祀孔典礼》与《祀天通礼》一并拟成。《祀孔典礼》规定"以夏时春秋两丁为祀孔之日，仍从大祀，其礼节、服制、祭品当与祭天一律"。[4]大总统斋戒与行礼

---

① 《祀孔案审查报告书》，《孔教会杂志》第一卷第十一号，1913 年 12 月。
② 中国第二历史档案馆编《中华民国档案史料汇编·北洋政府·文化》，江苏古籍出版社 1991 年版。
③ 孔德平主编《曲阜孔庙祭祀通解》，现代出版社 2007 年 8 月版，第 33 页。
④ 政事堂礼制馆《祀孔典礼·呈文》，第 1 页，民国三年。

亦如清帝，从祀先儒、先贤、各类祭器以及乐舞均几乎全部依照前清旧制。[①]

1914年由袁世凯大总统亲自主持，这也是为他"称帝"做舆论准备。[②]1914年9月28日，袁世凯在一大群全副武装的侍从护卫下于卯时正刻即早晨6点半到达孔庙，率领各部总长及文武官员，着新制祭服，身着四团花十二章大礼服，下围有褶紫缎裙，头戴平天冠，由侍仪官朱启钤、周自齐，及侍从武官荫昌前导行礼，俎豆馨香，三跪九叩，[③]祭器、祭礼、祭品等一如《祀孔典礼》所拟。这是民国肇兴之后第一次国家祀孔，与此同时，全国各地方均照《祀孔典礼》中《各地方行政长官祀孔子仪》和《道尹县知事祀孔子仪》的规定举行祭祀典礼。

1912~1927年，孔子诞辰纪念为阴历八月二十七换算成阳历对应日期（注：民国二年、三年、四年以阴历八月二十八为孔子诞辰，民国五年教育总长范源廉重又改回到阴历八月二十七日）。中华民国北洋政府期间，祭孔崇尚复兴古礼，特别是袁世凯执政期间由礼制馆馆长徐世昌拟定的祀孔礼节详尽完备（恢复春秋丁祭并孔子诞辰纪念），为日后的其他总统如黎元洪、徐世昌、曹锟、段祺瑞、张作霖等所效法。"但也因秉政者的变换，仪式上，尤其是行礼之状有些不同；大概自以为维新者出则西装而鞠躬，尊古者兴则古装而顿首。"[④]祀孔大典主祭者多由国务总理或教育总长但任，却少见大总统的身影。

1928年2月18日，大学院发布通令：

令各大学各省教育厅及各特别市教育局（大学院训令第一六九号 十七年二月十八日）为废止春秋祀孔旧典由

为令遵事：查我国旧制，每届春秋上丁，例有祀孔之举。孔子生于周代，布衣讲学，其人格学问，自为后世推崇。惟因尊王忠君一点，历代专制帝王，资为师表，祀以太牢，用以牢笼士子，实与现代思想自由原则，及本党主义，大相悖谬。若不亟行废止，何足以昭示国民。为此令仰该（厅 校 局）长，转饬所属。若将春秋祀孔旧典，一律废止，勿违。此令！[⑤]

---

① 参见李俊领《中国近代国家祭祀的历史考察》，山东师范大学硕士学位论文，2005年。

② 参见陈明远《鲁迅与"祭孔"》，"发现中国"，2007年7月。

③ 参张璟、李超英《袁世凯尊孔的历史评价》，孔庙国子监丛刊，北京燕山出版社2009年11月版，第173页。

④ 鲁迅《从胡须说到牙齿》，《鲁迅全集》（1），第249页。

⑤ 《大学院公报》1928年第3期。又载高平叔编《蔡元培教育论著选》北京人民教育出版社1991年（1928年2月18日），丛书责任编辑为吕达。又载《中国近代教育史资料汇编；民国卷，教育工包（三），中州古籍书画社（1928年2月18日）编，全国图书馆文献微缩复制中心。

1928 年 4 月 13 日，中华总商会发布反对废止祀孔电：

南京。国民政府钧鉴：报载大学院通令各县废止祀孔，似与信仰自由冲突，敝会董事等极端反对，确否？恳详电复。中华总商会。

【国民政府档案】①

内政部为协调此事，于 1928 年 10 月 7 日发电文公布：

内政部为孔子祀典一事、昨日发出两电如下：（一）各省政府南京上海天津北平特别市政府钧鉴：本部前经会同大学院呈覆国府，奉交核议鲁涤平、何健等电，请明定孔子祀典一案，拟请以孔子诞日为纪念日，通行全国一体遵照，并于是日举行纪念时，演述孔子言行事迹，以志景仰，经国府会议议决照办，仪式不避规定等因奉此。除通行外，用特电达，即希查照办理为荷。内政部鱼印。（二）北京平坛庙管理处房处长鉴：呈悉，查本部前经会同大学院呈覆国府，奉交核议鲁涤平、何健等电，请明定孔子祀典一案，拟请以孔子诞日为纪念日，通行全国一体遵照，并于是日举行纪念时，演述孔子言行事迹，以志景仰，经国府会议议决照办，仪式不避规定等因。除通行外，仰即遵照办理为要。内政部鱼印。②

1929 年 9 月 29 日为旧历孔子之圣诞，历年各机关均于是日放假祀孔，但今岁已改为阳历八月二十七日举行。③

由此可知，1928 年 2 月 18 日，大学院颁布废止祀孔令，引起社会上轩然大波，中华总商会等纷纷反对废止祀孔。内政部为协调此事，拟请以孔子诞日为纪念日，通行全国一体遵照，并于是日举行纪念时，演述孔子言行事迹，以志景仰，经国府会议议决照办，仪式不避规定。

1929 年，孔子诞生纪念日经行政院第八次会议，改定为阳历八月二十七日，并饬应同行遵照，以期一致，两免歧异。除批示外，相应咨请查照转饬所属一体知照。④

---

① 中国第二历史档案馆编《中华民国史档案数据汇编》第五辑第一编·文化二，江苏古籍出版社，1994 年。

② 《申报》1928 年 10 月 8 日第 7 版《内政部公布孔子纪念日 通电各各省查照办理》。

③ 据北平特别市公安局训令第三科（事由：奉市府令孔子圣诞应遵用阳历至禁止自造孔教旗一体知照）。

④ 参见《顺天时报》1929 年 9 月 30 日《昨日平市各机关依然举行祀孔 相习成风际此尚牢不可破 各地私塾均停课一日》。

1934 年，国民政府教育部规定，八月二十七日为先师孔子诞辰纪念日，除通令直属各大学各学院外，并训令各省市教育厅局，并附纪念办法（《国民党中央执行委员会转请国民政府明令公布祀孔办法函》，1934 年 6 月）。

1934 年 8 月 25 日，北平市社会局通知先师孔子诞辰纪念办法，孔子诞辰悬旗致庆及是日休假一天并转知各员一律参加，均着长袍马褂。①

1936 年又是比较特殊的一年，因为在该年祭孔北平市政府竟然恢复了尘封已久的丁祭，隆重筹备二月二十五日的春丁祀孔。1936 年 8 月 27 日（阳历）为孔子诞辰，所有一切纪念仪节查照春丁祀孔旧例，由市政府隆重筹备，先期报闻。届时仍由委员长宋哲元亲往致祭，以示尊崇。②1937 年冀察政委会以 3 月 21 日为春丁祀孔之期，十日特训令冀察平津省市府，届时仍照去年办法，隆重举行。③

1937 年 7 月 30 日，日本侵略军相继侵占北平、天津。日军侵占北平后，平市地方维持会以八月二十七日（星期五）为孔子诞辰纪念，由会通知全市各机关各学校均于是日放假一日，以资庆祝。④1937 年 9 月 7 日，日伪政府在国子监举行秋丁祀孔典礼，典礼异常隆重，鞠躬礼改行三跪九叩首。⑤

1938 年，日伪政府通令尊崇孔道，命令夏历 8 月 27 日为圣诞，恢复春秋上丁两祭。⑥

1942 年 7 月 16 日，日伪政权中政会通过林委员柏生、陈副秘书长春圃，合签改订国立九月二十八日为先师孔子诞辰。今年九月二十八日为孔子诞辰纪念，以后类推。此政令对孔子诞辰进行了详细历史考订，⑦1944 年后春祭改清明节举行。

1945 年 8 月 15 日日本法西斯投降后，蒋介石政府的祭孔依然按照 1934 年拟定的《先师孔子诞辰纪念办法》于阳历 8 月 27 日定期举行，并庆祝教师节（1952 年起又改为 9 月 28 日），此种祭孔形式在中国大陆一直持续到 1948 年为

---

① 据北平市公安局第一科股通知（事由：孔子诞辰悬旗致庆及是日休假一天并转知各员一律参加），中华民国廿三年八月廿五日第八一号。

② 《北平市市政公报》1936 年第 368 期（11 月 11 日）《训令》。

③ 《申报》1937 年 3 月 11 日第 3 版《冀察政会 训令祀孔》。

④ 《世界日报》1937 年 8 月 23 日《庆祝孔子诞辰 全市各机关学校放假一日 正金朝鲜两银行亦表崇敬》。

⑤ 《世界日报》1937 年 9 月 7 日《平市本届秋丁祀孔 今晨在国子监举行 孔圣崇圣两祝文已撰就 江市长潘局长分别主祭》。

⑥ 《新北京》1938 年 8 月 26 日第 4 版《孔子诞辰仍用夏历系夏历八月廿七日临时政府下令纠正》所载大致相同，《实报》1938 年 8 月 26 日《政府通令纠正 孔诞日期 按照夏历八月廿七日》所载大致相同。

⑦ 《国立华北编译馆馆刊》，1942 年第 1 卷第 2 期。

止。1948 年 8 月 27 日是民国时期北京孔庙最后一次正式祭孔。

结　语

笔者认为，国家祭孔释奠，自公元前 195 年汉高祖路过曲阜祭，以太牢祭祀孔子便开始了。祭孔释奠的形成和发展，应该说经历了一个很长的历史时期。

从汉朝开始，不论在曲阜，或者在中央政府所在地及地方政府，都已普遍祭祀孔子，也都订有礼仪。曲阜孔庙汉代由孔子嫡长孙四时祭祀，而官方祭祀则一年只有两次。灵帝建宁二年（169 年），祀孔子，依社稷（出王家毂，春秋行礼）。即是说，孔子享受和社稷神同样的规格，将祭孔释奠时间放在春季和秋季之始。

晋武帝泰始二年（266 年），令太学及鲁国四时备三牲以祀孔子及七十二弟子。

东晋明帝太宁三年（325 年）增为"四大丁"（农历二月、五月、八月、十一月上旬第一个逢丁日），"八小祭"（每年的清明节、端午节、六月初一、仲秋节、重阳节、十月初一、腊月初八、除夕）。盛行时期，又加上每月的初一、十五，甚至二十四个节气也进行祭祀。

晋朝武帝时，四季皆由帝王亲自奉行释奠；东晋从成帝、穆帝到孝武帝，也都是由帝王亲身行释奠的。

魏晋之释奠礼，在南北朝得到继承。

据南朝齐礼制，新立学，必对先圣先师行释奠礼，每岁春秋二仲，常行其礼。每月旦，祭酒领博士以下及国子诸学生以上，太学、四门博士升堂，助教以下、太学诸生阶下，拜孔揖颜（《隋书卷九·志第四·礼仪四》）。

敬帝太平二年（557 年），访孔子后修庙堂，备四时祭。

魏孝文帝太和十六年（492 年），孝文帝元宏称孔子为"文圣尼父"。朝廷曾经指令御用礼乐官吏们制定祭孔祀典，规定祭孔用诸侯的享乐规格，即"轩悬之乐"、"六佾之舞"，并行"三献礼"（即初献、亚献、终献），而舞蹈是置在"三献礼"的仪程中表演。而且，孝文帝对于祭孔典礼设在每年仲春和仲秋（农历二月和八月）举行，做了明文规定。

隋文帝制：国子寺每岁以四仲月上丁释奠于先圣先师，州、县学以春秋仲月释奠。

唐因隋制，直到开元十一年（723 年）九月，唐玄宗敕春秋二时释奠，诸州府并停牲牢，唯用酒脯。自今以后，永为常式。肃宗、代宗朝以后，直至僖宗，"释奠礼"基本依据《开元礼》规定进行，《开元礼》也成为宋代以后历朝释奠礼的蓝本。

北宋政和三年（1113年），《新仪》成，以孟春元日释菜，仲春、仲秋上丁日释奠。

金世宗大定十四年（1174年），礼官参酌唐《开元礼》，定拟释奠仪数（亦春秋二时释奠）。

元世祖至元十年（1273年）三月，命中书省安排春秋释奠，自是春秋二仲，岁以为常。

明太祖建国初定制，每岁仲春秋上丁，皇帝降香，遣官祀于国学。

清崇德元年（1636年），建庙盛京，定春秋二仲上丁行释奠礼。自雍正五年（1727年）开始，规定八月二十七日先师诞辰，官民军士，致斋一日，以为常式。这样，除去仲春仲秋上丁日之祭孔释奠，又加上了八月二十七日先师诞辰之纪念，一直延续到清末。无论皇帝亲诣释奠还是遣官释奠，皆依此进行。

1912年至1927年，孔子诞辰纪念为阴历八月二十七换算成阳历对应日期（注：民国二年、三年、四年以阴历八月二十八为孔子诞辰，民国五年教育总长范源濂重又改回到阴历八月二十七日）。中华民国北洋政府期间，祭孔崇尚复兴古礼，特别是袁世凯执政期间，1914年，由礼制馆馆长徐世昌拟定的祀孔礼节详尽完备（恢复春秋丁祭并孔子诞辰纪念），为日后的其他总统如黎元洪、徐世昌、曹锟、段祺瑞、张作霖等所效法。

1929年起，国民政府改阳历8月27日祭孔。

1934年，国民政府教育部规定，八月二十七日为先师孔子诞辰纪念日，除通令直属各大学各学院外，并训令各省市教育厅局，并附纪念办法。

1936年又是比较特殊的一年，因为在该年祭孔北平市政府竟然恢复了尘封已久的丁祭，隆重筹备2月25日的春丁祀孔。

1937年日伪政权冀察政委会以3月21日为春丁祀孔之期，10日特训令冀察平津省市府，届时仍照去年办法，隆重举行。1937年9月7日，日伪政权在国子监举行秋丁祀孔典礼。1938年，日伪政府通令尊崇孔道，命令夏历8月27日为圣诞，恢复春秋上丁两祭。

1942年7月16日，日伪政权中政会通过林委员柏生、陈副秘书长春圃，合签改订国立九月二十八日为先师孔子诞辰，当年九月二十八日为孔子诞辰纪念，以后类推。越到后期，其仪式也愈发简化，1944年后春祭改清明节举行。

1945年8月15日日本法西斯投降后，国民政府的祭孔依然按照1934年拟定的《先师孔子诞辰纪念办法》于阳历8月27日定期举行，并庆祝教师节（1952年起又改为9月28日），此种祭孔形式在中国大陆一直持续到1948年为止。

在中国学术文化思想史上，孔子作为儒家学派创始人，他开创私学，兴起民办教育；周游列国，对外思想文化传播；整理和传承历史文化典籍（删诗书、定礼乐、赞周易、修春秋）；主编并使用历史文化教材（六经、六艺）。孔子为中国教育的普及及文化事业的继承发展，做出了卓越的贡献；而其仁者爱人、礼乐并行、和而不同等为政理念也为国家的长治久安起到了积极的推动作用，永远值得后人学习和尊敬。今日之国家祭孔，其文化意蕴主要在于尊重历史、接续文化；敬仰先贤、凝聚华族；富然后教，顺天应民，故与帝制时期之国家祭孔，已不可同日而语。

常会营（孔庙和国子监博物馆　副研究员 ）

坛庙文化

北京古代建筑博物馆文丛　第四辑　2017年

博物馆学

《北京市博物馆条例》
诞生始末及其社会影响

◎李学军

2015 年 3 月 20 日，博物馆行业的全国性法规《博物馆条例》由国务院颁布实施。随之，2016 年 11 月 25 日，北京市第十四届人民代表大会常务委员会第三十一次会议决定，废止地方性法规《北京市博物馆条例》，"条例"在走过15 年历程后结束了它的历史使命。《北京市博物馆条例》作为我国博物馆行业的第一部地方性法规，在促进北京地区博物馆健康发展、探索博物馆行业宏观管理模式、规范博物馆业务工作方面起到了重要的作用，在全国博物馆界也发挥了一定的引领与示范作用。

为全面反应博物馆行业这一重要历史性文件的社会影响，笔者就《北京市博物馆条例》诞生的历史背景、出台过程及其对博物馆行业的影响予以回顾。

一、立法背景和立法宗旨

（一）20 世纪 90 年代博物馆事业发展快速

1. 博物馆行业的发展概况

北京有着 50 万年的人类文明史，3000 余年的城市发展史，是著名的五朝古都；北京的历史与现状、城市的地位与作用，决定了精神文明建设是北京城市发展的重要方面，而博物馆事业在其中占有重要的地位。建国 50 年，北京的博物馆走过了艰辛的发展历程。1949 年新中国成立时，北京仅有故宫博物院和国立北平历史博物馆（即今中国历史博物馆的前身）两座博物馆供社会参观；1979 年改革开放之初，北京有博物馆 19 座；改革开放为博物馆事业提供了一个良好的发展环境，到 1989 年建国 40 周年时，北京有 57 座博物馆对社会开放。

为探索博物馆的规范化管理，经市人民政府批准，《北京市博物馆登记暂行办法》于 1993 年 12 月 25 日起发布施行，至 2000 年底本市依据"暂行办法"共注册博物馆 112 座，约占全国博物馆总和的 6.1% 左右，从博物馆数量上看居全国之首，平均每 10 万人拥有一座博物馆，基本形成了多种类、多形式、多体制的博物馆体系。从博物馆的类别上看，其门类日趋多样化，从建国初期单纯的历史类逐步扩展为文物类、自然类、科技类、军事类、文化艺术类、宗教类、纪念类等共七大类，其中以收藏展示文物藏品为主的博物馆占70%以上。从博物馆的隶属关系上看，情况也比较复杂，中央级单位所属博物馆约占35%，市级各单位所属博物馆约占32%，区县级各单位所属博物馆约占21%，由企业兴办的博物馆约占8%，民办博物馆约占4%。据统计，当时北京地区各博物馆收藏的文物、艺术品及各类标本等藏品达226万件；共设有固定展陈约200项，并且每年还推出近200项临时展览，年接待观众约3000多万人次。

《北京市博物馆登记暂行办法》实施后，政府在注意博物馆数量增加的同时，也在注重博物馆质量的不断提高，在加大对博物馆投入的同时着力引导博物馆发挥自身潜力，使得博物馆社会效益不断增强；社会办馆的积极性空前高涨，特别是民办博物馆发展迅速，出现了第一批三家由政府正式审核登记的民办博物馆；随着博物馆隶属关系日益多样化，博物馆要求加强行业管理、规范化管理和法制管理的呼声也日渐高涨。

2. 博物馆发展过程中存在的问题

（1）博物馆质量参差不齐、整体水平不高，与北京的地位不相称

在博物馆事业不断发展的同时，博物馆自身所固有的缺陷也日益显露，由此也面临着生存与发展的诸多问题。当时北京市的博物馆数量虽居全国前列，但高质量、高水平的博物馆数量还不多。由于博物馆隶属关系复杂，软硬件设施及内部管理水平相差悬殊，有的规模很小，有的设施陈旧，有的展陈手段落后，致使博物馆的质量参差不齐，整体水平不高，达到世界发达国家管理水平的博物馆更是寥寥无几。与发达国家相比，博物馆在内部管理机制、业务人员水平能力、文物保护科技水平、现代化展陈手段、文物保护设施条件、讲解服务水平及旅游纪念品开发等方面都有较大的差距，仍处于相对传统的阶段。特别是在博物馆的科研方面缺乏广度与深度，对博物馆学理论探索较少，谈史、谈物、谈经验、谈体会、谈管理等具体问题较多，缺乏远见和大局观，未能及时将实践升华为理论再支指导实践。

博物馆是文化事业的重要组成部分，是民族精神、城市文化的象征，是社会文明程度的重要标志。北京是文化古都，有着丰富的历史遗存和深刻的文化内涵，具有发展博物馆事业的良好基础。从北京的地位、条件和城市功能来看，当时博物馆的状况与北京的首都地位及历史文化名城并不相称，在博物馆的建设、发展和管理方面都需要进行全方位的提升。

（2）博物馆隶属关系复杂，条块分割的管理体制机制影响事业发展

北京地区的博物馆隶属关系极为复杂，市文物局属博物馆仅17座，其余博物馆分别隶属于各中央在京部委、大专院校、公安部队、科研院所、行业企

业集团和园林、宗教、民政等部门，以及公民个人。由于这些博物馆与文物行政管理部门没有直接隶属关系，其人员、机构、经费、收支等均由其上级主管部门直接控制，而博物馆的具体业务工作又是由博物馆的行业主管部门进行宏观协调和指导，两者之间由于所处的位置和考虑问题的角度不同，在工作任务、工作重点上往往不一致，客观上致使在某些博物馆行业主管部门提出的工作要求得不到落实，业务工作不够规范，诸如环境整治、硬件设施改造、展览布展与改陈、统一服务标准等涉及经费的工作，行政管理部门均无法实现统一要求。而公众并不了解博物馆的隶属及管理情况，看到的只是博物馆在软硬件方面的巨大差距，部分博物馆出现的因经费困难，不能坚持正常开放，或展览陈旧、开放条件较差的问题，直接影响到北京地区博物馆的整体形象和城市文化形象。

（3）各博物馆事业发展经费及专业人才不足，影响博物馆自身的完善与发展

博物馆作为社会公益事业需要国家的极大投入，国有博物馆的经费来源主要是财政拨款，但由于当时财政投资还比较有限，连人员工资和办公费用都很紧张，对完善藏品体系、提高展陈水平、开展科学研究和进行馆际交流等活动的经费支持更少，且绝大多数博物馆的收入远远不能补充支出的不足，所以当时除少数博物馆外，普遍面临着生存与发展的诸多问题，这一点对于占很大比重的历史类博物馆尤为明显。许多博物馆自建馆之初确定的经费数额多年来一直极少增加甚至无任何增加，国拨经费只能维持工作人员的基本工资，有些馆连这一点也有困难，事业发展经费更无从谈起。而随着社会文明程度的不断提高，观众对博物馆的需求也日益提高，这就要求博物馆事业也应有与之相应的发展，博物馆的资金需求量将会更大，因此各博物馆普遍处于既要满足社会需求又要保持自身生存并有所发展的两难境地。一些民办博物馆虽然通过开展经营创造一定收益补充到博物馆的开支中，但是这种经营活动并没有得到法律保障。

（4）博物馆发展缺少宏观规划、法律法规与规范管理

博物馆的快速发展丰富了北京市的文化事业，但由于没有明确的法律、法规的规范和统一的主管部门，对博物馆的数量、门类很难进行有效地引导和调控。除《中华人民共和国文物保护法》及其实施条例、《北京市文物保护管理条例》对博物馆藏品有相关的管理条款外，适用于博物馆管理的主要还是七八十年代文化部、国家文物局制定的一些规章，这些规章在当时情况下对博物馆的发展起到了积极的作用，但是随着时代的发展，显然已经不能适应市场经济条件下博物馆发展的新形势。本市企事业单位和私人办馆基本是20世纪90年代发展起来的，同时以非文物类藏品为主的博物馆数量增长也较迅速，原有规章

对这些方面的管理基本没有涉及。

当时，各类国办博物馆主要由上级主管部门负责管理，除文物行政管理部门外，其他部门事实上很难顾及所属博物馆的管理。民办博物馆除到相关部门办理手续外，无法定的管理部门，整个博物馆行业缺乏宏观管理。基于此，社会上要求对博物馆事业的发展全面加以规范的呼声不断高涨，同时一些博物馆的主办者也希望通过立法认可他们的地位，明确他们的权利和义务。

3. 在大变革的时代背景下，国家社会对博物馆的要求发生改变

（1）国家要求博物馆主动承担传承历史文明、弘扬先进文化的重要使命。博物馆是荟萃人类历史文化的神圣殿堂，记录着一个民族成长发展的历史进程。中华民族在五千年历史上创造了灿烂辉煌的文明成果和先进文化，这些都是中华民族生命力的不竭源泉，是中华民族共有精神家园的重要支撑。随着时代的发展，把优秀历史文化、革命文化和当代中国先进文化保护好、传承好、发展好，是国家赋予博物馆的职责所在，也是博物馆的光荣使命。

（2）社会要求博物馆切实履行服务大众、满足人们文化需求的基本职责。为人民大众服务，是文博事业的根本宗旨，建立博物馆的初衷，就是要使民族文化瑰宝为更多人所共享。在新形势下，各种类型的博物馆以其特有的辐射力、影响力，越来越成为公共文化服务体系的重要组成部分，成为保障人民群众基本文化权益的重要平台。从社会功能角度出发，博物馆要进一步发挥文化传播和社会教育作用，健全服务设施、完善服务规范，拓展延伸服务功能，开展丰富多彩的公益性文化活动，把专业性、知识性和趣味性、观赏性有机结合，更好地普及知识、传播文化。

（3）观众要求通过参观博物馆，学习知识，认识现实与历史的关系，认识人与自然的联系，从中领悟人生哲理，满足精神世界的体验。随着社会观众整体素质的逐步提高，观众来到博物馆，已不再是简单地看博物馆的展品和展览，参加博物馆组织的各种活动，享受博物馆的各项服务，而是认识到参观博物馆是有利于个人发展、自身提升的活动。观众希望通过参观博物馆和参加博物馆组织的社会教育活动，更全面地理解个人与周围世界的联系，了解人的创造能力，从而增强自身的生存能力和发展能力，提高自己的生存质量。

（4）市场经济大环境要求博物馆内部运行机制有所变革。在社会主义市场经济体制下，随着改革进程的不断推进，原本铁定"吃皇粮"的博物馆也已面临着事业单位改革带来的巨大冲击。长期计划经济体制下形成的工作中的惰性严重阻碍了博物馆事业的发展，使许多博物馆丧失了应有的活力与生命力，工作长期徘徊不前。从博物馆自身的行业特点看，博物馆缺乏自身的造血功能，长时期计划体制给博物馆造成缺乏竞争意识，造成博物馆从业人员缺乏工作的积极性、主动性和创造力。

（二）博物馆制度法规概况

1.博物馆相关制度和法律法规沿革

以南通博物苑的建立为标志，中国现代意义博物馆发展经历百余年，现代博物馆从无到有，从分散到系统化，与博物馆行业管理的法制化息息相关。新中国成立前，以中央政府名义颁布的行业总则屈指可数。在张謇的倡导和南通博物苑建立下，清政府对博物馆事业行政领导和监督开始纳入政府教育行政管理的职责范围。民国时期，随着国立历史博物馆的建立，1927年中华民国政府教育部颁布《教育部历史博物馆规程》对国立历史博物馆的工作范围、馆长聘任等问题做出了规定，虽然该规程是为国立博物馆而出，但一定时期内对国有博物馆的设立起到指导作用。至1949年前，民国政府出台了古迹、古物保护保存和进出口等分类细则，但规范文博行业的基础性总则并未见。

1949年新中国成立后，中央人民政府文化部设立了文物事业管理局，陆续出台文物古迹保护办法、考古发掘办法、禁止进出口办法等。1979年6月颁布了《省、市、自治区博物馆工作条例》这一基础性总则，20世纪80年代，文化部和国家文物局又相继制定出台了《革命纪念馆试行条例》、《博物馆藏品管理办法》、《博物馆安全保卫工作规定》等法律法规。但从总体上看，博物馆行业一直无上位法，无统一的行业标准及工作规范，导致在实际工作中既没有一套完整的博物馆工作管理体系和理论指导，而且也没有统一制定实施的博物馆行业标准及工作规范，这就造成了博物馆业务工作中常会遇到许多实际问题。

从北京市范围看，进入90年代，为加强对北京地区博物馆的行业管理，扭转北京地区博物馆办馆水平参差不齐的局面，市文物局在市人大、市政府有关方面的大力支持下，从1989年底着手制定地方性的博物馆规章。在各方面的共同努下，1992年、1993年市政府相继颁布出台了《北京市珍贵文物复制管理办法》、《北京市馆藏文物管理规定》、《北京市博物馆登记暂行办法》等地方性法规，使博物馆的建设和博物馆事业的发展逐步纳入法治管理的轨道。这对于北京地区博物馆隶属多家的现状，无疑是加强宏观调控的有力措施和健康发展的正确轨道，同时也是博物馆建设与国际接轨的具体体现。

2.《北京市博物馆登记暂行办法》的实施意义重大

为顺应时代的发展、探索博物馆行业的宏观管理之路，经过充分调研和论证，北京市文物局于1993年报请北京市政府颁布了《北京市博物馆登记暂行办法》。该办法是国内第一部关于博物馆注册登记工作的地方政府规章，开启了博物馆行业宏观管理的序幕。"暂行办法"颁行后，很多博物馆纷纷自觉对照检查，工作有了很大的改进和提高。依据这部地方政府规章，本市于1995年依法成立了由国内知名博物馆专家、学者组成的"北京地区博物馆资格评审委员会"，对此前已存在的博物馆进行综合考评，依据考评结果分三批完成了注册登记工作，并颁发《北京博物馆登记证书》。1996年又依法给予观复古典艺术馆等三家民办博物馆注册资格，中国大陆首次出现了经政府核准注册的民办博物馆。从此，本市开始了民办博物馆和公立博物馆按照统一标准实行审核的注册制度，此举在新中国文化建设史和博物馆发展史上具有里程碑意义，受到了国内外舆论的普遍关注，尤其是境外媒体，认为民办博物馆的诞生是改革开放进一步深化的具体表现，是中国政府政策在文化领域的又一大进步。实行《北京市博物馆登记暂行办法》在全国尚属首次，虽然在实践中存在诸多不足之处，但它毕竟在北京地区博物馆建设的规范化和法制化管理方面迈出了可喜的一步。

3. 博物馆相关制度和法律法规的局限

（1）国家层面规范博物馆行为的相关法规相当贫乏

当时，我国尚未制定全国性适用的博物馆管理方面的法律或法规，直接适用于博物馆的法律资源贫乏。一些能够适用博物馆的立法规范，多数也是针对馆藏文物管理，如《文物保护法》及其《实施条例》等，但这些法律也只是解决博物馆馆藏文物涉及的一部分问题，还有许多问题尚未规定。国家文物局1979年颁布的部门规章《省、市、自治区博物馆工作条例》，重点规范博物馆内部工作，不仅法律效力有限，而且很不适应社会主义市场经济条件下的新形势。博物馆特别是民办博物馆的法律地位、办馆条件、开放标准、登记注册、奖惩制度，以及应享受的公益性事业政策支持，服务项目收入和接受捐助的减免税优待等，都没有客观明确、及时到位的规定。博物馆在规划建设、发展保障、许可设立、管理运作机制等方面，只能从《事业单位登记管理暂行条例》、《民办非企业单位登记管理暂行条例》、《公共文化体育设施条例》等相关法律、法规中寻找相应的适用条文，而在实际操作中面临很多法律障碍。这种缺少统一的博物馆管理法律规范的现状，使博物馆的发展和管理尚未做到有法可依，成为当时我国博物馆法制状况的突出问题。因此，尽快拟订博物馆管理的专项法规，加强规范管理和引导扶持，已经成为当时博物馆工作中的一项迫切任务。

随着社会对于立法管理博物馆的呼声越来越高，90年代初国家文物局就计划制定《博物馆等级标准》、《博物馆管理条例》等法规和规章，但是由于全国各地区博物馆事业发展不平衡，边远地区与中心城市无论是硬件还是软件都有很大的差距，这就增加了国家立法的难度，因此这些计划中的法规一直未能如愿出台。

（2）北京市的地方法规规章尚待进一步完善

1993年北京市政府根据具体情况批准了《北京市博物馆登记暂行办法》、《北京市馆藏文物管理规定》两项有关博物馆管理的规章，一定程度上强化了本市博物馆的统一管理。按照规章规定，本市从博物馆发展的总体布局出发，注重发展填补门类空白的博物馆，取得了明显的效果。规章从法规上明确了北京市文物局是博物馆注册登记的主管机关，凡在本市行政区域内的各类博物馆和具有博物馆性质的纪念馆都要进行登记，申请登记的博物馆都要具备相应的条件。截至 1997 年，全市完成了已有博物馆的重新登记工作，并对新建的博物馆依法进行了审核、批准。通过法规的执行，市文物局全面掌握了全市博物馆基础信息，对总体把握全市博物馆的发展方向、实施宏观管理奠定了坚实的基础。但是，随着社会经济的迅猛发展，各界要求兴办博物馆的越来越多，同时伴随着生活水平的提高，人们对精神产品的质量也提出了更高的要求，"暂行办法"中规定的博物馆成立条件、行业要求及其他一些内容已明显滞后，与博物馆行业及时代的发展不相适应。

（3）迫切需要制定法规对民办博物馆进行管理

随着市场经济的不断深入，人民生活水平的日益提高，建立民办博物馆已成为博物馆事业发展的新趋势。这种体制的博物馆一方面减少政府投资另一方面扩大民众文化活动场所，提高民众文化思想意识素养，使藏宝于民向服务社会发展，这种行为同时也展示了北京市作为文化中心的所具有的鲜明特色。但在国家鼓励这种体制博物馆大发展的同时，却没有制定出相应的政策、法律来对这一行为加以规范。私人办馆其所有权与国有博物馆截然不同，与行业办馆和部门办馆也有很大的差异，因此如何解决私人收藏品的权属关系对其藏品来源、质量、办馆目的等方面做出明确法律规定是管理和审批的主要依据，特别是对以文物藏品为主建立的非国有制博物馆，文物藏品的来源及藏品的后处理就变得十分重要了，这些新情况的发生急需制定出相关的法律规定才有利于博物馆事业的有序发展。

（三）博物馆条例的立法宗旨与目的

1. 事业的发展迫切要求博物馆法规的出台

在博物馆事业蓬勃发展的同时，法律法规缺位所造成的宏观管理方面的问题也随之日益显现。在国有博物馆管理方面，由于没有从法律上明确博物馆的行业主管部门，全市博物馆发展由不同的行业和部门自行决定，缺少统一规划，博物馆的数量、门类处于无序发展的状态，非文物系统兴办的博物馆有的长期缺乏业务指导，展览形式和手段陈旧，不能满足群众日益增加的文化需求，一些博物馆由于各种原因，徒有虚名，展览多年不变，靠出租房屋和展销活动维持局面，影响了博物馆的整体形象。

在非国有博物馆管理方面，随着市场经济的不断深入，私人兴办博物馆已成为一种趋势和潮流，它一方面作为社会公益事业的有益补充，另一方面扩大了民众文化的活动场所，提高民众文化思想意识素养，使藏宝于民向服务社会发展，同时它还展示了北京市作为文化中心所具有的鲜明城市特色，但在国家鼓励这种体制博物馆大发展的同时，却没有制定出相应的政策、法律来对这一行为加以规范。因此，私人申办博物馆水平不一、条件参差不齐，个人收藏与私人博物馆的概念不清，还有的是借博物馆名义行商业之实，如果政府部门长期不能依法进行管理，极不利于这一新生事物的健康发展。

综上，北京地区博物馆在发展中出现的新情况、遇到的新问题都是近些年出现的，在计划经济时期制定的法律、法规对这些问题都没有涉及到的，管理者与被管理者在社会发展的新形势下，都迫切需要有明确的法律、法规来对博物馆进行统一的规范管理，博物馆立法势在必行。

2. 博物馆条例的立法宗旨原则

根据北京地区博物馆发展的实际情况，1999年初北京市人大常委会研究同意将《北京市博物馆条例》列为正式立法项目。《北京市博物馆条例》正式立项后，市人大、市政府、市文物局联合组成法规起草小组，起草小组针对市场经济条件下博物馆发展出现的新问题开展了立法调研，在综合各方面意见的基础上就立法宗旨、管辖范围、管理权限、审批项目做了反复研究，最后决定通过条例确定如下宗旨原则："博物馆事业要纳入本地区经济和社会发展的规划，政府部门要为发展博物馆事业提供必要的条件和保障；明确北京地区博物馆行业管理的主管机关；确定博物馆的申办条件，明确博物馆的权利义务；加强对博物馆藏品、陈列、社教、安全、开放的行为规范；制定相应的处罚规定。"

3. 博物馆条例要解决的重点问题

（1）重点解决博物馆的功能定位

发达国家博物馆事业起步较早，虽然社会制度、经济状况都与我国有较大的差距，但从总体上看世界各国对博物馆所做的定义基本一致，博物馆所担负的社会职能也基本相同。最大的区别是发达国家对博物馆没有国有与非国有之分，没有规模大小之分，凡是进入博物馆系列的基本具有大致相同的办馆条件并享有同样的权利。由于我国的国情与发达国家不同，照搬别人的经验，所定的法规很可能不利于执行。我国博物馆过去是严格实行计划经济管理的行业，它的许多工作特性不仅同国外有较大差别，就是和国内其他行业比也存在许多不同，它不仅肩负着保藏国家珍贵文化财产的重任，同时还是我们国家精神文明建设的重要阵地，它的这一特性决定了在当前计划经济向市场经济转型期间，博物馆事业不可能完全纳入市场经济的轨道，立法必须根据我国的国情和博物馆工作的特性制定，既不能固守计划经济管理的方式，对博物馆的建立、运作都由政府统而管理之，不给主办者自主经营和管理权，也不能完全按市场经济的运作方式把博物馆放入市场经济的大潮中，任其自由发展、自生自灭。

因此，博物馆的社会服务属性及其公益性质是最为重要的。

（2）重点解决博物馆的权利

由于我国的国情，使博物馆分为国有博物馆和非国有博物馆，它们之间产权所属根本不同，在办馆过程中各方面所受的约束也完全不同；另外馆藏文物与非文物在征集、采集、处置等方面所受的限制也不同，文物法对文物藏品的征集、使用、处置做了明确的规定，因此博物馆方面的法规不可能对现行有效的相关法律做重大突破，使博物馆在征集、采集藏品时得到完全一致的权利。为了有效、合理、合法解决博物馆的发展问题，条例规定博物馆享有名称专有、门票免营业税、接受捐赠，捐赠人享受税收优惠方面基本保持同等权利。在征集、采集藏品的问题上，为保证与现行法律、法规不抵触的原则，凡有法律规定的，按照法律规定征集、采集，法律、法规没有限制规定的，注册登记的博物馆享有同等权利。

二、诞生和实施过程

（一）博物馆条例的诞生

1. 立法倡议

博物馆是社会主义文化事业中的重要组成部分，是公民终身受教育的课堂，在社会主义物质文明和精神文明建设中具有十分重要的地位和作用。特别是改革开放以来，博物馆的种类日益齐全，一大批适应社会主义经济建设需要的专题类博物馆相继建立，发展势头很猛。为使博物馆事业有序发展，国家文物局一直将博物馆的立法作为重要工作来抓，正在着手《中国博物馆法》的可行性研究和前期准备工作，国家文物局要求全国各地要建立、建全博物馆登记管理制度，严格新建博物馆的标准和审批程序，规范博物馆的行为，推动依法办馆的工作进程。

北京作为全国的政治中心和文化中心，博物馆事业的发展领全国之先，全国规模最大、藏品最多、等级最高的博物馆集中在北京，行业和部门办的博物馆的数量也占全国各省、自治区、直辖市的绝大部分，尤其是 90 年代北京开办的几家私人博物馆，无论在藏品数量还是展览规模及形式都是其他地区不可比拟的，北京地区当时已初步形成了多种类、多形式、多体制的博物馆网络和体系。

在这新旧体制转轨过程中，原有的博物馆管理体制和运行机制与现实情况很不适应，一些新矛盾、新问题在北京显得尤为突出，急需制定相关法律、法规采规范管理。针对北京地区博物馆管理工作中出现的新情况，市文物局依据行政职能，以《北京市博物馆登记暂行办法》的实施为契机，结合大量的调研工作，1996年提出了出台地区性博物馆法规的设想，并开始着手收集资料、编制内容，并区分不同类型的博物馆开展专项调研工作。1997年11月26日，北京市人大常委会文卫体委员会第二十六次会议决定，《北京市博物馆管理条例》将列入北京市下一个五年立法规划中。1998年3月26日，经北京市文物局研究论证，《北京市博物馆管理条例》的立法项目建议书上报市政府法制办。1998年9月8日，市人大召开立法会议，《北京市博物馆管理条例》列入市五年立法计划之内。1998年12月，北京市文物局完成了《北京市博物馆条例》的送审稿。

2. 草案编制与审议过程

根据北京地区博物馆发展的实际情况，1999年5月25日市政府组织召开《北京市博物馆条例》（草案）立项论证会，市人大常委会文卫体委员会、法工委，立法涉及的国家文物局、相关委、办、局及部分博物馆代表参加会议。会议一致认为《北京市博物馆管理条例》项目论证清楚，同意立项。

《北京市博物馆管理条例》正式立项后，市人大、市政府、市文物局联合组成法规起草小组，起草小组针对市场经济条件下博物馆发展出现的新问题，开展了一系列的立法调研工作。1999年6月28日—7月10日由市政府法制办、市人大文卫体委员会、法工委及北京市文物局组成的《北京市博物馆条例》起草小组赴南京、上海等地进行立法调研。1999年8月24日就《北京市博物馆管理条例》（草案）的修改，市人大组织召开有关方面领导、国有博物馆代表参加的征求意见会议。1999年8月26日就《北京市博物馆管理条例》（草案）中涉及的有关条款，市人大文卫体委牵头到中国科技馆、首都博物馆、辽金城垣博物馆等进行立法调研。1999年9月10日，就《北京市博物馆管理条例》（草案）中有关减免税等问题，市人大文卫体委员会牵头到税务部门进行调研。作为条例编制的主要部门，北京市文物局也多次召开有关行政管理部门、博物馆专家和管理人参加的立法研讨会，并书面征求了16个相关部门的意见，在综合各方面意见的基础上就立法宗旨、管辖范围、管理权限、审批项目做了反复研究。经多方论证后，在市政府法制办、人大常委会文卫体委员会的指导帮助下，北京市文物局完成了《北京市博物馆管理条例》草案的草拟工作。

1999年11月30日，市人大常委会召开会议，陶西平副主任出席，听取北京市文物局关于《北京市博物馆条例》的立法工作汇报。此后，根据领导指示，1999年12月至2000年3月期间，由市人大、市政府法制办、北京市文物局联合组成的《北京市博物馆条例》起草小组，对该条例进行了多次修改与论证。2000年4月11~12日，起草小组共同研究讨论《北京市博物馆管理条例》中藏品管理的有关章节，确定对藏品严加管理的原则。经反复修改，2000年5月19日北京市文物局完成《北京市博物馆管理条例》立法说明上报市政府法

制办。

2000 年 6 月 16 日，市人大文卫体委员会第四十一次扩大会讨论《北京市博物馆管理条例》。2000 年 6 月 22 日，市人大法律顾问就《北京市博物馆管理条例》中涉及的法律关系进行论证。2000 年 6 月 26 日，市人大机关办公会讨论《北京市博物馆管理条例》，原则同意，决定按计划七月份提交人大常委会审议。2000 年 7 月 26 日，市十一届人大常委会第 20 次会议对市政府提请审议的《北京市博物馆条例》草案进行了初审，会上共提出修改意见和建议共 36 条，会后市人大文卫体委和法工委会同市政府法制办、市文物局等部门逐条认真研究了委员意见，对草案进行了再次修改，形成了条例修改稿。

3. 博物馆条例草案主要解决的问题及所采取的措施。

（1）明确规定北京市文物局是本市博物馆行业的主管机关。其依据一是从政府职能分工上看，国家文物局承担对全国博物馆的管理工作，对博物馆的管理一直是放在文物部门的；二是本市博物馆的藏品以文物类藏品为主；三是本市博物馆行政隶属于 50 多个系统和部门，多数博物馆处在自然生存状态，而一些博物馆的主办部门对博物馆又不是很重视，大多数博物馆都要求以法规的形式明确市文物局作为博物馆行业的主管机关；四是博物馆行业的发展也需要一个有经验的行政主管机关来制定博物馆的发展规划，引导全市博物馆行业朝着健康、有序的方面发展，形成事业的合力。

（2）对博物馆的建立提出了更高的条件，并规定了对博物馆进行年度检查制度。由于博物馆数量的增加，藏品分散，一些博物馆有名无实，常年不能对外开放，因此博物馆数量的增加不应当是盲目的，在数量增加的同时，博物馆的内在质量也应当同步提高，博物馆的生存环境亦应进入良性循环。这一切的基础就是博物馆在成立之初，就要有与社会发展相适应的软硬件设施，确保博物馆的质量。因此草案规定建立博物馆必须在藏品水平、接待能力、陈列风格、管理人员素质、经费来源、安全服务设施方面都达到一定水平，只有这样博物馆才能在竞争日趋激烈的环境下生存发展下去，才不会造成开关过于频繁的局面。草案规定博物馆建立的条件是：有一定数量、高质量、成系统的藏品；有相对固定的馆址和适宜的展览场所，展览面积不少于 50 平方米；有一定水准、反映本馆宗旨的基本陈列；有相应数量和水平的专业人员；能够常年开放，并且每周开放时间不少于四日；具有向社会开展宣传教育的能力；有必要的安全设施、服务设施；有稳定的经费来源。

草案同时规定对博物馆进行年度检查制度。有些博物馆利用博物馆名义或以副业（商业活动）冲击主业，或开展与博物馆业务无关的活动，严重影响了博物馆作为精神文明建设窗口行业和形象。为防止类似事情的再次发生，也为了对博物馆的日常工作及藏品情况进行及时掌握，制定了年检制度。

（3）对博物馆专项业务工作进行了专章规定。当时实行的法律法规中，只有 1979 年 6 月颁布实施的《省、市、自治区工作条例》对博物馆工作做出了规定。但受当时历史环境的限制，此规章只限于对国有博物馆的工作进行管理，对博物馆行业面临的新问题、新情况都没有做出规定。草案在拟定中弥补了法律法规在这方面的空白，对博物馆工作做了原则性的规定，重点放在对藏品的管理使用和陈列展览这两个方面。特别对博物馆藏品的出入，依据国家有关法律法规进行了规定。对以收藏文物为主的非国有制博物馆，比照《中华人民共和国文物保护法》对私人收藏文物的规定执行。

（4）对博物馆经费采源进行了规定。一是国有博物馆事业经费要列入市区县及有关部委办的财政预算。十四届六中全会通过的中共中央关于加强社会主义精神文明建设若干问题的决议中指出：对政府兴办的图书馆、博物馆、科技馆、文化馆、革命历史纪念馆等公益性事业单位，应给予经费保证。李岚清同志在 99 年致全国文物局长会议的信中指出：各级政府和有关部门要本着重在建设的精神，切实为文物、博物馆事业的改革与发展提供政策支持和经费保障；二是允许在保障各项业务工作正常开展的前提下，开展适当的经营活动，用以补充事业经费的不足；三是鼓励社会各界向博物馆提供赞助，并根据财税字［1997］7 号《关于宣传文化单位所得税政策的通知》精神，规定向博物馆提供赞助者根据有关规定享受税收优惠。

（5）对政府部门如何管理博物馆进行了探索。由于长期受计划经济管理思维方式的影响，在起草之初，条例草案基本沿用了"家长式"管理手段和方法，规定博物馆申请登记、申请注销、变更登记、因故闭馆三个月以上、藏品外出展览、馆藏品处置等必须履行报批手续，并实行年检。当时正值全市开展行政审批制度改革，大力削减行政机关的行政审批权，为此市政府专门就《北京市博物馆条例》设定的行政审批事项召开了论证会，会上展开了激烈的争论，争论的交点是如何履行政府职能。一些部门的同志认为，在当前社会大发展的情况下，还沿用"家长式"的管理方式是行不通的，应给办馆者充分的自主权，对博物馆的法人行为应用法律的手段来管理，而不应继续沿用"人治"的方式，特别是政府正在转变职能、精简机构，全市的博物馆越来越多，大量的行政审批集中在一起，行政部门能不能保证工作效率和质量都有待认真研究。根据这些意见，起草小组从转变工作思路入手，对条例进行了较大幅度的修改。如为促进博物馆发展，对符合条件申请办博物馆的实行核准登记，博物馆的具体工作由事前报批为主的管理方式变为事后检查、违规依法处罚的管理方式，即法规明确规定博物馆开放、展览、藏品保管、安全保卫应遵守的规定和违反规定的相应处罚，博物馆馆长只要遵守博物馆的基本原则，举办传播有益于社会进步的思想、道德、科学技术和文化知识，弘扬民族优秀传统、振奋

民族精神的展览，不改变博物馆的社会公益性质和社会功能，不造成藏品损坏，就可以自主制定适合本馆的办馆方针和办馆形式，实行自主管理。

4. 草案通过和施行

作为草案主要编制部门，北京市文物局认为，通过各方共同努力形成的《北京市博物馆条例》草案是可行的。一方面全市大多数博物馆希望法律上尽快确定博物馆行业的主管机关，另一方面，北京市文物局在探索博物馆宏观管理的实践中，总结出了不少有益的管理经验，草案中规定的部分管理行为已在日常管理中实行，只是需要以法规形式明确下来，草案的尽快出台将对本市博物馆事业的良性发展起到一定的推动作用。2000 年 9 月 22 日，《北京市博物馆条例》经北京市第十一届人民代表大会常务委员会第二十一次会议审议通过，自 2001 年 1 月 1 日起施行，成为我国第一个有关博物馆管理的地方性法规。

（二）博物馆条例的实施

1. 加强宣传、树立正确认识

《北京市博物馆条例》颁行后，北京市文物局在市文博系统内，利用正式文件、举办法律解读讲座、法律培训班等形式进行了广泛的宣传普及工作，同时通过各种新闻媒介渠道，向社会公众宣传普及博物馆法律知识，特别是对条例的核心内容进行了重点宣传。通过对核心内容的解读，树立对博物馆规范化管理的正确认识。通过广泛的社会宣传，使得其后的博物馆注册登记工作以及宏观管理工作得以顺利开展。

2. 围绕条例推出系列配套规范文件

随着《北京市博物馆条例》的出台，本市其他部门在这一时期也先后制定了《北京市民办非企业登记办法》、《北京市未成年人保护法》、《北京市爱国主义教育基地管理办法》等法规和文件，其中部分内容与"博物馆条例"相互衔接、相互协调。同时，为配合"条例"的落实，2002、2003 年市文物局针对馆藏文物的管理相继出台了《北京市文物局关于加强馆藏文物管理的若干规定》和《北京市文物局关于加强馆藏文物管理的补充规定》，2005 年针对馆藏文物的鉴定定级工作出台了《北京市文物局关于馆藏品初鉴定级工作具体要求及操作规程的相关规定》，这些法规与文件与《北京市博物馆条例》一起形成了配套的博物馆管理法规基础。

为进一步规范博物馆的业务工作内部管理与流程控制，2001 年 8 月市文物局以《北京市博物馆条例》为依据，以新文物法为指导，开始进行一系列具有可操作性的博物馆工作规范的编制编写工作，并以此为契机进一步加强博物馆的宏观管理工作。

3. 管理观念发生转变，博物馆规范化管理的开端

《北京博物馆条例》是全国唯一一部由地方人民代表大会通过制定的，关于博物馆管理的地方法规，也是目前法律效力最高的一部博物馆法规。法规明确了北京市文物局作为全市行政区域内博物馆行业主管部门的法律地位，同时，明确了博物馆的责任、权利和义务。确定了博物馆工作的规范和准则，首次以法规条文的形式，明确鼓励和倡导各行业、企业及公民个人兴办博物馆，极大促进了北京地区博物馆事业的健康发展。经过多年的艰苦努力，北京地区博物馆的法规建设从无到有，逐步走上了正规化、科学化的轨道。目前，全市性的博物馆管理的法规、条例已基本健全，使北京地区博物馆的发展建设进入了一个高速、有序、良性、可持续发展的新阶段，博物馆行业规范化、法制化管理进一步纳入法制化轨道。

在贯彻执行《北京市博物馆条例》的过程中，市文物局作为行政及执法主体，以转变机关作风为切入点，注重政府职能的转变，在强化服务意识的同时，依法实行管理。针对社会力量办馆普遍存在的积极性高、舍得投入，但对博物馆的筹办及运行规律知之甚少的情况，我们确定了分类指导、重点帮扶、先期介入的工作方针。具体做法是，一手抓管理，要求筹办单位严格按照法律规定，按照博物馆特有的规律进行筹备工作，另一手抓服务，一方面对其进行博物馆基础理论的教育，并帮助其培训业务人员，代为聘请专家指导，一方面对投入资金多、规模大的博物馆直接参与其展览大纲及展览设计方案的研讨及论证，以确保博物馆自筹办之始，各项工作就能按照博物馆的规范进行，使博物馆少走弯路，既节省了时间，又避免了不必要的浪费。由于我们的具体指导，帮助博物馆保证了建设质量和工期，得到了筹办单位的认同和赞许。

三、社会意义

（一）填补了我国博物馆法规的空白

长期以来，全国一直没有一部关于博物馆管理方面的综合性法规，博物馆的建设没有规范可循，处于多头管理、自行发展的阶段，这一局面制约了博物馆的发展。改革开放之前，由于本市博物馆数量不多，行业规模较小，法规建设的实际需求不明显，因而博物馆的法规建设基本上只涉及博物馆内部管理制度的制定，行业管理的法规建设基本上处于空白状况。改革开放以后，特别是进入 90 年代后，随着经济建设的发展，博物馆的数量快速增长，各项业务工作广泛开展。随着人民生活水平的不断提高，先富起来的一部分人，开始由私人收藏爱好者，转变为民办博物馆的开办者。针对以上情况，北京市人大在原有

《北京市博物馆登记暂行办法》的基础上，于2001年1月1日发布实施了《北京市博物馆条例》，这是中国第一部规范博物馆事业运营的法规，也是我国当时唯一一部关于博物馆管理的地方性法规，填补了我国博物馆法规的空白。它以法律的形式确认了本市博物馆行业管理的主体，明确了博物馆的责任、权利和义务，确立了博物馆工作的规范和准则，指明了本市博物馆发展方向，为实行统一的行业管理，规范博物馆行为奠定了坚实的法律基础。这部法规连同先前的《北京市文物保护条例》《北京市珍贵文物复制管理办法》《北京市馆藏文物管理规定》等法律、政府规章一起初步建立起了北京地区博物馆的立法体系。

条例提出的本市博物馆发展建设方向，是符合本市博物馆事业发展实际的，在多种经济体制并行的条件下，鼓励并提倡集全社会力量办馆，不仅调动了各方面积极性，对繁荣本市的文化事业起到了积极的促进作用，且有利于深入发掘充分利用本市的博物馆资源，使博物馆的门类更加丰富，许多空白得以填补，使北京市的博物馆体系趋于完整。因此条例的出台，可以说是北京市委市政府的高屋建瓴之举，体现了市委市政府对博物馆事业的高度重视和支持。正是由于有了这部法规做依据，北京市的博物馆建设开始走上了健康有序快速发展的轨道。

（二）开启了博物馆宏观管理的新局面

北京市文物局以《北京市博物馆条例》的颁布实施为起点，开启了全市博物馆行业宏观管理工作的新局面。依据条例内容，将文物行政管理部门的职责设定为：宏观管理北京市行政区域内的博物馆及博物馆性质的开放单位，指导协调全市博物馆开展各项业务工作，倡导协调博物馆间的交流与协作；推进博物馆公共文化服务体系建设，完善博物馆的公共文化服务职能，促进博物馆的健康有序发展；制定实施行业管理政策法规、扶植博物馆发展的政策措施及相关业务工作规范；依据《中华人民共和国文物保护法》《北京市博物馆条例》及相关法律法规办理行政审批事项；负责全市博物馆馆藏文物的保护、管理工作；协调支持博物馆展览及文化活动项目；组织开展全市性的博物馆文化大型宣传教育活动；开展专业人员培训及博物馆志愿者队伍建设；配合开展博物馆科研科普、文化创意产业开发等相关工作；推进博物馆免费开放工作，扶植民办博物馆的健康发展；支持配合北京博物馆学会等社会团体的各项工作。全市博物馆的规范化管理工作进入了全新的阶段。

2002年以来，依照《北京博物馆条例》规定，市文物局加大了对社会办馆、行业办馆的指导力度，在很大程度上调动了各行各业和社会人士创办博物馆的积极性。博物馆管理部门与执法大队配合，开始对全市博物馆开展库房及藏品安全检查工作，抽查了30家博物馆，对存在的问题提出了整改要求，成效显著。同时，作为博物馆业务工作的主管部门，经与市民政局社团处洽商，北京市文物局取得对非政府投资兴办的博物馆年检初审权。为促进博物馆事业的健康发展，在充分调研的基础上，北京市文物局提出不同级别的博物馆在建馆、税收、经费等方面可享受的优惠扶植政策，供国家文物行政主管部门参考，为国家适时制定颁行针对博物馆发展的优惠政策提供依据。

自2006年开始，北京市文物局组成了专项工作组，开展了博物馆分级评估标准的研究制定工作，初步建立了北京市博物馆的分级管理制度和评价体系，并在此基础上开展北京地区博物馆的分级管理研究及试行工作，制定符合地方实际的博物馆分级标准。

鉴于本市文物系统外的博物馆数量众多、藏品管理工作基础较差的实际情况，2001年以来市文物局开展了北京市属及区县文博单位的清库工作，要求各文博单位对本单位的藏品进行账、物、卡三对照，并重新开展藏品的级别确认，在此基础上要求各单位上报《藏品目录》及珍贵文物的《藏品档案》。

（三）推动了博物馆事业科学有序发展

《北京博物馆条例》实施以来，随着博物馆软硬件设施的改善，基础工作的进一步加强以及社教、科普工作的创新，展览及宣传活动空前活跃，从业人员的学历结构与职业素质有所提高；博物馆之间的横向协作日益频繁，在对外文化交流及国际友好往来活动中的作用也日益显现；中央级博物馆及注册民办博物馆众多是北京博物馆行业的一大特色，大型综合博物馆与小型专题馆互为补充，初步形成了具有鲜明地域特色的博物馆公共文化服务体系。《北京博物馆条例》的实施，使北京地区博物馆的整体水平和质量，有了较大幅度的提高。新建馆普遍起点高，各项工作运行规范有序，展览及服务运用了许多高新科技的技术手段，使博物馆办的更加生动活泼，博物馆已日益成为人民群众学习知识、休闲娱乐的好去处。

（四）规范了博物馆的各项工作内容

《北京市博物馆条例》出台的目的是为了促进博物馆的发展，规范博物馆的各项工作。条例规定，凡本市行政区域内的各类博物馆均纳入条例的规范之中，市文物行政管理部门主管本市行政区域内的博物馆管理工作；鼓励行业、公民、法人和其他组织兴办博物馆，优先发展填补空白和体现地区文化、行业特点的专题性博物馆；规定了博物馆的实物性和开放性即为公众开放，并且强调了博物馆的收藏、保护、研究、展示职能；规定将博物馆事业纳入本级国民经济和社会发展的规划中，且将经费纳入本级的财政预算；博物馆可以多渠道筹措资金，公民、法人和其他组织向博物馆捐赠或者以其他方式提供资助的，捐赠人

依法享受税收优惠；明确了博物馆的准入条件，对博物馆馆址、展厅、库房、环境、博物馆对外开放、藏品、技术人员、安全消防等条件的规定；以法规的形式规定了"博物馆应当向老年人、残疾人优惠开放，向青少年学生免费、定期免费或者低费开放"，对博物馆的全年开放时间进行了具体规定；针对以往行业法规只重视规范内部行为，忽视惩处社会行为损害行业利益的情况，从保护登记注册博物馆的合法权益出发，除对博物馆违规行为做了相应的处罚条款外，对未经登记擅自以博物馆名义开展活动的单位，行政主管部门将视情节警告、罚款，没收非法所得、非法获取的文物、标本，直至依法追究刑事责任。

（五）对于全国博物馆行业发展具有示范及引领作用

鉴于《北京市博物馆条例》在宏观管理博物馆行业领域发挥的巨大作用，一经出台即成为其他各省市博物馆管理部门纷纷效仿借鉴的范例，许多省市文物行政主管部门纷纷来本市进行座谈学习，实地调研法规的实施成果，以期为本地区博物馆行业的宏观管理提供借鉴。

四、《北京市博物馆条例》的不足之处

随着经济社会的飞速发展，博物馆展示内容及馆藏品日益丰富多样，各类新型博物馆不断涌现，"条例"具体规定内容过于笼统、可操作性不强的弱点开始日益明显，主要表现在以下几个方面：

1. 原法规未明确规定博物馆主题、展示内容的涉及范围。主要应明确规定哪些内容不能作为博物馆的主题进行表现，如历史尚无定论的内容（知青、"文革"）、社会争议很大的事件、超出了社会公众的认知常识及主流文化范畴的个人学术观点、性文化内容等。

2. 原法规未明确规定馆舍建筑的性质及规定展厅最小面积。作为向公众开放的博物馆馆舍，应具备公共开放场所的各项必备条件，应当具有相对独立的开放区域，民用住宅、商住两用楼、办公楼等性质的建筑不能用于博物馆馆舍。博物馆室内展厅面积不应小于300平方米，否则将无法保证观众的人身安全。

3. 原法规未明确规定博物馆藏品的最低数量及应当具有历史真实性。博物馆馆藏品应不低于100件套，且馆藏品必须具备历史真实性，与博物馆展示的历史主题相适应，否则将无法保证博物馆展览内容的科学性、知识体系的系统性。

4. 原法规未明确民办博物馆申办人的身份条件，民办博物馆申办人应当具有中国国籍。

李学军（北京市文物局　处级调研员）

博物馆志愿者
管理与激励机制探析

◎王敏

一、志愿者与博物馆志愿者概念界定

志愿者一词来源于英文 volunteer，它起源于基督教。对于志愿者概念的界定，目前还没有形成一个统一的观点，在不同国家、不同地区并不一致，不同的学者也有不同的定义。在海外华人教会社团和我国香港一般被译作"义工"，在台湾称作"志工"，而在大陆一般翻译为"志愿者"。志愿者[①]是指那些出于某种道义、信念、良知、同情心或者责任感，不为物质报酬或者私利所驱使，自觉自愿地奉献自己的时间、智力、技术、资源为社会提供公益服务的个人或群体。志愿服务的真正意义在于塑造和弘扬一种精神：志愿精神。

志愿精神是全人类共同的宝贵财富，是基于人类的道德和良知，以自愿和不图物质报酬的方式，为他人和社会提供服务的一种奉献精神。志愿者在把单纯的爱心通过实实在在的利他行为帮助他人时，既使他人获得帮助，同时又愉悦自己，使自己的身心得到洗礼。从这个角度来说，志愿行为又是一种既利他又利己的社会行为，因为对个人而言，志愿者是一种身份的象征，是具有高尚人格的社会角色；对社会而言，志愿者不仅是文明爱心的播种者，更是和谐社会的润滑剂，是社会文明风貌的产物，因此任何一个国家和时代都需要志愿者和志愿者所代表的志愿精神。

本文所指的博物馆志愿者（Museum Volunteer），[②]泛指所有义务为博物馆服务的个人或群体。这些个人和群体通常不以追求任何物质报酬为目的，根据博物馆的岗位需要和志愿者个人的意愿和专场，自愿参加博物馆的一项或几项工作，为到博物馆观众提供讲解、引导、翻译等服务，以实现自我价值和精神追求的个体或群体。博物馆志愿者在西方一般称为博物馆之友，[③]最早出现于19

---

① 志愿者定义：百度百科 http://baike.baidu.com/view/670872.htm。

② 姚安《博物馆十二讲》，北京：科学出版社 2001 年版。

③ 王宏钧《中国博物馆学基础》，上海古籍出版社 2008 年 6 月第一版。

世纪的欧洲。那时，志愿者还是利用博物馆把科学、历史和艺术传播给社会公众的学术性团体的成员。后来，随着博物馆社会基础的扩大，博物馆志愿者越来越趋于大众化。20 世纪以来，博物馆社会教育的功能进一步扩展，争取广泛的社会支持，更加成了办好博物馆的重要条件，博物馆志愿者的组织形式得到了各国博物馆的普遍重视。

博物馆志愿者大多由在校学生、退休干部和社会有志之士组成，他们来自社会，可以说是"不拿工资"的员工。能够为博物馆提供的服务包罗万象，不仅可以弥补博物馆专职人员的不足，还可以节省馆内开支。这些博物馆志愿者大多素质较高，拥有较强的社会责任感和奉献精神，能够与参观者进行平等的交流，从而很好地实现博物馆教育和传播的功能。一定程度上来说，一个博物馆志愿者数量的多少，反映了博物馆的管理理念和开放意识，也反映了博物馆的效益和品质。

二、我国博物馆志愿者的历史发展及存在问题

随着中国经济社会的发展与进步，我国博物馆事业进入了快速发展时期。作为教育与文化机构，博物馆已经成为一个地区、一个城市文化和环境发展的标志。它的门类日益丰富，公共服务能力不断增强。

根据国家文物局 2014 年度博物馆年检备案情况，截至 2014 年底，全国博物馆总数达到了 4510 家，包括国有博物馆 3528 家（国有文化文物部门所属 2798 家，国有其他部门所属 730 家），非国有博物馆 982 家。博物馆数量 2014 年度比 2013 年度增加了 345 家，继续保持高速增长态势，其中非国有博物馆增速尤为显著，比 2013 年度新增 171 家，达到 982 家，所占比例由 2013 年的 19.5% 上升至 21.8%。让我们看看近五年我国博物馆数量的有关数据：2010 年为 3415 家，2011 年 3589 家，2012 年 3866 家，2013 年 4165 家，2014 年 4510 家。[①]

目前，全国博物馆每年举办展览两万多个，年接待观众 6 亿多人次，博物馆日益受到全社会的关注。除了传统媒体，博物馆还试图通过网站、微博、微信、APP 等多种形式与公众沟通。与此同时，志愿者作为博物馆工作中的补充力量，随着博物馆在先进社会重要性的日益凸显而日渐占据博物馆工作中的重要位置。

我国出现博物馆志愿者的时间相较于西方国家来讲比较晚，1986 年北京自然博物馆、鲁迅博物馆与景山学校合作，开始组织志愿者工作，标志着大陆

---

① 《中国文物报》2015 年 6 月 12 日。

博物馆运用志愿者实践活动正式开始。[1] 自此以后，国内的博物感陆续开始使用博物馆志愿者。2002 年，中国国家博物馆第一次公开招募志愿者，这标志着我国的博物馆志愿者活动正式走向公众视野，成为博物馆工作中的正规过程之一。[2] 随后，各地博物馆的志愿者活动才算真正意义上的陆续开展起来。其中，北京和长三角地区的博物馆志愿者工作开展较早，发展比较完善。[3] 1996 年，北京师范大学与当时的历史博物馆、革命博物馆、地址博物馆、农业博物馆和中国科技馆的志愿者活动，建立了"小白鸽志愿者组织"，这也可以看作是中国博物馆志愿者第一次以"组织"的形式出现在博物馆服务中。这一阶段，博物馆的志愿者大都来自大专院校，服务项目以展览讲解为主。值得注意的是，这一阶段的服务大都并非为自发性行为，而多事带有"社会实践"等目的的组织性行为，很少有学生等单独提出要进行志愿服务的。而且这个时期的部分服务活动，也并非无偿性服务，博物馆等方面也并没有相应的管理制度来对其加以规范管理，整个社会的博物馆志愿者服务都处于一种松散状态，并未能造成较大的影响力。

2002 年 3 月，当时的中国历史博物馆（现在为中国国家博物馆）在《北京晚报》上刊登了一则公开招募志愿者的启示，从此拉开了博物馆公开招募志愿者的帷幕，招募期间，共有 560 多人报名，220 人得到面试机会，最终 150 人被录用，他们后来大多被安排的讲解导览的位置。[4]

2008 年，全国博物馆那开始实行免费开放政策，这项政策对于博物馆普及大众起到了至关重要的作用，但同时对于博物馆的运营工作也带来了巨大的挑战，人员服务就是其中最重要的一项。政策实施后，各地博物馆的工作人员压力空前强大，接待服务成为最大的难题，这就使得博物馆主见意识到了志愿者工作的重要性，开始向社会公开招聘志愿者。目前，国内一些博物馆，如上海博物馆、湖南博物馆的讲解员几乎全是志愿者，除此之外，志愿者的工作还涵盖各个方面，如服务、疏导、信息中心、摄影等。

目前十几年过去了，国内博物馆的志愿者服务已经逐渐趋于正规化、制度化，社会影响力也进一步扩大，博物馆采用志愿者辅助日常工作也已经成为一种常态，社会对博物馆志愿者的关注度也越来越高。但由于我国博物馆种类繁多，志愿者工作形式多有区别，难以形成统一的标准，在一些关键问题上，比如奖惩、考核、评级等内容上没有规范的制度保证，一定程度上制约了志愿者

① 《北京地区博物馆志愿者的调查思考》，中国文物报 2004 年 12 月 31 日。

② 北京博物馆学会《博物馆志愿者与博物馆之友》，楼锡祜、冯静《博物馆社会教育论文集》145 页，燕山出版社 2006 年版。

③ 《博物馆志愿者研究》，裴佳丽，郑州大学，2013 年硕士学位论文。

④ 《从我国博物馆中的志愿者谈起》，林冠男《中国博物馆》，2003 年 01 期。

在社会中的推广。特别是没有先进、有效的激励机制，博物馆志愿者很难在工作中完全融入到博物馆的管理中去，也很难在长期的工作之后进入到博物馆的体系内成为正式员工。所以，尽管相比于上世界，博物馆职员发展势头已经趋于制度化和明朗化，但是仍然存在很多的不足。

三、博物馆志愿者管理中的激励机制

在博物馆志愿者服务的发展过程中，激励机制的建设是非常重要的。虽然志愿者的服务源于奉献和爱心，但是平心而论，"没有哪一项事业仅仅依靠爱心、激情和崇高就能长久支撑下去，也没有哪一个组织单凭理想与冲动或者领导精英的个人魅力与和谐的人际关系就能持久的运转和发展。"[①] 所以我们必须通过探索和建立有效的激励模式，维持志愿者的热情，让他们在服务中感受快乐，获得回报。志愿者提供服务，即使效果再好，如果得不到来自管理者的回应，很可能会让他们觉得没有成就感或自己的努力未得到认可，久而久之，在某种程度上就会影响志愿者的工作热情和积极性，严重的还可能会导致志愿者的流失。

志愿者在提供服务的同时，也希望获得自身利益，当然这种利益不是经济上的物质利益，而是志愿者在服务过程中得到的来自自我、博物馆和社会的认可和激励，所以我们需要做的就是不断完善我们的制度去满足志愿者所需要的认可和激励。只有让志愿者得到激励，志愿者服务才能够持续不断地发展下去。同时志愿者也应该得到社会的表彰，这样一方面可以弘扬志愿服务事业，吸引更多的人加入博物馆志愿者的行列；另一方面还可以让志愿者在服务过程中受到尊重、得到理解，产生长期投身志愿事业的意愿。

目前志愿者的激励目前主要来自两方面：外在激励和内在激励。

外在激励是指外界，包括博物馆、社会大众给予志愿者的激励。这方面许多博物馆都有相关的激励机制，大致可以分为两类：一种是赋予志愿者某种荣誉的激励机制，比如"志愿者服务达到一定时间，可以授予志愿者荣誉馆员的称号"，"每年评比表现突出的志愿者授予优秀志愿者称号"，这些都属于此类型的激励机制。博物馆给予志愿者的精神、荣誉激励能够使志愿者感到服务的价值，产生服务的自豪感。不过这种激励的覆盖面较窄，只有少部分表现比较突出的志愿者才能够得到，大部分志愿者比较难得到；另一种是回馈志愿者某些"特权"的激励机制，比如"志愿者可以免费使用博物馆的一些资源：图书、

①　郭于华等《事业共同体——第三部门激励机制个案探索》，浙江人民出版社 1999 年版，第 2 页。

文物资料等"，"免费参观博物馆举办的临展、特展"。这种激励的覆盖面相对比较广泛，所有志愿者都可以享受到。

内在激励即志愿者的自我激励，是指志愿者参与服务过程中获得的自我成就感、自我表现提升感和自我满足感。志愿者都具有爱心和热情，但又不仅仅是因为爱心才从事志愿服务，而是包含复杂多样的动机。那么，志愿服务的过程中，他们会形成自我激励机制。这些内在激励大致有：

自我价值激励。志愿者在参与志愿服务的过程中重新发现自己的价值、自己的作用，从而影响自我评价的改变。有些企事业单位人士，在职业工作中处于较低的岗位，受到日益激励的职业竞争刺激，自我表现评价越来越低，缺乏人生的信心。参与社区志愿组织，他们发现每一个都可以提供一些力所能及的服务，并且首当其冲服务对象的欢迎。因此，志愿者在职业之外重新发现和认识自己，调整人生的价值取向。特别是沿海开放城市的一些社区，对于过去社区中的"问题青少年"、"边缘青少年"，改变教育和服务方式。以前，采用"帮教服务"的模式，明显体现教育者是一方，问题青少年是另一方，产生抵触情绪。开展社区志愿服务之后，志愿机构成立"成长青少年"服务队，吸引边缘青少年参与活动，这样，边缘青少年具有双重身分。既通过活动接受教育，但有较好表现的则成为志愿者，在为他人提供服务的时候更好地改变自我。原来，边缘青少年被居民"看不起"，自己也认为人生没有价值。如今，通过参与志愿服务，为居民提供帮助，既改变居民的看法，也提高自己的新认识，愿意朝好的方面转化。人都是有价值的，都需要寻找到自己的价值，发挥自己的价值。社区志愿服务，提供机会让志愿者重新认识和发挥自己的价值，这是激励他们参与服务活动的重要因素。

第二，自我成就激励。志愿者在社区服务活动中获得的成功感，对他们的激励作用非常明显。因为，社区志愿服务不在于承担多么重大、艰巨的任务，而在于从一点一滴做起，为社会和他人提供具体的帮助。职业生活中，人们对成功的要求较高，往往需要突出完成任务、实现明显效益才觉得成功。这样，就对一般人员产生压力，很难感觉生活的成功。而在社区志愿服务中，由于志愿者是利用业余时间进行服务，而且不要求酬金，受到的要求与评价就不同，只要热情、真诚，提供的任何具体服务都得到他人的肯定，就容易产生成功感觉。志愿组织应该高度民主，重视志愿者的自我成就激励。"如果有一件事生存创新组织可以做得既好又频繁，那么这件事就是庆祝成功。而且庆祝成功的过程中，这些组织还给予员工一些无形的好处，可以称其为精神收入，这些好处已经远远超过了员工根据绩效工资制应得的加薪。"社区机构和志愿团体，对于志愿者提供的服务，只要承认服务是有效果的、受到对象需求的，就能够产生良好的激励作用。志愿者为了让社区和居民满意，将会千方百计创新服务

形式、丰富服务内容，在为社会做好事的同时也感觉人生的成功。

第三，自我提升激励。我们的调查发现，志愿者在参与志愿组织、为社区提供服务之前，大多数没有想到志愿服务对人的素质提升具有积极作用；但是，许多参加志愿活动的人员，在回忆服务过程是就特别强调自我提升的意义。因为，社区志愿服务是提供志愿者在职业岗位之外的交往与实践机会，他们可以通过参与服务，提高交际能力，提高应对矛盾和解决问题的能力，提高非正式团体领袖能力等。特别是一些青少年志愿者，从初期参与社区服务的实际操作，到参与策划、组织志愿活动，再到对新志愿者进行指导、培训，不知不觉之中，他们自己成为具有领袖才能的资深志愿者。那么，能够将这些新培养的素质应用到职业生活中，志愿者的职业生涯发生变化，越来越成功。除此而外，参与志愿服务是一个提升精神境界、完善人格素质的有效途径。志愿者参与社区环境建设与美化服务，为居民带来舒适环境；参与社区老弱病残服务，解决弱势群体的实际困难；参与人际关系沟通与协调服务，参与创造和谐的社区氛围；服务过程使自己的精神得到陶冶、人格得到净化，培养崇高的人生追求。

第四，自我快乐激励。志愿者的自我快乐激励机制，是指学会在社区服务中寻找快乐，或者善于将忧愁情绪转化，获得快乐的体验。我们调查中发现，只有快乐的志愿者才能够长期坚持进行社区服务，因为他们不仅有付出，也感到有许多收获，善于为付出与收获而快乐。从人的本性来看，"哪怕人们采取的行动不是那么气量狭窄，将人们凝聚在一起的基础仍然是自我利益。""即使人们怀着利他主义的动机，个人利益以及个人愿望的达成，都有可能支配其投身的领域。我们的工作就是理解其动机，并帮助他们寻找一种表达的方式。"所以，推动志愿者进入社区开展服务的是奉献精神，但是维系志愿者长期坚持社区志愿服务的则是快乐激励。虽然，责任、事业心、热情、慈善心等对志愿者领袖的影响很大，但是对于普通志愿者特别是青少年志愿者，在热情、激动过后就需要快乐激励机制。许多志愿者善于将社区服务中遇到的各种因素都转化为充实人生、调剂人生的快乐因素，特别是他们学会将遇到的困难及遇见的负面因素自我消化、过滤，寻找快乐的因素影响自已和他人。社区志愿服务，就是志愿者通过快乐地提供服务帮助社会与他人，使广大居民更加快乐、更加幸福的事业。

四、结语

博物馆虽然已在社会中承担了文化教育的重要功能，但我们不得不看到作为一个发展中国家，我国的博物馆事业仍然处于积极追赶世界水平的阶段。作为博物馆工作重要组成部分的志愿者更是一项新兴事物，博物馆志愿者的志愿服务有效弥补了博物馆现有服务力量的不足，满足了志愿者自我实现、奉献社会的精神追求，同时，进一步彰显了博物馆"为社会和社会发展服务"的恒定宗旨，因此，对博物馆志愿者的有效管理也成为我们面临的重大问题。过去粗糙的管理方式，并不利于志愿者的长期发展，也忽略了"以人为本"的管理思想。

从博物馆整体发展趋势来看，志愿者对于在规模上将不断扩大，其服务领域也将有所扩展和深入，从体力主导转向智力主导，由观众服务转向参与博物馆内部工作，激励机制是影响志愿者群体志愿选择，服务意愿，精力投入、参与持续性的核心因素，它既是保证志愿者推动博物馆发展的重要机制，同事也有助于激发志愿者自身潜能，使其自身有所收获，得以成长。建立和完善博物馆志愿者激励机制是博物馆志愿者活动规范化、制度化的需要，也是博物馆志愿者在参与中自身需求与初衷得到满足的必要保障，最终实现博物馆目标达成与志愿者个人价值实现的双赢。只有这样，我国博物馆志愿者管理状况才会出现新的局面，以更加有力的步伐追赶西方发达国家博物馆志愿者管理事业，创造博物馆志愿者工作更加高效的新局面。

王敏（北京市大兴区文物管理所　馆员）

大数据技术与
公共安全信息共享分析

◎董燕江

一、导言

李克强总理曾明确指出，大数据技术对当前社会的发展极其关键，针对大数据相关内容，国家颁布了一部《纲要》，此文件系统部署了今后该如何发展大数据技术。

《纲要》提出必须广泛应用大数据技术，力争利用5~10年的时间，将社会治理模式打造成更加精准合理，可通过建立一套高效平稳的经济运行机制，遵循以人为本的原则来构建民生服务体系，利用创新驱动更多群众参与到自主创业中，不断培育出智能化的产业生态。

《纲要》提出了三项任务，其一是通过实现数据共享，有效整合各类资源，确保治理能力得以提升。政府部门若能够实现数据共享，公共数据将保持稳步开放，大数据建设将实现统筹规划目标，通过实施科学有效的宏观调控，可使政府治理实现精准化，同时使商事服务变得更加便捷，进而得到高效的安全保障，由此得到普惠的民生服务。其二是必须不断创新产业发展，使新兴业态得到更好发展，为实现经济转型做贡献。工业或是其他新兴产业一般会应用到大数据技术，包括农业农村等领域，发展大数据技术的同时可结合科研创新，加大基础研究力度并攻克各种核心技术，创建出一个大数据体系，不断完善当前的产业链。其三是加强安全保障，使管理水平得到提高，为大数据发展提供健全的安全保障体系，确保大数据技术保持健康发展。

二、公共安全信息共享

公共安全管理离不开信息的搜集与分析以及管理这三个环节，公共安全部门在努力使灾害信息实现共享，以便为更好发展社会提供所需的信息资源。大数据作为当今时代的主题，发展战略要求公共安全信息必须实现共享，现阶段信息共享还存在各种问题，目前还没有建立与市场经济规律相符的共享机制，重复建设以及信息封闭等现象时有发生。大数据时代的信息共享能力若得到提高，公共安全信息将实现公开化，同时也能更好为数据处理提供服务。美国联邦政府提出了信息共享这一战略，通过进行网站建设使以往的政务数据、地理信息实现开放化，其内容涉及农业和金融以及教育等领域，同时还涵盖了气象和人口统计以及交通等行业，不仅关系到全球发展等问题，而且与家庭、企业能耗以及天气预报等主题有关，可见公共安全遍布各个领域。

信息共享指的当信息资源满足开放条件时，可为用户提供的服务方式可实现共享。公共安全一般来说是指自然灾害，或是公共卫生等，还包括事故灾难以及社会安全等各种突发事件，它离不开公共安全信息。信息共享可分为狭义、广义这两种，狭义指的是政府部门或是区域政府进行信息共享；广义指的是在满足法规政策的基础上，相关部门可为社会提供所需的公共安全信息。狭义共享是以广义共享为前提，广义共享实际上就是公共安全信息实现社会化，这也是实施大数据技术的重要基础。

三、中国公共安全信息共享的进展

（一）政府对信息共享工作的要求为公共安全信息共享提供了基础支撑

国家于2002年出台了关于电子政务建设的相关意见，同时颁布了相关文件，意见中指出电子政务建设需利用好当前的网络基础，结合业务系统并根据现有的信息资源，使大数据技术整合到公共安全信息中，有效推动互联互通，确保资源实现效益最大化。国家在2004年针对信息资源利用提出了相关意见，强调电子网络平台、信息安全设施必须保持统一，同时建立与政务信息有关的资源体系、交换体系等，使信息共享、业务协同得以实现。2006年，国家为实现信息化目标，提出了相关发展战略，要求业务系统必须加快信息共享步伐，中央与地方也要尽快实现信息共享，使部门与部门可达到业务协同目的，确保监管能力得到提升。我国于2013年针对深化改革这一问题做出几个重要决定，同时为更好实施改革采取了必要措施，要求社会房产以及信用数据需共享同一平台，进而使部门之间进行信息共享。

（二）公共安全信息发布机制促进了政府公众间的信息共享

由于发生了各种公共安全事件，导致政府必须对管理制度做相应的变迁。例如，2003年我国发生了重大的非典事件，此事件使公民知情权受到刺激，迫使政府必须制定公开的信息制度，同时需针对新闻发言人建立相关制度。

我国于 2007 年针对政府信息制定了相关条例，条例中指出必须对突发公共事件提出有效的应急预案，提供准确的预警信息、应对措施，全面了解环境保护以及安全生产，包括公共卫生以及食品药品等方面的监督情况，同时需注意相关事项，明确了具体的公开内容。针对不同县区以及各个乡镇政府，公开内容需涉及抢险救灾以及救济，包括社会捐助以及优抚，妥善管理并合理使用相关款物，清楚款物的分配状况。该条例要求必须对公共安全信息进行公开管理，严格遵循透明化原则，针对不同的突发事件采取有效的应急措施，可通过挑选专业的新闻发言人负责新闻稿的发布以及记者采访等工作，同时可采用举办各种新闻发布会，使公众了解灾害进展以及应对处置等，普及相应的防灾避险知识，使公众清楚灾害的严重性。

（三）公共安全事项部际联席会议和预警会商机制促进了部门间信息共享

突发事件主要包括自然灾害，还包括公共卫生，此外还有社会安全等，要求相关部门必须制定出有效的管理制度，确保预警信息真实有效。根据我国针对信息化提出的发展战略以及关于电子政务方面的框架，结合相关部门对信息化建设所做出的相关规定，由此建立灾害会商系统以及信息发布系统，确保当地政府能够快速做出应急决策。通过会商可加强部门之间的信息共享合作，民族部通过联合气象部，可签署与防灾减灾有关的备忘录，可开展与公共安全有关的宣传活动，组建灾害信息队伍并做好信息沟通工作，同时还需涉及灾害信息共享以及其他管理内容。

四、大数据视角下公共安全信息共享存在的问题

（一）政府内部公共安全管理过滤造成的信息共享障碍

信息共享存在障碍主要是因为部门之间或是工作人员只顾自身利益，没有对公共安全信息进行规范管理，同时在使用期间实施的是封闭式管理，有的管理人员还采取屏蔽措施。纵观公共安全管理的现状，发现信息共享障碍最常发生在信息报告环节，这里主要指的是下级向上级报告相关信息，当然上下两级进行信息共享时，也容易发生信息共享障碍，且这两种情况中的信息经常出现层层递减。有一些自然灾害事件或是灾难事故的规模相对较大，这些事件或是事故都难免发生信息过滤。下级政府有的不愿向上级政府如实报告实情，有的地区也存在隐瞒实情的情况，都可能导致政府无法快速做出反应并把握最佳时机。通常，过滤程度容易受组织等级、组织文化等因素的影响。组织等级若包

含大量的纵向层次，就越可能出现过滤现象。部分地区认为公共安全信息属于当地的私有财产，下级或是别的部门认为信息可代表权利，上级则认为信息代表的是风险，而充分报告表示存在的风险越大。

（二）政府与民众之间的双向信息传递障碍

最近这几年，我国不断发生各种自然灾害，包括事故灾难、突发疫情等事件的发生率相当高，其中最受到的就是民众，因此必须做好有效的防灾避险工作。可创建一个抗灾救灾团队，协助政府处理好各种危机，这里最重要的就是公共安全信息。在公共安全机构工作的相关人员由于长期接受的是传统行政文化，根本无法适应大数据时代对公共安全信息提出的相关需求。大数据时代通过利用微博以及微信等软件，使公众不再受限于以往的传播手段，充分发挥了公共安全信息的各种作用，政府信息逐渐被社会信息数据所取代，通过提供各类社会信息使信息共享及相关流程得以形成。整个数据流程体现出草根性，同时还具备圈子性以及自由性等特点，不同的特点可相互影响。与突发事件相距最近的公众，必定能提供准确的事件信息。民政部虽对灾害信息进行有效采集，但其采集范围容易受到限制，再加上有限的采集人员，使得采集信息相较于目睹整个事件过程的公众，其真实性无法保障，这就是信息传播存在的最大缺陷。

五、大数据视角下的公共安全信息共享能力提升路径

（一）建设各层级基本信息共享数据库

与共享信息有关的数据库可分为气象和市貌以及应急响应等信息库，还包括人力资源库以及环境数据库，此外还有地理数据库以及其他数据库。气象以及市貌等数据信息，可作为政府提供公共安全服务的重要依据，它为其他公共服务提供了强有力的技术支撑。数据信息必须遵循一数一源的原则，这样可保证得到准确、稳定的数据，同时还能保证数据具备权威性以及标示性等特征，确保数据信息达到共享目的，同时保证公共安全部门能高效完成相关业务。公共安全容易受特定区域的影响，数据信息必须包含自然人以及相关法人，还应包括各种应急资源，由此创建一个与公共安全、地理信息有关的数据库。公共安全要实现专业管理目标，必须进一步实现数字化，合理利用信息数据库且其组成部分包括数字地形图以及遥感影像图。数据库要求各方面信息需保持有效性，所提供的数据必须准确无误，同时可安排相关人员对共享数据进行定期更新。

（二）细化公共安全数据信息共享目录和交换体系

结合之前的工作经验，将公共安全业务做详细划分，逐层分解其相关流程，由此得到不同的单项数据。单项数据若涉及不同的部门且数据口径不一致的话，必须组建一个统一的数据组，利用这些数据可形成一个完整的数据表。与此同时，利用以往的目录以及相应的交换体系，按照公共安全部门所具备的相关特征，合理设计数据采集系统，考虑前置共享或是中心交换等，同时设计用于数据共享的管理系统，使数据交换体能够顺利实施。除此之外，注重建设更多与公共安全有关的信息目录，同时建立相应的目录管理系统，确保目录信息资源实现规范化。公共安全信息主要包括两大类，一种是公文类，另一种是非公文类，这里主要针对的是非公文类的公共安全信息。明确非公文类信息的具体位置，准确定位跨部门信息，进一步实现社会共享目标。

（三）完善公共安全信息共享技术标准

按照我国对政务信息所建立的目录体系，由此对公共行业进行标准体系建设。该标准体系必须将保护公众作为主要核心，使公共安全标准不再偏向于技术化，该体系的组成部分包括公共安全标准以及应用标准，还包括专业标准以及信息内容标准等，此外还有管理标准。标准可为系统提供强有力的技术支持，公共安全项目要实现合理规划与运维，必须将此标准作为基本依据。公共安全标准要不断进行强化，提供准确的公共安全信息并将其应用到各个环节中，同时对不同地区的公共安全信息加以规范，确保公共安全信息充分发挥其导引作用。

（四）建立国家综合减灾与风险管理信息平台和分布式数据中心

根据政府部门现有的电子网络以及应急指挥等平台，利用当前的地理信息库以及相关数据库，以国家的实际状况为出发点，建立有利于减灾且实现风险管理目标的信息平台，确保公共安全信息达到共享目的，同时使核心业务保持协同，保证公共安全信息达到更高的共享能力，有效提升互联互通、智能处理等水平。不同行业之间需将灾害风险信息整合在一起，利用应急指挥系统使网络呈现出分布式状态，同时对虚拟实体系统进行集中调用。运用各种有力手段，如卫星通信以及应急通信，包括广播电视以及导航定位等，确保政府、公众进行有效的信息交流，不断提升应急通信以及公众信息服务等方面的能力。

六、结语

大数据离不开公共安全管理，大数据哲学使公共安全管理拥有更加丰富的内容，将大数据科学应用到技术研究领域，可全面掌控公共安全管理不同时段的信息，使社会公共秩序得到有效维护，进而为促进国家经济发展提供一个和谐环境。通过应用大数据技术，使公共安全信息实现共享，需妥善处理好公共安全危机，以防发生危害国家或是对社会公共安全造成损害的事件，可见大数据技术对公共信息共享的重要性。

参考文献：

1. 涂子沛. 大数据：正在到来的数据革命以及如何改变政府、商业与生活［M］.桂林：广西师范大学出版社，2014.1.

2. 赵国栋，糜万军，鄂维南等. 大数据时代的历史机遇：产业变革与数据科学［M］.北京：清华大学出版社，2013.6.

3. 李德伟. 等. 大数据改变世界［M］.电子工业出版社，2013.

董燕江（北京古代建筑博物馆办公室　中级会计师）

对博物馆志愿者管理的思考

◎陈晓艺

一、引言

志愿者（Volunteer）联合国定义为"自愿进行社会公共利益服务而不获取任何利益、金钱、名利的活动者"，具体指在不为任何物质报酬的情况下，能够主动承担社会责任而不获取报酬、奉献个人时间和行动的人。博物馆志愿者是博物馆建立的热心公益事业的公众性团体，志愿者作为博物馆的一种特殊的人力资源，对提高博物馆的社会服务水平具有独特的优势。志愿者本身是具有服务意识、充满热情的群体，通过一定的培训工作，能够充分地发挥志愿者们在博物馆宣传讲解、引导参观和基础服务方面为参观的个人和团体进行便捷的服务。在管理博物馆志愿者的过程中，对博物馆发展策略和志愿者活动的开展进行研究，不仅能强化博物馆作为公益性文化教育机构的职能，同时，又能更好地依靠社会公众服务于社会公众，实现博物馆与志愿者合作双赢，为博物馆事业的可持续发展注入新的活力。因此，构建与完善博物馆志愿者管理体系已迫在眉睫。

二、博物馆志愿者工作现状

目前我国对于志愿者服务的相关法律制度处于一种空白的状态，只有共青团中央印发的《中国青年志愿者管理办法》，在1993年国务院颁布的《中国21世纪议程》当中也有所体现。除此之外，在一些地方法律法规中也只有相关条例。由此看出，志愿者在开展志愿服务活动时缺乏法律的约束和规定，有可能挫伤部分志愿者的积极性和热情，不利于志愿者队伍的建设和发展。对于北京古代建筑博物馆来说，我馆志愿者工作始于2016年2月，虽然缺乏以往志愿者管理的经验，但是我馆的工作人员在不断探索中，摸索出适合我馆独有的管理方式。北京古代建筑博物馆是一座教育、研究和欣赏中国古代建筑的专题性博物馆，志愿者的加入让我馆的宣传能力得到了很大的提升，也更好地让观众了解到古建的相关知识。志愿者对于博物馆是非常重要的存在，在志愿者走进博物馆开始志愿服务的那一刻开始，他们就已经不同于一般游客的身份，经过培训和考核后的他们，既是对博物馆对古建的爱好者，也是具有一定专业素养的博物馆人。志愿者长期活动再博物馆和社会群众之间，不仅成为博物馆长期而稳定的观众群体之外，还在服务当中了解到了观众需求的变化，他们所反馈给我们的意见也有助于完善博物馆的接待工作，所以加强博物馆志愿者的管理，也能更有效地发挥志愿者在宣传教育方面的作用。

三、健全和创新志愿者工作的思路

（一）招募

首先，招募对象一定要有热爱文博工作，具有较强责任心和较好的服务意识；身体健康，五官端正；年龄 18~65 周岁。除此之外，还需具备一定的文化知识，通过面试之后筛选出形象气质、普通话符合标准，且具有一定的沟通能力和亲和力的人员进行近一步的岗前培训。通过两个月的时间，熟悉讲解词和讲解方式方法之后开始逐一试讲，试讲通过后发放志愿者工作证，成为北京古代建筑博物馆正式的志愿者。2017 年度我馆所招募的志愿者特征分析如表 1 所示，2016 年度志愿者特征分析如表 2 所示。

表 1　2017 年度北京古代建筑博物馆志愿者特征分析

基本资料	项目	样本数	%
性别	男	9	29
	女	22	71
年龄	50 后	2	6
	60 后	6	19
	70 后	10	32
	80 后	9	29
	90 后	4	13
文化程度	本科	21	68
	硕博	9	29
	其他	1	3
职业	学生	1	3
	在职 / 退休	30	97

表 2　2016 年度北京古代建筑博物馆志愿者特征分析

基本资料	项目	样本数	%
性别	男	11	44
	女	14	56
年龄	60 后	4	16
	70 后	8	32
	80 后	8	32
文化程度	本科	16	64
	硕博	9	36
职业	学生	3	12
	在职 / 退休	22	88

通过对所招募志愿者信息的分析，志愿者人员总数相比较 2016 年度的 25 人来说，总数增加了 6 人。男性减少 2 人，女性增加 8 人。我们可以发现志愿者中以女性居多，而且绝大部分的女性志愿者都属于退休或者自由职业，这样为志愿者服务提供了时间保障，也是能长时间坚持志愿服务的基础。现阶段，我馆志愿者中有 19 名是从 2016 年开始一直在馆服务的老志愿者，这表明，在我馆工作人员的科学管理下，还是留下了一大部分热爱古建的群体。更值得欣慰的是相比较 2016 年，我馆志愿者新增加了 50 后 2 名、90 后 4 名，志愿者年龄覆盖面的扩充也体现了我馆志愿工作的进步。并且，我馆志愿者的文化程度也相对较高，这为我馆志愿者工作的开展提供良好的条件。现阶段招募仍存在问题，宣传渠道的单一使博物馆志愿者工作在社会上很难引起广泛关注。目前我馆招募志愿者，主要通过志愿北京发布信息，以及在博物馆门前发布海报，这样的方式辐射范围小，影响力也明显不足。

（二）培训

北京古代建筑博物馆是古建类专题性博物馆但招募的志愿者中少有相关专业的人员，这是志愿者培训在起步阶段中所面临的问题。我馆志愿讲解分为三部分：中国古代建筑展、先农坛历史文化展和室外坛区部分。在招募起初，我馆工作人员对志愿者进行了中国古代建筑展统一培训，通过讲解词练习和展厅实践相结合的方式，第一批志愿者全部通过考核。2016 年第三季度，在所有志愿者都能够讲解中国古代建筑展的基础上，我馆工作人员对志愿者进行了先农坛历史文化的统一培训，在讲解内容上对志愿者提出了更高的要求，目前有一小部分志愿者可以讲解先农坛历史文化展。随着经历资深的志愿者退出，连续不断的新成员加入，这样的人员变动使得统一培训的方式不再适合中小型博物馆志愿者培训现状。但是有了前一年志愿者工作的努力，我馆排班制度已经成熟，在这样的情况下新志愿者可以在展厅跟随经验丰富的志愿者学习，在老志愿者的帮助下新加入的成员也很快地通过了考核，正式上岗。

除了讲解培训之外，我馆每月都会组织志愿者培训讲座，以达到提高志愿者综合业务水平的目的。在以往的培训讲座中，我们曾经邀请过古建专家和博物馆资深工作者为志愿者进行古建知识、先农坛历史文化和博物馆相关内容的培训；同时我馆还举办了志愿者之间的交流活动，志愿者可以将自己的对古建的看法和想法跟大家交流，刘晓波和史宁两位志愿者也主讲了讲座活动。除此之外，工作人员还组织志愿参观了清华艺术博物馆、首都博物馆和梅兰芳纪念馆，通过讲座、交流和参观博物馆的形式，让我馆志愿者的专业技术水平得到了提高，也拉近了志愿者之间的距离。

（三）《北京古代建筑博物馆志愿者管理办法》

北京古代建筑博物馆社教与信息部在 2016 年 11 月推出《北京古代建筑博物馆志愿者管理办法》，对志愿者招募、培训考核、管理及义务有了相关的说明，提出了志愿者在馆内享有的权益和奖励情况。在管理办法中明确规定了服务时间：每周二至周日，上午 9：30—12：00，下午 13：30—16：00。对服务时长也做了相关规定：要求每周服务一次，特殊情况每两周至少服务一次。我馆志愿服务实行定岗制度，并从周末的服务人员中选出组长，负责该组人员的相关事宜，工作日上下午各结成小组不另选组长，值班时间小组内协调，如遇空岗提前告知我馆工作人员。志愿者每天在上岗前，需前往相应地点签到，记录考勤和接待人数。我馆工作人员每月统计一次时长，并在志愿北京上录入信息。通过《北京古代建筑博物馆志愿者管理办法》的推出，对志愿者工作做出了纲领性的规范，让志愿者管理工作有章法可循。同时，管理办法中的规定也符合我馆志愿者管理的现状，有效地纠正了不正规的考勤制度，让我们对待各位志愿者更加公平、公正。建立正规的志愿者管理体系，加强管理和合作一定会给博物馆的工作带来更大的活力，同时给观众带来更好的参观体验。

（四）创新志愿者工作方式

现在是网络社会，几乎每个人都可以通过互联网来进行沟通，这种方式也方便快捷。我馆成立了志愿者微信工作群和 QQ 群，在明确排班表的前提下，如遇突发情况不能来服务者，需向工作人员请假。这样通过微信平台，工作人员可以和志愿者取得密切的联系，有效地避免了空岗的现象。自从微信群成立以来，这个媒介不仅仅是工作人员和志愿者工作沟通的平台，也成为了志愿者互相交流古建知识、答疑解惑的空间，志愿者在群中互帮互助，分享自己的服务心得和学习体会，在另一种程度上提高了我馆志愿者的业务素质水平。

四、博物馆志愿者管理体制中的激励机制

博物馆的志愿者工作是博物馆公益性与志愿者精神的结合，这是和谐社会发展所需，也是人民群众日益增长的文化需求对博物馆发展的要求。只有激励与督导并行，才能更好地激发志愿者们的积极性。

目前，我国博物馆在对待志愿者"酬"方面有两种态度：一种仅仅把志愿者作为博物馆人力资源不足的一种补充，把志愿者工作视为可有可无，或者认为博物馆是帮助志愿者成长的平台，这种态度必然导致志愿者管理过于松散或强势。另一种态度是认识到了志愿者工作的重要性和将其开展下去的必要性，希望通过物质报酬来维持志愿者队伍的稳定。第一种做法显然是不对的，对志愿者的管理放任自流难以保证博物馆的服务品质。同时我们应该认识到，博物馆为志愿者所提供的与志愿者为博物馆所奉献的是共生共长的，博物馆应以有效的和有意义的方式给志愿者提供施展专长、满足兴趣的机会。对于第二种做法，我们认为适当给志愿者一些生活上的照顾是符合现实和充满人文关怀的，但志愿者服务的初衷也并非是为了物质目的，同时仅从物质方面对志愿者予以酬答又是远远不够的。

志愿者走进博物馆是基于爱心和责任，自愿为社会和他人提供服务和帮助，其行为实质是回馈社会，为社会提供服务，用实际行动践行"奉献、友爱、互助、进步"的志愿者精神。志愿者不图物质上的回报，但非常在乎精神层面的满足，如为了实现自我、增长学识、锻炼提高、广泛交友、增加与社会的交流与融合等。要维系志愿者的工作热情，最重要的就是要充分满足他们这些需要，激发他们内心深处的荣誉感和责任心，使志愿者在尽义务的同时也享受到相应的精神层面的满足。给予志愿者应有的尊重，尊重志愿者的辛勤劳动，创建温馨和谐的工作氛围，这些周到而又人性化的关怀必然会使得志愿者在为社会奉献的同时感受到来自博物馆的温暖和认同，让更多的志愿者走进博物馆。

一个好的组织，必须有完善的机制来保障各项工作的顺利进行。为了保障博物馆志愿者工作的顺利开展，一些博物馆已经通过制定一系列的章程来规范志愿者的招募、面试、培训、考核等一系列的活动，这些举措对于博物馆志愿者工作走向制度化、规范化，形成良好的运行机制提供了有益的借鉴，相比之下，如何对志愿者进行表彰和激励却显得很薄弱。我认为建立健全博物馆志愿者管理体制中的激励机制，应该从以下几个方面着手。

（一）尽快实现博物馆志愿者组织的专门专人管理

目前，博物馆志愿者工作大多由开放教育部门负责，但随着志愿者队伍的不断壮大和服务岗位的扩展，加上志愿者流动性强和志愿者工作琐碎、繁杂的特点，决定了博物馆志愿者工作需要由专人负责，唯有如此，才能保证志愿者工作地持续开展。除制定了较为科学的人性化的志愿者管理制度外，实现了志愿者工作的专门专人管理，专门负责人承担了志愿者的日常管理工作，能够及时制定各项规章制度，完成志愿者的招募、培训、考核并组织志愿者开展丰富多彩的活动等，保证了志愿者队伍的稳定和充满朝气。

（二）提供让志愿者可以发挥最大能力的丰富服务岗位

我国博物馆为志愿者提供的服务岗位较单一，大多为讲解岗位。这种岗位上的局限性，不仅不利于志愿者工作的全面展开，而且也削弱了志愿者参与博物馆工作的积极性。除讲解之外，博物馆应该请志愿者介入更多的工作，这样既可以解决人力不足的缺陷，又可以满足志愿者的工作愿望。志愿者参与博物馆的多种工作应成为发展趋势，博物馆不光有讲解，还有许多可供志愿者参与的工作，例如参与科普课程和摄影志愿者的培养，等等。如果把这些社会力量都有效地利用起来，将会进一步促进博物馆事业的发展。

（三）为志愿者提供学习研究的条件

志愿者到博物馆参加服务，他们的需求是多元的，很多志愿者是抱着学习的目的来做志愿服务工作的，在接近博物馆的同时也希望能够接近博物馆的藏品和专家，博物馆应为他们提供这个机会。这些活动的开展既满足了志愿者求知的愿望，也提高了博物馆志愿者的服务水准。

（四）为志愿者提供交流和沟通的机会

人具有社会性，需要群体生活，需要被社会认可，不少志愿者期望在服务他人的同时，扩大自己的交际面，丰富自己的生活。博物馆可通过组织文体活动或利用馆刊、网站等本馆资源为志愿者提供交流和探讨的机会，为志愿者提供可以将自己所思所想、所见所闻及工作心得与大家分享的平台，达到了志愿者之间的互相学习交流和共同提高的目的。

（五）肯定与承认志愿者的工作成绩

志愿者在博物馆价值的体现，就是自我价值和社会价值都在博物馆的志愿服务工作中得到实现。博物馆应对志愿者的支持与贡献予以表扬、展示和奖

励，鼓励志愿者以更大的工作热情融入到博物馆各项工作中。现阶段，我馆以半年和一年为时间节点，召开志愿者工作总结大会，通过对各位志愿者时长的统计对前十名和符合时长标准的老师进行表彰。通过这样的形式对志愿者的辛勤工作给予了充分的肯定，同时也促进了志愿服务工作的提高。

五、结语

对于作为公共教育机构的博物馆来说，如何从自身做起，既满足人民群众的精神文化需求，又能积极妥善处理好博物馆人力、物力皆紧缺的现状，是摆在每个博物馆人面前的难题，博物馆志愿者的出现无疑为新时期博物馆的发展注入了新的力量。结合博物馆主要职能和发展方向，以及志愿者工作的心得，我认为博物馆志愿者队伍的建立对于博物馆的发展起着十分重要的作用。志愿者工作可以弥补我国博物馆现阶段发展上的不足，提升博物馆的服务质量，有助于博物馆全面开放、融入社会、服务大众，可以增强公民的社会责任感，引领社会风尚，促进人类社会和谐发展。对于博物馆来说，应当重视志愿者队伍的建设，建立健全相应的管理制度，为博物馆志愿者的服务提供良好的环境，保障志愿者的权利，做优做强博物馆志愿者队伍。志愿者服务已经成为了博物馆服务工作的一项重要组成部分，探索并构建适合中小型博物馆发展的服务体系和机制才能让博物馆志愿者发挥最大的优势和作用，才能让博物馆更好地服务大众、服务社会，为我国的文化教育事业服务。

陈晓艺（北京古代建筑博物馆社教与信息部　助理馆员）

对于中小博物馆
文化创意产业发展的思考

◎丛子钧

近些年来我们国家博物馆事业不断蓬勃发展，人民生活水平的不断提高，越来越多的人走进了博物馆，观众通过对一个博物馆自身的陈列和社教活动所传播的文化内涵，就能够对所参观的这个博物馆在一定时间内产生一个大致印象（这个博物馆的展览主线是什么，今后展览的类型是什么，要传播什么方面的文化内涵），但细心的观众也许会发现，不论是大型博物馆还是中、小型博物馆大部分情况下或多或少都会卖一些的纪念品，一般统称为文化创意产品，而管理部门的执行程序，一般统称为文化创意产业链。

设计出一个优秀的文创产品，不仅要求设计者有一定的设计能力，有思考文化创意的底蕴，计算机熟知相关的文博知识，而且还要有勤于思考和锲而不舍的精神。从我国博物馆规模大小、地理位置、知名度、经济待遇、人才流动性上和重视程度上来看，我国各个博物馆的文化创意产业发展参差不齐，基本上是规模大、知名度高，地理位置、重视程度较好的博物馆的文创产也发展比较好，而我国大部分的中、小博物馆局限于自身原因如财政拨款、研究方向单一、人员数量及岗位设置少、馆内经费紧张、行政规章制度束缚及重视程度等因素，无法与像故宫、国家博物馆、上海博物馆等大型博物馆相比较，且随着时间推移差距不断被拉大，那么中、小博物馆文化创意产业的发展之路应该怎么走，我认为应该遵循和注意以下几个方面。

一、成立中、小博物馆
文化创意产业队伍发展联盟的必要性

"分则力弱，合则力强"，这个道理众人皆知，就是要把各种各样的资源整合在一起，做大做强。一个文化创意产品从设计到最后卖出，要经历设计、生产、销售这些程序，中间还要涉及到资金投入、回笼及成本核算等财务管理方面的环节。前面提到了由于中、小博物馆自身的原因无法组建自身的文创队伍，目前这个阶段想要解决这个问题，只有将一定数量的中、小博物馆的与文创方面相关的设计人员、管理人员组织起来，形成一个联盟，才能将各种文化创意思维汇聚在一起，这样就能够让联盟的每一个人的创意思路得到开拓，在根据各自馆内自身的特点，开发出自己本馆的文创产品。

在国外，很多国家都有自己的博物馆联盟，每年这些博物馆联盟里的会员或者博物馆联盟之间都会聚在一起，结合当今世界发展趋势共同交流探讨博物馆未来的发展模式或者主题思想，涉及到博物馆业务、行政、文创发展等各个方面，由于西方资本主义国家大部分中、小博物馆的政府财政拨款有限，所以要维持馆内日常运营、管理及工资支付等都需要自己去解决，而文化创意产业是解决部分资金来源的一种途径，所以国外中、小博物馆的文化创意产业联盟队伍早已形成，而且规模每年都在扩大，他们有自己的宣传平台、网站、代销公司甚至举办联合展览、联合开发文创产品，联盟内的所有成员都能够获益。而且国外的中、小博物馆联盟有临时工作人员制度（含志愿者），比如发动志愿者或举办类似于"我心中文化创意产品"的比赛，等等，就是拓宽文化创意思路，不断找到新方法、新路径，在发展和管理体制上非常灵活。

与国外的情况正相反，在我国大部分中、小博物馆都是"全支全拨型"的事业单位，且我们国家的博物馆事业相比于西方资本主义国家起步比较晚，且博物馆自身发展并不均衡，很多博物馆基本处于"单打独斗"的状态。这种状态持续的时间越长，对中、小博物馆文化创意产业的发展越不利，所以我认为中、小博物馆要把眼界放宽，打破一定的区域限制，把文化创意产业整合成一定的规模，根据我国现行博物馆的管理体制，可以以区或局为单位对所属中、小博物馆的文化创意产业队伍进行联盟整合，比如说以北京市文物局为例，其所属大部分中、小博物馆都是以古建筑、古遗址为基础建立起来的博物馆，可开发古建筑文化元素众多，把这些古建筑元素利用起来，开发出实用的文化创意产品，可以更好地宣传古建筑类的传统文化，"众人拾柴火焰高"，成立文化创意产业联盟队伍能够提高市场定位准确率，缩短产品设计周期，加强产品外观精美度，提高产品运营管理效率。大家在一定时间内坐在一起探讨学习、相互借鉴、取长补短，各取所需甚至共同开发，如果要是文物局某个部门牵头组织起来的话就能够借助所开发的文化创意产品加快提高各个古建筑类博物馆的知名度。在这点上可以参考陕西省的文物商店，在这个文物商店里面可以买到陕西省任何一家博物馆的文化创意产品。

如果中、小博物馆的联盟足够大，就等于有了建议权，类似于行会，可以把其中很多中、小博物馆的想法通过联盟的平台传递给领导部门，比如说"全支全拨型"的博物馆通过卖文化创意产品所产生的利润，只能用于开发新的产品，而不能用于购置类似于 3D 打印机、扫描仪及 VR、AR 等设备，而这些工具设备都是未来博物馆发展文创工作的必不可少的工具，个性化、特色化的文创产品才能够满足今后消费者的需求，政策限制应该通过建议逐渐放宽，只有这样，才能刺激文化创意产业工作者的积极性。

二、中、小博物馆
文化创意产业的发展应有自身的规划

（一）中、小博物馆文化创意产业发展思路滞后及原因

由于国家大力提倡博物馆文化创意产业的发展，很多中、小博物馆都成立了与文化创意相关的部门，近些年来文化创意产品如雨后春笋般出现，设计出的产品种类很多，但有一个普遍的问题就是缺乏自身的创意和特色，仿制性很普遍，比如说明信片、丝巾、铅笔、书签等等，从设计造型上都趋于同一化，唯独不同的就是尺寸大小、彩画装饰及标注说明，缺乏立足于自身的文化特色，无法吸引观众的眼球，比如说观众在这个博物馆看到的产品是这几种，在另外一个博物馆看到的产品还是这几种，给观众的一种感觉就是没有特色、主题、文化，就像一个餐厅没有自己的招牌菜一样，究其根本原因就是很多中、小博物馆的文创产业管理者没有发展立足于本馆特征的文化创意产业的长远规划思想，这样是不利于本馆自身文化创意产业发展的。想办法贴近自身博物馆的展览主题和核心内容，是每一个中、小博物馆发展分管文化创意产业责任人应该认真考虑的问题，只有这样，自身馆的文化创意产业才能得到发展。

（二）中、小博物馆的社教活动与文化创意产业的发展应彼此互动

一个博物馆在社会上的影响力不仅取决于它自身的展览水平，也取决于它自身文化产业发展的多样性及举办社教活动的丰富性，社会影响力大的博物馆或院，比如故宫博物院，一定是它的文化创意产业链与社教活动能够有机地结合起来，相互促进、相互发展，而现在有不少中、小博物馆没有知名度，一提起来社会上很多人都不知道，表面上看是宣传没做到位，实际上是社教工作没有做到位，但社教部门作为一个博物馆的展示窗口，把责任完全推给社教部门也是不公允的，在深入分析一下就是这个博物馆的文化创意产业没有自己的特色，博物馆的社教活动与文创产业的发展就好比中医理论上的肝与胆，从中医角度上来看，肝与胆不但在生理上互相配合，而且在病理上常相互影响。肝出问题，胆或多或少也有毛病，这就是所谓的"肝胆相照"，而博物馆的社教活动与文化创意产业的发展之间的相互关系就好比中医上的肝与胆。社教活动搞不好，博物馆的文化传播不出去，文化创意产业搞不好，社教活动缺乏丰富性，显得枯燥、乏味、单调。

在国外很多博物馆都有给观众提供一个动手参与的场所，比如说巴黎探索宫的模式，它将展览、社教与动手、想象能力相互结合起来，作为文化创意产业的一种发展模式，让来馆参观的观众能够积极参与其中，让他们感觉自己即是参观者又是参与者，所以观众能够长时间待在博物馆里面，甚至能够做回头客，而在我国很多人来参观中、小博物馆，基本上就是听听讲解，看看展览和建筑就走了，一般情况下超不过 1~2 小时，因为缺乏动手环节，现在世界上越来越多的博物馆结合自身实际情况开始尝试巴黎探索宫这种模式（展厅不光是展览、讲解，也有亲自动手参与和体验的环节）。

以北京古代建筑博物馆为例，从 2014 年开始设计制作文化创意产品至今仅仅有三年的时间，以古建彩画图案为基础设计出了几十种文创产品，这些产品制作精美、价格便宜，从这些产品的设计理念上面反映了古代建筑元素及蕴涵的文化，在文化交流上作为礼品很受客人、贵宾的好评，这是对三年来对古建馆的文化创意产业发展的肯定，但是作为一项长期发展的事业，这还是不够的，因为这些产品虽然能够给与观众直接的感官，并且比较实用，但只是一个定型产品，随着时间的推移有可能会被遗忘，这是中国很多中、小博物馆的通病，究其原因是这些产品缺乏互动性，而且不能反映本馆的文化特征。

所以从 2017 年 7 月北京古代建筑博物馆文创开发部正式成立起到现在，为了让文化创意产品能够反映出本馆自身的文化特色，设计出了宋代和清代的斗拱拼接模型，我认为这样文化创意产品能够更好地反映出我们古代建筑馆的文化，这是发展本馆自身文化产业的主要途径。不仅仅是斗拱，可以将古代建筑的主要类型（台梁式、穿斗式）、榫卯结构类型（斗拱、鲁班锁）等做成模型的分解件，用于组装拼接，这样能够还原当时建造古建筑房屋、制作连接件的过程。

比如说从斗拱的所经历的阶段及类型为基础进行产品设计制作斗拱的拼接模型，比较有代表性的是宋代斗拱及清代斗拱（北京古代建筑博物馆已设计出），其他朝代的斗拱由于缺乏相应的图纸尺寸，所以要开发出相应的斗拱模型需要我们通过各种途径来搜集相关的图纸及测绘尺寸，用以完善从西周到清代所缺乏的斗拱拼接模型，这样既丰富了文创产品开发的种类，突出了北京古代建筑博物馆展览的内容，又能够带动社教活动，告诉或教会学生、观众如何拼接斗拱，把斗拱的文化通过斗拱的拼接模型给宣传出去，通过观察不同朝代斗拱的差异来讲述斗拱的发展历史及结构上的变化。斗拱只是榫卯连接件中的一种，从建筑到家具榫卯结构类型非常多，如果都能做成模型的话，那么能将古建筑文化通过科普等一系列的手段更加直观传播出去。

三、关注、利用现代科技作为文化创意产业的载体

文化创意产业在博物馆中多是以文化创意产品的形式表现出来的，其作用是用来宣传推广博物馆的文化的载体，一名优秀的文化创意部门的管理者，不仅要熟知本馆的展览内容、展品的文化内涵，有一定的美工基础和计算机二维、三维绘图基础（比如 AI、3DMAX、AUTOCAD、RHINO 等），还要关注现代科技设备在设计产品上的广泛应用（3D 打印、3D 扫描、CT 内部结构扫描、VR、AR、气味模拟器等现代科技，），熟知这些科技设备的优缺点及发展趋势，比如：

在数值化博物馆的今天，我们用电脑来显示、观察、设计三维物品（文创产品），但计算机屏屏幕是二维的，电脑屏幕通过色度差异让我们的眼睛将产品感知为三维图像，其实还是二维图像。电脑屏幕上显示设计出的产品模型和通过传统工艺（制模）制作出来还是有一定肉眼差，这是无法避免的。传统工艺通过平面设计和机电加工来制模，而智能化的今天用 3D 扫描仪和 3D 打印来制模，首先通过三维扫描仪将产品扫描，扫出"点云"文件后，再通过 3D 打印机打印出来，肉眼差无法避免，但效率却可以大大提高，而且性能越高的扫描仪、打印机制作出的产品模型精度也越高。但 3D 扫描仪和打印机也有它们各自的局限性：3D 打印机的局限性在于打印材料及设备自身的昂贵，3D 扫描仪的局限性在于之能够扫描物体外部结构，无法扫描物体内部结构，而 CT 扫描仪的价格更加昂贵且对于现阶段文化产业来说它的使用频率并不高，AR、VR 则更多是用在动画、游戏制作上，气味模拟器是通过一种机器，比如腰带等模拟真实场景的气味，这些现代科技对于中、小博物馆来说无法承担上述科技设备的价格和维护成本，但这并不是说这些情况在未来无法解决，他们的不确定性很高，我们必须随时关注这些科技的发展动态。

近几年来，我国已经进入了智能化的时代，无论是工作、学习、生活、交际等方方面面都已经无法离开互联网，随着规模的扩大和国家大力出来鼓励政策和扶植力度，成本在将来会越来越低，所以要时刻关注，如果条件允许的话要多注意接触和学习。

比如说 3D 打印机和扫描仪就可以打印或者扫描古建筑中的榫卯结构件，通常，如果通过 3D 扫描仪将榫卯结构件扫描出来后，再加以等比例放大或缩小，再通过 3D 打印机打印出来，就可以很快用作科普教育，由于古建筑上的榫卯结构件种类很多，很适合 3D 打印机和扫描仪；而 VR、AR 则能够用于模拟场景，比如说模拟祭祀太岁和先农神的场景，观众带上 VR 或 AR 镜子及气味腰带，可以亲身感觉清代祭祀先农神的盛况。

结　语

　　文创工作是一项长期的工作，每一个中、小博物馆在发展自身文创事业时都应该结合自身的特点而做出一个长期的规划，在这个过程中，可能会受限于自身内部和外部的原因，但应该想办法去克服、解决（比如人才可以通过内部挖潜或通过中、小博物馆联盟来进行培训），在发展文化创意产业的模式上应该向多元化发展，这是每一个从事文创工作的设计者和管理者应该考虑的问题，只有不断开拓创新，拓展新的思路才能把博物馆的文化创意产业驶入快车道，才能更好地反映时代的气息，把文化创意产业做大做强。

　　　　　　　　　　　丛子钧（北京古代建筑博物馆文创开发部）

古建内博物馆陈列的空间叙事

◎程旭

据统计，仅北京在古建内做陈列有近百家博物馆，近几年随着古建博物馆改造更新，其展览内容无疑丰富了北京地区的文化多元性，现代展览设计风格与古建空间的有机结合构成文化精品，这就更有必要总结其中的规律性。本文以北京为例，在古建内搞博物馆陈列的单位分类。

古建内搞博物馆陈列的单位分类表

序号	古建筑型	古建内博物馆及陈列
1	皇家祭祀	北京故宫博物院、太庙艺术馆、北京孔庙国子监博物馆、先农坛北京古代建筑博物馆、历代帝王庙博物馆、天坛神乐署陈列、雍和宫佛教文物精品陈列
2	皇家园林	颐和园陈列馆群、圆明园遗址博物馆、北海公园画舫斋、皇家邮驿博物馆、北海公园团城陈列馆、景山公园绮望楼历史文化、展仁寿殿、关公庙、真武庙复原陈列
3	皇家行宫	万寿寺北京艺术博物馆、五塔寺北京石刻艺术博物馆、大钟寺古钟博物馆、陶然亭公园中国名亭文化展、社稷坛中山公园中山堂孙中山陈列馆、香山公园碧云寺孙中山生平陈列馆
4	皇家寺院	北京法海寺佛教壁画展示馆、北京白塔寺博物馆、白云观道教博物馆、云居寺佛经库藏博物馆、牛街礼拜寺伊斯兰文化陈列馆、地坛公园陈列馆、东岳庙北京民俗博物馆、天宁寺辽塔陈列馆、智化寺北京文博交流馆、卧佛寺陈列馆、通州博物馆、大觉寺陈列馆，娘娘庙陈列馆，广福观什刹海历史文化展览馆
5	名人故居类	毛主席菊香书屋、周总理西花厅、郭沫若故居、宋庆龄同志故居、老舍故居、齐白石故居、鲁迅故居、李大钊故居、茅盾故居、纪晓岚翠薇草堂、曹雪芹故居、梅兰芳故居、张伯居故居、巴金故居、梁思成林徽因故居、徐悲鸿纪念馆等；中国现代文学馆旧址、湖广会馆戏曲博物馆、宣南历史文化博物馆、北京会馆博物馆、香山双清别墅；恭王府花园、文天祥祠、曹雪芹故居、曹雪芹纪念馆，袁崇焕祠、和敬公主府、溥仪故居、婉容故居，蔡元培故居、

序号	古建筑型	古建内博物馆及陈列
		居、康有为故居、梁启超故居，谭嗣同故居，曹雪芹纪念馆、蒲心畲故居、谭嗣同故居、黎元洪故居，段祺瑞住宅、纳兰性德故居、邵飘萍故居、李渔故居、沈家本故居、龚自珍故居、庄士敦故居、荣禄故居、叶圣陶故居、梁实秋故居、沙千里故居、章士钊故居、朱启钤故居、程砚秋故居、蔡锷故居、朱彝尊故居、龚自珍故居、林白水故居、林则徐故居、李莲英故居、刘绍棠故居、梁漱溟故居、程砚秋故居、荀慧生故居、梁思成住宅、可园·竹园宾馆、萧军故居、欧阳玉倩故居
6	古代科技类	动物园办公楼区、北京古观象台博物馆、北京自来水博物馆、同仁堂博物馆、文津街国图分馆陈列馆、正阳书局、郭守敬纪念馆、北京古天文台博物馆、盛锡福博物馆、皇家粮仓艺术空间、皇史宬清宫历史档案馆
7	西洋古建	中国法院博物馆、北京警察博物馆、中国钱币博物馆、北京铁路博物馆、辅仁大学校史馆、541印钞造币厂博物馆、中法大学展示馆、北京动物园入口及畅观楼；长辛店中共旅法法语补习学校、京张铁路设施及青龙桥车站、协和医院院史博物馆、中国法院博物馆、段祺瑞执政府旧址、北大红楼新文化运动博物馆、京师大学堂旧址陈列馆、清华学堂建筑群旧址、前门23号院展览馆、北平普仁大学旧址展览馆、西什库教堂展览馆、宣武门南堂展馆、交通银行及北京劝业场（文化艺术中心）
8	城台城楼	北京正阳门博物馆、永定门博物馆、德胜门北京古代钱币博物馆、东南角楼崇文历史文化馆、东城钟鼓楼文物管理所、西山团城演武厅博物馆、天安门城楼、北京八达岭长城博物馆、居庸关遗址遗址博物馆、辽金水关遗址博物馆、北海团城展厅、延庆岔道城老街、爨底下民居博物馆
9	地下遗址	明十三陵博物馆、大堡台汉墓遗址博物馆、琉璃河西周遗址博物馆、颐和园耶律铸墓博物馆、圆明园考古工地展示、故宫明宫城遗址展示、辽金水关遗址博物馆、王府井人类遗址博物馆、平谷上宅遗址博物馆、延庆山戎文化遗址博物馆（改扩建）、北京周口店猿人遗址博物馆、延庆古崖居遗址博物馆（改扩建）、延庆辽代首钢遗址博物馆（筹建）

一、古建陈列的空间思路

近十年，一批中国古代建筑内的展览新一轮改造已经完成，也明显看出同期我们与西方古建内博物馆改造观念尚有差距，特别是在对古建遗产问题上，我们恪守修旧如旧，西方原汁原味新旧并存的保护方法，即便在民族区域传统古建馆内的陈列也有区别。但对遗产保存的方式都是统一的，都坚守的最后一块精神净土。在古建空间设计上我们传统意义上的博物馆表现都"旧瓶装新酒"，对于古建本身的创新变革几乎不敢越雷池一步。特别是在世界申遗上，日本的表现也给世界以启示，日本著名古建伊势神宫申遗，首先弱化建筑实体与城市坐标的关系，并采取每20年把神殿拆毁重建，日本叫"式年迁宫"，分解木料传送全国各地的寺院供奉，重建则严格按照古代传下的方法，日本向世界文化遗产申遗特指构建的工艺流程，而不是建筑本身。区别在他们更看重工艺和方法这些无形的精神财富，从而引发民族在精神信仰上的思考。而我们比较看重有形的东西：一座佛光寺、一座黄鹤楼，故宫的倦勤斋内部重修都是要保留看的见，摸得着的。急功近利的文娱报道模式养成了国人仅关注成果、只看结论，那些看不见的工艺、手艺和过程大大被忽视、被淡化。

日本伊势神宫

从设计思路上探讨，其学术价值源自于古建本身的遗产价值。一般而言，设计师从空间与时间入手，来强化历史陈列的作用力和表现力，如果说展览植入是当代内容属性的话，那么古建展览的主题与建筑风貌就会造成两张皮，那怎么解决？比如现代比较流行的设计思路：古建内陈列的设计方融入模数化与参数化设计思路，强调降解和可逆性，做到在古建室内空间内外置换表皮。如朱锫规划的皇史宬庭院空间，植入古根海姆分馆的半透明体建筑，这样就产生了新老空间关系的对话，这也反映出古建内在的包容和维度，设计出在特定的空间内对空降物体的排他渐渐过渡到兼容，这都会给公众带来有益的思考。

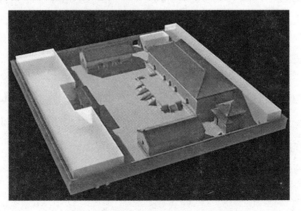

皇史宬古根海姆分馆　朱锫设计

从设计内容延伸开来谈，依托古建遗产反应出设计内容的艺术价值，特别是应对大空间下的小文物，如何提升叙事语言和故事性，古建内减弱巨大空间的压力，释放好文物背后的信息和智慧。故宫《石渠宝集特展》社会热后，我们也看清了古建内给文物展信息的载体重要性，随着故宫修复中心的开放，回眸故宫战略品牌系列，不难发现这样一条线索：《紫禁城古代建筑展》讲的是原生态陈列的故事，朗红阳团队对故宫午门大殿改造用透明玻璃控制展厅空间，这些案例在古建空间实践的探索上已较为得心应手，施工主体都受益于可逆性环保降解的材料，打造宫殿群落的战略品牌已初见规模，从中观众认识了故宫人的思维——城市与紫禁城的中轴线，保护利用和世界遗产。

展览在设计深度上，直接反应出对建筑价值理解。能够把古建作为遗产资源的整合发扬光大的案例不在少数，主要是用古建自身优势，整合遗产，重塑空间对话。这样的设计方法最终给空间释放新能量，设计出充分调动古建元素，给自己的展览主题增加含金量。故宫院方推出改善三大殿的白天自然光多变和不足，用人工照明设计出稳定的鼎盛辉煌效果，在提交方案中解决困难，绝不是专照亮宝座那么简单，用照明设计实现了三层光环境：烘托暗背景、宝座灰空间、提亮金宝座，从暗、过渡到灰，最后推出金。设计意图把一个大国大宫的宝座与国家历史空间结合的更为精彩，从而极大丰富了国家记忆、民族记忆和集体记忆。

随着数媒时代的到来，数字化信息化下的古建展览怎么设计？怎样调动艺术语言？自从上海 K11 美术馆办《印象派展》、朝阳大悦城办《数字凡·高展》、日本设计家在 798 佩斯北京办《花之森林、迷失、沉浸于重生》，都从城市时尚解读了科技美育价值。与此同时，盘点全球的古建内也有充分的展演。如故宫端门数字博物馆、卢浮宫的数字博物馆，特别是大都会、卢浮宫、大英和埃及博物馆网络改版，都是挖掘古建、利用古建的最好诠释。蒋勋说：没有知识体系的知识再多也是垃圾，同样我们的博物馆大量存在非利用的"信息孤岛"现象，在浩瀚的遗产宝库中被雪藏、未被利用的知识死角怎么规避，也是目前博物馆人"大投入，收效小"的挖掘内容，因此说盘活遗产存量，制造文化生产力的任务十分艰巨。

数字敦煌博物馆和景区观光结合推广后，接着龙门石窟、大同云冈石窟的数字影像，都是借鉴了卢浮宫和大都会、意大利的米兰大教堂的夜间丰富的建筑立面。这些创意都在讲古代建筑遗产和文物背后的故事，将普世资源与城市文化亮点整合一处，在原不可移动的遗存立面上讲述遗物遗存，进而提示出该地遗产意识，夜晚灯光秀把图像传播给公众，效果简单直观，最大的优势居然也是可逆性工艺，设备移除方便，白天旅游空间恢复如初，将闲置的夜晚也作为消夏娱乐的博物馆市民艺术广场，从此古建遗产规划设计添写昼夜表情新篇章。

河南龙门石窟之夜灯光秀

我国古建建筑空间内办展的诸多实践尚在探索，特别是传统展览模式已经形成了古建内办展的瓶颈。大力发展博物馆建设，也并未忘记古建内的博物馆陈列更新和向社区推广，并始终承担着利用古建空间传播博物馆守护遗产的责任。故宫宣布将16个出入口全面开放，将自己的办公空间迁移紫禁城外，另外为了缓解对给古建遗址的压力，欲将文物存放移师到新馆库房，还建立了分馆模式，与厦门鼓浪屿故宫陈列馆，与兰州、成都、首都等地博物馆合作办展，已成为盘活遗产资源新型模式，其目的就是将故宫原有古建空间最大化，直到还原到原状陈列的历史空间中，使故宫真正成为老百姓的大故宫，这样我们也提示一个古建永恒的命题：一座城市和一个博物馆的有如此密切关联。

二、西方古建的设计构成

西方瞩目的古建博物馆有卢浮宫、橘园博物馆、奥赛博物馆、发现宫、大皇宫、小皇宫、凡尔赛宫、夏宫、冬宫、美泉宫、大英博物馆、大都会等，他们最让我们吃惊的是将古建遗产所有的遗产资源汇聚，一并向经典博物馆致敬，而不是拆毁或原地再造新古建。

如何审视西方古建的规划改造的观点和利用价值呢？在表现技术方面，从主题演绎方法有：递进重构、规划抽离、提炼精神、剥离主体、DNA重组隶属关系等，而在传统型博物馆设计研究方向有：专业人员、文化旅游、工程设计、施工标准，这都关乎到古建内观众的视觉反馈和心理感受。

梁思成很早就指出：西方的宫殿建筑规划其实与中国是一致的，对称性、石木结构、通透采光；那么在研究古代建筑空间内作展览，都具备在使用空间内取得一致的社会利用价值。不能否认在设计深度上都是同一种利用方法和组织方法，可是往往在展出效果和国际认同度上，西方的古建内的设计胜出我们不少，优秀案例也都成为世界博物馆的标准和样板。这是为什么？怎么从设计看这些尖锐的问题呢？西方古建在室内立面空间设计上可细分为：

（一）时空连续

大都会的几次改造都是围绕着公众的服务而展开的，原设计入口主门，面朝中央公园内，开馆后反应一般，未能达到预想的规划，后来馆长将原来背向交通开门改成临街，并强化了宫殿建筑的华丽装饰效果。此举异乎寻常，观众好评如潮，说明了市民认可了具有城市地标的新入口新形象。而在公园内的一面，经历数次扩建，都是将透明玻璃组成建筑延伸到餐厅和公共开发区，水景庭院休闲空间，连续的改扩建持续了几十年才完成。此外大都会还创造了古建与古建之间的玻璃体链接成花园过渡空间，这也给贝聿铭大师对卢浮宫的庭院改造产生了认同联想。这样从古建陈列规划的观点看，早晚晨昏刻度中记录了建筑表情，启承转折层层推进，张弛有度灵动自然。

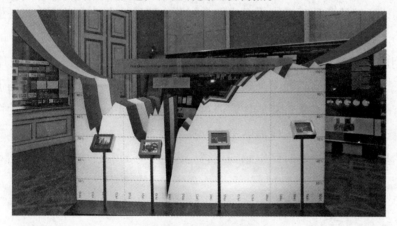

奥地利庆典展览效果图

连续的时空环境也是古建宫殿群的一种特性，设计创新被国际共识。奥地利皇家博物馆，在国庆纪念日特展中，我们发现设计用国旗组成展线，穿过所有展厅，起到了节日庆典的作用，更大的尺度在于连续不断地串联起国家形象和民族精神。

（二）流动空间

西方古建空间的特点：高大通达无梁柱，恪守节点模数，空间内容穿插倍数关系。但在西方古建内看展览设计和策展规划都是很有启发的，博物馆一词源于西方，最早的博物馆也是在西方形成，所以在古建内办博物馆也有几百年

旅顺博物馆木质展柜展区

的历史了，这里约定俗成被认为是：在博物馆分类学科建立基础上，古建面对公众的陈列展示。回眸大英博物馆、1853年建成的V&A博物馆和英国自然博物馆、1989年中国第一个博物馆张謇的博物苑，如今旧博物馆建筑和遗址保存完好，但这样古建内观众看展览的流动空间还是比较从容的，行为规范都显示出早期博物馆的一种观赏模式。我们在展览内墙设计上，看不到什么展板，都是实物上墙，层层分类码放。对于今天的文物陈列来说就是"堆上去"的，其中早期的展柜也是上面密集陈列，下面拉抽屉或柜体充当了文物存放库的作用，民国初期，日据满洲国兴建的旅顺博物馆木制展柜中，我们还看到了顶部照明灯槽，这与今天东京都博物馆旧存展出展柜出自一张图纸，也是近百年的历史见证。综上观点：古建内展览实物陈列很密集，但留给观众的从体验流动空间明显宽松，看展的时间也感到从容，说明了设计很注意古建内部相对的空间尺度。

（三）灵活隔断

20世纪80年代中期，旧车站改造成艺术宫殿是奥赛博物馆在巴黎是个文化焦点，成功的经验至今还有研究价值。意大利女设计师盖兰特从后现代的隐喻的工业语境找到一种城市博物馆的设计出发点，以城市广场和盛满宝物的航船，叙事待发。展览空间将法国工业文明和7次举办世博会的辉煌结合起来，产生了文化推进巴黎城市旅游的实际作用。同样，经过漫长的改造工程，巴黎的橘园美术馆改造，成为理解印象派的一个里程碑。这里展出的莫奈的睡莲全景画，用重金打造一个椭圆形形的专门展厅，引入自然光的效果，强化了画家创作的时空环境，笔触和光色，将古建空间改造发挥到最大的极致。最近法国建筑师提案欲将凯旋门提升改造，设计构思方法更为独到，更为彰显城市空间给巴黎带来的有机的绿色环保和低碳。

巴黎奥赛博物馆内总体规划

巴黎凯旋门改造升级效果图

由此看出我们古建博物馆改造的见解和观点不够清晰，特别是城市英雄主义广场改造都是国家意义上的战略问题，也是满足时代审美的城市设计的发动机。

（四）空间利用

新加坡历史博物馆的挖掘空间，是在宫廷建筑身后山体的挖空"被隐藏"而形成新馆的内容，成为博物馆改扩建最好的诠释，这在古建类老博物馆改造历史上也算是个土方量巨大的工程。主要目的将新加坡的历史碎片形成一个整体的大系统，公共空间与展览面积空间同样精彩，作为周边大学校区，这个博物馆的文化利用价值也大大改善，做到了投资预估的原来都是外国游客看博物馆，转而新加坡人都来看展览的空前效应，建成后它与对面的新加坡美术馆、亚洲文明博物馆三座传统建筑并称为新加坡的最美的博物馆。

美国旧金山亚洲艺术博物馆的改扩建也是典型的案例，核心工程在于古典主义风格老建筑抗震加固，建筑基础安装全阻尼减震，基于地域减灾立场上的重生，不仅扩充公共空间，强化了交通流线，扩建植入还适用于新型社区现代生活审美。

旧金山亚洲艺术博物馆改造前后对比

东西方古建博物馆内的空间都在文化设计上有所推进，为我们打通了变革原理与技术标准，在这种对话中，我们清晰地发现，古代建筑遗产价值是全世界的文化遗产，也是人类共同的财富，让西方人理解我们的文化传播，也是为了让北京走向世界。古建作为文化出口是最好的途径，也是拉近的东西方文化的最好的沟通媒介和桥梁。

三、现代古建的立体表现

从景山公园寿皇殿复原改造为北起点，神武门大空间内举办《张汀焦墨山水》的大尺度气象、郎红阳团队改造设计的午门陈列馆、端门的数字故宫展览、中山公园中山堂纪念馆、正阳门历史文化陈列、正阳门箭楼的老北京民俗展。北京前门大街上老字号博物馆，西洋建筑老前门火车站的北京铁路博物馆、中国钱币博物馆、天坛祭天音乐博物馆，先农坛的北京古代建筑博物馆改造等，这些丰富的陈展案例将北京中轴线推向文化高峰。

故宫和凡尔赛宫的局部升级改造，走向辉煌，卢浮宫古建庭院利用了超大的空间围合和私密性，规划除了库展结合升级方法。郎红阳的午门改造，全通透的玻璃盒子，靠照明整体提亮古建美空间的色彩表现，同样是创造了另一种视觉辉煌；接着，正阳门改造各楼层改造，强调了对社区和游客开放意义的多元性，讲正阳门的故事，同样为北京中轴线申遗打下了城市博物馆的基础。

2016 年的 518 国际博物馆日，主题是博物馆与文化景观，北京故宫率先将三大殿宝座亮起来的工程，卢浮宫的照明师提交的 LED 景观照明方案结果被采用，这样在早晚晨昏的变化中，照明模式配合塑造空间氛围，强化了皇家宝座点亮中轴线的辉煌。

北京的时间博物馆

通过近几年中国古建内出色表现，显示出持续创新动态和趋势，这也给世界古建内的博物馆改造提供了中国表情和民族形象。来中国看古建的外国人也多了，最新资料显示，每年五一和十一长假，参观故宫的人数飙升不减，日进 8 万人对古建空间的负面压力是显而易见的，这也足以说明古建是不可复制的文化资源，人为造成过度的疲劳也一种伤害。

（一）感觉造型

龙门石窟灯光秀，卢浮宫金字塔的《消失》，乌菲齐博物馆的夜场，罗丹博物馆的作品《存在》，卢浮宫蒙娜丽莎展厅的"中国轴画"，尼德兰画派旗手鲁本斯的"肉铺"光效，在屋顶的贝聿铭亲自调试滤光板，以达到馆长提出一项要求：用光表达肉色鲜美的笔触和机理。

卢浮宫鲁本斯专题展厅改造现场前

卢浮宫鲁本斯专题展厅改造现场后

现代建筑师也值得关注，现代建筑师马岩松的"胡同据点"是表现京城肌理的高手，我们发现一种幽默和造型的空间尺度通过反射曲面镜面来对话我们变异的家和庭院，将熟悉的空间夸张为镜像，这样就给生活带来了无尽的想象力，这里是参与和互动、流动和静止、娱乐和自嘲、启蒙和反思。

马岩松胡同大眼睛

和珅花园内的营造是中国古代园林艺术的伟大实践，也是参观恭王府观众最喜欢看的几处园林设计，其艺术表现形式都是感觉造型的解读，一批批观众在导游的故事引领下，立刻消失了局限的边界，离开恭王府，由窥探和珅聚财大本营转入对古建内丰富营造遗产，收获于"知识结构"上的更新，在情感上和在视觉感受上得到古建博大思想的创造冲击力和想象力。

（二）通透原理

大通透的案例不胜枚举，法海寺壁画的观摩要与众法相的空间环境融为一体，将三维的围合的空间变为四维，故事情节加入了时间关系，于是就有了联想，这点恰恰被上海世博会《清明上河图》的展览利用，将人物都动来，我们看到的行进过程就是引入了时间元素，在展示上，我们也就期待了人物到达的期望值。

连续不断的通透也是中国古建内部的展厅可以利用的视觉感受，卢浮宫如此，故宫的皇帝大婚展也是如此，与宫殿不同的是，连续空间可以将故事形态变得章回有趣，在伊犁大将军府展览，就是利用了连续不断的推进和系列空间，在行进的过程中读完一部将军府的展览故事。观众也就忘掉了时间和空间，一出门，原来是府办公衙署正殿，这些故事链都在公堂上也就落到了实处。

伊犁大将军府展览

（三）结构暴露

从天坛祈年殿的纪念空间，到故宫的午门改造，京师大学堂遗址改造，中国法院博物馆，北京自来水博物馆车间，尤伦斯艺术中心的工遗车间改造，鲁迅博物馆的《鲁迅生平展》的三味书屋结构，北京古代建筑博物馆的营建大殿沙盘结构展览，北京大钟寺博物馆的钟铃文化，北京国子监博物馆的科举考试，故宫东华门上的紫禁城古代建筑展，都属于结构暴露的体系内的实践。2015 年在德国 G20 会议上李克强总理赠送德国默克尔总理由德国数字机床生产的中国古代鲁班木构锁，其精密的结构也精心解读了中国与德国的合作伙伴关系。

结构暴露是古代建筑展的一种遗风，我们发现在展示古代建筑模型时，都已建筑结构的表现作为空间设计的一大亮点，特别是将结构氛围处理成施工现场的一种理解，有建筑成品、建筑过程、油漆彩画、建筑骨架、建筑开料、建筑堆料、建筑原料、建筑图纸、建筑师等，这样对于一个古代建筑的理解也就立体了，解构主义建筑师也是从这里受到启发，将建筑几个不同的片段和结构，解构后重组和提出关联亮点，形成一种新的建筑语境。对比直接使用建筑结构表现建筑艺术的有现代主义高技派风格蓬皮杜艺术中心、后现代派的奥赛博物馆改造，最好理解的是高迪圣家族大教堂，支撑空间的树干与泻光室都是建筑结构曲线美的极致，这里所表现的结构几乎就是建筑的生命。

北京古代建筑博物馆营造展区

（四）光线运用

古建的正殿透光很差的，对于展厅的用光需要远远不足。而在正面的两侧，要不西晒升温，要不早晨东射，晚上搭背阴，都对展品和立面图版有直接影响，但多数博物馆都为了回避矛盾，完全封闭造成黑屋子后，在用灯光照明，浪费了大自然免费馈赠的自然光，最近西方古建展厅改造都以崇尚低碳环保的理念打造文化精品。

北京古代建筑博物馆的展厅窗户磨砂玻璃保留透光度，晨光初射入展厅，以磨砂玻璃为了保护展品的前提，再将栏栅格设计出可变角度遮光。随后故宫的漱芳斋修复后，在透光控光方面，清华大学张昕博士对此也做了上百次实验，最选用一种中国皮纸寻求了最佳的透光效果。

高迪大教堂的泻光口，建筑本身的雕塑感，米兰之家的海洋与远山都是因光线而设计的典范。在高迪博物馆展厅有这样一个模型，对光线的计算都做出

北京古代建筑博物馆玻璃窗改造图

了充分的考量；而西班牙巴塞罗那世博会西班牙馆旧址建筑展上，见到密斯记录一个展厅用光的片段，早晚晨昏的时间刻度与进光比例投影关系，这里就是对观众的心理感受。

材料质感：在文化提景观的设计上，与外国人的交往友好往来不得不提，习主席接见印度总理莫迪选址就在西安大雁塔，这里有丝绸之路起点的含义，同时佛教文化取自于印度，传播使者玄奘归来修建大雁塔，具有特殊意义，完全是两国悠久历史的见证。迎宾礼仪之后，我们看到了两国领导人登上西安城墙南门，还搞了入城仪式。历史上永宁门也是接待外国使者最多的入城式，从这里仰望盛唐古人的城市规划和重温营建的智慧。回想习主席此前不久访印，记得特别拜访了印度圣徒甘地故居纪念馆，两国元首席地而坐亲自摇动甘地曾经使用过的纺车，作为印度国礼，莫迪总理还将甘地纺车赠送习主席。

法门寺地宫陈列，还未走进地宫，就期待着舍利的神力，由台湾建筑大师李祖原设计的法门寺合掌而建的现代寺院，构思将舍利子藏于合掌之中，以呵护之心供信众朝圣。而雷峰塔的大遗址在塔基的大跨度下面，完全形成围合考古遗址，以历史空间营造出纪

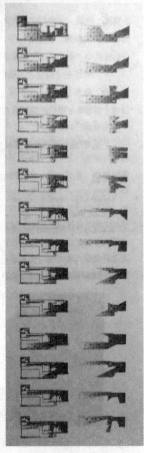

密斯西班牙馆展厅
记录进光记录图

念气场，巨大的塔身以铜材加工完成，加之在复建施工中，不断出土考古成果的许多故事，构成了杭州文化景观与重修地标新的价值链，从此一处仿古建的历史景观被活化，在规划学上也就筑成环绕西湖所有珍珠的重塑文化制高点。

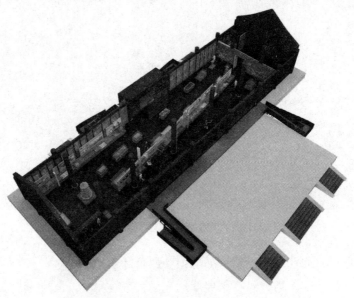

北京古代建筑博物馆营造展区规划

四、古建空间的墙面装饰

与梁架和藻井的复杂结构相比，古建内空间的立面是出奇的简单，原因是古建在营建的过程中，墙壁担负承重作用，很多古建修复工程见到最后砌墙围合，也说明了墙壁并无大的变化，古建内墙功能就是起到建筑边界的分界线，或者是整体的容器，这里还有举架的分割和间数，三进或五进院，太和殿的面间九阔，反映了古建的模数关系。古代文人不怎么装饰墙面，有直接张悬名人字画传统，搞好中堂的对称阵仗，厅堂主立面营盘也就有了大气势。对一个家庭来说，两侧间为书房和卧室，通过雕花隔断组合成中堂序列。墙壁基本上被家具空间站去大半部分，因此说墙壁装饰几乎都是空白。

（一）壁画装饰

入口设序厅，古建展览壁画与展墙结合是必不可少的，大型景观背景画、人物场景设定的辅助空间，也需要壁画的植入，主要是博物馆的装饰形式和景观这种形式越来越受到观众的喜爱。古建内壁画处于古人的智慧，我们还可以看到永乐宫的大型壁画水平，北京法海寺壁画、敦煌壁画、云岗石窟壁画、三面围合，气势恢弘。

但古建博物馆内搞壁画还有很多条件限制，要求保留墙体原貌，复建假墙围合展板，与古建完全分离开，有专家批评这就是房子里盖房子，脱裤子放屁。因壁画长卷场面纵横，跨度都穿过几个隔间，就是展览的模数系统造成混乱，设计者要特别留意。

（二）线面组合

最典型的是北京古建博物馆的隆福寺藻井，四周钢梁架起悬空展示于上空，这次改造首次应用 LED 照明把井内天相晶莹辉煌，"藻井"是古建筑中天花最高级的形式，很像西方的穹顶。古人认为"井"意味着水源，能够免除火灾；另外，它又像是天窗，被古人寄托了天穹的含义。藻井往往被饰以莲花水草或星宿神祇，无比深邃壮观。但藻井中空的设计、繁复的木结构却使它成为建筑中最易燃的部分之一，"以水避火"，往往事与愿违。古人营建在空间上以点带面，调动了天地人神的和谐。

大钟寺博物馆陈列改造后，印象最深的是吊挂古钟，由敲打击发"点"的原声，回荡至多少里的边界刻碑记载，这是线与面覆盖京城范围的关系。如果说大钟寺的古钟被一个个敲响，那么就是古代工匠铸造大师与我们交流的一个原点。在古钟博物馆改造规划中，首先想到是钟声的回荡，在以往的陈列中，由于大钟重量都是安放于基座，触摸后击打并不发声回荡，且大钟铸造内部也不会被观览。设计从永乐古钟悬空得到的启示，大钟寺古钟展改陈首次将最有价值的历史声音传播观众。这样整体规划首先以行架，组织钟铃故事，将以往展览的钟铃都悬挂起来，形成古韵钟声的展览语言。重点突出，散点围合，线面组合，起伏交响，地面留出空台效果，回味无穷，也便于清扫。

北京古代建筑博物馆内隆福寺藻井

北京大钟寺古钟建筑博物馆展区

（三）墙体装饰

　　古建馆的墙体展览内容，古建墙和玻璃墙，空间隔断，地台墙。北京京师大学堂旧址大堂改造，就是用一个新的空间盒子，墙体装饰就是干净白色，提高接待和展示功能，设计仅将原有代表意义的建筑符号留出，规划对遗产空间的重塑与对话，提升了原有空间价值。构思的节点落在威尼斯宪章意义的解读和推广，当文物修复之后，修补的部分都是白色的石膏以区作分古人原味，我们后人的处理作为抽象的素材，不再做任何处理和表态。这种欧美修复传承与北京宪章的修旧如旧完全不同，我们是融入古人，而无色修补是向古人致敬，因此说京师大学堂的修复在某种程度上是向民国教育先哲敬礼。

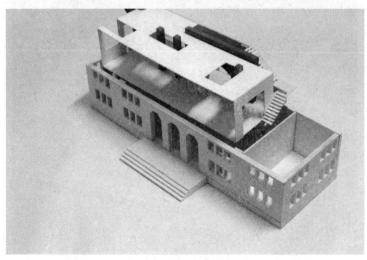

京师大学堂改造解剖图

北京古代建筑博物馆文丛　第四辑　2017年

（四）色彩处理

古建展厅的色彩设计也是很有挑战意义的。首先寺院的墙壁是有规范的，营造展览空间后，植入的新的空间系统，陈列色彩基调在古建空间中所扮演的角色就显得十分必要了。

色彩是中国古建外衣和生命线，也有规制和等级，皇宫寺院、民居会馆、学府衙署营造异彩纷呈，功效各异，比如，比邻正阳门城楼的北京老前门火车站西洋建筑立面还有交通建筑的在城市标志的作用，室内车站空间已经转化为现代化博物馆，展览设计还精心复制了老前门车站的站台、报站器和观众座

北京铁路建筑博物馆车站复原展区

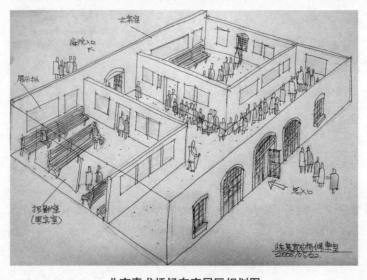

北京青龙桥候车室展区规划图

椅。由此出发1905年京张铁路途径的青龙桥车站，正是詹天佑主持设计"人字形"铁道的经停处，车站也进行了全面复原改造，站内展陈恢复了徐世昌大总统的办公室、男女宾候车室、售票室、报站器钢轨、扳道岔互动和女儿墙等，车站改造后北京铁路局为此做了开发观光专线的部署，刷公交卡至青龙桥经停8分下车，与詹公合影的体验，终点站登八达岭长城处又参观詹天佑纪念馆，这样昔日的京张铁路三点文化设施一线贯通。为了对青少年增强城市记忆、民族遗产的形象记忆，设计把握住了近代工业遗产的全线色彩遵循历史传承。

五、结论

中国古代建筑，作为一种风格独具的"空间艺术"遗产，在东方地平线上投下了磅礴而伟岸的侧影。在世界建筑史上，它自成系统，独树一帜，是中国古代灿烂文化的重要组成部分。神奇的土木结构、卓越的科技成就与迷人的艺术风采，令华夏营造处处闪烁着美丽的哲学精神、严肃的伦理思想和灿烂的人性光辉。

当我们领略中国古代建筑辉煌的发展历程，欣赏精巧优美的建筑类型、独具一格的建筑技术和艺术时，感受的是华夏文明的博大精深、中华五千年的治乱兴衰，引发的是我们对宇宙、历史、人生的思考和感悟。

古建内陈列设计研究我们大大滞后于西方宫殿博物馆改造，特别是在投资和理论上的研究，国内大中小博物馆也弱于西方。2013年中国建筑师王澍建成的宁波博物馆，其中意向的城市层墙就是宁波古城砖的装饰表皮，以中国人文画的山水意向组合空间，抽象地提取中国元素，打造成现代社会需要的博物馆空间，也就给古建内改造成现代博物馆的探索话题频添了几分神秘的色彩，毋庸置疑，普利兹克奖是我国探索古建材与新型博物馆建筑融合的新起点，也为未来会有新一代继续求索，并将延续下去……

参考文献：

1. 杨永昌《法国建筑环境设计》，中国建筑工业出版社1995年版。

2. 王其钧《文化建筑设计》，机械工业出版社2008年版。

3. 菲利普·朱迪狄欧《贝聿铭全集》，电子工业出版社2015年版。

4. 北京档案馆 首都博物馆《北京的胡同四合院》，北京燕山出版社2012年版。

5. 张复核《北京近代建筑史》，清华大学出版社2004年版。

6. 中国建筑科学研究院《宣南鸿雪图志》，中国建筑工业出版社，2002年版。

程旭（首都博物馆　副研究员）

浅谈博物馆的教育职能

——以北京古代建筑博物馆为例

◎陈晓艺

一、引言

近年来，随着中国博物馆建设的快速发展以及免费开放的范围不断扩大，教育职能在博物馆发展中的重要意义则突显出来。2015 年 3 月 20 日，博物馆迎来了最重要的日子——《博物馆条例》开始正式实施。在《博物馆条例》第一章"总则"中写到："本条例所称博物馆，是指以教育、研究和欣赏为目的，收藏、保护并向公众展示人类活动和自然环境的见证物，经登记管理机关依法登记的非营利组织。"这一次，国家对于博物馆的三大功能做出了序次调整，把教育提到第一位，是对"博物馆"定义的细微修正，这将在今后的很长时间里影响到博物馆的发展方式。

在 2017 年高考卷中，结合了首都博物馆正在举办的南昌汉代海昏侯考古成果展和纪念殷墟妇好墓考古发掘四十周年特展这两个展览的内容，将博物馆的展览融入考试中。由此可见，现如今的教育政策是鼓励学生们走进博物馆，更要把博物馆带回家，这样才能更加深刻地体会展览的意义。博物馆变身成为"课堂"将会是未来的首要任务，博物馆不仅仅作为研究和保护文物而存在的个体，同时也是承载着教育的重要职能，越来越多的博物馆工作者和研究人员认为教育是博物馆最重要的功能和目的。

北京古代建筑博物馆是一座教育、研究和欣赏中国古代建筑的专题性博物馆，弘扬中国传统文化、普及古建知识是我们的重要责任，怎样发挥博物馆的教育职能也是我们博物馆人需要思考的问题。

二、国内外博物馆教育的研究

中国的博物馆教育具有实物性、直观性、自主性、社会性、寓教于乐等特点。实物性是指博物馆以形象化的文物、标本反映出科学的内容和事物的面貌，直观性是指博物馆利用文物、标本以及其他辅助展品组成的展览为观众创造从直观上、感性上认识事物的条件，自主性是指博物馆可根据社会需要和馆藏特点来办展览，观众可据其所需所好来汲取知识；社会性是指博物馆参观不受出身、性别、职业、民族、文化程度的限制，因而具有最广泛的社会性；寓教于乐是指博物馆的教育活动把知识、娱乐融于一体，寓教育于娱乐之中。目前有关博物馆教育性质的研究，目前学术界的研究成果可以分为三种观点：第一种观点认为博物馆教育是学校教育的延伸和继续，是独一无二的，如《博物馆教育初论》等。第二种观点认为博物馆教育和学校教育有所区别，是社会教育很重要的组成部分，如《浅谈进一步发挥博物馆的社会教育功能》、《当代博物馆与社会教育》、《关于博物馆的社会教育功能》、《博物馆与现代教育》、《略论博物馆的社会教育职能》等。这两种观点都将博物馆教育定位于社会教育，明确了其地位，肯定了其重要性，只是在对待博物馆教育与学校教育之间的关系上略有不同。还有一种观点认为博物馆教育与家庭教育、文化教育、旅游文化教育、各种成人教育等一起构成了社会教育。博物馆教育同其他各种教育形式之间既有联系又有区别，博物馆教育是社会教育也是终身教育，与学校教育是互补的关系。

20世纪30年代，美国成为博物馆运动的中心，同时也成为科技博物馆发展的中心。到了80年代，由于经济发展缓慢，美国政府和民间大幅度削减了对博物馆的资金支持，当时的美国博物馆界普遍面临着"无枪无弹"的迫切问题，这迫使美国的博物馆走向社会，面向大众，重视对普通群众的吸引力，与此同时，博物馆进一步提升服务质量，增加各种各样的教育活动，以此来塑造博物馆作为公众教育机构的形象。1911年，马格里特·泰尔博特·杰克逊曾说："在美国，博物馆被视为教育系统的一部分。"博物馆也被认为是学生掌握初步原理和学习技艺的重要场所。

英国早在19世纪末就开启了学校与博物馆的合作关系，将学校教育与博物馆教育紧密的结合起来，"学校租借服务"的创建、"实物课程"计入教学课程计划、博物馆对在校教师的培训等方面，都促进了博物馆作为在校学生第二课堂的发展。1969年英国还专门成立了博物馆教育组织"博物馆教育圆桌组织"，专门从事博物馆教育的研究和推广，并于1973年发行了相当具有权威的"博物馆教育期刊"。1988年，其制订的"国家课程计划"，将博物馆教育与学校教育进行对接，彻底将博物馆作为在校学生的第二课堂。

接合国内外对于博物馆教育的研究，我们都会发现教育这一职能处在非常重要的位置，这也要求我们把青少年作为重要的服务对象，在展览形式和内容方面更加在意孩子们的感受，用青少年喜爱的方式开展各类教育活动，更多地开放为青少年设计的展览区域与动手制作的区域。对于北京古代建筑博物馆来说，当学生们来到这里参观时，在古建的大环境下，接合种类丰富的建筑模型以及展板内容，再了解古代建筑背后的奥秘就更加直观。但互动体验区域还是没有单独划分，这也是受中小型博物馆客观现状的限制，在今后的发展中也是我们奋斗的目标。

三、博物馆与学校合作的方式

（一）学校组织参观博物馆

对于学校来说，由其主导的与博物馆合作的主要形式是参观。学校组织学生到博物馆进行参观学习，能够扩大学生的眼界，增加知识面。就近两年学校组织参观北京古代建筑博物馆来说，大多数都属于盲目的参观没有重点和规划，放任学生进行自主参观，这种方式虽然给学生较多的自由空间，对一部分学生来说，可以自主选择感兴趣的知识点；而对另一部分学生来说，则是以游玩的心态参观博物馆，基本上学不到东西，达不到教育的效果。学校主导的参观博物馆形式，一般来说，流程较为简单。也有一些学校会组织学生进行有目的的参观，并在参观后进行总结，这种方式对学生的教育效果也比较好。另一种方式是在活动开始之前，学校或教师确定一个参观主题或目的，并做好主题设计准备工作，然后进行前期的组织筹备，并与博物馆取得联系，确定参观日期。在参观过程中，教师需要进行适当的引导，以保证活动按照设计的流程进行，参观之后进行总结分析。

（二）博物馆进入校园开展活动

博物馆进校园的活动主要以博物馆为主导，结合博物馆的内容开展适合中小学生的课程。博物馆进校园的形式也较为多样，可以采用展板展品展览的方式，也可以采取讲座的形式，也可以和学校进行深入的合作，开展系列的博物馆课程。

学校课堂的学习方式往往比较单一，而馆校合作的教育活动中，学生的学习形式则灵活多变。在很多访谈调查过程中，我们了解到博物馆工作人员在开展活动过程中，采用的是一些形式多样的引导语言和指导方法，并不像课堂教学那么严格，整个活动过程以轻松活泼为主。具体而言，在馆校合作活动中，教师只是为学生提供了一条学习主线，学生在观察和探究中进行学习，并没有限制学生的学习过程，学生自主选择自己擅长的学习形式，有利于学生自主学习能力的培养。

在馆校合作的教育活动方式下，博物馆的展示内容相对于课堂的教学内容更加丰富、直观，因为博物馆展示的教育内容一般是以实物的形式出现，学生在学校难以看到。在这种情况下，学生不但能够在学校亲眼看到实物，还能在进行实物的操作，而学校则注重学生理论知识的学习，不注重实际操作能力。学生在博物馆进校园的活动中，能够学习到书本上没有的知识，也能够在参观学习中审视和探究书本知识。在课堂学习中，学生一般会受到种种规范的约束和限制，学生无法自由地选择学习的内容和方式，而在馆校合作活动中，学生拥有一个更加自由的学习环境，在这样的环境中，学生受到的约束很少，会有更多选择和自由发挥的余地，学生会感到轻松有趣，教师在活动中也没有太多条条框框的要求。博物馆的工作人员带着博物馆的知识来到的校园，改变了死板的教学模式。通过讲授与互动接合的方式，让同学们在学校就能看到博物馆，再参观博物馆时则会对博物馆的内容有自己独特的见解。

目前很多学校教育的目标依旧是应试教育，学校一般会制定周密的应试方法，一般有明确的年计划、月计划和周计划。对学习测评则完全用学生的成绩去考量，学生成绩的提高是教学的目的。而在馆校合作教育下，并不强调某些特定的目标，更加注重的是学生的学习过程，注重在学习过程中学生的学习体验和感受，重视学生综合能力的培养，在寓教于乐的过程中，学生根据自己的喜好来选择学习内容，让学生能够乐在其中，学习到真正的知识。

四、北京古代建筑博物馆教育职能的体现

（一）讲解服务

博物馆的首要任务就是面向观众全面开放，我馆现提供上、下午各一场免费志愿者讲解，申请在册的志愿者共有 31 名，完全可以胜任学校群体以及散客的参观任务。同时我馆有专门针对中小学生参观的学习手册，学生们可以自己从展厅寻找答案，也可以从志愿者的讲解中获取学习手册中问题的答案，这样就有效地为学生们进行不同类型古建知识的普及，达到了很好的启蒙教育。学生们通过去不同类型的博物馆，知识面就更加宽广，在了解了各种技术和工作的类型之后，学生们对今后的发展也会有更明确的方向，对未来的职业也会有更多的选择。

（二）我馆举办专题性教育活动

北京古代建筑博物馆坐落在明清皇家坛庙先农坛内，主要展示古建筑的历史文化和营造技艺，除此之外先农坛历史文化也是我们要向学生普及的知识。2017 年 4 月，由中共北京市西城区委天桥街道工作委员会、北京西城区人民政府天桥街道办事处主办，天桥民俗文化协会承办，北京古代建筑博物馆、北京

育才学校协办的"祭先农植五谷 播撒文明在天桥"在我馆举行。在活动中我馆工作人员介绍了敬农文化的知识，学生们还原了祭祀先农的仪式，在整个过程当中同学们亲身经历祭农仪式、背诵祭文，并在仪式之后体验了"鞭春牛"和"植五谷"。通过祭祀活动和参观先农坛历史文化展相结合的方式，让同学们深入地了解了先农坛的历史以及祭农文化，在博物馆里可以学到书本上没有的知识。

国际博物馆日定于每年的 5 月 18 日，是由国际博物馆协会（ICOM）发起并创立的。1977 年国际博物馆协会为促进全球博物馆事业的健康发展，吸引全社会公众对博物馆事业的了解、参与和关注，向全世界宣告 1977 年 5 月 18 日为第一个国际博物馆日，并每年为国际博物馆日确定活动主题。2017 年国际博物馆日的主题是：Museums and contested histories：Saying the unspeakable in museums.（博物馆与有争议的史实：博物馆讲述难言之事）。对于北京古代建筑博物馆来说，作为古建类的专题性博物馆，怎么能让古建来说话呢？因此我馆工作人员选取了古建上最有代表性的装饰物——彩画，作为博物馆日的主题，开展绘制古建彩画活动。同学们在博物馆的工作人员的带领下参观了有关建筑彩画类别和工艺的展厅，在了解了相关知识以后开始在四合院展厅内亲手绘制属于自己的彩画。在绘制的过程中，同学们体会到了工匠们绘制彩画的艰辛，同时也锻炼了自身的动手能力，传承了精益求精的工匠精神。

今年 5 月，首都博物馆"读城"系列活动首站来到了北京古代建筑博物馆，在参观和了解了中国古代建筑技艺展览之后，同学们在我馆工作人员的指导下拆拼了多种"鲁班锁"和"斗拱"的模型。通过这样的实践活动和参观相结合，学生们更加深入地体会了榫卯结构的奥秘，感受到了中国古代建筑的精妙之处。同年 6 月，"读城二期——传承古建彩画工艺之美活动"也在古建馆举办。因为有了"五一八国际博物馆日彩画活动"的借鉴，我馆工作人员将彩画绘制活动进行了升级，将绘制场地改为东配殿的长廊内。学生们在廊下感受着炎热夏日中先农坛独有的凉风，抬头望着古建筑上的斑驳彩画，在这样的情景之下绘制属于自己的彩画，我相信他们的收获远远超过了单一参观所带来的体验。

（三）前往学校开展系列讲座

我馆工作人员曾在北京师范大学附属实验小学开展"我们的北京城"、"探索古建奥秘"系列讲座，用博物馆的语言给同学们讲述了北京城的历史和古代建筑的知识，同学们在讲座中可以了解建筑发展的历史、种类繁多的建筑形式和老北京的四合院。我馆工作人员还为同学们讲解了先农坛的演变历史，同学们在观看雍正皇帝亲耕、亲祭视频之后，更加深入地了解祭先农仪式的意义。通过这样的讲座活动，同学们知道了如何欣赏中国传统建筑，对老北京的建筑也有了大致的了解，同时，他们也更加期待接下来到北京古代建筑博物馆实地参观，感受先农坛的历史文化。同样，"我们的北京城"讲座也前往到了房山区窦店中心小学，作为学校开展的"走近博物馆 爱上博物馆"的活动其中一门古建专题性课程。

在我馆具服殿中所展出的《中华古亭》临时展览，也转变成讲座的形式，来到了北京市西中街小学，成为学校"学琉璃 识古建"系列讲座的其中之一。在讲座过程中，我馆工作人员讲解了古亭的历史演变和多种不同类型古亭的知识，同学们表现出对古亭知识的浓厚兴趣，特别期待来到北京古代建筑博物馆来参观。为了让学生来到展厅观看古亭展时，能够复习讲座中的知识，我们也为学生们量身定制了《中华古亭学习手册》，通过趣味问答的形式，让同学们在参观的时候有明确的目标，收获更多的知识。

（四）完善传统文化课程体系

序号	课程名称	课程内容	课程形式	课程对象	课程时间	备注
1	探索古建筑	参观先农坛古建筑群；参观中国古代建筑展，模型互动	讲解参观、拆拼斗拱及榫卯模型	中小学生	2~3课时（每课时45分钟）	场地：北京古代建筑博物馆可根据不同主题灵活开展不同建筑类型的古建参观活动及课程
2	走进先农坛	参观先农坛历史文化展，开展祭先农活动和亲耕体验	讲解参观，祭先农仪式，一亩三分地亲自耕种	中小学生	2~3课时（每课时45分钟）	场地：北京古代建筑博物馆
3	中国古代建筑技术课程	开展古建筑专题讲座，益智性古建模型拼装	讲座，鲁班锁、斗拱拼装指导	中小学生	2~3课时（每课时45分钟）	场地：学校
4	中国古代建筑彩画技艺课程	开展古建彩画技艺专题讲座，彩画填色互动	讲座、彩画填色体验	中小学生	2~3课时（每课时45分钟）	场地：学校

（五）传统文化精品课程展示

课程1，中国传统建筑技术课程

一）教学目标

1. 了解中国古建筑的风格特点和建造过程。

2.传承工匠精神，增强对民族文化的强烈责任感和使命感。

二）教学重、难点

重点：明确中国古代建筑发展的历史，以及不同时期古建筑的特点，熟知古建筑的建造过程。在课程过程中，深入了解榫卯技术的重要性，以及榫卯技术应用的范围。

难点：通过亲自动手拆拼榫卯和斗拱的模型，达到了解古代木构建筑结构的作用，同时知晓其中的原理。

三）课前准备

授课 PPT、斗拱模型、榫卯模型和趣味互动模型。

四）教学过程

1.在古代，没有大型的建筑机械，没有钢筋混凝土，所有的大型建筑全靠人力来完成，可我们现在仍旧能看到像长城、故宫这样的古建筑，从这些古建筑中我们可以体会到中国古代建筑所带来的震撼。在授课过程中，将中国的古建筑和外国的建筑相对比，让学生可以清楚的辨别出中西方建筑的区别。

2.通过详细的古建筑建造过程介绍，了解古建筑主要分为台基、梁架和屋顶三个部分。凡是重要建筑物都建在基座台基之上，一般台基为一层，大的殿堂如北京明清故宫太和殿，建在高大的三重台基之上。单体建筑的平面形式多为长方形、正方形、六角形、八角形、圆形，这些不同的平面形式，对构成建筑物单体的立面形象起着重要作用。木构结构大体可分为抬梁式、穿斗式、井干式，以抬梁式采用最为普遍。抬梁式结构是沿房屋进深在柱础上立柱，柱上架梁，梁上重叠数层瓜柱和梁，再于最上层梁上立脊瓜柱，组成一组屋架。平行的两组构架之间用横向的枋联结于柱的上端，在各层梁头与脊瓜柱上安置檩，以联系构架与承载屋面，檩间架椽子，构成屋顶的骨架。这样，由两组构架可以构成一间，一座房子可以是一间，也可以是多间。中国古代建筑的屋顶形式丰富多彩，早在汉代已有庑殿、歇山、悬山、囤顶、攒尖几种基本形式，并有了重檐顶。为了保护木构架，屋顶往往采用较大的出檐。但出檐有碍采光，以及屋顶雨水下泄易冲毁台基，因此后来采用反曲屋面或屋面举折、屋角起翘，于是屋顶和屋角显得更为轻盈活泼。

3.斗拱是中国木构架建筑中最特殊的构件。斗是斗形垫木块，拱是弓形短木，它们逐层纵横交错叠加成一组上大下小的托架，安置在柱头上用以承托梁架的荷载和向外挑出的屋檐。到了唐、宋，斗拱发展到高峰，从简单的垫托和挑檐构件发展成为联系梁枋置于柱网之上。它除了向外挑檐，向内承托天花板以外，主要功能是保持木构架的整体性，成为大型建筑不可缺的部分。宋以后木构架开间加大，柱身加高，木构架结点上所用的斗拱逐渐减少。到了元、明、清，柱头间使用了额枋和随梁枋等，构架整体性加强，斗拱的形体变小，不再起结构作用了，排列也较唐宋更为丛密，装饰性作用越发加强了，形成为显示等级差别的饰物。

4. 在讲授过程中通过斗拱和榫卯的动画演示，让同学们可以直观地了解斗拱和榫卯的技艺。在这之后，就可以自己动手进行组装，从而加深对知识的应用能力。再通过鲁班锁的拼装，从而领略中国传统建筑技术的博大精深。

5. 课程与学习手册相配合，有了学习手册的指引同学们在听课时的重点更加明确，手册中也有许多重要的知识点，以及课后思考，这样方便了学生回到家中可以复习在学校学习到的知识。

五）课后总结

本次课程通过同学们解说了古代建筑的建造过程以及斗拱和榫卯的构造，同学们表示出对古代建筑的浓厚兴趣。同学们通过拆装"鲁班锁"和"斗栱"模型，深刻地体会到了榫卯结构的奥秘，感受中国古代建筑精妙的技艺。学生们在课程之后，对中国古代建筑技艺有了更直观的了解，对于博物馆来说也很好地传播了古代建筑技术的知识，加深了学校和博物馆的交流。同学们也深刻意识到中国古代建筑技术需要学习、中国传统技艺也需要他们传承。

课程过程一

课程过程二

课程学习手册示例

课程2，中国古代建筑彩画工艺

一）教学目标

1. 了解中国古建筑中彩画的制作工艺以及彩画的重要作用。

2. 培养学生欣赏古建之美，学习中国古代建筑中的色彩美学。

二）教学重、难点

重点：知晓彩画在木结构中起到保护和装饰的作用，古建彩画的分类和施工技术。

难点：明确不同种类彩画适用于的古建类型，熟练掌握彩画中颜色的搭配。

三）课前准备

授课 PPT，雅五墨彩画、雄黄玉彩画填色线描图，以及绘制所需颜料。

四）教学过程

1. 先由"木头也会生病"这样的疑问切入，通过发现古建筑中一些虫蛀、腐蚀的情况，引出古代建筑对于木头的保护方式就是彩画。除了保护木材的功能之外，彩画也是我国古代建筑上极富有特色的装饰。建筑彩画与装饰的起源大致可归结于三个方面因素：第一个因素是关于功能的物质需要。涂饰面层对木结构防腐防蛀的需要，而纹样则源于生产生活中编织、金工等活动。第二个因素是关于意义的精神需求。如作为巫术或宗教的图腾、权力的象征，以及后来更多的关于吉祥和趣味的追求。第三个因素是纯粹的形式需求。出于"秩序感"和"美感"的要求，纯粹的"艺术意志"的萌发。

2.讲授彩画的施工工艺

（1）地仗工艺：彩画并不是直接绘于木料上，第一道工序就是地仗，"地仗"由砖面灰（对砖料进行加工产生的砖灰，分粗、中、细几种）、血料（经过加工的猪血），以及麻、布等材料包裹在木构件表层形成的灰壳，主要起保护木构件的作用，由于在它的表面涂刷油漆，所以，它又是油漆的基层。清早期以前的地仗做法比较简单，一般只对木构件表面的明显缺陷用油灰做必要的填刮平整然后钻生油（即操生桐油，使之渗入到地仗之内，以增强地仗的强度韧性及防腐蚀性能）。清早期以后地仗做法日益加厚，出现了不施麻或布的"单披灰"，包括一道半灰、两道灰、三道灰乃至四道灰做法，更讲究的则有"一布四灰"、"一麻五灰"、"一麻一布六灰"，甚至"二麻六灰"和"二麻二布七灰"等做法。讲究的四合院木构地仗，重点构件要做到一麻五灰，其余构件大多做单披灰地仗，王府建筑的地仗可厚一麻五灰。

（2）油皮工艺：分两部分进行，一部分是进行彩画，另一部分则是油漆工艺，即油皮工艺，其中油皮工艺在某些部分与彩画工艺交错进行，这就需要提前确定进行油皮工艺的部位。如做旋子彩画则根据等级、规格而定垫板部分是否进行油皮工作，如做苏式彩画也是根据等级，确定檩、垫、枋何处油漆，何处彩画，在掐箍头彩画和包袱彩画中，都会留有大面积油皮。大面积统一的红色、绿色就是油皮工艺，其余的便是彩画工艺。

（3）了解中国古代建筑中的彩画分为三类：和玺彩画、旋子彩画和苏式彩画。和玺彩画是等级最高的彩画，其主要特点是：中间的画面由各种不同的龙或的图案组成，间补以花卉图案；画面两边用《》框住，并且沥粉贴金，金碧辉煌，十分壮丽。和玺彩画主要用于紫禁城外朝的重要建筑以及内廷中帝后居住的等级较高的宫殿。旋子彩画等级仅次于和玺彩画，其最大的特点是在藻头内使用了带卷涡纹的花瓣，即所谓旋子。旋子彩画最早出现于元代，明初即基本定型，清代进一步程式化，是明清官式建筑中运用最为广泛的彩画类型，主要使用与相对比较低的宫殿建筑。苏式彩画等级低于前两种，画面为山水、人物故事、花鸟鱼虫等，两边用《》或（）框起。"（）"中的部分被建筑家们称作"包袱"，苏式彩画便是从江南的包袱彩画演变而来的，这一类的彩画主要用于园林建筑的装饰。

（4）同学们在所提供的雅五墨彩画和雄黄玉彩画线描图中填色，在填色过程中体验中国古代彩画绘制工艺，感受古人梁上作画的精湛技巧，体会中国古代匠师大胆的色彩搭配以及精益求精的工匠精神。

（5）课程与学习手册相配合，有了学习手册的指引同学们在听课时的重点更加明确，手册中也有许多重要的知识点，以及课后思考，这样方便了学生回

到家中可以复习在学校学习到的知识。

五）课后总结

本次课程通过向同学们解说古代建筑中彩画的施工工艺，让学生们产生对古代建筑彩画的浓厚兴趣。通过亲手绘制古建彩画图形，深刻地体会到了彩画技艺的精妙之处，从而提升对美好事务的感知。学生们在课程之后，对中国古代建筑彩画工艺有了更直观的了解，对于博物馆来说也很好地传播了古代建筑彩画的知识，加深了学校和博物馆的交流。同学们也深刻意识到中国古代建筑技术需要学习，中国传统技艺也需要他们传承。

课程过程实施

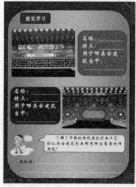

课程学习手册示例

五、结语

　　随着科学技术和经济的迅速发展，全社会对教育的需求日益强烈，我们只有不断总结和探索公共博物馆的教育职能，才能提高认识明确大方向，扎扎实实做好每项工作，充分发挥出公共博物馆在"爱国主义教育"、"终身教育"、"素质教育"中越来越重要的作用。作为博物馆要与学校加强合作，增进了解，让博物馆可以真正成为学校师生的第二课堂，同时也促进博物馆教育和服务的提升。通过学生来参观博物馆、博物馆组织的教育活动和前往学校开展的校本课程这样多种多样的方式，让学生们能够积极主动地学习，达到最佳的教育效果。北京古代建筑博物馆是国家二级博物馆、全国青少年科普教育基地，北京市青少年爱国主义教育基地，这就要求我们要不断努力适应时代发展的要求，将博物馆的教育职能充分的发挥出来，同时加强与学校的联系，我们相信在馆校密切的合作中，一定可以让博物馆走到每个同学的身边，更好地发挥博物馆的教育职能，使学生们能够真正了解博物馆，将博物馆的知识带回家。

陈晓艺（北京古代建筑博物馆社教与信息部　助理馆员）

浅谈博物馆社会活动的数字化建设

◎闫涛

　　教育已经成为博物馆越来越重要、越来越重视的职能，也是博物馆实现自身价值，充分发挥自身资源优势的重要途径。而博物馆教育的重要手段就是通过开展一系列的社会教育活动，从场馆内的教育延伸到社会场所的教育，实现博物馆教育功能的最大化。通过一系列的实践活动，细分受众群体，提供针对性强的服务，在传统"大而全"的基础上，实现精准化服务，这就意味着博物馆需要将工作的重心和资源的优势，以及工作人员队伍的建设都向着社会实践活动方面有所侧重。而博物馆往往都是复合型的人才，一个人可能同时从事着多个岗位的工作，有很多交叉的工作内容同时展开，也就意味着无法同时拥有很庞大的社会教育工作队伍去开展多项活动。社教活动通常的工作模式是逐项、逐地开展活动，或者投入极少量的人员同时多地开展活动，这种需求和供给之间的矛盾很难在短时间内解决，同时也并不符合传统博物馆发展模式的思路。因此，需要在创新上有所突破来缓解这种现状和矛盾，实现博物馆教育功能的最大化。

　　数字化技术手段的应用成为了博物馆教育走出去和引进来的最有效、最便捷的手段，同时也是最符合现代博物馆建设的要求，符合广大观众对博物馆提供服务的需求，服务社会发展和科技进步的趋势。互联网的快速发展和移动智能终端的大量普及，以及观众生活习惯的不断变化，为数字化技术服务博物馆建设都提供了有力的条件。同时，数字技术手段的应用，也最大程度上缓解了博物馆社会教育活动中存在的很多矛盾，为观众同博物馆间建立了更便捷的联系纽带。博物馆的社会教育职能也通过数字化的技术手段，让更多的观众受益，让很多传统博物馆教育方式方法无法接触到的观众也可以获取到自己所需的知识，可以说实现了博物馆无边界的教育。

一、社教活动数字化的重要意义

传统的社教活动是博物馆实现教育职能的重要途径之一，也是博物馆工作的重点之一，近年来随着教育职能的突显，社教活动逐渐成为博物馆开放接待工作和日常建设工作中的重点。同时，社教活动也是将博物馆研究成果和知识体系向观众传播的重要手段，是广大的观众与博物馆直接对话的主要途径。传统的社教活动模式分为两种，分别是博物馆根据自身资源特点，设计制作出相应的活动来迎接广大观众到馆活动，或者去到不同的场地开展活动，可以说是以博物馆为主。另一种是不同的机构设计制作出不同的活动，利用博物馆的空间和场馆来开展活动，而博物馆方面只是资源的提供者，并不过多地参与活动的设计与制作。两种主要的活动模式并存，各有优势，也各有问题。

首先，需求和供给不对等，无论哪种活动形式，相对来说，活动数量都不是很多，活动的时间也很有限，参与的人员就更有限了，面对广大观众的巨大需求，目前，传统的社教活动是远远无法满足的。可以说，很多观众只是听说有某项活动，但却很难亲身参与到其中，贴别是青少年，需求就更多了，但是能实际参与的非常少，这种现状与让更广大观众体验和感受博物馆研究成果，展示博物馆知识传播的目标不相适应。其次，活动的针对性还是有限的，观众无法得到非常有针对性的活动服务，无法满足不同观众的不同需求。传统社教活动开展是有一定的内容和范围的，而且基本上内容是固定的，不能随意修改，或者根据哪个参与者个人的意愿可以调整的。活动基本只是有一个大致的目标观众群体，但也不是非常的细化，也影响了一部分观众的活动体验。第三，传统社教活动的模式受时间和场地的限制，无法做到知识点的延展和自由获取，观众在互动中只能停留在比较浅层的了解上，更深入的认知无法满足。同时，传统形式也相对缺乏一定的趣味性，不符合现今观众的生活习惯，特别是青少年的生活习惯。

因此，传统的社教活动模式已经不能完全适应当今博物馆现代化建设和观众多层次、更深入、需求细分的现状了，需要更新的技术形式来辅助社教活动的开展，而数字化的引入正好弥补了传统活动中的不足，使得社教活动的效果显著提高。

二、社教活动课件的数字化

社教活动的开展需要通过一定的辅助手段，同观众进行互动也需要一定的媒介，否则只是一味的知识传播，观众只是听，就失去了活动的意义，也失去了很多的趣味性和吸引力，观众也就不能很好地融入到活动中去，无法达到应有的效果，而这些辅助的手段和媒介就是活动中用到的课件，也就是活动中所用到的物品。传统的社教活动课件通常为实体的形式，具有手感好、操作性强、观众带入感和体验感好的特点。但是，不能同时容纳太多人共同操作，受场地和空间的限制也比较大，开展活动时也需要专人进行相应的指导，对活动的筹备和成本都有相当的要求。可以说传统的社教活动模式的受众范围小，取得的效果也有限，同时对博物馆的运营也提出了更高的要求。

通过数字化的技术手段来制作课件，通过移动终端设备来服务观众，使得社教活动获得了极大的自由度和更好的效果。数字化的课件拥有众多的优势，首先，不再受到时间和空间的限制，对同时开展互动的人员也极大地扩展了范围，不再仅仅局限于参与到活动场地当中的观众，而是可以让每一个通过手机或者其他移动终端设备下载了课件的观众都可以参与互动，这其实就解决了传统社教活动开展中最大的限制问题，使得社教活动可以获得更大的受众范围。其次，更精准的服务，在观众有限的时间内，获取最大的满足感，并起到良好的教育效果。数字课件的可操作性更具有针对性，而不是传统模式中的唯一性，每一个使用课件的观众都可以通过预先的设定选择自己有兴趣的方向去进行活动，虽然不是百分百的自由度，但是依然可以提供很多的选择给观众，更可以根据观众的年龄层次或者知识结构状况进行细化，有的放矢，增加了观众活动的效率，提高了互动的效果。第三，延展了社教活动的知识深度和广度。通过数字课件可以让观众对某一知识点深入了解，同时对相关知识也可以进行了解，这是传统模式所不具备的。结合互联网，数字课件不是孤立的内容提供者，所以有着丰富的延展性。第四，便利性极大提升。数字课件符合当下观众的生活习惯，为观众带来极大操作便利的同时，也为博物馆的工作进行了减负，很多传统模式的繁重工作都被释放了，这样一来博物馆工作人员就可以把更多的精力去研发更优秀的课件，形成良性循环。

三、社教活动预约的数字化

博物馆开展社教活动需要部分观众到活动现场来参与，无论是在博物馆内还是在其他社会场所中，都需要观众的参与，所以需要对参与活动的观众进行招募。传统的招募方式效率慢，而且也不符合现今观众的生活习惯，效果也不好。采用数字化的招募手段，通过微信公众平台等符合观众的日常使用习惯方式进行网上预约，既便捷也高效。数字化预约也为观众了解活动，参与活动提供了很大的便利，改变了以往人工方式预约的很多弊端，给博物馆工作也减少了负担。同时，通过网上预约在在一定程度上是进行了活动前期宣传，通常前期宣传是和预约相结合的，通过预约流程也可以了解到活动的基本情况。

四、社教活动传播的数字化

社教活动的最终目的是通过丰富的形式，让更多的观众可以亲身参与到博物馆组织的教育活动中，从而实现知识传播和文化传承的目的，因此让更多的受众可以参与到活动是实现这一效果的有效方法。传统的社教活动，在传播范围上有很大的限制，主要集中在参与活动的部分观众上，同时在活动进行中或者结束后，通过参与者以口碑形式扩散教育效果。这种方式的传播范围非常有限，受各种客观因素的影响也很大，无法发挥社教活动的真正优势，也很难通过活动更好地达到广泛教育的效果。

伴随着网络直播近年来的兴起，作为传统行业的博物馆也在逐步引入这种全新的传播形式，并且取得了一定的效果和影响。网络直播吸取和延续了互联网的优势，利用视讯方式进行网上现场直播，可以将博物馆的场馆现状、文物藏品信息、开展活动的实时情况等内容现场发布到互联网上，利用互联网的直观、快速，表现形式好、内容丰富、交互性强、地域不受限制、受众可划分等特点，加强活动现场的推广效果。现场直播完成后，还可以随时为观众继续提供重播、点播，有效延长了直播的时间和空间，发挥直播内容的最大价值。将这种传播形式同社教活动相结合，打造全新的活动传播平台，打破时间和空间的限制，让更多的无法在活动现场进行活动的观众可以同步感受活动的氛围和接受知识的传播，实现传播效果的最大化。同时，网络直播还有一个巨大的优势，就是可以在现场之外同博物馆进行互动，在活动开展的过程中随时提出自己的问题，这是其他形式很难实现的即时互动的效果。

社教活动不是完成了一次活动就结束了，而是要通过活动更好地达到教育的效果，让更多的观众体验到博物馆的知识传播。因此，要在宣传上下功夫，要通过数字化的技术手段来服务社教活动。网络直播的形式是在活动进行当中，将活动的实时情况通过互联网展现在广大观众的面前，而宣传则贯穿了活动筹备、开展和结束之后全过程。社教活动开始前的预告宣传，向社会公布活动的相关信息，吸引关注。开展中配合直播平台的互动，最大范围地进行传播。活动结束后，将活动情况进行数字宣传，使得活动效果持续发挥，目前常用的是网站、微博和微信公众平台等数字化宣传手段同时开展。数字宣传手段的选择要紧紧贴合观众的使用习惯，选择观众喜闻乐见的平台或者方式，微信作为目前使用范围最广，也是观众使用频率最高、最便捷的方式，已经成为了博物馆同观众交流的主要平台。通过数字平台贯穿社教活动始终的宣传，达到拉近博物馆同观众之间的距离，更好地推广博物馆教育，实现更好的教育效果的目的。

五、社教活动成果的数字化

博物馆的社会教育活动往往会伴随着很多很有价值的成果一并产生，而这些成果正是博物馆开展教育工作和科普实践活动的重要价值所在，也是为博物馆开展教育工作所提供的重要依托。社教活动的成果，往往最贴合观众的需求，深入浅出，将博物馆的资源优势转化为了观众需求，成为博物馆实现社会职能的重要途径。因此，要重视总结经验，要重视成果的收集和数字化转化，在便于保存和查阅的同时，更可以为日后开展教育活动和持续产生教育效果，为更多没有参与到活动中来的人提供一个获取知识的平台。

以往，社教活动的成果常常被忽视，很多效果非常好、影响也很好的活动都没有成果保存下来，持续发挥其作用，非常得可惜。通常记录社教活动的只有影像资料和文字资料，并没有对整个活动进行汇总的资料整理，这就意味着活动本身并没有形成完整的体系。社教活动是通过同观众互动的形式来实现博物馆教育的职能，所以最终的目的还是落实到教育效果上，而活动的成果是可以持续发挥教育效果的。通常的社教活动时间和场次都是非常有限的，现场参与的观众更是有限，所以达到知识传播效果的范围非常有限，即使通过数字化手段在让更多观众感受现场互动实况的情况下，依然会有很多的观众无法了解活动的详情。这时候就需要把这个社教活动的成果，通过数字化的手段制作出来，成为可供观众随时使用的形式，通过成果的传递，扩大活动的效果和影响。

同时，也为博物馆开展日后的社教工作保存下珍贵的资料。博物馆的社教活动并不是一成不变的，而是根据博物馆的自身特点、资源优势和当下观众最感兴趣的内容进行设计和组织，具有一定的时效性，也注重不断创新。这也就意味着，很多的活动在日后并不会多次出现，甚至是一次性的活动内容，日后很难再见到了。如果没有资料的汇总并将成果进行数字化转化，就意味着很多优秀的活动资源的遗失，这些凝结着博物馆人智慧的成果是具有非常高价值的知识成果，遗失的话等于博物馆失去了很重要的一部分工作内容，所以，要注重社教活动成果的数字化。

六、社教活动场馆内的数字化

博物馆场馆内的社教活动是博物馆的实现教育职能的最基本的方式，也是博物馆的重点工作之一。博物馆最大的优势和依托就是自身的资源，也就是博物馆的馆藏和陈列，在博物馆场馆内实地感受博物馆的文化氛围才是观众了解博物馆、学习博物馆知识的最有效、最直接的方式。所以博物馆内的社教活动是效果最好的活动方式，也是最受观众欢迎的活动方式，同时也是博物馆开展最多的活动方式。

传统的博物馆内的社教活动是数字化手段运用最少的，因为可以充分发挥博物馆的资源和场地优势，让给观众可以通过实物化的最直观的感受去开展活动，取得的效果也最好。在博物馆内开展社教活动可利于博物馆工作的便利性，但是传统活动模式存在的问题也依然会影响活动的效果。互动活动人员人数的限制、活动知识延展性的限制等都是无法避免的问题。观众日益丰富的文化需要也不仅仅满足于传统的活动方式，来到博物馆，参观展览并在有限的时间内动手互动一些简单的项目，更多的是体验而达不到非常好的效果。

通过数字化手段来丰富互动活动的内容和形式，让更多的观众可以参与到活动中来，即使在博物馆内，也可以尽可能地参与到活动中，而不仅仅是看着有限的几十名观众开展活动。数字化手段不是为场馆外活动而单独准备的，而是全方位、多角度服务博物馆建设的，服务社会教育职能的。所以传统的博物馆内社教活动要不断创新，引入新的数字技术手段来开展。观众的生活习惯和获取知识的途径已经由传统的学习模式，向着互联网和移动通讯终端过渡，所以博物馆内的社教活动也要迎合观众习惯的改变，不能因为有着独特的资源优势而创新乏力。要充分发挥数字化技术手段的优势和特点，为传统社教活动的开展增添色彩。

七、社教活动走出去的数字化

脱离了博物馆最有优势的地方，没有了大量实物的依托，博物馆教育活动如何更好地开展起来，只能依靠数字化手段。博物馆充分利用数字化技术手段，特别是结合互联网的基础上实现教育职能，是实现走出去最便捷的手段和效果最好的方式。博物馆走出去，是带着博物馆的资源优势到不同的场地去实现教育功能，去传播知识，而结合了数字化技术手段则可以更好地实现这个功能。

传统的社教活动走出去需要博物馆工作人员很大的工作负担，需要携带大量的具有一定体量的实物课件开展工作，费时、费力，而且无法详尽，因为客观因素限制，不可能提供非常丰富的课件到不同的场地去进行活动。更多的活动都是非常简略的形式开展的，对于知识的传播和互动的效果都是十分有限的，脱离了场馆的优势，能够参与到活动的人员又有一定的限制，所达到的效果就非常有限了。而数字化技术手段对于社教活动的丰富就起到了非常重要的作用，活动中可以摆脱很多繁重的展示教具，同时可极大地丰富展示的内容。数字化手段对场地的要求就弱化了很多，对于很多有需求却无法提供有效场地的情况都可以有效解决，扩大了社教活动的范围，减少了客观限制。同时，可以让更少的博物馆工作人员投入到单次的活动当中去，从而可以让更多的活动同时开展，也扩大了活动的范围。

社教活动走出去的目的就是扩大教育效果，让更多的观众可以感受到博物馆文化，并亲身参与到其中来，同博物馆进行亲切的交流，从而更好地了解和学习博物馆的研究成果。数字化技术手段让这种走出去的形式变得更加的灵活和高效，也真正扩大了博物馆的教育职能，使得博物馆的社教活动成为了不受时间和空间的限制的教育方式。

八、社教活动专属数字化应用的开发

受各种客观因素的限制，传统社教活动的规模和时间都非常有限，无法做到随时随地的参与到其中，这是非常影响教育效果的，同时也会给很多有兴趣参与的观众带来遗憾，所以需要通过数字化技术来设计制作一系列不受场地和时间限制的活动，来让广大的观众随时互动。目前比较广泛应用的技术手段是开发社教活动专属的 APP，任何时间和地点只要有网络的环境就可以通过移动通讯终端随时开展活动。通过手机等设备来随时进行工作、学习和娱乐等已经成为了人们的生活习惯，传统的阅读方式也很大程度上被电子阅读所替代，因为方便同时具有很强的灵活性和实效性，不受很多客观因素的限制，也更加具有可选择性。最重要的因素是可以极大地提高人们的效率，并且也已经成为社会各种事务性事情都逐渐采用的方式，人们已经离不开手机了，因为它给人们带来的是生活模式的改变。因此，社教活动通过 APP 的方式来呈现给观众就具备了很好的推广基础，也会很容易被大家所接受。

社教活动 APP 同博物馆其他 APP 有一些区别，相对来说更注重互动性和趣味性，要传播知识，达到教育效果，首先就要吸引人，如果都无法引发观众的兴趣就等同于无用了。博物馆其他项目的 APP 多见于导览系统和针对展览的辅助参观系统，这些系统的特点是围绕博物馆场地和文物资源，进行介绍性展示，针对展览内容进行形式上的丰富和知识延展。这些系统主要是服务观众参观，并且主要作用于场馆内，需要配合博物馆资源来开展工作。而社教活动的 APP 开发则要注重互动性和针对不能来到场馆的观众的需求，侧重使用灵活性的需求。社教活动 APP 的互动性是最重要的，因为观众的需求就是互动，同时兼顾知识性，成为观众可以随身携带的社教活动，随时随地可以进行互动。社教活动 APP 还要突出趣味性，在形式设计上要有特点并符合最新的社会大众审美趣味。通过专属的社教活动 APP 来丰富博物馆开展社会教育的形式，成为传统社教活动的有益补充和创新，为广大观众参与博物馆活动、了解博物馆知识，体会博物馆建设成果提供一个便捷、高效的平台。

九、社教活动数字化人才队伍的建设

博物馆的教育职能很多程度要依托社会教育活动，而传统博物馆的人才招揽方向和培养模式已经无法满足日益发展的观众需求，无法跟上博物馆教育职能实现的脚步，所以博物馆要根据现阶段社教活动的特点和未来发展的趋势，有针对性地建设一支复合型人才的队伍，特别是数字化专业人才的加入可以更好地开展博物馆的社会教育活动。博物馆对数字化的依托不断加强，成为实现教育职能的重要手段，要实现好数字化就要更好地重视人才的培养和队伍建设，在传统博物馆人才配比中增加数字化人才的比重，进而有效保证博物馆数字化的专业性，让数字化技术手段更好地服务博物馆教育。

博物馆可以利用自身的优势培养一批熟悉博物馆业务的数字化人才，这是普通数字化人才所不能具备的工作优势，也是博物馆数字化建设的真正力量所在。外部的专业化力量虽然可以帮助博物馆开展一些短期的复杂项目，但是必定少不了博物馆内的数字化人才的把关，因为只有他们才能做到专业数字化知识同博物馆业务紧密的结合，才能更好地把专业知识融入到博物馆建设当中去。所以博物馆要重视培养自己的数字化建设力量，为博物馆快速发展，贴近观众需求，开展行之有效的、形式丰富的教育活动服务。

数字化手段的应用对于博物馆展的社教活动来说是重要的辅助，但是不能完全替代传统的活动模式，两者是相辅相成的关系。通过数字化手段可以弥补传统活动方式的不足，并带动更多的观众参与到活动当中。但是数字化技术手段也有其不足之处，就是实际动手体验度没有传统的活动模式好，虽然深度和广度都大幅提高，但毕竟亲自动手去操作实物的感受还是不一样的，所以要为数字化技术手段定好位，发挥其特点和优势，才能更好地服务博物馆建设。

总之，博物馆教育职能的实现离不开数字化手段的助力，要高度重视，并积极开展其建设，要保证数字化的技术同社会科技进步相一致，努力让更多的、更前沿的数字化技术手段来为博物馆社会教育服务，为广大观众的文化需求服务。

闫涛（北京古代建筑博物馆社教与信息部　馆员）

浅谈遗址类博物馆与功能分区

——以北京古代建筑博物馆为例

◎周磊

一、博物馆与遗址类博物馆

（一）博物馆的定义及分类

1.定义

博物馆一词起源于希腊语 Mouse ion，意即"供奉缪司及从事研究的处所"。17 世纪英国牛津阿什莫林博物馆建立，Museum 才成为博物馆的通用名称。我国古代没有博物馆之说，19 世纪中期以来，到过西方的中国人开始接触外国博物馆，他们把 Museum 译成博物馆（博物院）。自此以后，博物馆之称逐渐通行于中国。[①]

1989 年 9 月在荷兰海牙举行的国际博物馆协会第 16 届全体大会通过的《国际博物馆协会章程》第 2 条定义为"博物馆是为社会及其发展服务的非营利性的永久机构，并向大众开放。它为研究、教育、欣赏之目的征集、保护、研究、传播并展示人类及人类环境的见证物"。

2.分类

《北京博物馆年鉴》中将北京近百个博物馆（截至 1999 年底已有各类型包括民间社会认识举办的私立博物馆 110 个）分为社会历史类、自然科学类和综合类。社会历史类包括：历史类，革命史类，纪念馆类，文化艺术类，民族民俗类。自然科学类包括：自然类（一般性、专门性、园囿性），科技类（科学技术史博物馆、专业科学技术博物馆）。

北京古代建筑博物馆便是以收藏、研究和展示反映中国古代建筑历史、建筑艺术、建筑技术的专题性博物馆。

---

① 王宏钧《中国博物馆学基础》上海古籍出版社 2001 年版。

（二）遗址类博物馆定义与特点

1. 定义

中国是世界上最早建立遗址类博物馆的国家之一。[①]《中国大百科全书·博物馆》卷，博物馆类型的解释中认为，根据中国的实际情况，划分为历史类、艺术类、科学与技术类、综合类这四种类型是合适的[②]在历史类博物馆中，有些博物馆建立在遗址原址或附近，其遗址本身就是最重要的展品，这些博物馆强调遗物和遗迹共存，且自成一类，即遗址类博物馆。遗址博物馆是"在古文化遗址上建立针对该遗址文化进行发掘、保护、研究、陈列的专门性博物馆"。[③] 这一陈述将具有遗址博物馆基本特征的机构，尽管没有冠以遗址博物馆之名，也应当归入遗址博物馆之列，例如：北京古代建筑博物馆。

2. 特点

（1）不可再生性与不可移动性。遗址的时代特点是反映一个时期人类历史上的生活情况，在时间上是不可再生的；遗址类博物馆是依托遗址建立起来的，在空间上具有不可移动性。

（2）具有博物馆与公园的功能。遗址类博物馆在具有博物馆的功能基础上，遗址建筑外的场地为公众提供了一个娱乐场所。

（3）遗址的不完整性。随着时间的发展，遗址很容易遭到破坏，完整保留下来的并不多见，需要进行后期修复工作。

二、北京古代建筑博物馆与功能分区

（一）北京古代建筑博物馆现状

北京古代建筑博物馆位于先农坛内，利用明清北京先农坛现存的古建筑为载体建立的遗址性博物馆。

根据古建馆展览研究内涵的要求，将先农坛古坛区的太岁殿院落、神厨院落，以及具服殿作为博物馆的展览活动功能区。

太岁殿是先农坛内最大的单体建筑，始建于明永乐十八年（1420年），[④] 又叫太岁坛，明嘉靖以前，太岁、风云雷雨、山岳海渎等神灵都在此供奉。明清时期，每年冬至或翌年立春及遇到水旱灾害时，都要在此进行祭祀太岁

---

① 中国大百科全书文物博物馆卷，北京：中国大百科全书出版社，1986年。
② 梁白泉《博物馆类型》，《中国大百科全书·文物博物馆》卷，1993年版。
③ 吴永琪、李淑萍、张文立《遗址博物馆学概论》，陕西人民出版社1999年版。
④ 董绍鹏、潘奇燕、李莹《北京先农坛》，学苑出版社2013年版。

的活动。

　　神厨院落始建于明永乐十八年（1420 年），是祭祀先农坛内诸神准备牺牲祭品及存放先农神牌位的地方。

　　具服殿、观耕台和皇帝的一亩三分地位于太岁殿南侧。观耕台是皇帝观看大臣行耕耤礼的观礼台，建于清乾隆十九年（1754 年），砖石结构，台高 1.6 米，台平面 19 米见方，须弥座以黄绿琉璃砖砌筑，装饰精美。台南是皇帝亲耕耤田，即一亩三分地。台北大殿为具服殿，是皇帝亲耕之前的更衣之所。

　　先农坛台位于开放的古坛区内，建于明永乐十八年（1420 年）。坛台坐北朝南，建筑面积 300 平方米，四面各建有八层台阶。明清时期，仲春时节皇帝亲临或遣官来此拜祭先农。

　　天神地祇坛是明嘉靖时期根据典章制度改革的需要，于先农坛内坛南门外添建，用以供奉风云雷雨、山岳海渎等神灵，以祈求风调雨顺，保佑农业的丰收，天神地祇坛的建立和供奉，是大农业文化重农思维的又一体现和重要物质载体。天神、地祇坛形制现已无存，目前尚有保存完好的地祇坛石龛座移入博物馆内，以绿色植物示意地祇坛原有形制。

（二）功能分区

1. 功能分区

　　博物馆是一个涵盖了展区、办公区、库藏区、接待休闲区等部分的综合体，各个部分能够有效地布局，使各功能区有良好的出入口位置、各功能区又紧密相连才能成就一个设计合理的博物馆。

2. 北京古代建筑博物馆的功能分区

（1）展区

　　现在太岁殿庭院、神厨院落及具服殿均有固定展览或临时展览。太岁殿庭院展出的是《中国古代建筑展》，以清晰的脉络、丰富的展品、灵活的展示手法，系统而全面地介绍了中国古代建筑的发展历史、技术成就与艺术风格，从而学习和研究中国古代建筑文化。神厨院落展出的是《先农坛历史文化展》，主要讲述北京先农坛的历史沿革、建筑风貌、祭农文化。具服殿现在展出的临时展览是《中华古亭》展，通过图片、模型等形式，诠释了古亭的起源与演变、种类与功能。每个展区的出入口独立。

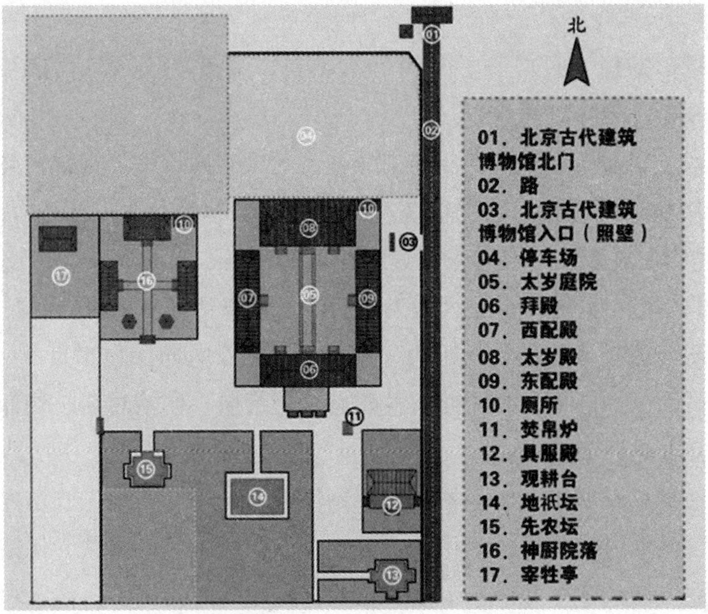

北京古代建筑博物馆导览示意图[①]

（2）办公区

北京古代建筑博物馆的办公区（包括库房）主要集中在西侧搭建的小院中，个别办公室在太岁殿庭院和神厨院落内（如图2）。会议室位于拜殿东侧，与《中国古代建筑展》并列；职工之家位于具服殿西侧，是供职工举办活动、休闲娱乐、运动健身的场所；售票处位于北门西侧，建筑独立。

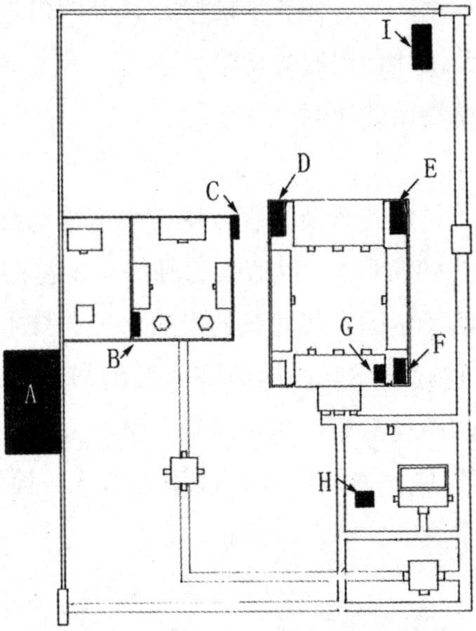

北京古代建筑博物馆办公区位置示意图

（A：西小院办公区，B–F：办公室，G：会议室，H：职工之家，I：售票厅）

① 选自北京古代建筑博物馆官网导览示意图。

3. 各功能区组织方式

在博物馆的众多功能分区中，最主要的是展区和办公区。根据馆中办公区与展区空间关系的不同，博物馆功能分区的布局方式大致可分为嵌入式、并联式、独立式。[①]

（1）嵌入式

所谓嵌入式是指博物馆的办公部分位于博物馆的某一层或某几层的部分平面上，与整个展区融嵌在一起。这类布局主要适用于对办公区要求的面积相对于主展区较小，或者办公区与展区各部分联系较多、基地条件有限。这类布局的不足是办公区的位置多放在不佳位置或层面。

拜殿分为展厅、公共大厅、会议室三个部分，公共大厅将展区一分为二，并与出入口相连，使观众无论在出口还是入口处都直面展厅，将展区的面积拓展到了极致。会议室与展区之间属于嵌入式组织方式，充分利用拜殿的建筑面积，将除展区外多余的建筑面积设置为会议室，用于日常会议、讲座、宣传活动等。

（2）并联式

与嵌入式相对，所谓并联式是指博物馆的办公部分与展区部分在空间和平面上划分明确，相对独立，自成体系，这类布局有利于办公区和展区的管理与独立使用。

如图 2 所示，西小院办公区位于博物馆的最西侧，与博物馆内的主体建筑分离且与展区之间封闭不连通。办公区与展区之间采用并联式布局，使办公区与展区相对独立，特别是办公区相对封闭，便于管理。

（3）独立式

独立式与并联式相似，同样具有独立的办公区和展区。两者不同之处是：并联式博物馆从外部看是一个整体，内部分区明确、相对独立。独立式博物馆从外部看更近似于是两个或几个建筑组团，需要大面积的基地作保障。

职工之家、售票厅与展区之间属于独立式的组织方式。三者不仅在功能和建筑上分别保持各自独立性，还采用古建筑的建筑样式，在不留痕迹的情况下构成一体，增添观赏性。

三、总结

北京古代建筑博物馆属于遗址类博物馆，采用了嵌入式、并联式、独立式相结合的功能方式，使各功能区在保护古建筑的基础上得到充分利用。当然，

---

① 杨海荣，袁慧《中型博物馆功能分区探讨》，《华中建筑》，第25卷，2007年版。

在使用过程中，出现几点问题需要更合理化的解决方法：

1. 售票厅距离博物馆检票入口较远。在日常工作观察中发现，部分观众会忽略北门的售票窗口，直接到博物馆门口进行安检，在安保人员的提示下折返购买门票。可以考虑将售票窗口设置在安检口附近，或者在现在的售票窗口前放置明显标识，指出现在窗口购买门票再前行参观博物馆。

2. 观众与职工出入口位置相同。出于工作性质的考虑及职工上下班时间与观众参观时间的不同，职工的入口需要设置在相对安静、隐蔽的位置，以防对观众造成误解，产生"自己在馆外等待开馆时间，别人却可以优先入馆"的想法，同时便于安保人员对来馆人员登记、核对身份等方面的管理。

3. 会议室与展区间界限不明显。拜殿的会议室与展区只有一门之隔，在使用会议室时，有些观众好奇这道门后会不会是参观的地方，出现观众敲门打扰的情况。可以考虑在门前设置指示牌标表明非参观区域，或者设置其他出入口，与展区分离。

由此可见，遗址博物馆中，做好各功能区入口位置布局的工作以及采取合理的内部功能分区组织方式，是成为一个优秀博物馆的关键，也是能够为公众提供更好服务的前提。

周磊（北京古代建筑博物馆陈列保管部）

提高认识　多措并举
不断提高博物馆档案管理
标准化建设水平

◎周晶晶

《中华人民共和国标准化管理条例》指出："标准化是组织现代化生产的重要手段，是科学管理的重要组成部分。在社会主义建设中推行标准化，是国家的一项重要技术经济政策。没有标准化，就没有专业化，就没有高质量、高速度。"对现代化社会中博物馆档案工作来说也是如此。博物馆档案种类多、数量大、利用范围广，要想管理好利用好这些档案，就必须要有科学的、统一的标准，这样才便于利用现代化科技手段对博物馆档案加以管理。

那么，如何采取多种措施，不断提高博物馆档案管理工作标准化水平呢？本文将对此问题展开分析与探讨。

一、加强博物馆档案管理标准化建设的重要性

（一）有助于反映博物馆历史，形成博物馆独特的文化

博物馆档案往往是博物馆长期发展中留存下来的，反映了博物馆的历史进程，包括博物馆各方面的内容，从文字到实物、从计划到管理等等，与博物馆的发展历程和全体员工息息相关。可以说，博物馆档案就是一部博物馆的发展史和员工的进化史，这其中的历史价值自然不言而喻。同时，档案也是博物馆内在精神的体现，充分反映其办馆宗旨和服务质量。文化的形成不是一蹴而就的，需要经历漫长的过程，档案的管理如果不能实现标准化，那么档案的历史性、文化性均无从谈起。博物馆档案的标准化管理能够系统将档案归类、整理，档案的历史、文化得以更加直观的体现。因此可以说，博物馆档案工作标准化建设，促进了博物馆传统历史与现代文化的展现与传承，是博物馆宣传的重要支撑，有利于博物馆文化体系的形成。

（二）有助于打牢基础，促进博物馆业务工作水平的提高

博物馆档案工作标准化建设，是开展其他业务工作的基础，而标准化建设实现后，档案管理也成为博物馆业务工作的重要部门，其对外的宣传作用以及对内的促进作用都非常显著。博物馆其他业务部门的开展，均与档案管理有着密切的联系。博物馆内部各工作岗位以及人员的历史、奖惩、信息等均在档案中，而博物馆内部管理和业务工作等都需要依据这些资料；而展览则更加倚重档案，档案的记录几乎就是博物馆的发展史，各种活动都需要借助、学习这些经验，以便提高博物馆建设的质量与水平。因此，档案管理具有重要地位，而是否能够标准化管理与博物馆档案能否高效而且准确地反映信息，以及与各部门业务能否及时获取有效资料有着极大的关系，而且，也有利于博物馆应对各类矛盾，找出证据维护博物馆权益。

（三）有助于积累资料，为博物馆的长期规划提供信息支撑和方向指导

博物馆档案对于指导博物馆科研事业有着重要的作用，能够帮助科研工作者确定研究方向。标准化的档案管理简化了工作人员的寻找过程，体系化呈现了各类参考资料，对于科研工作者研究相关领域的研究成果、存在问题以及尚未解决的难题具有极大的帮助，引导其快速进入研究，可以减少过程中的弯路，促使其快速成才，加速博物馆工作研究的进程，从而促进博物馆的全面发展进步。博物馆在人类长期的发展过程中是共存的，未来也必将如此。博物馆未来的发展虽然与未来社会的发展息息相关，但其发展方向也与历史进程和当今现状密切相连，博物馆的档案标准化管理就是通过对档案的进一步整理，使得博物馆的发展脉络更加清晰，使得其现状一目了然，从而能够确定未来的发展方向，并提前做好准备。

二、当前博物馆档案管理标准化建设中存在的问题

基于现阶段我国一些博物馆档案管理的实际情况来看，可以确定的是档案管理标准化程度不高。究其原因，主要是档案管理标准化建设过程中存在一些容易被人们忽视的问题，具体为：

（一）重视程度不高

个别单位对博物馆档案管理标准化建设工作的重视还不够，意识薄弱，监

督力度不强，未能对博物馆档案管理标准化建设中所需的人、财、物和档案整理归档时间给予充分的保障，虽然各部门有专人负责档案管理工作，但真正把博物馆档案管理标准化建设作为博物馆的主要工作而形成有效机制来抓，在这方面还存在缺欠。个别单位及管理者还缺少博物馆档案管理标准化建设意识，没有运用标准化管理方法进行博物馆档案管理，缺少持续改进的管理承诺。一些单位的档案管理规定虽然明确了相关的流程与方法，对工作有一定的质量要求，但没有运用标准化建设系统的管理思想进行档案管理的统一规划与安排，存在"宁多勿缺一"的整理原则，档案工作人员往往在考虑自身责任的基础上，片面地追求归档的数量，而忽视了标准化建设，忽视了博物馆档案文件内在的存在价值。

（二）标准化意识不强

现代化的今天，依旧有很多单位及管理者没有认识到博物馆档案管理标准化建设的重要性，而是一味追求档案管理的信息化、数字化。当然，档案管理的确需要借助于先进的科学技术，如计算机技术、信息技术、互联网技术等从而实现信息化、数字化的档案管理。但是相对来说，标准化的档案管理应当是数字化、信息化档案管理的前提条件，只有预先规范好各项档案管理工作，而后在按照相关标准落实各项档案管理工作中借助先进的技术手段，这样才能真正提高档案管理质量。如若没有落实标准化的档案管理，而直接落实信息化、数字化档案管理，那么档案管理将难以切合实际，真正发挥作用。

（三）资金投入不够

目前很多博物馆在进行档案管理标准化建设的过程中存在经费不足的情况，这也使得档案管理标准化建设程度不高。究其根本，一方面是政府对档案管理部门的经费支持能力有限，另一方面是博物馆自身经费较少，有限的经费难以支撑博物馆档案管理工作标准化建设。

三、强化博物馆档案管理标准化建设的有效措施

为了改变当前博物馆档案管理标准化建设程度低的情况，笔者的建议是：

（一）进一步做好博物馆档案管理标准化建设的基础工作

出于落实规范化、标准化档案管理工作的考虑，在强化档案管理工作的过程中，首先要做好博物馆档案管理工作中标准化的基础工作。具体工作内容是：其一，认真做好公文制发。公文作为档案的前身和基础，多数档案资料都是由

公文转化而成的，所以，为了保证档案资料的规范化和标准化，应当加强公文制发的监督与管理，从而提高公文制发的质量。其二，做好公文、文书的档案审批管理。也就是在制发公文的过程中，对公文签发手续、公文审批、公文标题设定、公文内容等相关方面进行详细的了解与检查，及时发现错误，及时纠正错误，保证公文完好、规范、标准。其三，做好公文书写。为了保证公文规范和标准，在制发公文的过程中，应当按照制发公文的相关要求，采用标准的文种，并规范格式，进而书写公文，保证公文简洁、标准、规范。

（二）进一步做好档案案卷清理工作

对案卷进行全面的普查是实现档案标准化和规范化管理的首要工作，主要原因是多年来相关管理部门大多对案卷的普查工作做得比较少，移交给档案保管部门的档案保管期限划分并不是很清晰；加之，有的案卷的格式和内容存在缺陷和不足，存在标题不规范的现象，严重的话，还存在未标注标题的问题，目录的排列和案卷的组卷存在混乱的情况，因此案卷存在一定的重复率，其中还存在相当大一部分不具有保存价值的文件资料。档案管理中，保证档案的时效性是非常重要的，这既可以保证档案的使用价值，也使得档案管理具有重要意义。当然，要想保证档案的时效性，应当注意及时进行档案案卷清理，也就是在档案保管的过程中，应当结合档案文件的保管价值、作用及特征，采取适合的管理方式予以保管。在一段时间之后，对档案案卷进行清理，确定没有价值的档案予以销毁，对于永久性保存价值的档案文件则需要查看，确定是否完整，保存是否良好，以此来保证档案时效性特征。要进行档案普查工作，首先将无用的和不具有保存价值的文件材料剔除，留精去糟，避免存在重复的情况，从而避免影响档案管理的工作效率。

（三）进一步做好重新组合案卷工作

对存在缺陷和不足的案卷进行重组工作，尤其是那些内容较为复杂和没有保存价值的案卷，将存在联系的案卷尽可能地联系到一起是重组案卷过程中需要秉持的原则。而对于没有标题和目录，或者是标题较为模糊和无页码的案卷需要进行重新审查和加工处理，从而使案卷呈现标准和规范的状态。这样一来，可以使馆藏得到优化，同时也能够实现档案的科学保管，管理档案后的利用率能够得到有效的提高。

（四）进一步做好构建电子档案数据库工作

在现代化的今天进行档案管理规范化、标准化建设，建立电子档案数据库是必不可少的。因为电子档案数据库的建立，可以将博物馆的档案以电子的方式存储，如此可以保证档案的安全性，且规范化、标准化管理档案。另外，查阅或使用档案也会变得更加方便、快捷。那么，如何构建电子档案数据库、推进规范化标准化档案管理呢？即借助计算机技术、信息技术、互联网技术等，构建电子档案管理数据库，设置档案管理数据库的软硬盘，使其能够对档案进行快速的收录、分类、存储，从而使档案管理更加标准化、规范化、有效化。

（五）进一步做好博物馆档案检索工作

改变传统的"主题词"档案检索方法，用"关键词"替代"主题词"，简化查找时间，提高效率，即从题名或文件主题中归纳出揭示主题内容的词汇、关键词，进行标识，待录入计算机后利用计算机批量处理的功能进行处理。例如：拟写关于"博物馆基础建设"一事的关键词，有人写"基础建设"，有人写"基建"，有人写"建设"，应该统一规范为"基建"；还可利用计算机"活动增加"的功能把一些不规范的词与主题词中词义相同的进行合并，这种做法不仅解决了手工标引速度慢、计算机自动标引不准确的缺点，而且解决了主题词的词义含量问题。最后调查档案全宗的保管状况，这项工作主要是"摸清家底"，了解目前馆藏的库房条件：包括库房装具数量、长度，库房面积及其它保管条件等，以及将来的发展趋势，比如设备的增添、面积的扩建等，为全宗的科学排放做好"硬件"规划。

（六）进一步坚持"以我为主"的归档原则

"以我为主"的归档原则，即归档的文件要以本单位形成的文件为主的原则，这不仅是在我国文书立卷归档工作实践中形成并坚持下来的一条原则，而且还是推进档案工作规范化、标准化乃至现代化的一个重要原则。它要求我们要注意解决好三个问题：一是要准确把握文件立卷归档的时效性。完成现行文件阶段任务的，才能予以立卷或归档，而没有完成的，则不能立卷或归档，否则，将会给档案管理造成无序和混乱。二是明确立卷归档的重点和进行合理的立卷分工。要在"以我为主"的原则指导下确立立卷归档的重点，在实际工作中要注意区分文件与资料，特别是要注意区分在内容、形式和作用等方面都具有很多相似之处的文件资料之别，做到具体问题具体分析，以减少档案管理中的重复度和信息冗余度，提高档案利用的效率和效果。三是在坚持贯彻"以我为主"归档原则的前提下，要注意有效地维护全宗的完整性。在归档工作中既要掌握重点、分清主次，把住全宗的入口关，使不该归档的文件不致混入，同时，又要注意防止应归档文件的散失。特别是在立卷中，要把同类并具有内在联系的文件材料组在一个卷内，保持同一问题的完整性，反映同一问题的全部处理过程及来龙去脉，从而在提高档案利用价值的同时，使立卷归档后所形成的档案既完整又不庞杂，为档案的规范化、标准化管理奠定坚实的工作基础。

（七）进一步提高案卷质量工作

不断深化的工作实践证明，案卷材料收集的是否完整是决定和影响档案价值的因素，而立卷方法与案卷装订质量则可能是决定和影响档案工作规范化、标准化质量的操作性因素。因此，在推进档案管理规范化、标准化的工作进程中，我们必须一方面要注意解决好立卷方法问题，以有利于档案标准化管理中的分类和检索，另一方面，要注意解决好案卷装订质量问题，以有利于档案规范化管理。

（八）进一步提高档案管理人员素质

档案资料的安全需要档案管理人员负直接的责任，为了充分提高档案管理的规范化和标准化建设，这就对档案管理工作人员的专业素质提出了较高的要求，因此档案管理人员必须具有较高的综合素质。首先是政治素质。档案管理工作是国家社会管理工作中的一个重要组成部分，对提升国民经济建设水平具有较大的促进作用，因此档案管理人员的政治责任心需要较强，并且需要具有全心全意为人民服务的精神态度，要对档案管理事业具有较高的热情，能够积极主动地参与到档案管理工作中，从而保证档案管理工作的质量。其次是业务素质。较强的业务素质是做好档案管理工作的基础和保证，因此，档案管理人员需要了解和掌握档案管理的理论知识，并全面熟悉档案保管的内容，还需要对档案法规做综合的了解，只有这样，档案管理的规范化和标准化才能够得到有效的提升。最后是文化素质。档案管理人员需要具有较高的文化素质，这样一来，能够在管理档案的过程中总结经验和教训，掌握好档案管理工作的规律，从而提升自身的档案管理水平。另外，档案管理工作人员需要具有敏锐的观察力和洞察力，善于观察别人，帮助别人，为档案利用者提供高水平的档案服务。

（九）进一步完善档案管理标准化建设原则

档案工作标准化是以档案工作领域中的重复性的事物和概念为对象而制定或修订的各种标准的总称，它是档案工作中有关单位和个人应当遵守的共同准则和依据。档案管理实现标准化要确立以下四个原则：一是建立严密的管理机制。形成全员参与、全面控制、高效运转、不断改进的管理体制，克服以往管理中存在的基础管理弱化、内部协调不畅等问题，通过明确职责、规范程序、改进管理规范相关的管理活动和职责，理顺内部管理关系，使各个管理层面、各个操作过程、各个工作环节既相互制约又相互促进，达到管理科学性、系统性、规范化的要求。二是确立"职责明确"、"过程控制"、"持续改进"的档案

管理新模式。综合考虑档案管理业务紧密相关的组织结构、程序、过程和资源等各方面的因素，明确档案管理过程的控制要求，建立一套预防和处理不符合要求的管理业务机制，在较大程度上解决档案管理中随意性较大等问题。三是要树立"以档案资源使用者为关注焦点"的服务理念。丰富档案信息服务的内涵，改善档案管理机关的形象。四是健全完善的监督机制。确保各项制度的贯彻执行，使制度化管理落到实处。定期开展内部检查，对不符合文件规定的工作和做法开具不合格报告，确定和落实纠正措施。

（十）进一步建立博物馆档案质量管理体系

有条件的情况下，在博物馆档案管理标准化建设中引入现行最基础通用的 ISO9000、ISO9001 质量管理体系，因为它具有很强的通用性，无论何种类型和规模的组织，其活动只要有质量要求，一般都适合采用。质量管理体系标准适用于社会各行各业，同样适用于档案管理领域。标准强调管理职责分明，各负其责；依照体系文件，以数据和事件为依据，预防为主，有始有终；根据工作的需要允许对管理文件进行增减和修改，以保证管理文件的科学性、完善性和适用性，这与许多机构档案管理制度实行的岗位责任制、目标管理等方式具有很强的相通性和包容性。

在 ISO9000 标准中，建立和实施有效的内部质量体系的三要素包括：组织、产品和顾客。档案部门是为利用者需要而提供档案资料信息服务的部门，当我们把档案部门的信息服务当作一种产品来看待的时候，质量管理理论同样具有借鉴与指导作用，它与档案部门以利用者为中心的指导思想完全吻合，其顾客就是在实际工作中需要档案信息服务的各种层次和不同类型的利用者。

在我国，有一批组织机构和企业已广泛实施和应用了此标准，制定了详细的档案管理和服务目标、质量方针、业务操作流程、规程、人员综合考核办法等文件，在执行中取得了明显的成效。2003 年 11 月中旬，绍兴市档案馆接受浙江质量认证有限公司评审，一次性通过 ISO9000 质量体系认证，成为全国第一家质量管理体系认证的国家综合档案馆。实施标准化后的档案管理工作得到了加强，档案管理工作也逐步实现了规范化、制度化和科学化。

综上所述，提高博物馆档案管理标准化建设水平，有利于提高档案管理工作效率和质量，进而可以为档案利用者提供良好的服务。档案的基础管理工作作为档案管理中的一个重要组成部分，需要进一步加强重视，并采取有效的措施进行档案基础管理工作的标准化建设，从而促进对档案资料的合理开发和有效利用，进一步促进博物馆档案管理工作整体水平的全面提升。

周晶晶（北京古代建筑博物信文创开发部）

文化创意的进步
促进博物馆的发展

◎周海荣

　　不同类型的博物馆讲述着不同的故事，发挥着为人类服务的历史任务，让我们了解历史，追寻历史的脚步。博物馆是一个地区或是一座城市的文明代表，象征着这个城市的人文底蕴和历史内涵，是弘扬优秀文化的重要场所，集收藏、研究、展示、科学普及和教育等功能于一身。博物馆作为对外交流的平台、文化输出的场所，在文明城市的构建中发挥着无可比拟的作用。丰富的藏品，灵活多样的展览方式，使到访游客流连忘返，参观博物馆已经成为了解熟悉当地历史、文化最直接、最快捷的方式。

　　近几年博物馆事业蒸蒸日上，蓬勃发展，与此相应，促进博物馆文化创意产业的政策、指示更是不断出新。习总书记多次指出，要"让收藏在博物馆里的文物、陈列在广阔大地上的遗产、书写在古籍里的文字都活起来"，并在《博物馆条例》中强调文化创意发展的重要性。2016年，国务院常务会议上，国务院总理李克强提出要发挥文物资源在旅游业中的重要作用，推动文博创意等产业发展。深度发掘文化文物单位馆藏资源，推动文化创意产品开发，对弘扬优秀文化、传承中华文明、推进经济社会协调发展，具有重要意义。国务院办公厅转发文化部等部门《关于推动文化文物单位文化创意产品开发若干意见》的通知，国家文物局下发了《关于公布全国博物馆文化创意产品开发试点单位名单的通知》，全国92家博物馆入围。上述这些领导讲话、政策精神都对博物馆工作提出了更高要求。重视、规范、加强博物馆工作，积极盘活博物馆中的文物资源，让走进博物馆成为群众的日常生活习惯，对留住文化根脉，守住民族之魂，坚定全体人民振兴中华、实现中国梦的信心和决心，具有不可估量的作用。

　　在国家的大力扶植下，博物馆事业的新名词"文化创意产业"在各类博物馆内更是不断创新，不断摸索，通过不同的形式展示给广大观众，笔者经过近几年从事的博物馆文创设计的工作，浅浅谈一下自身的感受。

　　文化创意产业是一项完整、系统的经营体系，文化创意指的是在文化背景下运用创意、设计的新想法，文化创意产品指的是具有文化属性的商品，有着实用或者审美功能的商品，这三个名词还是有区别的。博物馆文化创意产业就是将博物馆的文物资源发挥出新的功能，是人们在享受艺术的审美的前提下，通过经营得到循环并服务于大众的目的。

一、博物馆文创工作现阶段的状况

我国有着悠久的历史、历代的文物遗存众多，目前我国注册的博物馆有四千之多，北京就有170多座不同类型的博物馆，在现今博物馆事业蒸蒸日上的大好形势下，博物馆从单一的展示、研究、收藏的任务，转化为多元化的服务，满足广大人群更高层次的精神需求和物质文化补充。

我国的博物馆事业发展一直在前进，尤其是近几年，各省市的博物馆不断地通过各种新型的手段和形式在改变陈列，不断地推出精彩的临时展览，展览的主题也丰富多彩，各博物馆之间使尽浑身解数，将更高水平的展览奉献给广大群众。随着展览的推出，在充分挖掘馆藏资源后，与之相配的文创产品也脱颖而出，满足不同群众的需求。

虽然我国博物馆行业的文创产业发展较晚，但经过近十年的不断摸索，博物馆文创事业有了迅速的发展，最初从模仿国外的衍生品，学习台湾和韩国以及欧美的博物馆的设计，到现在，我们能够熟练运用我们各馆的特殊藏品、特有元素，设计生产出的产品充分显示了我国悠久的历史和地大物博的民族特点、富有地域性特色的文化创意产品。这说明我们的设计水平一步一步在向前迈进，我们的产品并不比国外的商品差，我们需要的是时间，慢慢完善博物馆文化产业事业，形成适合中国特色的博物馆文化商业，未来的产业化模式必定有所成就。

二、文化创意在博物馆内的发展方向

我们都提倡博物馆要发展文化创意，设计有博物馆文化的产品，满足人们的审美和功能性的商品，做出价格从十几元到几百元甚是上千元的精品，融合了博物馆中精品，赋予它各种性能。这个理念是近年来行业内普遍一致认为的，博物馆文创产品是满足观众的需要，就要把博物馆"带"回家，从而有效延伸博物馆的文化影响，使博物馆的文化元素走入大众的日常生活。但是，随着文创事业的不断发展，博物馆人慢慢地发现，博物馆文创不仅限于"商品"，它不仅是一件具有博物馆特色的实用或观赏性的商品，它还是集文化于一身的一种理念，包括一系列创意行为。文化创意产业不仅是商品，我们应该跳出这个圈子，向更广阔的领域去发展，以创意为主，而商品仅仅是一种表现形式，是一种辅助的产品，形成产业链，便是一项完整的销售推广体系。而创意的内容就很广泛了，从常设展览和临时展览上看，除了通过具有创意的手段的形式表现出来，要具有创意的想法制成互动去实现，使枯燥的展览，通过各种新型的电子科技或是传统的类似非遗传承等方式传播，是引领大众的一个观念、一种想法，不能总将文化创意约束成商品和纪念品。

事实上，博物馆的文化创意无处不在，文化创业产业不仅仅是开发博物馆的文创衍生品，与文化有关的活动都是文化创业产品一部分。文化创意是一种思维设计，是一种艺术的展示，在博物馆内可以发挥更多，与不同的部门合作便发挥不同创意。北京古代建筑博物馆是研究、收藏中国古代建筑的专题性博物馆，将中国的古建史和建筑技艺、建筑类型、城市发展通过展览的形式展示给观众，为了能够将知识简单、明了地传递给观众，就需要设计新的课程。博物馆常设的主要业务部门有展陈部和社教部，这两个部门是需要融入大量创意的。

（一）文化创意在展览工作中的作用

临时展览作为博物馆固定陈列的有效补充，发挥着重要的作用，灵活富有变化，是博物馆不可缺的内容，几乎每座博物馆每年都要有一项或是两项以上的临时展览，国家博物馆 2016 年的临展就有 30 多项，其中国外引进的展览就有三项，这些展览作为博物馆的重要内容发挥博物馆的教育功能。文化创意与博物馆的展览部门相结合，可以将艺术和美学以直观的形式展示，在不同题材下，通过新媒体技术，如 VR 互动、3D 扫描、沉浸式投影等，在技术制作方面通过编辑博物馆馆藏的文物资源，用电子设备以新的内容形式表现，充分发挥现代高科技完成观众与展览的互动项目。

在中国印刷博物馆内，观众可以通过一台数码打印机获得照片，这是一项比较简单的技术，只要将手机关注博物馆微信公众号，将照片上传到公众号，再支付 2 元成本费用，输入验证码，照片就会打印出来，通过这种方式，会给来到博物馆参观的游客带来动手的兴趣，是一件很有纪念意义的内容，但是这个项目还可以完善得更出色，比如，这台机器是否可以将照片打印成明信片？是否可以自己编辑文字到明信片上？是否可以通过邮政的方式直接发送到游客想送至的目的地？如果在创意上设计得很到位，以人性化为主，服务于社会大众，将是一件很完美的互动体验。

展览设计中加入文化创意，也会发挥更好的作用，如展览定位为面向青少年学生群体的科普展览。展览内容在制定初始就考虑到青少年的理解力，并在展厅设计中增加互动的内容。在科技突飞猛进的今天，利用新媒体技术，发展人机互动，自由地选择程序，程序内容可以加入更多的文物资料，如文物的高清大图、文物的历史介绍，电子介绍远比说明牌涵盖的内容要多，了解的内

容更广。学生们亲自参与，展览才会越来越吸引人。环境中到处有创意，不要小瞧博物馆展厅的方寸之地，在这里古老的文明与先进的科技碰撞出炫丽的火花，古老的中国文明与现代化的科技结合，浓缩展示在这个空间里。

文创产品作为展览的附加部分，将起到延伸传播博物馆文化的作用。因此，于展览的陈列设计之初就要选取适合开发的商品，文创产品的设计是为展览服务的，展览是为观众服务的，最终是回馈到社会。

（二）文化创意在社教工作中的作用

在博物馆蓬勃发展的今天，博物馆与展览、博物馆与学校、博物馆与社会接触越来越多，博物馆发挥的教育功能越来越大，对大众的影响越发广泛。博物馆社教形式日趋多样化，主要有参观游学、专题讲座、互动体验、科普秀及科普比赛等。博物馆的社教部门以传播和教育的功能性为主，积极探索文创教学设备，在讲解员的精彩讲解和辅助教学用具结合下，会更容易被观众接受。

以古建馆为例，每年来馆参观的学校团体达到近万人，为了让他们了解中国的传统文化，并且还是古建筑文化这类冷僻专业，如果没有吸引他们的讲课方式，不能亲身体验一下古建筑营造技艺，同学们就不会太感兴趣。为了将文化知识传递出去，就需要设计很多具有意义的课程，通过互动和动手的项目，寓教于乐，让他们感受的新的知识点和兴趣。中国古代建筑知识内容广泛，社教部同事将知识划点划分一个一个的小课程，如：古建彩画、建筑技艺——斗拱、四合院等等，适应不同年龄段的有趣味的课程，我们为了教学课程开发一系列教具，以本馆的建筑彩画——神仓建筑内的雄黄玉旋子彩画描图，在参观授课后亲自带走自己的作品是一件很有成就感的事；我们还开发了古代建筑中起到支撑作用的构建——斗拱模型，制作了榫卯拼接玩具和斗口一厘米的清式五踩斗拱、宋式四铺作斗拱模型，这些产品是需要亲自动手搭接感受古建筑魅力的方式；设计了印有建筑图案的笔袋和背包，学习中使用亲自绘画的笔袋将是一件很有意义的事情，也加深了学生们对于建筑知识的印象。亲自参与是学习最快的方法，它所展示的是一种新的方式，一种新的理念，创意可以作为一种服务，开发设计不同需求的教学用具也是博物馆文创产业的一项，这些产品将博物馆与观众联系起来。

三、文创产品起到传播文化的作用

（一）创意是灵魂

文创产品设计时不能只注重知识性、艺术性，而缺少趣味性、实用性，但真正出彩的东西既需要设计师的奇思妙想，也需要消费者的认可，还需要制作商的制作生产。文创产品的设计、生产、推广是一个产业链，丰富的文创产品能够使更多日常生活用品拥有文化价值，让博物馆更具文化气息。新时期，文创产品的开发投放活动已经成为博物馆文化饕餮盛宴的一道特色菜肴，成为博物馆事业的全新增长点与亮点，为博物馆事业的发展起着不可估量的推动作用。

博物馆文创商品是以博物馆馆藏资源为主要内容，重新设计出具有艺术感，或者作为生活中的实用器，以全新的形式组合成的商品，有强烈的藏品特征。文物商品不论以何种形式出现，都是衬托藏品，属于文物藏品的衍生品，其主要作用就是为博物馆服务，是为社会大众服务的一种产品，但是它的艺术与审美体现着藏品的特征，是传播文化的最好最直接的方式，好的文创产品将藏品的历史价值和艺术价值及科学价值普及的观众，虽小但功能强大，需要专业的设计人员与博物馆研究人员共同参与，深度挖掘藏品特性，文创产品才会被大众认可和喜爱，文物的衍生品将会服务于大众，服务于社会，是博物馆未来发展不可小看的一项重要内容。

博物馆文创产品不仅具有藏品的元素和功能，它是一种传播文化的方式，古老的文明是广大劳动人们的智慧创造出的精品，普及知识、传播知识的文创产品是很受欢迎的，收藏文创商品已经是一波年轻粉丝的兴趣所在，而以后文创开发的空间依然很大，博物馆要重视艺术创作，还需要更多专业人才的推动，文创商品才能够具有新的功能。

（二）古建馆的文创产品的开展

为了让博物馆"活"起来，博物馆工作者进行了多方位的尝试，用更多的形式把博物馆文化形象生动地推送到观众眼前。如北京古代建筑博物馆作为专业性较强的专业性博物馆，为推广营销博物馆文化，非常注重文创商品的开发，立足博物馆特色，配合临展推出具有中国古代建筑特色的系列文创商品，为宣扬中国古代建筑文化、扩大博物馆的影响进行了有益尝试，在展览之外，开辟了新宣传渠道，提高了博物馆的专业服务能力。从 2014 年结合专题展览陆陆续续推出各种类型的文创产品，涉及生活用品、文具、办公用品、旅游产品等方方面面，到现在古建馆文创有 70 多种的产品，作为一个中小博物馆，文创产品已经初具规模。这些文创产品的开发与投放，多层次立体化地扩大了博物馆的影响，在博物馆馆际交流、社会教育活动中引人注目，大受好评，成为博物馆工作的一大特色。

（三）博物馆文化创意未来的展望

未来的博物馆不仅具有传统的收藏和研究功能，其教育功能将是主要内

容，吸引着众多游客前来学习、参观，博物馆是人们终身学习的场所。博物馆为游客服务的辅助功能将被扩大，不仅要在硬件设施上要满足人们的餐饮和休闲需求，精神层面也要相辅相成得到补充，阅读博物馆内的专业书籍及查阅文物档案，以及求得专家的解答和对大众的讲课，都是作为博物馆提供的辅助功能。对于青少年教育的部分就更重要了，会有从幼儿园到大学期间的互动体验区，满足不同年领段的孩子们，因此，博物馆是我们学习的终身场所，是提高民族素质的重要窗口。

博物馆的创意要从迈进博物馆的大门起就要感受到新颖的创意和人文关怀，标识牌、导引图、宣传简介、休息设施、休闲区域都是创意表现的地方，博物馆的发展将是多元化，功能会越来越全。我们设想在博物馆参观之后，来到馆里的图书阅览室，查阅资料，座位下有供游客充电接口；馆内设有餐饮区，解决了参观博物馆中午就餐的问题，小小的细节能够提高博物馆的服务水平，以及处处为观众考虑的理念，这是对未来博物馆的希望。

四、文化产品的推广与博物馆事业的发展

现今，手机、电脑、多媒体是人们重要的沟通渠道，互联网消费观念的改变也影响着博物馆，博物馆要利用好网络资源，博物馆运用好自己的公众号，定期推送博物馆内容，博物馆的展览和文创产品可以通过微信的公众号进行宣传推广，文创产品的开发设计的理念以及功能性可以详细推广，而借助淘宝、天猫等网络销售平台，可以将博物馆的文创产品推广发送到世界各地，把博物馆文化和产品销往各处。符号化的文创产品作为博物馆文化的重要载体，在推广营销过程中无时无刻不在宣传博物馆，使博物馆与大众的日常生活融合在一起，无限延伸博物馆的影响，吸引博物馆达人们自觉走近博物馆，促进博物馆事业的发展。

博物馆文化创意产业还是起步阶段，博物馆的公益性质决定了博物馆"非营利"的特性，它的终极目标是服务于社会大众，文创产品的开发投放推广也是如此，目标是为了传播博物馆文化，服务于观众游客日益增长的精神需求。未来需要更多博物馆人的努力和社会人士的共同参与，在探索中前进。

周海荣（北京古代建筑博物馆文创开发部中级工艺美术师）

与古人匠心最亲密的接触

——古建馆科普展工作回顾

◎潘奇燕

二十多年前，北京古代建筑博物馆成立之初，在太岁殿举行修缮竣工典礼上，市领导在讲话中着重指出："古代建筑博物馆的创办，填补了中国博物馆界空白，也填补了北京博物馆界的空白。"与此同时，有人提出这样的观点：北京古代建筑博物馆的成立、中国营造学社的创办和《中国古代建筑史》出版，对于中国传统建筑文化所做点贡献，具有里程碑式的意义。不管这种说法是否准确，但至少说明，博物馆通过收集和研究藏品，以物化的形式来反映中国古代建筑悠久的历史文化内涵和辉煌成就，观众通过与文物对话，穿越时空的阻隔，清晰的、直观地了解中国传统建筑文化思想的脉络以及古人在营造中所体现的聪明智慧和高超的建筑技艺。不可否认，古代建筑博物馆的创立，对弘扬中国传统建筑文化、普及科学知识、促进文化修养具有重要意义。

中国有文字记载的历史约四千年，而中国建筑的历史要比史书记录的年代更久远。任何一个民族都有他们每一个历史时期的历史精华、文明结晶，然而最能具体形象地表明每个历史时期文明标志，要算是古建筑了。建筑，是人类繁衍生息的物质基础，由于建筑与人的生活密切相关，它既是耗资极大的物质产品，又是一种公私共享的精神产品，既有实用功能，又有审美效应，在漫长的历史发展中，中国建筑在认识自然、认识科学的实践中不断自我完善并逐步成熟，形成"天人合一"具有独特风格的中国古代木构建筑体系。

一、古建专题的展览定位

博物馆作为保护、展示历史文化遗存和人类环境物证的文化教育机构，其目的是为社会、为大众提供一个与学校有着不同教育思想、不同教学目的、不同教育内容、不同教育方法的终身课堂，创造一个更富有人文精神、体现人文色彩的休闲文化场所。博物馆制作一个展览每每需要投入几十万、几百万甚至上千万，大而全、面面俱到教科书式的陈列难免让人产生厌倦感。讲解人员的讲解方式依据的是行为学派的传递模式，以教育观众为自己的职责，不管你是否有兴趣能否听懂，把教科书上的一大堆专业名词术语塞给观众，表现为冗长而缺少文采的前言与结束语，或用学科中一大串观众看不懂、听不明白的名词、术语介绍展品，使观众迷惑不解，造成了观众走马观花、乘兴而来败兴而归的局面。近年来，随着社会的进步，博物馆改革发展思路，办馆理念不断更新，逐渐打开陈列视角，展览制作也有了很大的提升。博物馆是一个蕴藏着历史、人文、艺术、自然、科学等方面信息的巨大信息库，它可以借其信息的丰富性、科学性、多样性满足人们的文化需求和精神需求，博物馆在启迪心智、拓展视野的同时，还能让人享受恬适的环境和优质的服务，愿意在博物馆里逗留更长的时间，这也正是启发我们如何在展览内容、展示形式和教育手段上下功夫，改善信息的表现方式，避免千篇一律的灌输式、图解式方法，采用灵活多变的传授形式让观众在潜移默化中，从感情上产生共鸣，在审美的享受中进行哲学和人生的思考，所有来参观的人，都能"读"懂博物馆，这正是博物馆人文精神教育的一个层面，也是博物馆教育的一种创新思维。把参观博物馆看成是一种享受，就要从观众自身的承受能力出发，博物馆展览如何重构叙事——以文物与展品为核心、以人类生存及其环境物证的逻辑性展开、以适应时代需求为指南的博物馆叙事，加强展品、展览的信息含量和传播效果，增加参观互动体验，是博物馆办展时的重要选题。有人说，博物馆受社会大众的价值观念影响而被视为是一种功能性的存在。的确，从目前来看，博物馆折射出来的价值观念里具有普世性，面向社会大众坚持公正、平等、开放的服务理念，是现代博物馆必备的基本素质。博物馆作为文化教育事业不可缺少的一部分，在服务于社会的过程中，有不同于其他文化教育机构（如图书馆、文化馆、学校等）的特征，即以文物和标本为基础，组成形象化的科学的陈列体系。博物馆的实物性与直观性特征，决定了社会大众对博物馆的价值选择源于感官性的认识。换言之，博物馆之所以能够在社会公众心目中存在并对他们产生影响，可归之于博物馆的感性存在，即美的存在。这种美既源于博物馆藏品本身，又彰显于参观者心中。博物馆不是简单的物质的集合，它需要体现先进的科学性和思想性，同时还要体现它的艺术性。陈列形式受陈列主题、内容和特定空间等诸多因素的局限，因此不仅要组织好展品，给它们以恰如其分的陈列地位，还要使整个陈列富有艺术感染力，以求得最佳的心灵感受和视觉效果。如何取得最好的参观体验，近年来也出现在了中学生模拟考试题中，有这样一道题：

当你进入博物馆的展厅时，你知道站在何处观赏展览最理想？如图：

设墙壁上的展品最高点 P 距地面 2.5 米，最低点 Q 距地面 2 米，观赏者的眼睛 E 距地面 1.6 米，当视角∠PEQ 最大时，站在此处观赏最理想，此时 E 到墙壁的距离是 0.6 米。

其实不难把握，作为古建专题博物馆，我们的展览以中学生以上为广大受众群体来定位，褪去高冷的外壳，在营造自由、随和、亲切和鼓励意味的博物馆氛围的同时，我们在制作古建筑展览时，要以简洁通俗的语言形式，展示中国传统建筑，如何从茅茨土阶的原始状态发展到明清时代城墙高筑、布局严整的宫廷建筑所走过的漫长里程。巧搭奇构，鬼斧神工，在认识自然，认识科学的建造中所凝聚的智慧，让参观者在这个神秘的土木世界里与古人匠心做最亲密的接触。

二、教育与娱乐理念的呈现
——将古建知识科普化

科普工作具有非常重要的社会意义，它与科技创新一起，作为推动科技进步的两个轮子，在经济和社会发展中发挥着十分独特的作用。科普的意义在于把高深的科学知识请下神坛，让大众接受，提高国民的科学素质，培养国民的科学精神，提高大众科学的分析问题的能力，它是科学和大众之间的一道桥梁。

什么是自由、随和、亲切和鼓励意味的博物馆氛围，什么是以教育为目的的多元化现代博物馆，近年来，在探索一种新的办馆理念的同时，越来越多的科技馆和博物馆在展示手段上开始寻求创新，通过多媒体、互动展品的形式替代以往过于单一的图片和展板的展示手段，在展区内加强与观众的互动交流，为观众提供具有吸引力的陈列，博物馆的陈列展览开始由封闭逐步向互动、开放的动态形式转变，让观众零距离接触一些展品，把参观变成一种交流、娱乐活动。

建筑是体现人类历史发展的物质形态，其中凝聚了人类的文化和精神创造，这就产生了建筑文化。古建筑具有丰厚的文化特征，在建筑的砖、石、瓦、木等物质材料背后隐藏着艺术哲学、设计思想和环境观念。独特的木构体系、多样化的群体布局以及优越的抗震性能，每一座建筑体现的神奇，常常令我们惊叹不已。我们如何将这些知识传达给观众，又如何将古建筑中所涉及到的专业术语通俗化展示给观众，将古建知识科普化，这些年来我们做了有益的尝试。

在建馆的第一个十年里，我们与中国自然科学博物馆协会、北京市科技协会进行了密切的联系与合作，开展古建科普知识宣传，在与北京地区 20 座科技类博物馆联合举办的"传播科学的殿堂"专题展览中，我馆展示的古建模型及"中国古建筑——华夏文明的史诗"宣传标语，吸引了众多参观者。"中国古建筑小广角"、"奇妙的古建筑"等展览在各区县、社区、学校进行巡回宣传，以往在人们心中高高在上而又神秘的古建筑知识，离开教科书，走进参观者的心里，和他们产生共鸣。

2002 年我馆参加了北京市青少年科普周活动，在民族文化宫展会的中心会场，"中国古建筑中的力"科普展，吸引了众多参观者的目光，在这次展会上，我们尝试着将古建筑模型做成可拼装的展品，观众既能看又能动手体验，这种形式立刻成为了展会的焦点，古建知识引起了观众的兴趣，科普形式也得到了大家的认可，主管科技工作的林文漪副市长在亲自动手操作后给予了积极的肯定和热情的赞扬。

"中国古建筑中的力"科普展现场

2003 年，在北京市科协大力邀请下，在位于西单十字路口寸金之地的科学园地——西单科普画廊，我馆推出了"油饰彩画——多彩的古建筑防护服"这一科普展。2003 年初，人们刚刚经历了"非典"时期，口罩、防护服成了大家不受病毒侵袭的最好保护。如何理解古建筑的油饰彩画，它不仅仅是人们从建筑外观上看到的五颜六色的装饰色彩，其实彩画对古建筑还有一个很好的保护与防腐功能。于是我们借助防护这一理念，更加通俗易懂让大家认识，古人对木构古建易遭虫蛀、易受潮、糟朽等自然灾害所做的科学保护。展览里向大家介绍了彩画的起源、彩画种类、等级制度以及彩画绘制工艺。木构建筑较之石质建筑更易虫蛀和糟朽，为了延长建筑寿命，抵御自然灾害的侵蚀，古代工匠便在房屋建好后，在木材表面施加油漆作为防护措施。首先他们在木构件表面做多层打底工程，这道工序叫"地仗"。通常地仗采用砖粉做骨料，猪血、桐油、面粉作黏结料，再杂以苎布覆盖在木料表面。木材因为有了这层防护服，大大提高了坚硬度和耐久性，彩画是在地仗的基础上绘制的，从矿物和植物中提取的自然物质，调配使用后对建筑形成有效保护层，而且色泽艳丽。彩画的绘制过程复杂，绘制工具多样，基本上是通过十多道步骤来完成的：首先，在打好地仗进行描绘之前，先用砂纸在木构件表面打磨，加强平整度，让彩画颜色与地仗有充分的黏合力。在对称图案的构件上找出中线，用粉笔由上至下清晰地画出痕迹。再进行打谱子工序，将彩画图案的大样稿画在纸上，将图案线条用针扎成连续的孔洞，再把图样按实在木构件上，用粉包拍打针孔，粉末通过针孔透漏到木构件上。再进行沥粉，沥出粉线，大粉是粗线条，小粉是细的线条。沥粉后的地方需要贴金，在贴金前需涂抹金胶油。随后拘黑打金胶 用调配好的黑烟子，沿谱子的花纹轮廓描画。在沥粉边缘较宽的浅色带上用一定宽度的鬃毛笔，一次将色拉成，不能重复，然后贴金箔。金箔是将厚厚的金块捶打 2 万次以上才能变成金箔，打好的金箔薄如蝉翼、柔似绸缎、轻若鸿毛，只有 0.15 微米厚，相当于头发直径的五百分之一。贴金完成后，画较粗的白色线条，为图案画出轮廓线，突出金的光泽，这便是彩画的基本绘制过程。中国传统建筑的内容、形制和标准都是由"礼"这个基本规范衍生出来的，因此彩画也有严格的等级制度，有体现皇家气派的和玺彩画、庄重素雅的旋子彩画和自由清新的苏式彩画。这个展览细致的普及了彩画知识，受到了大家广泛的关注与好评。

"油饰彩画——多彩的古建筑防护服"科普展展板

2004 年应市科协邀请又在此地推出来"木构建筑——支撑奇迹的骨骼"科普展，以榫卯技术为基础发展形成的大木架体系，是中国古代建筑技术中最主要的特征，在历经数千年的发展过程中，由简单到复杂，由初具雏形到日臻完善，至明清时期达到技术上的最佳成熟。古建筑框架结构专业性强又很枯燥，我们通过拟人化的手法，把这种木框架结构比喻成人体的骨骼来支撑起一个又一个的建筑，更加形象和通俗化，人们也就不难理解什么是"墙倒屋不塌"的概念了。

将科普互动内容融入到博物馆的工作中来，充分利用馆藏和展览的资源优势，增加科技含量。从简单说教到动手操作，由此而形成本馆的特色科普活动。2004 年，北京青少年科技博览会在世纪坛举行，我馆推出了"体验古建筑的神奇，探求古建筑的奥秘"展览。中国传统建筑以其灵活便利的木框架结构充分体现了古代中国人的理性与智慧，采用木柱、木梁构成房屋的框架，屋顶

"木构建筑——支撑奇迹的骨骼"科普展展板

的重量通过梁架传递到立柱再传到地面，墙壁只起围护和隔断的作用，而不是承担房屋重量。"墙倒屋不塌"这句古老的谚语，概括地指出了中国建筑这种框架结构最重要的特点。这种结构，可以使房屋在不同气候条件下，满足生活和生产所提出的千变万化的功能要求。同时，由于房屋的墙壁不负荷重量，门窗设置有极大的灵活性，也创造了灵活多变的空间。展会上参观者通过了解古建筑的基础知识，感受到了中国传统建筑的博大精深。展览分成几个区域，有图片展示以及文字介绍，有动手项目古亭、古桥、抬梁式大殿以及斗拱模型拼装。观众看过展览后，通过动手拆装这些按实际比例缩小制作的各种模型，对中国古代建筑有了更深一步、更直观的了解。通过动手操作，了解古建筑奇特的内部构造，以及古代能工巧匠如何利用榫卯和斗拱技术，使建筑更具稳定性。古建筑精巧的构造、奇妙的建造技艺及古代劳动人民高超的智慧，通过这一拆一装有了亲身的体会，激发了观众了解中国古代建筑的兴趣，单调、枯燥的古建筑知识变得趣味和亲切了。这个展览不仅吸引了孩子，也吸引了许多家长的参与。

让参观者去触摸、去探索、去身体力行，得到的不只是丰富的知识和信息，更重要的是鼓励，是成功的喜悦。我国著名博物馆学家曾昭燏说过："向儿童讲解一科学之原理，一机械之构造，一地方之形势，父母师长，谆谆千言，不能望其必晓，惟率之至博物馆，使其一见实物或模型，则可立时了解。如见一历史陈列室，则可想见当时生活之情形，见一艺术家作品陈列室，则可明了其作风与其所用技术。"科学普及不仅仅是传播知识，更重要的是传播"智慧"。物质文明启发了科学认识，又带动了技术的发明，创造了中国古代建筑技术与艺术的价值。

科普展的多次展出，为古建馆赢得了更广泛的发展空间，为了进一步推动中华传统建筑文化的普及，我馆专门成了科普小组，与市科委合作不断推出新的展览。2005年，我馆应中国科学技术交流中心、北京市科委委托，在澳门综艺馆"体验科学"中华古代建筑展区内，筹办了中国传统建筑科普互动展"华夏神工"。这次我们携带七件可以拆装模型，在展览内容上进行了大量充实，展览从五个方面介绍了中国传统建筑最突出的特点和文化内涵。第一部分，以中国传统独特的木构建筑体系为切入点，带领观众认识古人如何将木材的应用发挥到了极致。中国传统建筑是一门综合性的科学，是通过一定的建筑艺术形式和一定的工艺技术表现出来，中国传统建筑中最大的特色就是木构件之间的连接不使用钉子，而将这些构件连接起来的就是"榫卯"。凸的部分叫榫，凹的部分称作卯，榫头插入凿空的卯眼中，可使构件牢固地连为一体。不同方向嵌接的榫卯咬合严密，使构件之间达到一种力的平衡与和谐，从而大大减缓和分解外力，保证建筑主体结构的稳定。第二部分，以多样化的群体布局，为观众呈现其建筑的使用功能所蕴涵的文化内涵，即依附于建筑的实体而存在，同时又超越了建筑的实用功能。中国古代建筑文化，是传统义化的有机构成。精致布局的古建筑群体院落，儒雅规范的第宅书院，宏阔大气的皇宫衙署，耐人寻味的祭祀寺庙，朴实厚重的宫苑园林，既走不开那些巧妙的中轴线布局与土木营构，也移不开那凝注于鬼斧神工的砖石木雕的目光。古建筑群体中轴线紧密结合了建筑构架原则和造型，巧妙布局与雕琢，形成了一种独具特色的建筑结构方式和艺术形式。古建筑中轴线，作为传统的文化观念和民族心理的物化形式，映射出的依然是中华民族传统建筑营构观念、价值观念、道德伦理观念、审美趣味和风俗观念的熠熠光辉，在儒家思想文化影响下体现的中轴对称、内部空间处理以及严谨构图方式。第三部分，展示了美轮美奂的建筑艺术，也是观众认识中国传统建筑最初的感受。俏丽的屋顶、形态各异的琉璃神兽，不仅具有实用性、观赏性，还反映等级观念。华丽的建筑彩画最早起源于木构建筑的防腐要求，随着时代的发展成为最具特色的装饰手法，其中观众很少能见到的"雄黄玉"旋子彩画成为了大家感兴趣的焦点。这种彩画的科学奥秘在于，将药物雄黄加兑到樟丹中作为彩画颜料，樟丹有毒，具有防潮防腐的功能，加入雄黄药液后有防虫驱虫的效果，因此主要用于官式建筑的仓库、书库梁枋内外。然而这种彩画实例存世极少，先农坛神仓院仓房至今还保留着珍贵的雄黄玉彩画。第四部分是古建筑优越的抗震性能，中国传统的木结构建筑在抵抗地震冲击力时，采用的是"以柔克刚"的思维，通过榫卯、斗拱巧妙的柔性连接，将强大的自然破坏力消弥至最小程度。第五部分展示的是古人在营建中，因地制宜，发挥聪明才智所体现的奇巧匠心。华夏民族漫长而久远的历史孕育了丰厚的华夏文化，养育了众多的神工巧匠。异彩纷呈的建筑中不仅体现了劳动人民的高度智慧，还蕴涵了丰富的科学原理和环保意识。像北海团城C字形集雨涵洞的雨水利用工程，洛阳桥牡蛎桥基这一生物学应用于工程学先例，悬空寺悬空原理，广西真武阁金柱腾空离地2CM的奥秘，昆明曹溪寺巧用天文知识呈现"月光映佛佛映月"的奇观等等。整个展览通俗易懂，科普性强，赢得了极大的好评，许多家长都把参观当作送给孩子一次快乐的体验，古老的

建筑令他们大开眼界。

2008年，为迎接北京奥运盛会的举办，推动传统科学文化知识的普及，以人文奥运理念体现传统文化的和谐思想，受北京市可持续发展科技促进中心委托，使用市财政专项拨款，利用古建馆宰牲亭院落，又推出了室内"巧搭奇筑藏奥秘——中国古代建筑施工中的力"和室外"巧夺天工构筑奇迹"两个科普互动展。该展览作为本馆多年科普宣教活动的精华浓缩，成为迎接2008年奥运会的重点展览。古老的中国建筑，曾以缓慢的、持续的发展进程，经历了原始社会、奴隶社会、封建社会三个历史阶段的七个时期，由粗犷走向细腻，由单一走向多样。"巧搭奇筑藏奥秘——中国古代建筑施工中的力"室内展览，从中国最古老的建筑是怎样形成的带观众穿越千年时光，叩响历史之门，在了解古老建筑起源的同时，感受古代工匠如何利用力学原理在东方大地创造出了神奇的木构建筑。在长期的建筑实践中，通过材料的合理选用，构件加工操作及施工安装等方面形成了完整的作法和技艺。为了巧妙地分散梁柱的承重力，减少屋顶重量与梁柱最大的承重力之间的矛盾，古代工匠运用榫卯技术发明了"斗拱"这一独特的建筑构件。斗拱像一个"弹簧垫"承托着建筑物本身的重力，遇上地震，可抵消大部分对建筑造成的扭力，就像今天载重汽车上的钢板弹簧在车身与车轮之间建立的弹性联系。展览以实景动手项目原始草房的搭建、房屋建造施工流程、传统抬梁大木建筑模型解析，三踩斗拱、五踩斗拱、六角亭、木拱桥等模型的互动拼装，让观众亲身体验建筑奇特的内部构造和古建中"力"的奥秘，以故事线的形式选择、设计展品，引导观众思维有序的流动，将科学技术、科学知识、互动娱乐相结合。

用巧构奇筑形容具有中国特色的传统木结构建筑是最贴切不过的，当西方人用石头书写他们的建筑故事时，聪明智慧的中国人则利用天然木材营建自己的家园，我们的祖先利用木材良好的延展力、刚性和柔韧性，巧构奇筑，在以后的发展中不断地创造了一个又一个的建筑奇迹，室外展"巧夺天工构筑奇迹"则向观众讲述了建筑在发展历程中的奇迹。像大木建筑中利用测角使建筑更具稳定性，在建筑最外圈的柱子都按一定程度略微向内倾斜形成一定的尺度，侧脚打破了立柱之间的平行关系房屋外廊投影呈梯形，一旦受到外力，能防止建筑物向平行四边形转变，这种做法类似木凳，四条腿向外撇，竖向荷载通过略斜的柱子，在柱底产生较大水平方向的摩擦力，使建筑更加稳固。古代工匠还根据冬季与夏季太阳照射角度的不同，将屋檐挑出深远，做成曲线。弯曲的屋顶有加长日照时间，令空气更流通的实际功能。以北方坐北朝南房屋为参考，夏至时正午的太阳高度角为76°，冬至时为27°。夏至时阳光只能照射到阶石上，而冬至时出檐深的弯屋顶比普通的屋顶直射到屋内阳光的面积相对大，光影也长，甚至可达南墙。古代工匠在铺设屋顶筒瓦时，为防止瓦的滑落，就将最下面的筒瓦钉在屋檐上，为了避免雨水沿钉孔渗入，便在钉头上加了盖帽，后经过加工，逐渐演变为各种神兽。

中国传统建筑伴随着华夏文明走过了数千年的发展历史，每一座建筑所体现出的神奇，常常令我们惊叹不已。展览尽量将厚重的历史文化由厚变薄，将其大众化、生活化，激发观众参观学习的兴趣。

2010年我馆基本陈列进行改造，在太岁殿展厅进行第三部分内容"中国古代建筑营造技艺"的展示，中国古代建筑技术相对于建筑历史的发展、建筑类型这些内容专业性更强一些，专有名词相对广大观众更加难懂。虽然是基本陈列，但在大纲的编写过程中，避免更多教科书式的说教，尽量用科普形式为大家提供参观体验，首要考虑的重点就是让观众能够看懂我们所要传达给他们什么样的信息。中国古代建筑以木材为主要建筑材料，在几千年的发展过程中，将木材的应用发挥到了极致，在结构方面尽木材应用之能事，创造出了以木构架为主要的结构形式，在长期的建筑实践中，我国古代工匠积累了丰富的技术工艺经验，他们在材料的合理选用、结构方式的确定、构件加工操作、节点及细部处理、施工安装等方面都有其完整的方法和技艺。无论是榫卯的柔性连接，斗拱的结构机能，构架的力学组合，还是彩画的装饰效果等都体现了中国古代建筑特点和发展轨迹。这些知识相对难懂，在前两次基本陈列中都只是泛泛地提到，穿插在通史陈列中，这次我们特地将建造技艺单独列为一部分进行展示，目的是让观众了解中国古代建筑的精髓所在，这是这部分大纲内容的确定。其次，是需要将这些专业知识转化为通俗易懂的语言知识传达给观众。纵观我国博物馆陈列从最初的教科书式的展览，到90年代的大通柜里文物堆积式，后发展为声光电、多媒体，灯光聚集在展品上和文字少的不能再少的说明，都说明人们始终在改变博物馆陈列形式上的不断探索。现在回过头来思

"中国古代建筑营造技艺"展展厅现场

索，博物馆陈列不是光线越暗越好，文字越少越吸引人，相反国外的陈列都是以自然光为主，人工光混合使用。表现历史类的展览，说明文字很多，绘画展也是，文字介绍相当详细，包括绘画介绍、画家介绍和流派介绍。看展览不是猜谜语，特别是一些专业性较强的展览，绝大多数观众对你所展示的器物背景不了解，在没有讲解的情况下，甚至连用途也不清楚，因此说明文字要提供一定的信息。像斗拱这种建筑构件，是中国古代建筑特有的建筑组合，很多人知道在建筑上有，但是单独展示有的观众就看不懂是什么，我们在以前的临时展览中遇到过观众误解成犁地的农具。因此在这一单元里，我们重点展示它在各个历史时期的不同形态的演变，它的结构、种类、作用，在文字描述上反复斟酌让观众看懂，在展品上采用组合、分解，整体等多种形态全方位的提供给观众全面的展示。

皇家建筑铺地金砖，同样也是采用多种手段展示。经常有观众误以为"金砖"就是黄颜色的金属砖，实际上金砖是一种用澄浆泥烧制而成的大方砖，质地坚腻，表面有光泽。因烧制工艺复杂，造价昂贵，敲之有金属声，故称之为金砖。金砖主要产于苏州，用于铺设宫殿等皇家建筑地面。在展示上我们不仅有清光绪、咸丰等年代款识的金砖实物，还有金砖碎裂后从里到外能看清质地的金砖碎块，有金砖烧制工艺流程的景观，还有观众动手敲击金砖与其他城砖发出声音区别的动手项目，以及太岁殿金砖铺地的实景。另外，这个展览还将征集到的近百件"香山帮"传人使用过的建筑工具进行筛选后集中陈列。苏州香山位于太湖之滨，自古出建筑工匠，擅长复杂精细的中国传统建筑技术，人称"香山帮匠人"，史书曾有"江南木工巧匠皆出于香山"的记载。香山帮传统建筑营造技艺被誉为苏式建筑的杰出代表，是中国古代建筑业的重要流派。香山帮的建筑技艺在土木工程上秉承了中国传统建筑的营造法式有着浓厚的地方特色，在建筑装饰上则以苏式风格的木雕、砖雕、彩画见长。从这些林林总总的制作用工具中，让观众感受到明清以后南北建筑文化的融合，香山帮匠人带给建筑的精微与繁复。总之，基本陈列不仅要更好地诠释主题，更要使内容生动活泼，提高观众参观兴趣。

2013年，清明节祭农活动之际，配合这次活动在拜殿西侧又推出了"古坛神韵——先农坛的故事"和"北京的九坛八庙"室外展。在中国古代，祭祀与战争被看作是国家的大事。祭祀，作为祈求神灵赐福攘灾的一种文化行为，曾是封建社会国家礼仪中的重要组成部分。因此这种思想也反映到都城的营建，作为举行祭祀典礼活动的场所，坛庙在都城营建中占有及其重要地位。明清以来，代表国家礼制和皇权威严的九坛八庙，依封建礼制或祭祀礼仪的规范或皇权统治的需要分别设置在皇城内外，构成了北京城完整的城市空间体系。天坛、地坛、日坛、月坛、社稷坛、祈谷坛、先农坛、太岁坛、先蚕坛，太庙、历代帝王庙、文庙、奉先殿、传心殿、寿皇殿、雍和宫、堂子这九坛八庙，集历代都城坛庙建筑集大成者，它们把有形的建筑和无形的理念紧密地结合在一起。特别是古代祭祀典礼发展至清代形成了一套比较完备、制度化的礼仪，从而将坛庙建筑文化推向封建社会的顶峰。我们对这些坛庙做一个简单的巡礼，体会古人对自然的敬畏和对天人和谐的渴望，领略坛庙建筑所带来的庄严之美，也终将成为无法逾越的文化瑰宝。

建筑是文化的重要组成部分，文化内涵决定建筑形式，建筑形式丰富着文化内涵。随着博物馆教育功能的不断完善，尝试新的展示理念，把着眼点从藏品上分一部分出来，移到观众身上，就是从一个参观者的角度设计内容和形式，设计互动模式，让观众与历史文化产生共鸣，对自己的文化有更深刻的认同。近年来，在探索一种新的办馆理念的同时，古建馆将科普互动内容融入到博物馆的工作中来，充分利用馆藏和展览的资源优势，增加科技含量。从简单说教到动手操作，由此而形成本馆的特色科普活动。动手拼装古建模型成为了古建馆品牌活动，举办到哪里，都会受到那里参观者的好评。

潘奇燕（北京古代建筑博物馆　副研究员）

征藏城市物证记忆
见证社会发展变迁

◎李梅

文物征集一直是博物馆的基石，也是文化遗产保护的有效手段。正是因为有了藏品，博物馆得以为社会发展提供以文物为特征的文化服务。随着藏品的日益增加，博物馆将更好地为社会持续发展提供文化动力。

一、物证征藏现状

（一）现状

随着北京城市大规模快速的发展，很多反映社会变迁的物证也随之快速消失，特别是1949年之后改革开放以来的很多社会经济发展的相关物证面临着消失殆尽的困局。首都博物馆作为一个历史类博物馆，注重对当下社会发展的物证进行征藏与研究。

扩充物证资料的来源，主动发掘民间力量，鼓励社会捐赠。提出"物得其所——为您的老物件寻一个永久的家"捐赠倡议活动，鼓励民间捐赠，增加近现代文物，尤其是有关老北京民俗文物的收藏。随着征集与捐赠的近现代文物数量增长，这些珍贵的物证资料增加了博物馆馆藏品数量。参与活动的岳春生先生捐赠节目单正是民间捐赠留存城市记忆，见证社会变迁的例证。岳老师用半个多世纪积攒了2000多份各类节目单，将其全部捐赠给了博物馆。这些节

岳春生节目单收藏展

岳春生节目单收藏展

目单代表着当时标志性的演出，勾勒出60多年来北京文艺舞台发展变化的轨迹，堪称建国以来首都文化的微观史。

在工业化快速发展中，工业遗产的保护与研究成为博物馆文化遗产保护的重要方面。开展北京地区部分工业遗产的调研和征集，进行实地保护和征集工作。目前已经完成或正在进行的城市发展物证资源调研项目有"北京市首批非物质文化遗产调查"、"北京京西工业遗产资源调查课题"、"北京民族民俗文化资源调研"、"京张铁路工业遗址调查"等。

非物质文化遗产现场展示

在近现代物证征藏实践中，对征藏标准及征藏范围、征藏方向、征藏主体等各环节的规范进行探索。在博物馆定位下规划收藏，制订计划，长期规划与短期计划相配合；争取国际化的收藏，开拓国际视野。

（二）现存几个问题

随着北京全新的城市定位，未来五年的发展规划，城市副中心建设规划等诸多国家重大发展战略的推出，北京作为全国政治中心、文化中心、国际交往中心和科技创新中心，伴随而来的是工业化进程中的大量物证资料，北京城市历史发展中珍贵的见证，城市居民无法取代的文化印记，不久将消失殆尽。

长久以来，博物馆尤其历史类博物馆更多关注价格不菲的古代文物珍品，付出高昂成本去征藏，而对于社会发展中正在产生的文化遗产关注较少。近些年来，由于珍品文物市场价格奇高，数量越来越少，征藏难度大；同时，近现代社会发展物证消失速度越来越快，亟待保护，在此情况下，博物馆征集观念转变，对近现代物证征藏的意识逐步增强。但是，由于征藏经验不足，研究不够深入，近代物证尤其当代物证的征藏体系尚未建立，缺乏此类物证的征集范围、品类和标准的研究和规范。

社会上人们对近现代物证资源保护、保存认识不足。因为近现代物证资源随时随处可见，而没有引起关注。随着社会快速发展，那些人们原本熟知的、随时可见的、承载记忆的物品逐渐在消失。每当人们生活中熟悉的物品消失，无处寻觅时，才认识到这些都是对过往生活的珍贵记忆与重要载体。

二、课题研究方案

鉴于以上存在的问题，结合社会发展的实际，以工作中积累的经验为基础，首都博物馆于2015年在国家文物局、北京市文物局的支持下，主导进行了北京市经济社会发展变迁物证征藏研究，制定近现代物证征藏研究方案。

（一）物证征藏目标

对北京社会经济产生重大影响的典型事件。北京作为一座城市，具备一般城市功能，还具有首都的特殊功能，因此在北京发生的很多重大事件，往往也是国家的重大事件，如抗击"非典"、奥运会等，这些事件已经成为北京经济社会发展变迁的一个个重要节点。

北京城市化进程中，城市区域和空间变迁的物证征藏。如以北京中关村为代表的城市区域功能的变迁、以牛街街区为代表的典型社区的变迁、老城区胡同、四合院的变迁等。

北京产业调整过程中，反映重要行业变迁的相关物证征藏。如以首钢、京张铁路等为代表的重点工业行业的发展变迁，以全聚德、同仁堂、瑞蚨祥等一批北京著名老字号为代表的传统行业的发展变迁等。

反映北京民众生活变迁的物证征藏。从生活在北京城市中的个人故事和生活物品中，反映经济社会发展对百姓衣食住行方面的具体影响。

苏东海先生及夫人王迪女士捐赠现场

苏东海先生及夫人王迪女士捐赠的相机

在反映城市主流文化的同时，也关注城市发展的多元性，关注少数人群的文化变迁，体现北京城市文化共性的同时，也反映北京城市发展中的兼容并蓄。

（二）目标范围

北京地域城市化特征显著，与其他省级单位省域内地区差异化不同，社会经济发展涉及行业的现状具有城市化的特征。将此次物证征藏的时间与空间范围分别加以界定。（1）由于城市建设和城市发展的连续性，以及城市中社会变迁物证存在的时代特征，物证资源调查范围突破了1949年以来的限制，延展到在当代社会发展中发生变化的历史物证。（2）北京作为国家首都的特殊政治地位，国家重大政治事件、政治活动和国际活动对于北京市经济社会发展产生重大影响，因此物证的调查范围突破经济发展限制而拓展到政治生活领域的物证调查。

（三）设定征藏标准

此项研究主要任务之一即按照一定的征藏标准进行物证征藏。在实施课题之前设定可供参考的标准包括调查对象的典型性、急迫性、完整性、系统性、故事性、多样性等，物证征藏的重点内容是收集物证所反映的经济社会变迁历史和资料。

典型性，是指一个时代或某一行业的典型代表。急迫性，重点关注即将消失的，应该立即征藏的物证，如北京市的非物质文化遗产（简称非遗）手工艺等。完整性，力求物证的完整，包括物证本身外观、品相的完整，也涵盖物证背景资料的完整性。系统性，特别注重成系列、能完整反映一个时代变化的物证资源，整理关于成系列物证的变迁历史、背景资料等。故事性，关注物证资料背后的故事，以支撑展览、社会教育等的需要。多样性，除一般实物物证外，此次物证征藏应收集相关图片、影像、口述史、文本资料等。

（四）人员构成

对从事物证征藏的工作人员加强培训业务及制度培训，使之能够顺利完成征集入藏等事项，熟悉博物馆文物征集程序，按照既定流程完成相关手续。对于经过专家评审程序可以确定入选博物馆馆藏的物证，从文物资料保管保护的角度，完成入藏前的建档、消毒等技术环节。慎重核查现当代物证的来源，确保流传有序，来源合法。固定的工作组成员完成常规项目，此外，邀请研究人员参加工作组，为研究项目提供专业支持。

（五）推行试点，使研究符合当前需求

此项研究根据调研工作总体规划的要求，选取重点地域和行业，组建调查小组，分别对海淀区与朝阳区城市生活变迁；抗击"非典"、奥运会、阅兵式等物证留存；北京部分老字号、非遗手工艺等传统行业的发展现状；首钢、京张铁路等工业及行业博物馆的物证征藏，进行调查和走访。从反映北京市经济社会发展变迁物证的收藏情况、类别、收藏途径等几个方面，对试点进行采集信息和数据，分析研究，编写物证资源调查报告，为物证征藏工作流程提供借鉴与修正。

三、课题实施

按照物证征藏既定目标，研究资料来源，展开征藏试点。物证征藏研究按如下步骤推进实施。

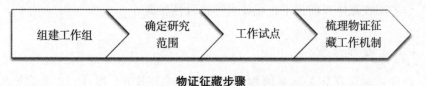

物证征藏步骤

（一）工作组

这项课题涉及多家博物馆，参与人员多，为确保研究推进，按照调研对象划分不同工作组，工作组按照流程图展开工作。

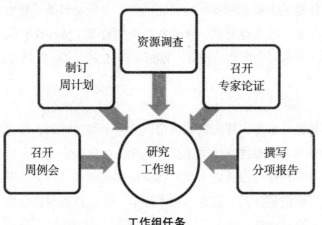

工作组任务

对入藏门类、时限、标准、征藏专题、藏品内涵、展示、利用途径等深入研究，制定北京市经济社会发展变迁物证征藏框架、路线图和标准规范。对征集对象入选标准、征集对象的确认、收藏准入程序、责任追溯机制、登记著录规范、流传过程记录、自然状况记录等进行规范设计。

（二）选取典型单位开展试点

首先对首都博物馆的近现代文物征藏工作进行梳理，整理出符合此次项目要求的条目和内容，将其按调查范围的要求进行归类整理。展开物证征藏调查工作，各工作小组按照分解的工作任务对北京地区的相关资源进行宏观调查，走访、了解若干家行业博物馆。再选取几个具有区域特点，或符合此次调查范围的文博单位，如北京民俗博物馆、海淀博物馆、民航博物馆、朝阳文化馆和北京档案馆等，分别了解各个行业博物馆在各自区域、各自行业内对近现代物证的征藏重点和征藏情况等，将其相关的工作内容纳入调查范围。

试点单位负责制定本单位的征藏方案。推出物证征集相关知识普及活动，发动社会力量共同参与征集工作。对已濒临消失和存量稀少的关键性物证，可在综合考虑收藏体系前提下，优先进行抢救性征藏。

（三）资源筛查

物证来源包括相关区县博物馆、档案馆、图书馆、报社、非遗保护机构、相关行业企业资料馆、民间收藏组织或个人、传承人、相关研究领域的专家学者等。不同性质机构或者个人提供的物证有众多来源，情况复杂。工作组在物证征藏中，首先应按照博物馆近现代文物征藏标准进行筛选，确保所征藏的物证资料与博物馆馆藏匹配。

（四）梳理物证征藏工作机制

依据物证征集的目标梳理北京市经济社会发展变迁物证征藏工作机制，研究、制定北京市经济社会发展变迁物证征藏工作流程，探索符合北京市特点的征藏工作体系。

四、课题研究成果

根据资料整理和调研的情况，围绕物证征藏的范围、征藏工作标准等几个主要方面，工作组编写项目报告。

依据《中华人民共和国文物保护法》、《博物馆条例》、《北京市实施〈中华人民共和国文物保护法〉办法》以及《近现代文物征集参考范围》等法律、法规、规章，制定《北京市经济社会发展变迁物证征藏范围标准导则》。《导则》对物证征藏的范围、征藏物证的特点、征藏工作标准等加以限定。

制定《北京市经济社会发展变迁物证征藏工作流程》。

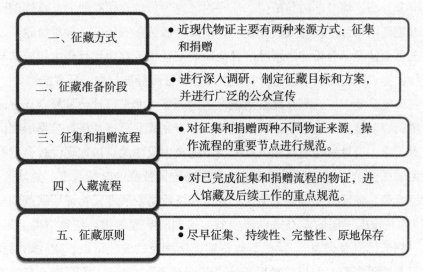

一、征藏方式	● 近现代物证主要有两种来源方式：征集和捐赠
二、征藏准备阶段	● 进行深入调研，制定征藏目标和方案，并进行广泛的公众宣传
三、征集和捐赠流程	● 对征集和捐赠两种不同物证来源，操作流程的重要节点进行规范。
四、入藏流程	● 对已完成征集和捐赠流程的物证，进入馆藏及后续工作的重点规范。
五、征藏原则	● 尽早征集、持续性、完整性、原地保存

物证征藏流程图

完成《北京市经济社会发展变迁物证征藏试点工作报告》。从课题缘由、物证与现代生活和人类记忆、工作方法、调查内容与结果、思考与分析等五个方面对此次研究进行了概述，讨论物证与城市历史、人类记忆的关系，阐明近现代物证征藏的必要性和急迫性。

选取试点单位举办"北京市经济社会发展变迁物证征藏成果展"；召开北京市经济社会发展变迁物证征藏研讨会，并出版研究成果论文集。

> 北京市经济社会发展变迁物证征藏范围标准导则

> 北京市经济社会发展变迁物证征藏工作流程

> 北京市经济社会发展变迁物证征藏试点工作报告

> 北京市经济社会发展变迁物证征藏成果展

> 北京市经济社会发展变迁物证征藏研讨会论文集

物证征藏研究成果

小　结

　　此次物证征藏研究对北京建国以来特别是改革开放后经济发展、建设成就、生产生活方式、社会变迁、民间民俗文化、衣食住行等方面的物证存世情况、资源分布、涉及部门与单位、征藏途径等进行试点调查研究，总体调研北京市近现代以来经济社会发展变迁物证征藏资源的分布情况，各单位收集、收藏物证来源情况，分析北京市经济社会发展变迁物证在现代社会中的分布与保存现状，初步制定北京地区社会发展变迁物证征藏标准与物证征藏准则。

　　在研究基础上，计划在北京市域范围内开展"北京市社会发展变迁物证征藏资源调查"项目。进行物证调查是为进一步完成北京市经济社会发展物证征藏试点工作，有针对性地对该试点项目中能集中反映北京市近现代社会发展变迁物证的征藏范围进行规范，并进一步明确物证征藏的时间范围、地域范围、征藏标准等。物证资源调查依据《北京市经济社会发展变迁物证征藏范围标准导则》，并根据不同的调查重点和领域，整理所掌握的物证信息情况。第一，完成"物证信息登记表"。第二，收集物证所涉及的变迁历史、变迁原因和影响状况等背景资料，完成"物证变迁沿革调查表"。第三，填写物证有相关的研究成果，如史志典籍、研究论文、论述论著、申报材料、行业标准、获奖情况等资料，完成"物证的研究成果、著述等材料调查表"。

李梅（首都博物馆　副研究员）

中华古建彩画
在博物馆展陈中的展示思考

◎郭爽

中华古建筑彩画具有悠久的发展历史，是我国古代建筑的装饰亮点，内涵极其丰富，有着独特的艺术属性和历史时代信息，是今天需要我们保护的优秀文化遗产。其蕴涵的传统文化内涵，需要深入研究，其设计方法更值得今人借鉴，其丰富多彩的表现形式可以在博物馆展陈领域发扬光大，为展陈设计理念提供充足的灵感。然而，由于历史等多方面原因，古建彩画的档案资料缺乏系统性、完整性，在这一独特的艺术瑰宝亟待继承和发扬之际，笔者拟通过本文，结合典型案例、现场搜集、拍摄照片、收录资料以及结合博物馆展陈设计方案等研究方法，对古建彩画在博物馆展陈中的应用得出一些探索性的结论及合理化的建议。中华古建彩画所承载的中国传统文化内涵和东方艺术元素的影响远超出传统木构建筑范围，而在博物馆事业大繁荣大发展的今天，博物馆展陈逐渐受到了广泛重视，且发展空间巨大。近年来，北京古代建筑博物馆以博物馆展陈作为弘扬中国传统文化的载体，不断将中华古建彩画形式元素及文化内涵融入本馆的展陈艺术中。与此同时，在继承和发展历史文化遗产的基础上力主创新，这将有助于发展中国传统文化和博物馆展陈设计，提升民族自信与文化自信。

本文将以传统建筑艺术形式美为切入点，经过理论探讨和实际设计案例，努力挖掘古建筑彩画的形式表象和精神内涵，试图通过在博物馆展陈设计领域的再创造，使古建彩画所承载的中国传统文化遗产，在博物馆普通展陈设计以及多种艺术设计形式的表现之中得以衍生、扩展和发扬光大，另外，在文化产业领域，我们还将加大促进其繁荣发展的力度，全面提升中国传统建筑的文化价值和艺术生命力。

一、古建彩画的传统表现形式

中国古代建筑彩画历代相传，各具特色。唐代的浓墨重彩，宋代的清新淡雅，元代的清丽素美，明代的规矩含蓄，清代的雍容华贵。经过历代嬗递传承，展现在我们面前的是一幅绵延悠长、流光溢彩的历史画卷。

中国古代建筑彩画最早的起源是基于建筑木构体系的要求，为了保护木材构件免于受燥潮、冷热和风雨的侵蚀，以至于腐烂，而在其表面刷涂红色或者黑色的涂料。随着时间的发展，人们对美的需求越来越多，进而提出了美观的要求，刷饰成各种颜色的图案，历代相沿，不断改进，最终形成了具有中国特色的建筑彩画艺术。

（一）古朴奔放的早期彩画

早在春秋时期即在建筑上出现藻类的图案，并对不同阶层采用不同颜色，以区别身份地位不同。汉代时，大斗构件已开始施以彩画。随着佛教的传入和推广，南北朝时期的各类装饰领域引进了很多域外的纹样与图案，因而建筑内外檐的构件中均已出现简约的彩色图案，粗放且浓重。早期彩画就这样以木构建筑的实际需要走进古人的生活，以这样奔放、自由且尚无固定模式的形式进入了我们的眼帘。

（二）浓墨重彩的隋唐彩画

隋唐时期是中国古代建筑艺术的辉煌时代，彩画艺术也得到进一步发展。图案绚丽，色彩丰富，绘制技巧也空前精湛，各种多彩纹样也相应而生。隋唐时期虽然在整个彩画发展的长河中画上了浓墨重彩的一笔，但遗存建筑稀少，无法全面了解当时建筑彩画的全貌，因此石窟和墓葬成了这一时期建筑彩画资料获取的重要渠道。

（三）清新淡雅的宋代彩画

随着为大家所熟知的建筑技术巨著《营造法式》的诞生，宋代彩画进入了一个成熟时期。这个时期的彩画具有很高的艺术成就，是中国古代建筑彩画发展的重要阶段，具有承前启后的作用。宋代彩画大致分为六种形式，即上等彩画——五彩遍装和碾玉装，中等彩画——青绿叠晕棱间装和解绿装以及下等彩画——丹粉刷饰和杂间装。这些有着优美名字的彩画，叠晕式的由浅入深，由深渐浅，柔和不造作地吹来了一股清新、淡雅的宋代之风。

五彩遍装继承了唐代以来的装饰风格，即在建筑的梁、拱表面用青绿色或朱色的叠晕为外缘做轮廓，内部画彩色花饰。这种以青绿色或朱色衬底，色彩华丽，表达了一种富丽堂皇的氛围；碾玉装是以青绿两色的冷色调为主色，内在以淡绿或深青底子上做花饰。由于大量使用青绿色，并用叠晕的方式来处理花饰以及缘道，因而起到了揉色的作用，远远观看便有了碾磨过玉石般的质感；青绿叠晕棱间装是用青绿二色在外缘和缘内面上做对晕的处理，即外棱如用青

色叠晕，则身内用绿色叠晕，外棱用绿色，则身内用青色叠晕，二者以浅色相接称之为对晕。它亦属于冷色调彩画，且面上不做花饰；解绿装为准冷色调的彩画，多用在斗拱、昂面上，表面通刷土朱，外缘用青绿色叠晕做轮廓，而并不做花纹，仅以缘道显示出构件的轮廓而已；丹粉刷饰为暖色调的刷饰，以白色为构件边缘，表面通刷土朱，底部用黄丹通刷，不设缘道，仅仅是在梁枋下缘用白粉阑界，是最简单的彩画，也只能称之为刷饰；杂间装是将前面所说的五种混合间杂搭配使用的一种彩画制度，如五彩遍装间碾玉装，这样是为了相间品配，使颜色鲜艳华丽。

（四）清丽素美的元代彩画

元代统治不足百年，遗留下的彩画实例也屈指可数，但在古建彩画的发展史上却有着不可或缺的位置。元人在宋代彩画基础上进行了较大的演变和改革，创造了梁枋彩画布局的新局面，而最值得颂扬的是旋子彩画萌芽的出现。元代彩画一改往日游牧民族奔放、狂野的一面，继而展现的是其清丽、素美的另一面。

（五）规矩含蓄的明代彩画

明代是彩画发展的真正成熟阶段，在样式、题材和表现手法均较之前朝更加丰富的情况下走向规范化，等级化。这一时期，彩画开始划分官式和地方两种做法，并在元代旋子彩画萌芽的基础上将其发扬光大，为我们带来瑰丽奇巧、炫目迷幻的感受，也为清代彩画成熟发展打下了良好基础。明代虽法式规范更加严密，但丝毫不影响它用含蓄的方式将彩画之美发挥得淋漓尽致。

（六）雍容华贵的清代彩画

清代在中国历史上的存留时间较长，建筑艺术方面有较大成就。从遗存的众多清代建筑彩画实例上看，清代彩画在明代的基础上逐步发展，创造出宫殿式的和玺彩画和园林式的苏式彩画两个种类，最终形成清代灵活自由、雍容华贵、金碧辉煌的彩画风格。清代彩画在整个彩画发展过程中达到了一个成熟的高峰时期，它虽复杂绚丽、金碧辉煌，但在构图、设色和花饰内容上均形成了一套严格的制度。在清代彩画中，逐渐形成了以官式彩画为主的清式彩画系列。官式彩画，即施于官式建筑之上，等级和程式化较强，并受一定规范限制的彩画形式，它区别于一般建筑彩画，这其中包含了和玺彩画、旋子彩画、苏式彩画、宝珠吉祥草彩画和海墁彩画五大类。

1. 和玺彩画

和玺彩画是彩画中的最高等级，主要用在宫殿建筑上。它的布局是把梁枋分为三段，中央的枋心、左右两端的箍头以及箍头与枋心之间的藻头，这三段之间均用锯齿形的线相隔。和玺彩画就是在这三个部分中都用龙纹做装饰，龙的形状根据所处位置以及形式不同而不同。

2. 旋子彩画

旋子彩画是等级仅次于和玺的彩画，多用在次要宫殿建筑和一些配殿、廊屋上。旋子彩画的布局大体与和玺彩画一致，所不同的就是在藻头部分不画龙纹，取而代之的则是旋子花纹。

3. 苏式彩画

苏式彩画是从南方的包袱彩画发展而来的一种彩画，它的特点是将外檐枋、檐檩和檐垫板三部分的枋心联通在一起形成一个半圆形的大画心，称为搭袱子，通称包袱。包袱边缘由许多曲线组成，并用颜色做退晕处理。包袱心内可绘山水、人物、花卉、禽兽，题材多样。

4. 宝珠吉祥草彩画

宝珠吉祥草彩画简称吉祥草彩画，是以运用较大型的宝珠和粗壮硕大的卷草作为彩画主题纹饰的，并以其整体色彩效果红火热烈为突出特征。它原本流行于我国东北满蒙少数民族地区，随着清军入关，定都北京，便作为清初一类官式彩画用于装饰皇宫城门等建筑之用。而绘制也有高低等级之分，西番草三宝珠金琢墨彩画为高等级者，烟琢墨西番草三宝珠五墨彩画则为低等级者。

5. 海墁彩画

海墁彩画是以在建筑外露的上下架构件以及部位上便施彩画为主要特点的一类彩画，它的构图没有具体法式规则限制，做法也无具体规定要求。

二、古建彩画的现代现代表现形式

（一）美学分析

1. 形式多样

中国古建彩画作为中国传统绘画艺术的分支，与建筑壁画、雕塑、刺绣和其他传统艺术形式具有相通之处。如清代官式彩画中会出现山水、花鸟、人物等内容，而题材上也与古代服饰、纺织、印染、绘画、雕刻、瓷器等工艺美术有着千丝万缕的联系。经过上千年的演变，彩画纹样也有了程式化的发展，比如石榴纹样、如意云头、旋花图案、缠枝纹及五彩纹等，再比如与宗教相关的八吉祥、梵文、西番莲纹等都是与藏传佛教的发展密不可分的艺术元素。

在不同时代不同文化背景下和不同地区，各地建筑形式相互影响、兼容并蓄，古建彩画形式也独具特色。如汉藏结合的彩画，结合了两种文化内涵，产

生出独具魅力的彩画形式，佛佗、观音、菩萨及护法神形象的曼陀罗藻井等都是常常出现在藏族及宗教建筑中的彩画形式。

2. 设色和谐

中国古建彩画的设色追溯到汉唐，均采取的是以朱红对比石绿的暖色调，而明代以后就转为石青对比石绿的冷色调。这种设色的转变也是随着建筑和等级的一些变化而变化的，如明代建筑中青绿彩画与黄色琉璃瓦的搭配，形成了宏观的冷暖对比关系。这些彩画色彩的搭配和建筑本体色彩的结合，体现了建筑主体的特征、性质、功能以及其内在价值。古建彩画的色彩协调和色彩对比效果直接影响到建筑的整体感觉，从而古建彩画所反映出的色彩观传递出我们独特的民族气质与文化信息。

3. 中西合璧

明清时期是一个充满矛盾的时期，尤其是清中期以后，随着西方文化的渐进，东西方文化的相互碰撞和交流，中国古建彩画也受到了西方艺术的影响，追求立体和进深的艺术效果。如苏式彩画中包袱的烟云托子以及梁枋和箍头的回字纹和卍字纹等，均呈现出较为强烈的立体感。这些中国古代传统纹样与西方光影画法的相互结合，表明了中国古建彩画及中国文化博大的包容性和丰富的艺术表现力。

4. 工艺精湛

中国古建彩画经过千年的沿袭、变幻和传承，形成了其独有的传统工艺——地仗工艺和沥粉堆金。

"地仗工艺"是指以砖粉做骨料，以猪血、桐油、面粉作黏结料，披麻糊布，刮涂在木构表面的一种工艺。这种做法是元代以后慢慢出现的，它在木层表面形成的基础性防护不仅提高了木构件的防火、防潮性，还对油饰彩画工程的优劣起着决定作用。进行地仗工艺之前，还要对构件表面进行适当的处理，使地仗更为坚固，更符合功能要求。但由于构件表面的情况不同，所以采取的处理方法也不尽相同。地仗工艺包括一麻五灰（即捉缝灰，扫荡灰，使麻，压麻灰，中灰，细灰，磨细灰）、钻生油等主要工序。

"沥粉堆金"则是用土粉子、青粉和动物质水胶等材料，调制成粥状的粉浆材料，经特质的沥粉工具，按照传统彩画纹样的走向，经手工挤压，使粉浆在纹饰上沥成凸起于平面的半浮雕式的立体花纹的操作技法。而中国古建筑雄伟壮观，富丽堂皇，都离不开金的装饰。由于金在古代建筑中的装饰作用，使得中国古建筑线条更加突出，画面更加立体，色调更加明快，增加了建筑的美感和观赏性，所以，沥粉贴金工艺便在古建筑施工中应运而生。

（二）现代展示

古建馆在 2014 年 9 月举办了《雕梁画栋 溢彩流光——中华古建彩画展》。这个展览在任何一个观众想来都应该是一个漂亮的展览，色彩丰富、跳跃，所以在形式设计上就要费一番心思了。我们从中探索古建彩画如何能在现代展陈中突出自身特色，用现代方式表达出其自身存在的美学意蕴，以及二者之间如何相互应用。

首先，我们在展览中用尽可能多的图片、不同部位模型、彩画复原作品、自己动手画彩画互动项目、彩画颜料展示以及多媒体手段展示了彩画颜色丰富和形式多样的美学特点。观众反响热烈，收效良好。除了在展品和展示手段上形式多样外，我们还对陈列这次展览的展厅——具服殿，进行了修缮。把其中一小段的梁上彩画做了原状复原，目的是使观众在观看展览的同时，仰头能够看到这一小段复原的彩画，并与之平行，还可以与相近部位的彩画进行直观的对比，把展厅迅速融入到展览中，使展览内容毫无痕迹地过渡到展厅上，这样，就解决了二者之间的某种冲突。这种设计理念，目的是使得观众从中体味

橡子头彩画模型

自己动手画彩画互动项目

到我们所把握的主旨思想是：抬头看古建，低头看展览。这样的设计，除力求把彩画展览做得更漂亮外，还解决了一个色彩冲突的矛盾。即头顶上真实存在的彩画虽然有历史年代的跨度，但散发出的魅力却丝毫不减，多了的只是时间的韵味。

彩画图样线图和多媒体展示

彩画颜料展示丰富的色彩

其次，在色彩设计上，由于彩画展涉及的颜色较为丰富，且建筑上彩画的色彩搭配非常协调，任何一种多余的颜色或许就能打乱古建筑的整体和谐，从而影响到展览的精彩程度。所以，在选择展览主色调的时候，我们需要格外谨慎，笔者认为：唯有白色的展台才能够衬托油饰彩画的绚烂多姿，并且使整个展览的基调明亮、干净，不与彩画本身的颜色发生对撞。但在效果图出来后，却发现一味的白色又过于乏味，缺乏跳跃、活泼的符号，为此，决定在这些白色展台的上面添加一些与彩画相关的元素，来配合整体展览。在符号的选择上，笔者试图把一半横梁彩画的图案贴在白色展台上，但事实证明，这种方式会把观众的注意力分散到展台区域，这并不是我们的初衷。最终，方案做了这样的调整：即在不影响展览效果的同时，辅以白色镂空彩画团花图案雕刻在展台两侧，既不影响美观，又突出了彩画元素，并且，有效地集中了观众的注意力，或许观众在参观过程中的某个瞬间会发现这些镂空团花元素，给了一些展览信息的传递，这才是形式设计所体现的展览细节之良苦用心。另外在形式设计中我们遵循设计原则：既彰显彩画的各种文化元素，而又不抢内容的主旋律。为此我们在每一部分的开始设置了彩画团花形状的段首，以加深整个展览的主题。另外在段首文字的展布的四周边缘处，设置了彩画图案的花边，以及整面画布采用了彩画的青色退晕的效果来装饰，既符合展览的内容，也利用形式呼应了整个主题。这就进一步加深了对于彩画自身设色和谐的表现，把这一特点展示的淋漓尽致。

彩画图案雕花

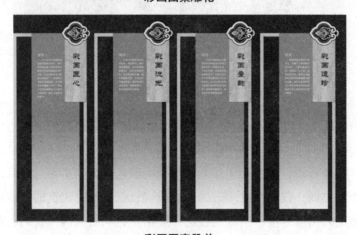

彩画图案段首

第三，我们为了使观众更深层次地了解古建彩画的精髓，同时更好地展示中华古建彩画精湛的工艺，在这次展览中，我们用复原彩画制作过程的方式，为观众翔实解读了这一技艺。制作了一截红色柱子的地仗工艺过程，观众能直观地认识到画彩画之前的准备工作。再以一段横梁为模型，展示从第一笔到最后一笔的彩画绘制过程，配以横梁下面玻璃上的步骤说明文字。观众便能快速

清晰地获取想了解的信息，从而获得良好的观展效果。

柱子地仗模型和横梁彩画步骤模型

最后，我们从展品展示位置思考，做了一些创新。试想以一个普通观众的角度来参观如何能够身临其境地、快速地融入一个展览，或许可以通过一种简单的形式就能做到。例如展览中的彩画有几幅是某处古建筑的天花彩画，天花彩画的位置是需要我们仰头观望的。因此在形式设计过程中，我们尝试还原天花彩画的位置，把复原作品用钢架和挂画线固定住，在人仰头的舒适角度的范围内摆放展品。实践证明，无须文字说明，观众都能自主分辨此种展示方式的彩画即为天花彩画。

天花彩画位置还原

通过彩画展在现代展陈中的一些应用，引出笔者对于在古代建筑中做现代化展览的一些思考。首先在一些展览中始终会存在着一对矛盾，当然也包括彩画展在内，那就是古代建筑与现代化展览之间的矛盾。因为我馆用作展示的展厅全部为古代建筑，在古代建筑中做现代化的展览是一个不小的挑战，而彩画展又是在带有彩画的大殿中展现彩画的各种美，这就更不好处理。

古建筑与现代展陈发生关联，虽然只在一部分博物馆中存在，但仍旧可以作为一个展览形式设计讨论的课题。古建筑和现代展陈一旦联系起来，就会形成既相互依存又经常冲突的局面，成为对立统一的一对矛盾，那么如何妥善处理好这两者的关系，已成为存在此矛盾的博物馆亟待解决的问题之一。其中由古建筑遗址直接演变为博物馆的这些古建筑大都保存完好，具有一定规模并有重大历史价值或纪念意义，所以这类遗址类博物馆是目前这个矛盾最典型的案例之所在。作为馆址的古建筑，必须保持或恢复原状，这样现代展陈与古建筑便结下了难解难分之缘，古建馆就属此类，最难处理古建筑与陈列关系的恰好就是这一类博物馆，因为此类博物馆在性质上与古建筑具有同一性，其展陈与古建筑紧密关联。古建筑若不辅以现代展陈，难以充分显示它丰富的社会内涵和文化历史价值，尤其古建馆，以古建为主题的博物馆，不仅无法体现其自身魅力，更重要的是它错过了整个展览中最重要最珍贵的展品——展厅（大殿）本身。陈列展览若脱离古建筑，也就失去了其特定的时代环境和艺术氛围，可以说两者密不可分。然而，古建与展陈又承担着各自不同的功能，有着自身特殊的要求，两者的功能和要求却常常发生尖锐冲突，往往难以两全，于是两者就成为对立的一对矛盾。古建与展陈的矛盾，从保护方面看，古建筑作为历史文化遗产，本身具有较高的历史和艺术价值，是不可移动的大文物，即使它作为展厅，也必须按文物的保护原则加以保护，最重要一点是不改变原状，这在文物政策法令中都有明确规定。

三、古建彩画引发的周边产品

在彩画展申报立项之前，古建馆即做好了把本馆文创产品付诸于实践的各种准备，此次彩画展是我馆文创产品开发的重要载体。彩画展的文创产品也强烈地包涵着和突出了彩画的种种元素，例如彩画图案、彩画卡子和各式图样等均体现了周边应用的效果。重点表现为：钥匙扣、穗子书签、行李牌、便签本、铅笔、橡皮、文具礼盒、丝巾、优盘等。此外，每个展览都会推出相关图

彩画式样钥匙扣

录、名信片、宣传折页以及配套的手提袋等文化宣传品，观众在欣赏展览之余还能感受到展览之外的延伸以及感受到与现代生活的交集。

彩画图式样穗子书签

彩画式样行李牌

宋式彩画卡子图样便签本

彩画元素文具礼盒

彩画纹饰丝巾

古建构件荷叶墩式样优盘

　　本次彩画展览批量、创造性地推出了具有古建彩画特色的文创产品，这是古建馆历史的进步。我们从中也进行过深入的思考，目前国内博物馆的文创产品，仍与发达国家博物馆之间存在一些差距，比如大多数的文创产品缺乏创意，只是文物本体的简单复制，像那些围巾、坐垫、水杯上直接复制出文物的图样等。再比如各个博物馆的品种雷同，纵观各大博物馆，几乎每个博物馆文创产品商店售卖的都是那么几类，比如书签、鼠标垫、优盘等，另外还存在文创产品两极分化严重的现象，高端产品非常讲究、设计精巧别致，但价格很高，使普通观众欲罢不能；而低端产品的价格虽低廉，但是粗制滥造，激不起参观者的购买欲望，目前博物馆缺乏的实际上是性价比较高的文创产品。由此，博物馆人应该考虑：什么才是观众真心想要的"把博物馆带回家"的效果。

　　在思考和首次实践的同时，也带来了一些启发。中小型博物馆开发出有自身特色或者自主品牌的博物馆文创产品，这一点尤为重要。对于自身品牌的塑造就是对博物馆自身形象的塑造，产品的品牌也是博物馆的浓缩，打造好一个或多个品牌是传播博物馆文化、提高公众认知度及认同感的合理有效途径。例如设立属于本馆独有的标志，也就是所谓的博物馆LOGO。标志醒目、雅观且有代表性，具有很强的辨识度。在每一件文创产品上都印有本馆的LOGO，就是对产品品牌的一种打造。古建馆的LOGO是一个建筑剪影，一座弥足珍贵的观耕台剪影。观耕台既是皇帝观看三公九卿耕种的台子，又是古代建筑的遗存，最下面用篆体字标注"北京古代建筑博物馆"字样。这完全代表了古建馆的两个主题，即先农文化和古代建筑文化。除了LOGO外，我们对于每一个文创用品都做一些科普解释。这样观众购买的不仅是一件商品，还蕴涵着其应有的文化内涵。比如古建馆此次设计的钥匙扣、便签本上都会标注上每一款的图案来自于哪里，属于何种彩画，有何种寓意。这样在包装内做一些工作，既便于传播知识，宣传展览，更提升了文创产品的水准。

结　语

中华古建彩画是中国传统建筑艺术的重要组成部分，它植根于厚重的中国传统文化之中，经过几千年的积淀，成为中国传统建筑文化之瑰宝。在这里，中华古建彩画好似一首诗，有着严谨的结构，却也平仄分明；又好似一出戏，在动人的故事情节里，却也穿插着生旦净末丑。那一朵朵盛开的旋花、一抹抹醉人的青绿、一点点耀眼的堆金一段段动人的彩画故事无不折射出中国传统美学的思想，它处处体现着中国人优雅、含蓄且不乏热情、奔放的审美情调。今天我们用展览讲述中华古建彩画的一段往事，体味中国古代装饰艺术的灿烂，并希冀这一辉煌得到永远的珍视与传承。在这一过程中，我们既要从根本上传承和发扬传统文化的内涵和精髓，又要准确地把握住古建彩画的结构特点、造型特色、设色规律以及施画工艺，等等，将其和谐巧妙地运用到现代化陈列中去。笔者通过结合典型案例、现场搜集、拍摄照片、收录资料以及结合博物馆展陈设计方案等研究方法，对古建彩画古为今用提出若干建议，将古建彩画的文化内涵及艺术神韵通过此文展现在大家面前，并证明以古建彩画元素融入到现代博物馆展陈设计中将存在巨大的发展空间，这也从另一个侧面为传统文化遗产赋予了新的时代生命力。

郭爽（北京古代建筑博物馆社教与信息部　馆员）